Härtbarkeit und Auswahl von Stählen

Von

Walter Crafts und **John L. Lamont**

Chef-Metallurge · Entwicklungs-Metallurge
der Union Carbide and Carbon Research-Laboratories, INC.

Ins Deutsche übertragen und bearbeitet

von

Dr. Adalbert Rühenbeck

Metallurge der Houghton-Chemie in Hannover

Mit 148 Abbildungen

Springer-Verlag

Berlin / Göttingen / Heidelberg

1954

ISBN-13: 978-3-642-92620-4   e-ISBN-13: 978-3-642-92619-8
DOI: 10.1007/978-3-642-92619-8

Titel der Originalausgabe:

Hardenability and Steel Selection
By Walter Crafts and John L. Lamont.
London/New York: Sir Isaac Pitmann & Sons, Ltd. 1949

Vorwort der Verfasser.

Härtbarkeit im allgemeinen Sinne einer quantitativen Auffassung und einer Überwachung des Abschreckens und Anlassens hat für die wirtschaftliche Auswahl und die richtige Wärmebehandlung von Kohlenstoff- und niedriglegierten Stählen eine weit größere Bedeutung gewonnen als je zuvor. Die beschleunigte Forschung und die schnelle Übertragung der während des zweiten Weltkrieges in den Laboratorien gewonnenen Erfahrungen auf die Fertigung zeigten auf, daß die Berechnung der Härtbarkeit im Streben nach einer erhöhten Wirtschaftlichkeit beim Einsatz der Legierungselemente und nach verbesserten Eigenschaften der aus den wärmebehandelten Stählen gefertigten Teile von außerordentlichem Wert war. Diese Entwicklung verlief jedoch so schnell, daß die Einzelheiten nur in Hunderten von verstreuten Aufsätzen vieler Veröffentlichungen von Metallurgen dann nutzbar erfaßt werden können, wenn die Laboratoriumsberichte einer kritischen Durchsicht unterzogen werden. Um nun diese Informationen besser nutzen zu können, wurde dieses Buch vorbereitet, die Härtbarkeitstheorien und -berechnungsweisen, die durch die Praxis ausreichend belegt sind, in einem geordneten System zu festigen und zusammenzufassen. Die grundlegenden Leitsätze liegen für den Studierenden und für solche Ingenieure und Betriebsstellen, denen die Möglichkeit fehlt, genaue Kenntnisse hierüber zu gewinnen, etwas abseits; sie können jedoch für die Orientierung der Metallurgen, die die Berechnungen anwenden sollen, sehr nützlich sein. Für diejenigen Metallurgen, Werkstoffingenieure und Konstrukteure, die für Auswahl und Wärmebehandlung des Stahles verantwortlich sind, ist die Gesamtübersicht der Härtbarkeit durch Vergleiche, Tabellen und graphische Darstellungen ein brauchbares Nachschlagewerk.

Härtbarkeitsberechnungen stellen zur Stahlauswahl und zur Vorbestimmung der jeweiligen Wärmebehandlung quantitative Voraussagen für das Verhalten bei jeder Produktionsstufe zur wirtschaftlichen Gewinnung zuverlässiger Eigenschaften im Fertigprodukt dar. Diese einzelnen Stufen schließen die zahlenmäßige Bewertung der Abschreckgeschwindigkeiten, der Einhärtungstiefe beim Abschrecken (Härtbarkeit im eingeschränkten Sinne) und dem Härteabfall und der Zähigkeit beim Anlassen in sich ein; ebenso erfassen sie die Einflüsse der chemischen Zusammensetzung auf die zahlenmäßige Bewertung und auf die anfallenden mechanischen

Eigenschaften. Die quantitative Genauigkeit der Berechnung der Härtbarkeit ist groß genug, um überaus nützlich zu sein, und klein genug, um Kritik und Verbesserung anzuregen. Diese Aufforderung ist von vielen Sachbearbeitern mit Begeisterung aufgegriffen worden, so daß eine laufende Überprüfung der Grundwerte, der Faktoren und der Berechnungsmethoden zu einer wachsenden Genauigkeit geführt hat, leider jedoch auf Kosten der Klarheit. Um deshalb den höchsten Grad der Nutzanwendung zu behalten, sind einige anderweitig vertretbare Modifikationen der Grundkonstanten oder Berechnungsweisen notwendigerweise in diesem Buch ziemlich kurz behandelt worden, wo anscheinend die Verbesserung durch den Verlust der Einfachheit aufgehoben wurde.

Nützlichkeit war erster Grundsatz bei der Auswahl des Stoffes, und theoretische Erörterungen wurden auf das relativ sichere Gebiet festliegender praktischer Erfahrungen begrenzt. Diese Haltung soll nicht besagen, daß die Theorien und Berechnungen der Härtbarkeit als ein abgeschlossenes Ganzes betrachtet und wie eine mechanische Funktion behandelt werden können. Erfolgreicher Einsatz der Stähle hat bisher einen hohen Grad von Einfühlungsvermögen und reiche Erfahrung vorausgesetzt und wird ihn auch weiterhin voraussetzen. Härtbarkeitsberechnungen können nur ein Gerüst für die Beziehungen sein, nützlich als Anleitung für bessere und genauere Entscheidungen. Dieses muß im Hinblick auf diejenigen Kapitel besonders betont werden, die sich mit der wirtschaftlichen Stahlauswahl und mit den Beziehungen zwischen den herkömmlichen mechanischen Eigenschaften und der Brauchbarkeit befassen.

Wir möchten vielen Freunden in der Industrie, von denen wir einige in diesem Buch niedergelegte Ideen bewußt und unbewußt übernommen haben, unseren Dank aussprechen. Unser besonderer Dank gebührt unseren Kollegen, die freimütig ihre Hilfe gegeben haben; ganz besonders A. B. KINZEL, dem Präsidenten der Union Carbide and Carbon Research Laboratories, Inc., für sein anregendes Interesse, seine konstruktiven Vorschläge und seine stetige Hilfe; S. M. NORWOOD, Vize-Präsident, und G. H. HERZOG und R. K. KULP der elektro-metallurgischen Abteilung der Union Carbide and Carbon Corp., für ihre wertvollen Beiträge zum Grundplan und für die sorgfältige Durchsicht des Manuskriptes; C. M. OFFENHAUER, Union Carbide and Carbon Research Laboratories, Inc., für laufende hilfreichende Diskussion und Unterstützung; und W. D. FORGENG, auch aus den Laboratories, der eine Anzahl Bilder zur Darstellung der im Text beschriebenen Strukturen besonders anfertigte. Würdigung gebührt auch den Union Carbide and Carbon Research Laboratories, Inc., und der Electro-Metallurgical Division, Union Carbide and Carbon Corp. sowohl für deren laufende Unterstützung bei den

Härtbarkeitsuntersuchungen über viele Jahre hinaus, als auch für deren Erlaubnis, dieses Buch zu schreiben und zu veröffentlichen.

Der Ursprung aller Angaben und Darstellungen, die nicht in dem Laboratorium der Autoren erarbeitet wurden, ist im Text klar angezeigt und im Schrifttumverzeichnis aufgeführt. In diesem Zusammenhang muß unser besonderer Dank von uns (und ebenso von allen anderen Autoren) der American Society of Metals, dem American Institute of Mining and Metallurgical Engineers, dem American Iron and Steel Institute, der Society of Automotive Engineers und anderen technischen Vereinigungen ausgesprochen werden, wie einer großen Anzahl Autoren technischer Bücher und Zeitschriften für ihre weitschauende Hilfe, die Wiedergabe und den Gebrauch ihrer eigenen Angaben im Text, in den Tabellen und Zeichnungen zu gestatten, wobei die Originalarbeit als Ursprung angegeben wurde. Diese unbefangene Einstellung ist ein entscheidender Faktor für die weite Verbreitung metallurgischer Kenntnis und ist in nicht geringem Maße für den ständigen Fortschritt der Geschicklichkeit und Wissenschaft der Metallkunde in diesem Land und in bestimmten Teilen des Auslandes verantwortlich.

Schließlich wünschen wir, unseren Dank FRANK DE SISCO auszudrücken, dessen Vertrautheit mit dem behandelten Stoff und dessen große Erfahrung als technischer Schriftleiter die meisten Durchsichten im Originalmanuskript vorteilhaft gestalten ließ, was notwendig war, um das Thema in der vorliegenden geschlossenen Darstellung bringen zu können.

Walter Crafts.   **John L. Lamont.**

Vorwort des Übersetzers.

Die Leistungsausbeute von Maschine und Werkzeug wird immer weiter gesteigert. Neben der rein konstruktiven Frage gewinnt die Werkstoffauswahl immer mehr an Bedeutung. Während es bis in das zweite Jahrzehnt dieses Jahrhunderts kaum ein eigentliches Werkstoffproblem im Sinne einer bestmöglichen Werkstoffausnutzung weder für den Konstrukteur noch für den Fertigungsingenieur gab, steht heute die Werkstoff-Frage neben den Konstruktions- und Fertigungsaufgaben als entscheidend für den Erfolg im Vordergrund.

Umfassende Entwicklungsarbeiten in allen Ländern brachten in den letzten Jahrzehnten grundlegende Erkenntnisse über die Härtbarkeit der Stähle und über die Beziehungen der Warmbehandlung zu den Eigenschaften der Stähle. Das vorliegende Buch bringt erstmalig eine Zusammenfassung von vielen, insbesondere in amerikanischen Fachzeitschriften erschienenen Veröffentlichungen der letzten zehn Jahre. Die Autoren CRAFTS und LAMONT sind hervorragende amerikanische Autoritäten auf diesem Gebiet und selbst zu einem erheblichen Teil an den von ihnen beschriebenen Entwicklungsarbeiten beteiligt.

Der besondere Charakter dieses Buches gab dem Übersetzer die Anregung, dieses den Werkstoff- und Härtefachleuten der deutschen Industrie zugänglich zu machen, denn der Inhalt ist nicht nur für den Metallurgen und Ingenieur von besonderem Wert, sondern auch für die große Zahl derer, die an Herstellung und Verwendung des Stahles interessiert sind.

Es werden Methoden zur Erzeugung bestimmter Feingefüge, Festigkeiten und Zähigkeiten durch eine geeignete Kontrolle des Erwärmens, Härtens und Anlassens beschrieben. Die Kerbzähigkeit wird in Amerika mehr noch als bei uns als grundsätzlicher Qualitätsfaktor angesehen. Die Bearbeitbarkeit ist meist die kostspieligste Operation bei der Herstellung eines Maschinenteiles — und sie wird noch am wenigsten verstanden. Hier liegt noch ein weites Feld für den Werkstoff-Fachmann.

Das Buch wurde insofern überarbeitet, als jeweils die Umrechnung der amerikanischen Maße in die in Deutschland üblichen Maße vorgenommen worden ist. Den Umrechnungszahlen sind jedoch immer die Originalzahlen beigefügt. Es liegen einige Abweichungen von deutschen Auffassungen vor. Der Kohlenstoffgehalt des Eutektoids wird mit 0,8 % C angegeben, während er nach unserer Literatur 0,9% beträgt. Die amerikanische Auffassung, daß die Legierungselemente voll austauschbar sind, wird in Deutschland und wohl auch in England nicht restlos geteilt. Weitere Entwicklungsarbeiten werden auch hier Klarheit bringen.

Der Übersetzer hielt sich streng an den Wortlaut des Originaltextes, so daß der Charakter des Buches im Sinne der Autoren erhalten ist. Sollten sich Übersetzungs-Ungenauigkeiten eingeschlichen haben, so wäre der Übersetzer dem geneigten Leser für einen freundlichen Hinweis dankbar.

Das Sachregister wurde erheblich erweitert, so daß der Fachmann nunmehr ein gut brauchbares Nachschlagewerk vorfindet. Die Angabe von 139 Einzelarbeiten im Schrifttumsverzeichnis gibt dem interessierten Leser die Möglichkeit eines Studiums der Originalarbeiten.

Besonderer Dank gebührt dem Springer-Verlag, der die Drucklegung in gewohnt sorgfältiger Weise vorgenommen hat.

Die Houghton-Chemie Hannover hat es sich zur Aufgabe gemacht, die deutsche Industrie auf dem Gebiete des Härtereiwesens mit den neuesten Erfahrungen und Verfahren der amerikanischen Industrie bekannt zu machen; sie glaubt, daß auch die vorliegende Übersetzung dem Werkstoff- und Härtereifachmann fruchtbare Anregungen geben kann.

Hannover, im September 1954

Adalbert Rühenbeck.

Hinweis: Der an einigen Stellen des Buches gebrauchte Ausdruck der wörtlichen Übersetzung „voll ausgehärtete Stähle" bedeutet eine vollständige Härtung — Martensitbildung im Gegensatz zur unvollständigen Härtung infolge unterkritischer Abkühlungsgeschwindigkeit. Er ist nicht mit dem deutschen Normbegriff „Aushärten = Ausscheidungshärten" zu verwechseln.

Inhaltsverzeichnis.

1. Das Problem der Härtbarkeit.

Die wesentlichen Operationen, die der Herstellung eines guten Werkzeuges oder anderen harten und dauerhaften Stahlteilen zugrunde liegen, sind einfach und bestehen aus nichts weiterem, als Eisen mit ausreichendem Kohlenstoffgehalt auf Hellrotglut zu erhitzen, es schnell auf Handwärme abzuschrecken und dann wieder auf eine Temperatur zu erhitzen, die gerade trockenes Holz zum Verkohlen bringt — eine notwendige Operation zur Beseitigung des größten Teiles der Sprödigkeit, die durch die schnelle Abkühlung verursacht wird.

Da die Kunst des Abschreckens und Anlassens so einfach ist, wurde sie in vielen Jahrhunderten ausgeübt; HOMER, der wahrscheinlich im 9. Jahrhundert vor Christi Geburt gelebt hat, beschreibt sie in der Odyssee mit den Worten: „Und wenn ein Schmied eine Axt oder einen Beilhammer mit starkem Zischen in Abschreckwasser taucht und dann wieder erwärmt, werden diese sogleich hart wie Eisen." Es gibt noch manche anderen Hinweise auf die Wichtigkeit der Wärmebehandlung des Stahles, so in der Literatur der Griechen, der Römer — PLINIUS schreibt darüber im einzelnen 77 nach Christi Geburt — und in der anderer alten, jedoch zivilisierten Völker.

Im Mittelalter wurde die Kunst des Abschreckens und Anlassens hoch entwickelt, und die berühmten Schwertschmieden von Damaskus, Spanien und Japan waren sich durchaus der Wichtigkeit einer vollständigen Aushärtung bewußt — eines Abschreckens zur Bildung eines Gefüges vor dem Anlassen, das primär aus dem harten Bestandteil Martensit besteht — und wußten, daß eine solche Wärmebehandlung eine scharfe und dauerhafte Schneide an der Klinge erzeugte, die in Nahkämpfen nicht schartig wurde.

Infolge der langsamen, wenn auch stetigen Entwicklung der Kunst in der Wärmebehandlung im Altertum und Mittelalter konnte sie weder vollkommen sein noch in großem Maßstabe wirtschaftlich ausgeübt werden, bis die Grundtatsachen über die Einwirkung der Wärme auf die Struktur von Eisen und Stahl und über die Rolle, die dabei der Kohlenstoff spielt, verstanden wurden. Dieses Verständnis kam in der Geschichte des Eisens erst später. 1722 gab REAUMUR eine Erklärung für den Unterschied zwischen Eisen und Stahl, die auch heute noch bemerkenswert genau ist, wenn wir für REAUMURS „Schwefel und Salze"

Kohlenstoff einsetzen. 60 Jahre später formulierte BERGMANN in Schweden eine Hypothese, die den Schlußstein in die ganze Kunst der Wärmebehandlung setzte — das Eisen ist allotrop, und der Stahl unterscheidet sich deshalb vom Eisen, weil er Kohlenstoff enthält.

BERGMANNs Ideen über die Rolle des Kohlenstoffs wurden dadurch als richtig bewiesen, daß es DAVY 1815 gelang, Stahl durch Auflösung eines Diamanten in geschmolzenem Eisen zu erzeugen. Der letzte Schritt in den fast 150 Jahre dauernden Spekulationen über die innere Natur des Stahles und über die Frage, warum dieser beim Abschrecken härtet, wurde 1868 getan, als TEHERNOFF seinen klassischen Bericht auf einer Tagung der „Kaiserlich russischen wissenschaftlichen Gesellschaft" verlas[1]. Er zeigte, daß Stahl durch Abschrecken dann nicht gehärtet werden kann, wenn er nicht beträchtliche Mengen Kohlenstoff enthält, und wenn er nicht über eine bestimmte kritische Temperatur erhitzt wird, die immer in der Nähe der Kirschrotglut oder der Hellrotglut liegt.

1.1. Neuere Geschichte der Wärmebehandlung des Stahles.

Wohl jeder, der mit der Herstellung, Verarbeitung und Verwendung von Eisenlegierungen zu tun hat, weiß, daß die Härtung des Stahles möglich ist, weil Eisen in zwei kristallographisch verschiedenen Formen existieren kann — α-Eisen, das zwischen Raumtemperatur und 910°C (1670°F), und γ-Eisen, das oberhalb dieser letzten Temperatur beständig ist — und weil der Kohlenstoff im γ-Eisen löslich, aber im α-Eisen praktisch unlöslich ist. Dieses ist ein grundlegendes und hochwichtiges Phänomen in unserer gegenwärtigen Zivilisation, und es ist bedauerlich, daß wir bis vor kurzer Zeit nur wenig über die Strukturänderungen wußten, die beim Erhitzen von Eisen- und Stahllegierungen auf eine solche Temperatur eintreten, bei der γ-Eisen stabil ist, und die dann auf verschiedene Weisen abgekühlt werden. Eine der wichtigsten Ursachen, die ein frühzeitigeres Verstehen dieser Gefügeveränderungen verhinderten, war das Fehlen geeigneter Methoden zu ihrem Studium.

Das Verdienst der ersten Anwendung des Mikroskopes zur Untersuchung der Struktur des Stahles und anderer Legierungen wird gewöhnlich SORBY zugesprochen, der seine wichtigen Abhandlungen hierüber dem British Iron and Steel Institute in den Jahren 1885, 1886 und 1887 vorlegte. MARTENS hat in derselben Zeit in Deutschland daran gearbeitet und über seine Entdeckungen dem Verein Deutscher Ingenieure etwa sieben oder acht Jahre früher berichtet; aber sein Werk fand nicht die Beachtung, die es verdiente. Eine andere wichtige Entwicklung in

---

[1] TEHERNOFFs Bericht wurde nicht veröffentlicht, bis 1876 eine Übersetzung in der britischen Zeitschrift Engineering erschien.

dieser Zeit war die Erfindung des Platin/Platin-Rhodium-Thermo-elementes durch LE CHATELIER im Jahre 1888, das eine einfache und genaue Arbeitsweise ermöglichte, Gefügeänderungen im Stahl und anderen Metall-Legierungen zu studieren.

Mit der Metallographie und Pyrometrie begann ein grundlegendes Studium der Konstitution und der Wärmebehandlung der Legierungen zwischen Eisen und Kohlenstoff und der Wirkungsweise einer großen Anzahl anderer Elemente auf die Eisenlegierungen. So wurden in den 30 Jahren zwischen 1890 und 1920 mehr Fortschritte gemacht als in den 200 Jahren vorher. Umfangreiche experimentelle Arbeiten wurden ausgeführt, und eine Vielzahl von technischen Zeitschriften mit oft mindestens 1000 Druckseiten wurden vorgelegt und erörtert durch HOWE und SAVEUR in den Vereinigten Staaten, ROBERTS-AUSTEN, ARNOLD, ROSENHAIN und HADFIELD in England, LE CHATELIER, OSMOND und GUILLET in Frankreich, MARTENS, TAMMANN, HEYN und RUER in Deutschland, HONDA in Japan, und viele andere. Diese Arbeiten brachten uns das Eisen-Kohlenstoff-Diagramm und sehr genaue Aufklärung über die Wirkung des Erhitzens und Abkühlens auf die Konstitution und die Struktur der Kohlenstoff- und Stahllegierungen. Sie teilten uns viel darüber mit, was beim Abschrecken geschieht, aber praktisch nichts über die Beziehung zwischen dem abgeschreckten Gefügezustand und den technischen Eigenschaften des Stahles, wenn er angelassen und gebrauchsfertig war. Dieses brachte erst die Entwicklung in den letzten 15 bis 20 Jahren.

1.2. Die Entwicklung des Begriffes Härtbarkeit.

Vor etwa 50 Jahren wurde erkannt, daß die Stähle in ihrem Verhalten bei der Wärmebehandlung, d.h. in ihrer Härtbarkeit stark voneinander abweichen; z.B. ist es allgemein bekannt, daß praktisch alle Kohlenstoff- und einige niedriglegierten Stähle mit einer größeren Wandstärke als 25,4 mm (1 in.) selbst beim Abschrecken in kaltem Wasser nur an der Oberfläche und etwas darunter hart werden, während andere niedriglegierten Stähle in ihrem ganzen Querschnitt völlig durchhärten, selbst wenn sie in Öl oder sogar in Luft abkühlen. Es war demnach schon manche Jahre in etwa bekannt, daß die wichtigen technischen Eigenschaften des Stahles — Zugfestigkeit und Streckgrenze, Dehnung und Einschnürung und die Werte des Fließvermögens, Lastwechselzahl, Kerbzähigkeit und die anderen Werte der Dauerfestigkeit — irgendwie von der Gefügeausbildung und der Wärmebehandlung abhängig waren. Aber es gab noch keine quantitativen Zahlen darüber, wie diese Relationen zueinander lagen.

Infolge des verschiedenen Verhaltens der üblichen technischen Stähle bei der Wärmebehandlung und mangels endgültiger Erkenntnis über die Beziehung zwischen Struktur und Eigenschaften war es verständlich, daß die Metallurgen und Ingenieure viele Jahre glaubten, jeder besondere Kohlenstoff- und niedriglegierte Stahl habe nach dem Abschrecken und Anlassen eine einmalige Reihe von Eigenschaften, deren Charakteristik durch ihre chemische Zusammensetzung und durch die Wärmebehandlung bedingt sei. In gewissem Umfang ist dieses auch qualitativ richtig, aber es fehlt bei dieser Betrachtungsweise, daß man die Summe der gewünschten Eigenschaften als Härtbarkeit aufzufassen hat, die das gesamte Verhalten einzelner Stähle umfaßt und von der Härtetemperatur und Härtezeit, der Abkühlungsgeschwindigkeit, der Größe der Teile, der Korngröße und anderen Veränderlichen in Verbindung mit verschiedenen Legierungselementen abhängig ist.

Ein anderer wichtiger Faktor, der bis vor kurzem übersehen worden ist, war der, daß Stähle derselben Härtbarkeit wenigstens zu 90% gleiche mechanische Eigenschaften haben, wenn man sie martensitisch abschreckt und auf gleiche Festigkeit anläßt. Dieses besagt, daß das Härtungsgefüge die wichtigste Veränderliche ist, die die geforderten Festigkeitswerte erreichen läßt, wobei die chemische Zusammensetzung weitgehend variieren kann. Verschiedene Legierungselemente oder die Kombinationen von Legierungselementen mit Kohlenstoff können herangezogen werden, um das gewünschte Härtungsgefüge zu erreichen.

Eine große Anzahl Metallurgen haben hauptsächlich in den Vereinigten Staaten und zu einem kleineren Teil in Deutschland und England an der Entwicklung der modernen Auffassung über die Härtbarkeit und an der Formulierung einer neuen Vorstellung über die technischen Eigenschaften von Kohlenstoff- und niedriglegierten Stählen gearbeitet. Das Werk der Amerikaner auf diesem Gebiet beschreiben die folgenden Kapitel, deren wichtigsten Veröffentlichungen in dem Verzeichnis am Ende des Buches enthalten sind; es erscheint deshalb nicht notwendig, ihre Namen hier zu erwähnen.

Die Vielseitigkeit der Arbeiten über die Härtbarkeit ist schon sehr groß, und es sind manche Anzeichen da, daß die Gesetzmäßigkeiten, die der Härtbarkeit und den Beziehungen zwischen der Gefügeausbildung und den technischen Eigenschaften zugrunde liegen, allmählich für die kommenden Jahre fruchtbar werden[1].

---

[1] Die neuen Grundsätze der Härtbarkeit 3fach legierter Stähle wurden während des letzten Krieges bei den notwendigen schnellen Entwicklungen über Nacht herangezogen, obwohl sie noch keineswegs fest fundiert waren, denn solche Stähle wurden unmittelbar in die Produktion gegeben, ohne daß die übliche lange Erprobungszeit mit Versuchen vorausgegangen war. (Nationale Notstähle — National Emergency Steels.)

1.3. Einfluß der Wärmebehandlung auf die Grundstruktur des Stahles.

Das Gesamtbild der Gefügeänderungen bei Kohlenstoff- und niedriglegierten Stählen durch Wärmebehandlungen ist für einen allgemeinen Überblick hinreichend genau verhältnismäßig einfach aufgezeichnet worden. (Übersetzer: Eisen-Kohlenstoff-Diagramm.) Bei Betrachtung von einem bestimmten Gesichtspunkt aus ist es ein relativ zusammenhängendes und bedeutungsvolles Ganzes. Der Metallurge und der Ingenieur können in seiner jetzigen Form guten Gebrauch davon machen, wenn sie Kohlenstoff- und niedriglegierte Stähle durch eine Wärmebehandlung besser und wirtschaftlicher einsetzen wollen. Es ist jedoch so, daß es bei Gesamtbetrachtung noch Gebiete aufweist, die unklar sind, und daß es noch manche Einzelheiten gibt, die aufgeklärt werden müssen; wenn dieses geschehen ist, wird das Bild zufriedenstellender sein. Für die kommenden Kapitel ist es jedoch eine praktische und wertvolle Diskussionsbasis.

Stahl ist im wesentlichen eine Legierung von Eisen und Kohlenstoff; seine endgültigen Eigenschaften hängen vor allem von der Größe und Verteilung der Karbidteilchen ab. Wenn eine Eisen-Kohlenstoff-Legierung über die kritische Temperatur von 730—760°C (1350—1400° F) erhitzt wird, wandelt sich das α-Eisen, das bei und um Raumtemperatur beständig ist, in γ-Eisen um, und der Kohlenstoff löst sich unter Bildung der bei hohen Temperaturen als Austenit bekannten Kristallform auf. Beim Abkühlen geht die umgekehrte Gefügeveränderung vor sich, γ-Eisen wandelt sich in α-Eisen (Ferrit) um, und der im α-Eisen praktisch unlösliche Kohlenstoff scheidet sich als Eisenkarbid (Zementit) in Form einer Mischung von Ferrit und Zementit aus. Die Struktur (und die Eigenschaften) dieses Gemenges hängen von der Abkühlungsgeschwindigkeit oder auch von der Zusammensetzung und anderen Veränderlichen ab, die eine ähnliche Wirkung wie die Änderung der Abkühlungsgeschwindigkeit haben. Die Bedeutung dieser Vorgänge wird später klar.

Wenn der Austenit langsam von der Temperatur abgekühlt wird, bei der γ-Eisen stabil und der Kohlenstoff in Lösung ist, wandelt sich das γ-Eisen in das α-Eisen um, und das Eisenkarbid wird in bestimmten Teilchen abgeschieden, deren Größe von der Abkühlungsgeschwindigkeit und anderen Veränderlichen abhängt. Kühlt der Austenit sehr schnell ab, werden diese Umwandlungen bis zu einer Temperatur von etwa 260°C unterbunden, und es wird erreicht, daß sich das γ-Eisen zu einem unter inneren Spannungen stehenden instabilen α-Eisen (tetragonales Gitter) umwandelt, das den Kohlenstoff in übersättigter Lösung festhält. Diese Struktur ist als Martensit bekannt. Wenn ein solcher Stahl wiederum erwärmt (angelassen) wird, wandelt sich das verspannte Gitter in das stabile Ferritgitter um, wobei der Kohlenstoff als Karbid gesondert abgeschieden wird. Bei weiterer Erwärmung wachsen die Karbidteilchen und werden unter besonderen Bedingungen so groß wie beim langsamen Abkühlen. Wenn der Austenit sehr schnell auf eine solche Temperatur abgekühlt wird, unterhalb der γ-Eisen instabil ist und oberhalb der sich noch kein Martensit bildet, strebt das γ-Eisen sich umzuwandeln und seinen gelösten Kohlenstoff abzuscheiden. Sobald die Temperatur niedriger ist, wächst diese Tendenz, aber zugleich wächst auch der Widerstand des Materials sich zu ändern, was man bisweilen als zunehmende Starrheit bezeichnet. Somit ist die Geschwindigkeit der Umwandlung beim schnellen Abkühlen des Austenits auf eine unterkritische Temperatur (aber oberhalb der Martensit-Umwandlungstemperatur) und damit die entstehende Struktur von dem Gleichgewicht zwischen diesen beiden Kräften abhängig. Die Umwandlung des Austenits in ein Gemenge von Ferrit und Zementit (Eisen–Karbid) bei irgendeiner unterkritischen Temperatur und oberhalb des Martensitpunktes drückt sich durch Korngröße und Kornwachstum aus, nämlich durch die Bildung von kleinen Kristalliten und dem nachfolgenden Wachsen dieser Kristallite. Dieser Prozeß hängt von Temperatur, Zeit und anderen Veränderlichen ab.

Wenn sich der Austenit zwischen 705 und 540°C (1300 und 1000°F) umwandelt, besteht das sich bildende Gefüge aus Ferrit und relativ groben Zementitteilchen. Meist hat dieses als Perlit bekannte Gemenge unter dem Mikroskop betrachtet Lamellarstruktur. Das Gemenge, das sich etwa zwischen 540°C (1000°F) und dem Martensitpunkt bildet, besteht aus Ferrit und sehr kleinen Karbidteilchen, es hat eine federn- oder nadelartige Struktur und ist als Bainit bekannt.

1.4. Die Grundbeziehung zwischen Struktur und Stahleigenschaften.

Festigkeit, Härte und andere Eigenschaften stehen zur Größe und Verteilung der Karbidpartikelchen in direkter Beziehung. Ein Stahl mit einer Perlitstruktur ist weich, ein Stahl mit einer Bainitstruktur ist relativ hart, und ein Stahl, dessen Gefüge zumeist aus Martensit besteht, ist sehr hart. Die Härten (und andere Eigenschaften) der perlitischen und bainitischen Stähle variieren mit der Größe und Verteilung der beiden Gefügebestandteile Ferrit und Karbid beträchtlich. Das Erwärmen eines martensitischen Stahles verursacht infolge der Tendenz zu einer Stabilisierung des Ferritgitters ein Koagulieren des Karbids und damit ein entsprechendes Weicherwerden. Es ist deshalb möglich, die gleiche Härte entweder unmittelbar durch die Bildung von Perlit bzw. Bainit oder mittelbar durch das Anlassen des Martensits zu erreichen. Üblicherweise haben jedoch, und das ist wichtig, die Karbidteilchen des angelassenen Martensits eine vorteilhafte Verteilung, so daß Streckgrenze, Zähigkeit und Dauerfestigkeit eines Stahles bei einer bestimmten Härte meist größer sind, wenn der Stahl durch die Martensitstufe gegangen ist. So hängen die Eigenschaften des Stahls in hohem Maße von dem Grad ab, bis zu dem Martensit durch Abschrecken erzeugt worden ist, oder, wie es in den folgenden Abschnitten dargestellt werden soll, von dem Grad, bis zu dem bei höheren Temperaturen die Bildung des Ferrits, Perlits oder Bainits unterdrückt worden ist. Die Unterdrückung der vorzeitigen Umwandlung wird durch so schnelles Abschrecken in Wasser oder Öl erreicht, daß für eine selbst geringe Umwandlung keine Zeit gegeben ist, die bei höheren Temperaturen eintreten würde; die erforderliche Abkühlungsgeschwindigkeit zur Vermeidung dieser Umwandlung ist als kritische Abkühlungsgeschwindigkeit bekannt. Die Wärme wird beim Abschrecken zuerst von der Oberfläche des Stahles in das Abkühlmittel und dann durch Wärmeleitung vom Innern zur Stahloberfläche abgeführt; deshalb benötigt die vollständige Abkühlung eine bestimmte Zeit und wird um so langsamer, je größer die Abmessungen der Stahlteile werden. Bei reinen Kohlenstoffstählen kann die bei hohen Temperaturen anlaufende Perlitumwandlung nicht mehr unterdrückt werden, wenn die Wandstärke größer als 12,5 mm ($\frac{1}{2}$ in.) ist. Um eine solche vorzeitige Umwandlung bei höheren Temperaturen zu vermeiden, und um sicher zu sein, daß sich Martensit bei stärkeren Querschnitten, die langsamer abkühlen, bildet, wird der Stahl mit Elementen wie Mangan, Silizium, Nickel, Chrom und Molybdän legiert. Bei Verwendung von niedriglegierten Stählen können Martensit und optimale mechanische Werte nur dann erzielt werden, wenn die Teile eine bestimmte Wandstärke nicht überschreiten.

Die Legierungselemente unterdrücken die vorzeitige Umwandlung in verschiedener Weise, ihr Einfluß ist jedoch abhängig voneinander, so daß manche von ihnen durch andere ersetzt werden können, die den gleichen Effekt der kritischen Abkühlungsgeschwindigkeit bedingen. Sie haben jedoch besondere Wirkungen in ungehärteten und leicht gehärteten Stählen, so daß diese die üblichen mechanischen Eigenschaften, die Bearbeitbarkeit und andere sekundäre Eigenarten beeinflussen. Legierungselemente erhöhen die Anlaßbeständigkeit, so daß es notwendig ist, das Anlaßverhalten mit dem Ziel zu untersuchen, eine Formel aufzustellen, die die tatsächlichen Eigenschaften zahlenmäßig auswertet, so gut es die relative Qualität verschieden legierter Stähle zuläßt.

1.5. Wichtige Faktoren bei der Härtung.

Frühere Bearbeiter wiesen den Grundcharakter des Stahles nach und arbeiteten das Eisen-Kohlenstoff-Diagramm aus. Die in diesem Dia-

gramm aufgezeigten Gleichgewichtsbedingungen sind bei der Erwärmung zum Härten von größtem praktischen Interesse. Ausgenommen
von Sonderfällen ist es das Ziel des Härters, beim Erwärmen homogenen
Austenit zu erzeugen, denn der Erfolg der Härtung hängt primär von der
Lösung des Kohlenstoffs im Austenit und von seiner gleichmäßigen Verteilung durch Diffusion ab.

Die Auswirkungen der Härtung werden im wesentlichen durch die
Faktoren überprüft, die Abb. 1.1 schematisch zeigt. Die Abkühlungsgeschwindigkeit, chemische Zusammensetzung und andere Veränderliche bestimmen die Temperatur und die Schnelligkeit der Austenitumwandlung, den erreichten Grad der Härtung — mit anderen Worten, die Menge des umgewandelten Martensits — und die Fähigkeit, Härte und Zähigkeit zu entwickeln. Für das Verständnis dieser Veränderlichen ist das Verständnis des Mechanismus der Austenitumwandlung wichtig. Auch die moderne Auffassung der Härtbarkeit läuft darauf hinaus, nur den Unterschied zwischen

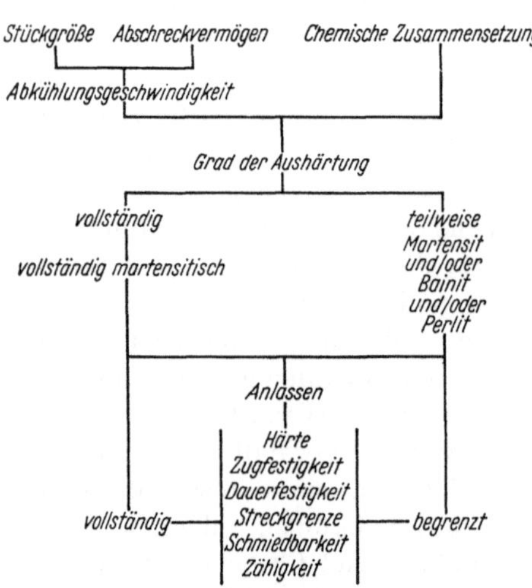

Abb. 1.1. Schematische Darstellung der Faktoren, die bei
der Wärmebehandlung von Kohlenstoff- und niedriglegierten Stählen berücksichtigt werden müssen.

martensitischer und nichtmartensitischer Struktur im gehärteten Stahl
ausdrücklich zu betonen, während die Ausbildung und die Eigenschaften
der nichtmartensitischen Grundbestandteile von großer praktischer
Wichtigkeit sind. Bei der entscheidenden Wärmebehandlung erscheint
es erstrebenswert zu sein, 100% Martensit durch Abschrecken zu erreichen, um die günstigsten mechanischen Eigenschaften zu erzielen,
obwohl dieses in einer großen Zahl von Fällen nicht erreicht wird. Der
Einfluß nichtmartensitischer Bestandteile kann unerheblich sein, und
es erscheint notwendig, dieses vorauszusehen und zu kontrollieren. Besonders durch die isothermen Techniken von DAVENPORT und BAIN
und durch das Studium der Martensitumwandlung durch GRENINGER
und TROIANO ist die Kenntnis über die Austenitumwandlung bei
höheren Temperaturen größer geworden. Auch die Bemühungen, die
isothermen Umwandlungen in die Arbeitsweisen laufender Abkühlung
einzubauen, haben gewissen quantitativen Erfolg gehabt; das qualitative
Verständnis ist jedoch praktisch wichtiger als der theoretische Wert.

1.6. Härtbarkeit und Abkühlungsgeschwindigkeiten.

Die zahlenmäßige Bewertung der Härtbarkeit beim Abschrecken setzt die quantitative Auslegung der Abkühlungsgeschwindigkeit voraus[1]. Dieses schwierige Problem wird durch die Annahme vereinfacht, daß sich ein Stahlkorn in einer bestimmten Weise umwandelt, wenn die Abkühlung in bestimmter Weise erfolgt ohne Rücksicht darauf, ob dieses an der Oberfläche oder in der Mitte eines starkwandigen oder dünnen Stahlteiles erfolgt, und ohne Rücksicht darauf, ob der Stahl in Luft, Öl oder Wasser abgekühlt wird. Mit dieser Annahme ist es möglich, ein einfaches Kriterium der Abkühlungsgeschwindigkeit zu gewinnen derart, daß die Geschwindigkeit bei irgendeiner geeigneten Temperatur oder Zeit zur Abkühlung bis zur Hälfte zwischen der Ausgangs- und Endtemperatur liegt. Abkühlungsgeschwindigkeiten sind von FRENCH und anderen gemessen worden und haben dazu geführt, daß ihre Beziehung zur Größe und Form der abgeschreckten Teile festgelegt wurde. RUSSEL und GROSSMANN, ASIMOW und URBAN haben auch Parameter für die Bewertung der Härtung aufgestellt, die auf der Auffassung beruhen, daß die Art der Wärmeableitung von der Temperaturdifferenz zwischen der Oberfläche und dem Inneren abhängt. Diese Auffassung ist insofern brauchbar, als sie den Begriff einer Standard- oder Idealhärtung erlaubt, auf die einige andere Werte des Abschreckens bezogen werden können.

GROSSMANN, ASIMOW und URBAN fügten zu diesem Begriff noch einen bestimmten oder „kritischen" Grad der Stahlhärtung, um das relative Verhalten der Stähle unter verschiedenen Abkühlungsbedingungen und bei verschiedenen Zusammensetzungen zahlenmäßig zu bewerten. Dieser Begriff des „idealen kritischen Durchmessers" ergab eine Grundzahl, mit der die Stähle verglichen werden konnten, so daß deren Empfindlichkeit bei der Härtung durch einen Standardbegriff bestimmter Bedeutung ausgedrückt wird. GROSSMANN verglich also Stähle verschiedener Zusammensetzung und fand, daß die Härtbarkeit durch die Zusammenfassung aller Faktoren der Korngröße, des Kohlenstoffgehaltes und der Legierungszusammensetzung berechnet werden konnte. Dieses ermöglichte die angenäherte Voraussage der Härtbarkeit des Stahles auf Grund seiner chemischen Zusammensetzung. Andere Abhängigkeitsbedingungen sind seitdem festgestellt worden, so daß es möglich ist, den Prozentanteil des Martensits und die Härte des abgeschreckten Stahles zu berechnen.

1.7. Auslegung der Härtbarkeit und Wichtigkeit des Anlassens.

Zur Erreichung der besten mechanischen Eigenschaften muß ein Stahl ausgehärtet sein; d.h. er soll bis zur völligen martensitischen

---

[1] Der hier diskutierte Härtungsumfang bezieht sich mehr auf die Bedeutung des gebildeten Martensits als auf den zahlenmäßigen Wert der erreichten Härte.

Struktur vor dem Anlassen gehärtet werden. Die geforderte Härtbarkeit ist nach dem Verhältnis des Martensitanteiles im Stahl oder durch den Härtegradienten über den Durchmesser zahlenmäßig bewertet worden. Flachhärtende Stähle[1] sind jedoch in bestimmten Fällen erwünscht, um die resultierenden Druckspannungen an der Oberfläche auszunutzen, die die auftretenden Belastungsspannungen ausgleichen. (Übersetzer: Druckvorspannung in den Außenzonen gleich Erhöhung der Dauerfestigkeit.)

Die praktische Nutzbarmachung der Beziehungen zwischen Abkühlungsgeschwindigkeit, Verzug und Härtbarkeit verlangt ein Prüfverfahren, das Tag für Tag und durch verschiedene Bearbeiter reproduzierbar ist. Es sind verschiedene genormte Härtbarkeitsprüfmethoden entwickelt worden, von denen die am meisten angewandte und auch weitgehendsten anerkannte der Jominy-Test ist, der von JOMINY und BOEGEHOLD ausgearbeitet wurde. Dieser Test besteht darin, eine Probe mit 25,4 mm (1 in.) Durchmesser unter bestimmten Bedingungen an einem Ende mit Wasser abzuschrecken und die Härte in verschiedenen Abständen vom abgeschreckten Ende zu messen, so daß die Härte zur Bestimmung der Abkühlungsgeschwindigkeit weitgehend herangezogen wird. Die Abkühlungsgeschwindigkeit und der entsprechende ideale kritische Durchmesser haben dazu geführt, daß es durch den Jominy-Test möglich ist, die wirkliche Härtbarkeit nachzuprüfen und festzustellen. Durch FIELD und CRAFTS und LAMONT sind Methoden entwickelt worden, die Jominy-Härte aus der chemischen Zusammensetzung zu errechnen. Da der Jominy-Test billig und genau ist, trug er viel für das Verständnis und die Kontrolle der Härtbarkeit bei. Der Test ist als Grundlage für die Spezifikation der Härtbarkeit herangezogen worden, und es wurden Härtbarkeitsbänder der allgemeinen legierten Stähle für bestimmte Zwecke entwickelt.

Der letzte Arbeitsgang bei der Wärmebehandlung ist das Anlassen des gehärteten Stahles, um die hohe Qualität zu bekommen, die durch das Härten eingeleitet wurde, und um die Sprödigkeit zu beseitigen, die dem neugebildeten Martensit eigen ist.

Der Mechanismus des Anlassens ist kompliziert, aber WELLAUER und CRAFTS und LAMONT haben brauchbare Formeln für die Berechnung der Anlaßhärte entwickelt. Diese Methoden zusammen mit dem Koeffizienten von HOLLOMON und JAFFE ermöglichen es, für eine Anlaßzeit die angenäherte Härte des abgeschreckten und angelassenen Stahles vorauszubestimmen.

1.8. Beziehung der Härtbarkeit zu den technischen Eigenschaften.

Es sind Verfahren für die Abschätzung der für die Festigkeit maßgebenden Eigenschaften wie Ermüdungsfestigkeit, Streckgrenze, Fließ-

---

[1] Sog. Schalenhärter.

vermögen, Dehnung und Zähigkeit ausgearbeitet und mit der Struktur in Beziehung gesetzt worden. JANITZKY fand, daß gehärtete und angelassene legierte Stähle verschiedener Sorten dann ähnliche Eigenschaften haben, wenn sie voll ausgehärtet sind und auf die gleiche Härte angelassen werden. Der Einfluß der unvollständigen Aushärtung beim Abschrecken ist für die grobe Schätzung der Streckgrenze und Dehnung herangezogen worden; und ein zahlenmäßiger Wert dieses Einflusses auf die Schlagfestigkeit ist von CRAFTS und LAMONT bestimmt worden. Es ist deshalb möglich, nicht nur die Härte und die Zugfestigkeit zu berechnen, sondern auch die anderen Eigenschaften, die für die Überwachung der Eignung des Stahles für erfolgreichen Einsatz wichtig sind. Da die Berechnungen einfach und ohne große Fehlermöglichkeiten sind, heben sie sich aus der Zahl der anderen Methoden heraus, durch die das gleiche Endziel erreicht werden könnte. Seitdem die Berechnungen auf klaren vereinfachenden Annahmen und statistischem Material beruhen, bestehen nur noch kleine Unterschiede zwischen den verschiedenen Methoden. Die Entscheidung für eine dieser Methoden ist meistens von deren Eignung für das spezielle Problem abhängig.

Diese im Überblick aufgezeigten Beziehungen werden für die Auswahl und die Wärmebehandlung des Stahles zur Erzielung einer bestimmten Härte mittels eines kontrollierten Verhältnisses des Martensitanteiles im abgeschreckten Zustand herangezogen. Der Grad der Abschreckhärtung und die angelassene Endhärte bestimmen primär die Eigenschaften, die einen Stahl verwendbar machen, so daß die jeweilige Gefügeausbildung, die beim Abschrecken hinreichend hart wird und genügend Härte nach dem Anlassen beläßt, für einen bestimmten Zweck ausgewählt werden konnte. In der Praxis jedoch schränken die Probleme und Kosten der Fertigung und der Wärmebehandlung die Auswahl ein. Diese Fertigungsfaktoren sind zahlenmäßig viel schwerer zu erfassen, und nur einige der besonderen Charakteristiken sind in diesem Buch beschrieben.

1.9. Zusammenfassung.

Die bedeutenderen neuen Entwicklungen in der Kunst der Wärmebehandlung des Stahles sind in diesem Kapitel zusammengefaßt und werden so in den folgenden Kapiteln zusammengestellt, daß die jetzt verfügbare Erkenntnis für die Praxis besser ausgenutzt werden kann. Vieles ist fortgelassen, vieles ist stark vereinfacht worden. Die zahlenmäßige Berechnung der Härtbarkeit ist in den letzten Jahren jedoch hinreichend genau geworden, so daß damit in der Wärmebehandlung und dem wirtschaftlichen Einsatz der legierten Stähle ein großer Schritt vorwärts getan wurde. Die Reihe der zu berechnenden Faktoren ist jetzt so vervollständigt, daß sie praktischen Wert hat, und sie gestattet eine

Vergleichsbasis, durch die eine bessere Auswahl und eine bessere Überwachung der Wärmebehandlung des Stahles möglich geworden ist. Es ist zu hoffen, daß diese Besprechung der Berechnungsmethoden fördernde Hinweise auf eine vernünftige und wirtschaftliche Anwendung des legierten Stahles geben wird.

2. Erwärmung zur Härtung.

Die erste Stufe bei der Stahlhärtung besteht in der Erwärmung auf eine bestimmte Temperatur und ein so langes Halten auf diese Temperatur, bis die gewünschte Gefügeveränderung eingetreten ist. Dieser Arbeitsvorgang kann verhältnismäßig einfach sein und von einem Grobschmied in einem kleinen Schmiedefeuer ausgeführt werden; er kann auch sehr kompliziert sein, wobei eine automatisch einstellbare Beheizung elektrischer Öfen eingesetzt wird, die laufend kontrollierte Gasatmosphären enthalten, oder wo Salzbäder besonderer Zusammensetzung in Verbindung mit genau arbeitenden Pyrometern für die Temperaturmessung Anwendung finden. Um dieses mit Erfolg auszuführen, sind erhebliche metallurgische Kenntnisse erforderlich.

Zur Herstellung eines guten Meißels nimmt der Grobschmied ein kurzes Stück einer 6- oder 8eckigen Stange eines Kohlenstoffstahles mit 0,6 % C, legt dieses in sein Feuer, packt Kohlen rund herum und heizt es so lange auf, bis das Ende kirschrot ist. Er hält diese Bedingungen einige Minuten aufrecht und schreckt dann die Spitze in Wasser ab. Um unmittelbar anschließend anzulassen, läßt der Schmied die Wärme vom Schaft in die Spitze fließen; wenn diese eben blau angelaufen ist, schreckt er das ganze Stück in Wasser ab.

Beim anderen Extrem wird eine komplizierte, kostspielig und sorgfältig hergestellte Welle oder Achse in einer so eingestellten Kohlenwasserstoff-Atmosphäre, daß sie weder ent- noch aufkohlt, auf eine solche Temperatur erhitzt, die gerade hoch genug ist, um homogenen Austenit zu bilden, jedoch nicht zu hoch, damit kein starkes Kornwachstum eintritt. Bei einem so sorgfältig kontrollierten Arbeitsvorgang muß man die Neigung des Stahles zu Kornwachstum kennen, und wissen, welche Karbide vorhanden sind, wie schnell diese sich auflösen und bei verschieden hohen Temperaturen diffundieren, und schließlich wie vollständig die Auflösung dieser Karbide je nach Verwendungszweck sein muß. Wenn das Teil hinreichend genug austenitisiert ist, wird es meist in Öl abgeschreckt und dann sorgfältig angelassen, damit die gewünschten Eigenschaften je nach Sonderstahl erreicht werden.

Ob die Erwärmung nun vom Grobschmied oder speziell von einem Metallurgen vorgenommen wird, oder ob diese genauer als die eine oder weniger sorgfältig als die andere überwacht wird, hängt von der Zusammensetzung und den Kosten des Stahles, von den Anforderungen, denen das fertige Teil gewachsen sein muß, und vor allem davon ab, wie oft es in der Fabrikation verwendet wird, d.h. wieviel Geld verlorengehen wird, wenn die Wärmebehandlung falsch ist. Im allgemeinen sollen die meisten Kohlenstoffstähle und praktisch alle niedriglegierten Stähle sorgfältig wärmebehandelt werden, was auch geschieht; die Faktoren, die während der Erwärmung und während des Haltens auf Härtetemperatur kontrolliert werden sollen, sind der Gegenstand dieses Kapitels.

Es wurde in dem vorausgehenden Kapitel erwähnt, daß sich α-Eisen beim Erwärmen über eine bestimmte kritische Temperatur in γ-Eisen umwandelt, und daß der Kohlenstoff bei der hohen Temperatur im γ-Eisen unter Bildung von Austenit löslich ist, aber nicht in dem bei tiefen Temperaturen beständigen Ferrit. Diese Umwandlung ist beim Abkühlen umkehrbar, so daß sich der Austenit in Ferrit und Karbid verwandelt. α-Eisen (Ferrit) löst bei Raumtemperatur weniger als 0,01% C, während γ-Eisen (Austenit) bei hohen Temperaturen über 1% C zu lösen vermag. Gerade dieser Unterschied in der festen Löslichkeit des Kohlenstoffs ermöglicht das Härten, denn wenn sich Austenit beim Abkühlen in Ferrit umwandelt, wird der im Austenit in fester Lösung befindliche Kohlenstoff im Ferrit unlöslich und als Karbid ausgeschieden. Folglich besteht die eigentliche Härtetechnik darin, den Stahl über die Umwandlungstemperatur zu erhitzen und ausreichend lang auf dieser Temperatur zu halten, um homogenen Austenit zu bekommen.

2.1. Einfluß des Kohlenstoffs auf die Härtetemperatur.

Die Temperatur, bei der während des Erwärmens Ferrit in Austenit übergeht, ist nicht für alle Stähle gleich, sondern hängt sowohl vom Kohlenstoffgehalt und den Legierungselementen als auch von der Erhitzungsgeschwindigkeit und der früheren Struktur ab.

Bei reinem Eisen erfolgt die Umwandlung von Ferrit in Austenit bei der bestimmten Temperatur von 910°C (1670°F), wobei die Gammaform bis zu der Temperatur von 1400°C (2550°F) beständig ist. Die Zufügung von Kohlenstoff dehnt die Umwandlung auf ein Temperaturgebiet aus. Zwischen den Begrenzungen A_1 und A_3 (Abb. 2.1) bei weniger als 0,8% C — die untereutektoiden Stähle — bestehen Austenit und Ferrit nebeneinander; zwischen den Grenzen A_1 und A_{cm} mit mehr als 0,8% C — die übereutektoiden Stähle — bestehen Austenit und Karbid nebeneinander. Bei der eutektoiden Zusammensetzung von 0,8% C verläuft die Umwandlung bei einer bestimmten Temperatur. Wenn die Auflösung im Austenit unvollständig ist, so daß Reste von Ferrit und Karbid die Aushärtung des Stahles vermindern, ist es meist erforderlich, über die A_3-

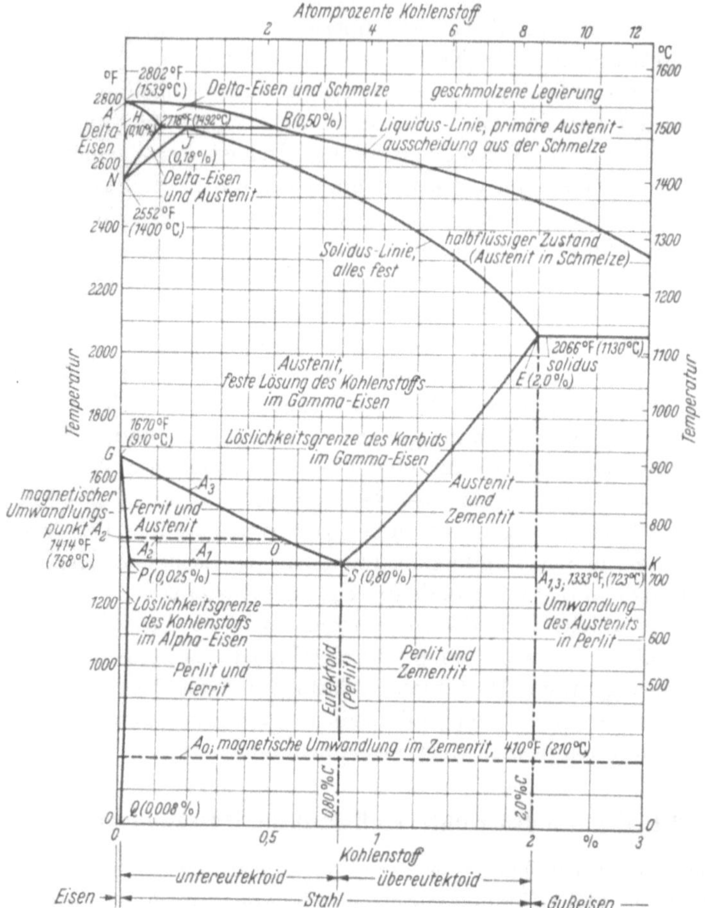

Abb. 2.1. Teil des Eisen/Eisen-Karbid-Gleichgewichtsdiagramms. (Metals Handbook [5].)

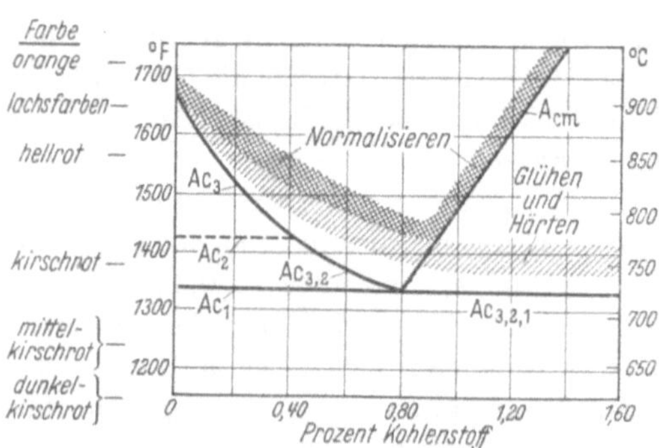

Abb. 2.2. Empfohlene Temperaturgebiete für die Wärmebehandlung von Kohlenstoffstählen. (Metals Handbook [5].)

und A_{cm}-Temperatur beim Erwärmen für die Härtung hinauszugehen. Es gibt einige Ausnahmen von dieser Regel, hauptsächlich bei hochkohlenstoffhaltigen Stählen.

Die gebräuchlichen Härte-, Weichglüh- und Normalisierungstemperaturen für Kohlenstoffstähle zeigt Abb. 2.2.

2.2. Einfluß der Legierungselemente auf die Härtetemperatur.

Legierungselemente verschieben die kritischen Umwandlungstemperaturen von Eisen- und Eisen-Kohlenstoff-Legierungen vor allem nach oben oder unten. Der Einfluß dieser Elemente auf die Umwandlungscharakteristik des Eisens soll an zwei typischen Diagrammen in Abb. 2.3 gezeigt werden.

Mangan und Nickel verschieben die Temperaturgrenze des stabilen Austenits hauptsächlich derart, daß die Umwandlungstemperatur des

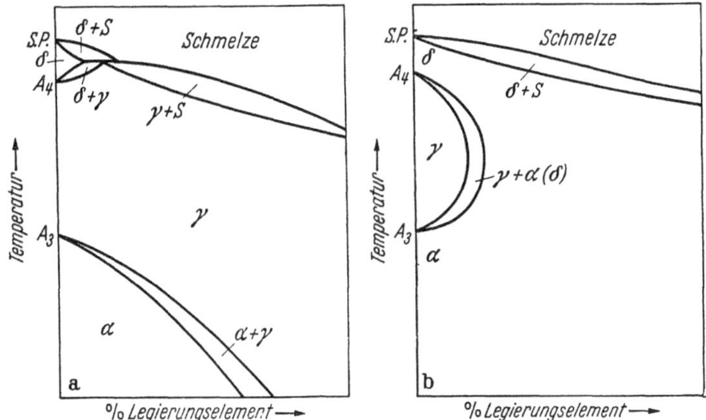

Abb. 2.3. Haupttypen der Gleichgewichtsdiagramme von Eisenlegierungen. (BAIN [*19*], nach WEVER.)

Austenits in Ferrit und Karbid erniedrigt wird; ihr Einfluß ist in dem linken Teil des Bildes dargestellt. Die Wirkung von Silizium, Chrom, Wolfram, Molybdän, Vanadin und Aluminium ist im rechten Teil des Diagrammes dargestellt; sie schränken die Temperatur und das Gebiet des stabilen Austenits so ein, daß das Austenitfeld geschlossen ist und die sogenannte „Gamma-Schleife" bildet („gamma loop"). Chrom nimmt eine Sonderstellung ein. In kohlenstofffreien Legierungen erniedrigt Chrom bis etwa 7—8% etwas die Umwandlungstemperatur, während höhere Prozentsätze die Umwandlungstemperatur steigern, so daß sich eine „Schleife" bildet. In niedriggekohlten Eisenlegierungen wird die Grenze des Austenitfeldes — die rechte Begrenzung der Schleife — bei etwa 2% Si, 12% Cr, 3% Mo, 6% W, 1% V oder 1% Al erreicht.

Legierungselemente beeinflussen die Umwandlungscharakteristik von Eisen-Kohlenstoff-Legierungen meist in gleicher Weise wie die des reinen Eisens. Sie verändern sowohl die eutektoide Zusammensetzung (Punkt S in Abb. 2.1) der Eisen-Kohlenstoff-Legierungen als auch die eutektoide Temperatur in der Weise, wie es Abb. 2.4 zeigt. Die Ursache ist die geringere Löslichkeit des Kohlenstoffs in mäßig hochlegierten Stählen im Vergleich zu reinen Eisen-Kohlenstoff-Legierungen. Weiterhin wird bei hochchromhaltigen Legierungen von 12—15% Cr mit niederem und mittlerem Kohlenstoffgehalt, den korrosionsfesten Stählen, das Austenitfeld durch Ferrit begrenzt, und es sind relativ hohe Temperaturen erforderlich, um allen Ferrit in Austenit umzuwandeln.

Es mag so aussehen, als bestände keine systematische Übersicht über den Einfluß von zwei und mehr Legierungselementen auf Kohlenstoffstähle. Ihre Einflüsse auf die Umwandlungstemperatur scheinen jedoch zum großen Teil additiver Natur zu sein. Da Unterlagen solcher komplexen Eisen-

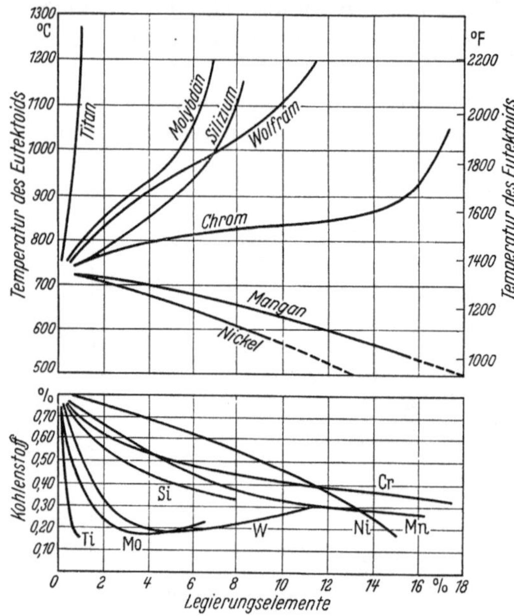

Abb. 2.4. Einfluß der Legierungselemente auf die Lage und die Temperatur des Eutektoids. (BAIN [19].)

Tabelle 2.1. *Normalisierungs- und Austenitisierungstemperaturen[1] für allgemein verwendete Kohlenstoff- und niedriglegierte Stähle[2].*

Kohlenstoffgehalte[3]	Normalisierungstemperatur		Austenitisierungstemperatur	
	°C	°F	°C	°F
Stahl Serien 1000, 1300, 3100, 3200, 4000, 4100, 4300, 4600, 5000, 5100, 8600, 8700, 9400, 9700, 9800, 9900				
Bis zu 0,25%	925	1700	925	1700
0,26—0,36%	900	1650	870	1600
0,37 und darüber	870	1600	845	1550
Stahl Serien 2300, 2500, 3300, 4800 und 9200				
Bis zu 0,25%	925	1700	845	1550
0,26—0,36%	900	1650	815	1500
0,37 und mehr	870	1600	800	1475
0,50 und mehr (9200)	900	1650	870	1600

[1] Eine Abweichung von $\pm 5{,}5°$C ($\pm 10°$F) von den angegebenen Temperaturen ist gestattet.   [2] Society of Automotive Engineers *[134]*.

[3] Einzelheiten über die Zusammensetzung der legierten SAE-Konstruktionsstähle werden im Anhang III gegeben.

legierungen fehlen, bestimmt man zweckmäßig die Umwandlungscharakteristiken jeder Stahlsorte beim Erhitzen, wenn solche Werte nicht schon vorliegen. Auch ist die Kenntnis der unteren kritischen Temperatur (Linie PSK, Abb. 2.1) für manche Zwecke wichtig. Es ist wesentlich, daß die obere kritische Temperatur (Linie GOS und entsprechend Linie SE, Abb. 2.1) für eine ausreichende Härtung überschritten wird (Abb. 2.2). Die Umwandlungscharakteristiken sind bei vielen der allgemeinen Erwärmungsweisen der Stähle bestimmt worden. Die vom Society of Automative Engineers vorgeschlagenen Erwärmungstemperaturen sind in der Tabelle 2.1 aufgeführt[1] [134]. Stähle der Reihe SAE 6100, die Vanadin enthalten, werden bei einer um etwa 30°C (50°F) höheren Temperatur normalisiert und austenitisiert, als dieses in der Tabelle 2.1 aufgeführt wird, was durch die Schwierigkeit der Auflösung der Karbide bei diesen Stählen bedingt ist.

2.3. Einfluß der Erhitzungsgeschwindigkeit auf die Bildung des Austenits.

Das Erwärmen auf Härtetemperatur wird in Öfen vorgenommen, die elektrisch, mit Gas oder Öl beheizt sind, und in denen die Wärme hauptsächlich durch Strahlung übertragen wird; in Salz- oder Bleibädern wird die Wärme durch Leitung übertragen; im Hochfrequenzfeld geschieht die Übertragung durch Induktion. Die Erhitzungsgeschwindigkeiten sind sehr verschieden; so sind die der elektrisch- und gasbeheizten Öfen im allgemeinen kleiner als die der Salzbad- oder Hochfrequenzinduktionsöfen. Eine besonders schnelle Erhitzungsgeschwindigkeit wird durch die letztere Methode erreicht, so daß mit wenigen Ausnahmen diese Methode allgemein zur Erhitzung der Oberfläche benutzt wird, um eine harte Oberfläche und einen weichen Kern zu bekommen. Die Azetylen - Sauerstoff-Flamme wird auch für einzelne Zwecke verwendet.

Die Auflösung des Ferrits oder Karbids im Austenit ist ein Vorgang, der eine bestimmte Zeit braucht,

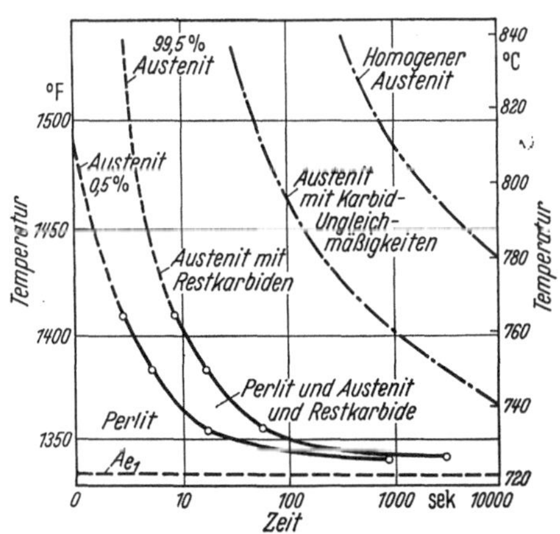

Abb. 2.5. Isothermes Temperatur-Zeit-Diagramm für die Austenitisierung eines eutektoiden Stahles. Anfangsgefüge, normalisierter feiner Perlit. (ROBERTS und MEHL [118].)

[1] Die meisten Zahlen enthält die Aufstellung am Ende des Buches.

und der um so schneller vor sich geht, je höher die Temperatur ist. Eine Vorstellung von der Zeit-Temperatur-Beziehung zeigt Abb. 2.5.

Abb. 2.6 zeigt den Einfluß einer ungenügenden Zeit zur Auflösung der Karbide auf die Härtbarkeit eines Stahles mit 1% C und 1,5% Cr (SAE 52100). Man erkennt, daß sowohl das Maximum der Härte als auch die Tiefe der Einhärtung mit der Zeit und der Temperatur wächst, und daß dieser Einfluß bei einem relativ groben Grundgefüge (in

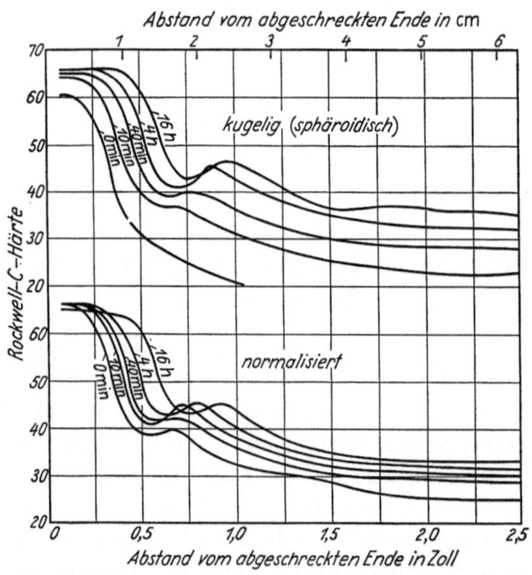

Abb. 2.6. Einfluß einer ungenügenden Zeit für die völlige Auflösung der Karbide im Austenit auf die Jominy-Härtbarkeit. (ROWLAND, WELCHNER und MARSHALL [121].)

diesem Falle sphäroidisch) noch deutlicher ist. ROBERTS und MEHL [118] fanden, daß die Auflösungsgeschwindigkeit der Karbide dem sichtbaren Ferrit-Karbid-Anteil proportional ist. So lösen sich bei der Härtetemperatur feine Karbide viel schneller auf als grobe, und lamellare gehen wieder schneller in Lösung als kugelförmige. Bisweilen ist es erforderlich, bei hochkohlenstoffhaltigen Stählen die vollständige Auflösung der Karbide zu vermeiden, indem diese nicht bis über die Löslichkeitsgrenze der Karbide erhitzt werden, um das feine Korn beizubehalten und frei von Restaustenit zu sein, der beim Abhärten nicht in Martensit umwandelt. Die Gegenwart der stabilen Karbide des Chroms, Vanadins und Titans erfordern in einigen Fällen dieses Verfahren.

2.4. Austenitisierung der unter- und übereutektoiden Stähle.

In niedrigen und mittleren Kohlenstoffstählen (untereutektoid) werden die Karbide zuerst gelöst, um die Grundform des Austenits zu bilden, und der Ferrit wird zuletzt aufgenommen. Bei ziemlich hohen Temperaturen besteht auch bei „abnormalen" Stählen die Tendenz, daß der Ferrit nicht vollständig aufgelöst wird. Die erwähnte Diffusion des Kohlenstoffs und der Legierungselemente wird durch den Gefügezustand beeinflußt, wie es die Ergebnisse der Härtbarkeitsteste in Abb. 2.7 zeigen.

Im Hinblick auf die verschiedenen strukturellen Bedingungen, die ein Stahl haben kann, ist es bisweilen zweckmäßig, den Stahl vor der Härtung vorzubehandeln, um die Diffusionsgeschwindigkeit zu steigern. Zum Studium und zur Überprüfung der Härtbarkeit ist es meist praktisch, die wärmezubehandelnden Stähle vorher bei einer Temperatur zu normalisieren, die hoch genug, vorzugsweise 30°C (50° F) höher ist als Härtetemperatur.

Wenn die vollständige Auflösung des Ferrits und Karbids erreicht ist, ist für die nachfolgende Diffusion zur Erzielung homogenen Austenits noch weitere Zeit erforderlich. Als Extremfall der Unhomogenität

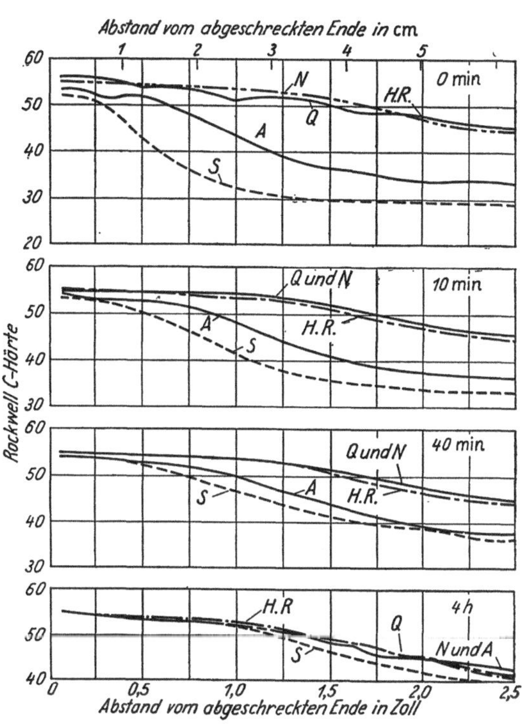

Abb. 2.7. Einfluß der Ausgangsstruktur und der Zeit bei 845°C (1550°F) auf die Jominy-Härtbarkeits-Charakteristik des SAE-Stahles 4340. (H.R. = warm gewalzt, N = normalisiert, A = geglüht, S = sphäroidisch, Q = abgeschreckt.) (WELCHNER, ROWLAND und UBBEN [137].)

kann die pseudomorphe Struktur des Perlits in induktionsgehärteten Stählen angesehen werden [45]. Die alte Regel, je 25,4 mm (1 in.) Wandstärke eine Stunde Ofenzeit anzusetzen, bedeutet nicht sehr viel, da gewöhnlich allein die Zeit oberhalb der kritischen Temperatur bestimmend ist; sie ist jedoch eine übliche Vorstellung der alten Praxis. Ähnlich verhindert die alte Praxis, den Stahl 40—60°C (75—100° F) über seine kritische Temperatur zu erhitzen, nicht die Gefahr von Grobkornbildung. Die klassische Methode, die richtige Härtetemperatur sowohl für Baustähle als auch Werkzeugstähle zu bestimmen, bestand darin, Proben von bestimmten Temperaturen abzuschrecken, sie zu brechen und die Härtetemperatur zu bestimmen, die das feinste Korn für den betreffenden Stahl brachte. Abschrecktemperaturen müssen also durch Härtbarkeitsteste bestimmt werden.

2.5. Einfluß der Erhitzungsgeschwindigkeit auf Verwerfen und Reißen.

Wie der Einfluß der Umwandlungstemperatur ist der Einfluß der Erhitzungsgeschwindigkeit ebenso wichtig, wenn die Eigenschaften des Stahles nach dem Härten vollständig sein sollen. Wenn die Erhitzungsgeschwindigkeit so groß ist, daß der Stahl entweder durch die Erwärmung selbst oder durch eine ungünstige Lage im Ofenraum ungleichmäßig erwärmt wird, können Verwerfungen und Risse auftreten. Zumeist wird das Verwerfen, das bei Erwärmen eintritt, erst nach dem Abhärten und Anlassen gemessen, und es ist bei manchen Verwerfungsarten schwierig, festzustellen, ob dieses durch das Abschrecken oder schon beim Erwärmen eingetreten ist. Verwerfungen sind meistens durch übergreifende Flammen oder durch Auflegen der Teile auf den heißen Ofenboden bedingt, so daß die schnelle Erwärmung nur von einer Stelle ausgeht. Bedingungen, die ein Verwerfen verursachen, können auch Risse in den Teilen hervorrufen, bevor diese gehärtet sind. Die praktische Erfahrung hat gezeigt, daß hochlegierte Stähle und schwere Teile wie dicke Blöcke in sehr langsamer Weise gleichmäßig erwärmt werden müssen, wenn bei dem anschließenden Abschrecken ein Reißen vermieden werden soll. In solchen Fällen ist es oft zweckmäßig, das Material in einen kalten Ofen zu legen und die Temperatur langsam bis zur Härtetemperatur ansteigen zu lassen. Bei kleinen und mittleren Stücken von Werkzeug- und Gesenkstählen hilft man sich durch Vorwärmen auf eine mittlere Temperatur, bevor diese in einem Ofen auf Austenitisierungstemperatur gebracht werden.

2.6. Bestimmung der Austenitkorngröße.

Die Korngröße des Austenits hat einen besonderen Einfluß auf das Härtungsverhalten und auf die Endeigenschaften des Stahles. Die Korngröße wird auf verschiedenen Wegen gemessen; meist wird sie durch eine mikroskopische Untersuchung bestimmt und in A.S.T.M.-Größen ausgedrückt. Korngröße Nr. 1 bedeutet ein Korn je $25,4 \text{ mm}^2$ (1 square in.) bei 100facher Vergrößerung; Nr. 2 bedeutet zwei Körner, Nr. 3 vier Körner, Nr. 4 acht Körner, Nr. 5 sechzehn Körner usw. bis Nr. 8 mit 128 Körnern je $25,4 \text{ mm}^2$. Typische Beispiele von Stählen mit den Korngrößen 2, 5 und 8 zeigt Abb. 2.8. Die Grenze zwischen grob- und feinkörnigem Stahl liegt üblicherweise nach A.S.T.M. bei Nr. 5.

Der Bruch der gehärteten Probe ist lange Zeit für die Bestimmung der Korngröße herangezogen worden, die dann zahlenmäßig durch Ver-

gleich mit Standardbrüchen bewertet wurde. Eine andere Methode
(McQuaid-Ehn-Test) [5] besteht in der Kenntlichmachung der Korn-
grenzen durch Aufkohlung über 8 Std. bei 925°C (1700°F) oder durch

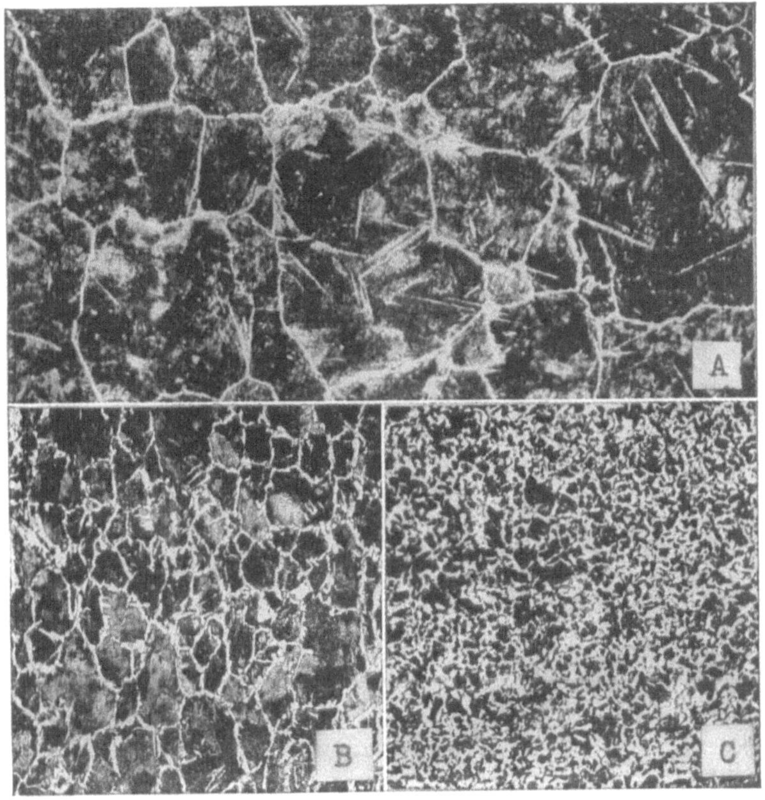

Abb. 2.8. Typische Gefügebilder eines langsam gekühlten Kohlenstoffstahles mit der Korngröße 2
(A), der Korngröße 5 (B) und der Korngröße 8 (C), geätzt, V = 100 mal. (SISCO [132].)

Entkohlung in einem Ofen oder Salzbad [135]. Der McQuaid-Ehn-Test
wird vor allem bei Einsatzstählen angewendet, da dieser den Vorteil hat,
daß er die Kohlungseigenschaft bestimmen und die spezifischen Eigenarten für die Aufkohlung sowohl im Normalfall als auch bei Neigung zur
Abweichung erkennen läßt. Für mittlere Kohlenstoffstähle, die nicht
eingesetzt werden, hat der McQuaid-Ehn-Test den Nachteil, daß der
Stahl einer höheren Temperatur über eine längere Zeit als bei seiner
wirklichen Härtung ausgesetzt werden muß, um ein sichtbares Karbid-
netzwerk zu bekommen. Die neuerliche Praxis zieht deshalb die mikroskopische Prüfung nach einer bestimmten Wärmebehandlung vor. Da

die mikroskopische Prüfung dann schwierig ist, wenn die Probe völlig martensitisch ist, hat VILELLA [*136*] für diesen Zweck ein Sonderätzmittel entwickelt (Abb. 2.9). VILELLAS Reagenz besteht aus 95 cm²

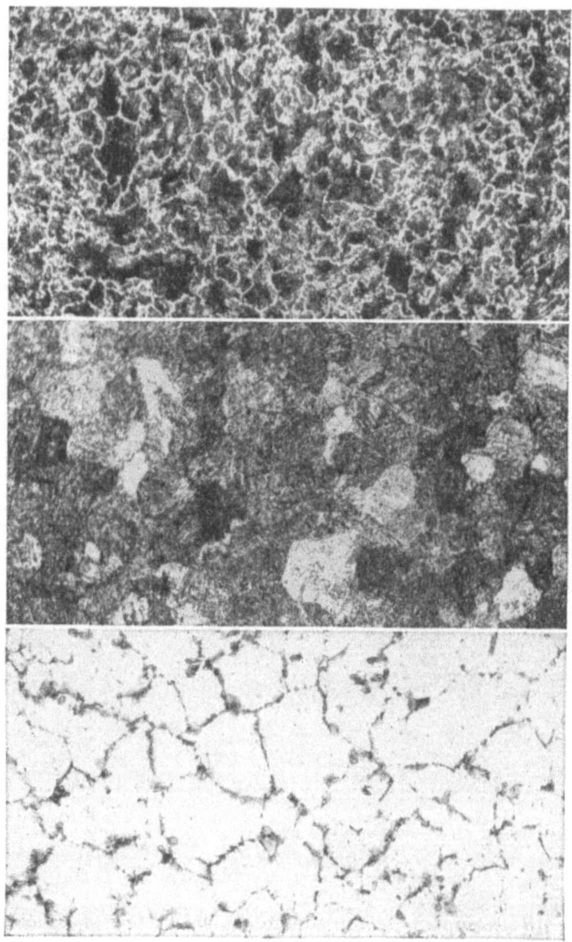

Abb. 2.9. Bestimmung der Austenit-Korngröße durch Überkohlung (oben), durch VILELLAS Martensit-Ätzmittel (mitte) und durch Stufenhärtung (unten). V = 100 mal. (FORGENG.)

Äthylalkohol, 1 g Pikrinsäure und 5 cm² konzentrierter Salzsäure. Man kann mit diesem Mittel wesentlich leichter gute Ergebnisse erreichen, wenn an den Rändern der Martensitkörner etwas Ferrit oder Perlit liegt, was eine langsamere Abkühlung, ein unterbrochenes Härten oder das Härtegefälle (Jominy-Test) meist mit sich bringt. Die in dieser Weise bestimmte Korngröße von martensitischem oder ferritischem Gefüge wird als die wirkliche („actual") Korngröße bezeichnet zum Unterschied von der Korngröße, die nach den weniger direkten Methoden bestimmt ist.

2.7. Wichtigkeit der Korngröße.

Wenn der Stahl über sein kritisches Gebiet erhitzt wird, rekristallisiert er unter Bildung von feinen Körnern. Diese Körner haben das Bestreben zu wachsen, wenn die Temperatur erhöht wird; das Wachsen tritt jedoch bei einer bestimmten Temperatur mehr oder weniger plötzlich ein, es bilden sich zuerst einige grobe und einige feine Körner und schließlich nur große Körner, wie es Abb. 2.10 zeigt. Verlängertes Erwärmen bedeutet also Kornwachstum.

Jeder Stahl hat eine bestimmte Temperatur, bei der er zur Grobkornbildung neigt. Wenn diese Temperatur unterhalb des Maximums der üblichen Härtetemperatur 925°C (1700°F) liegt, ist der Stahl als zur Grobkörnigkeit neigend einzustufen. Wenn der Stahl mit wirksamen Zusätzen von Aluminium, Zirkon, Titan oder Vanadin behandelt worden ist, neigt er bei den üblichen Härtetemperaturen nicht zur Grobkörnigkeit und ist als feinkörnig einzustufen.

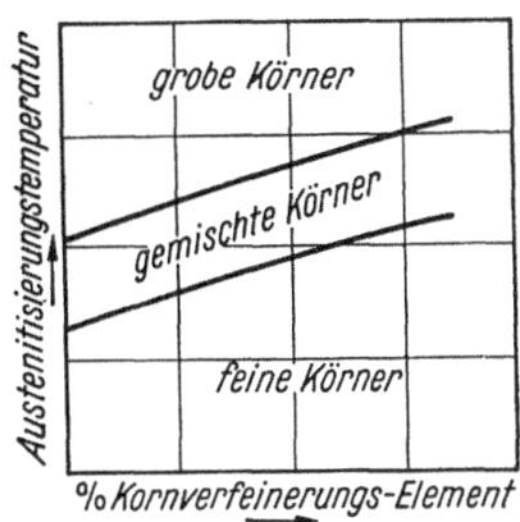

Abb. 2.10. Schematische Darstellung des Einflusses der Temperatur und Kornverfeinerungselemente auf die Korngröße.

Grobkörnige Stähle (Korngröße Nr. 1—5) bringen einige Vorteile durch ihre leichtere Bearbeitbarkeit, höhere Dauerstandfestigkeit bei erhöhten Temperaturen, größere Härtbarkeit und möglicherweise geringere Kerbempfindlichkeit bei Dauerbelastung, aber sie haben eine geringere Kerbschlagfestigkeit, und die Schlagfestigkeit fällt bei unterkritischen Temperaturen stark ab. Sie finden ihre Hauptverwendung ungehärtet als Kurbelwellen, schwere Schmiedestücke und Automatenstahl. Feinkornstähle (Korngröße Nr. 5—8 und höher) haben eine viel bessere Zähigkeit, und eigentlich alle im Maschinenbau eingesetzten vergüteten Stähle sind beim Erschmelzungsprozeß so behandelt, daß sie feinkörnig werden. Stähle mit Grob- und Feinkorn geben ungleichmäßige Werte, verwerfen sich beim Vergütungsprozeß, und werden deshalb üblicherweise nicht verwertet.

Die Temperatur zur Grobkornbildung feinkörniger Stähle variiert etwas; man kann jedoch annehmen, daß sie für aluminiumbehandelte Stähle etwa bei 980°C (1800°F), für zirkonbehandelte Stähle etwa bei 925°C (1700°F), für titanbehandelte Stähle etwa bei 980°C (1800°F) und für vanadinbehandelte Stähle etwa bei 955°C (1750°F) liegt. Diese Temperaturen variieren jedoch mit der Zusammensetzung und der Vorbehandlung erheblich. Die Grobkorntemperatur hochkohlenstoffhaltiger Stähle liegt relativ niedrig, aber das Kornwachstum wird durch die ungelösten Karbide gehemmt [*139*]. Vanadium ist vor allem in dieser Hinsicht sowohl in Kohlenstoff- als auch in niedriglegierten Stählen wirksam. Hoher Mangangehalt bis zu 2% erniedrigt die Grobkorntemperatur, während hoher Siliziumgehalt bis zu 1% den Einfluß der Kornrückfeinungsmittel verstärkt. Im wesentlichen ist eine höhere Grobkorntemperatur erwünscht, um bei dem normalen Härtungsprozeß ein feines Korn zu behalten; ein grobes Korn wird manchmal dann angestrebt, wenn man ein günstiges Gefüge für gute Bearbeitbarkeit erhalten will. Vanadiumstähle werden oft auf eine verhältnismäßig hohe Temperatur von 955°C (1750°F) erhitzt, um für die Bearbeitbarkeit Grobkorn zu bilden; sie werden dann bei tieferen Temperaturen gehärtet, damit sich im Endprodukt das gewünschte feine Korn bildet. Unter bestimmten Bedingungen werden die mit Zirkon behandelten Stähle ähnlich behandelt, während die mit Aluminium und Titan behandelten Stähle bei höheren Temperaturen zu einer solchen Grobkornbildung neigen, daß eine doppelte Wärmebehandlung nicht mehr üblich und wirtschaftlich ist. Bei der induktiven Erwärmung werden in der kurzen Zeit sehr hohe Temperaturen erreicht, und keine wirtschaftlich vertretbare Behandlung zur Kornrückfeinerung kann das Kornwachstum bei diesen Temperaturen verhindern.

2.8. Wichtigkeit der Ofenatmosphäre.

Während der Erwärmung ist der Stahl im allgemeinen von einer Atmosphäre umgeben, die merkbare Mengen an Sauerstoff, Kohlenmonoxyd, Kohlendioxyd, Wasserdampf und bisweilen anderen reaktionsfähigen Gasen enthält, die, wenn keine besonderen Vorsichtsmaßregeln bestehen, mit dem Metall reagieren werden und Oxydation, Entkohlung, Aufkohlung oder Aufrauhung der Oberfläche bedingen. Da diese Reaktionen das Endaussehen und die Härte des Fertigproduktes beeinflussen, ist es üblich, die Oberfläche des Metalls zu schützen oder die Ofenatmosphäre so zu kontrollieren, daß diese Reaktionen nicht eintreten. In manchen Fällen, wie beim Anlassen bei niedrigen Temperaturen oder bei der sehr schnellen Erwärmung durch Induktion oder elektrischen Widerstand, wird das Erwärmen in einer normalen Atmosphäre vorgenommen, ohne daß eine übermäßige Oxydation oder Entkohlung auftritt.

Eine nicht festgestellte Entkohlung, die durch Erwärmen in einer oxydierenden Atmosphäre auftritt, muß für manche Fehler der Bauteile in der Vergangenheit herangezogen werden. Es ist nun so, daß meistens die entkohlte Oberflächenzone Eigenschaften hat, die ungünstiger liegen als die des restlichen Teiles. Es könnten viele Beispiele hierfür angeführt werden, eines mag genügen. BOEGEHOLD [*20, 21*] fand, daß ein Federstab für Automobile mit einer Härte von etwa 450 Brinell eine maximale Torsionsbeanspruchung von 80,9 kg/mm² (115000 lb. per sq. in.) aushielt, die Torsionsfestigkeit sank jedoch bei entkohlter Oberfläche auf 21,1 kg/mm² (30000 lb. per sq. in.). Bei der Beanspruchung bildeten sich an der Oberfläche Risse, die hörbar bis zum Kern weitergingen und so zum vorzeitigen Bruch führten. Solche Fehler können entweder durch Nachbearbeiten oder Schleifen oder durch Anwendung von Schutzgas vermieden werden.

Wenn die Bedingungen der Ofenatmosphäre so sind, daß eine Entkohlung entweder in der Luft oder in den unkontrollierten Verbrennungsgasen aufgetreten ist, und wenn die Entfernung der entkohlten Oberflächenschicht erforderlich ist, sind die üblichen Bearbeitungstoleranzen nach JOHNSON [*86*] wie folgt:

Durchmesser der Teile	Bearbeitungstoleranz
25,4 mm (1 in.) und weniger	0,8 mm ($^1/_{32}$ in.)
25,4—50,8 mm (1—2 in.)	1,6 mm ($^1/_{16}$ in.)
50,8—76,2 mm (2—3 in.)	3,2 mm ($^1/_8$ in.)
76,2—114,3 mm (3—4½ in.)	6,4 mm (¼ in.)
114,3—152 mm (4½—6 in.)	9,5 mm ($^3/_8$ in.)

Größere Entkohlungen bei noch schwereren Stücken rühren von zu langer Haltezeit auf Temperatur her. Bei der Durchführung des Jominy-Testes ist es erforderlich [*134*], daß nach dem Normalisieren 3,2 mm ($^1/_8$ in.) abgearbeitet werden, um sich beim Härten gegen Entkohlung und zu niedrige Härtewerte zu sichern.

2.9. Salzbäder und Schutzschichten.

Die Anwendung flüssiger Salzbäder für die Erwärmungs- und Härtungsoperationen ist eine Methode, die Metalloberfläche zu schützen, da die Atmosphäre durch Eintauchen in flüssiges Salz ausgeschaltet wird. Wenn jedoch die Auswahl des Salzes nicht sorgfältig genug vorgenommen wird, wird die Oberfläche des Metalls angegriffen, je nachdem das Salz oxydierend, reduzierend oder neutral ist. Meistens werden neutrale Salzbäder verwendet, die sich jedoch in der Zusammensetzung unterscheiden, wenn sie für verschiedene Temperaturen verwendet werden [*120*]. Zum Anlassen und Rückstufen (unterbrochene Härtung) im Temperaturbereich von 150—540°C (300—1000°F) werden meist Nitrate und Nitrite des Natriums und Kaliums verwendet. Besondere Sorgfalt muß dann geübt werden, wenn das Werkstück vorher in einem Zyanidbad behandelt worden ist, da die Zyanide heftig und sogar explosionsartig mit den Nitrat-Nitrit-Badkomponenten reagieren. Es muß auch sorgfältig darauf geachtet werden, daß das Bad nicht überhitzt wird, damit das Salz nicht den Stahl oder den Behälter angreift. Im Temperaturbereich von 620—900°C (1150—1650°F) bestehen die neutralen Salzbäder zum Normalisieren, Härten, Glühen und Anlassen aus Chloriden und Karbonaten des Kaliums, Natriums, Kalziums und Bariums. Da die Karbonate zur Entkohlung neigen, zieht man Mischungen von Kalium- und Natriumchloriden vor. Natriumzyanid wird manchmal dem Chlorid-Karbonat-Bad zugesetzt, um die Entkohlungsgefahr möglichst klein zu halten. Obwohl die Chloridbäder neutral sind, führen sie bei längerem Gebrauch zu Entkohlungen; ein Regenerat, meist eine Mischung aus Bor enthaltenden Stoffen, wie Borax und Borsäure, macht das Bad wieder neutral. Im Temperaturbereich von 955—1290°C (1750—2350°F) sind zum Härten von Schnellstählen und zur Wärmebehandlung von rostfreien Stählen Salze der drei Zusammensetzungen im Gebrauch: 1. Borsäure und Borax, 2. Kalzium-, Barium-, Strontium- oder andere Silikate, und 3. Kalzium-, Barium- oder Natriumfluoride und Bariumchlorid. Die Boraxgruppe neigt dazu, Eisen aufzulösen, während die glasähnlichen Silikate nach dem Abhärten meist schwer von der Oberfläche zu entfernen sind. Schutzschichten aus Borax, Lithiumverbindungen, Metallaufstriche oder Metallelektroplattierungen werden in Sonderfällen angewendet, um die Oberfläche zu schützen.

2.10. Schutzatmosphäre bei der Wärmebehandlung.

Inerte Gase wie reines Argon und Helium werden verwendet, um die Ofenräume gegen Eindringen von Luft abzuschließen. Die normalen Stickstoffbehälter enthalten etwas Sauerstoff, und Wasserstoffbehälter enthalten Feuchtigkeit; und gerade diese haben eine Entkohlungstendenz. Eine örtliche Schutzatmosphäre wird erzeugt, wenn das Werkstück in Gußeisenspäne, verbrauchtes Kohlungspulver oder Holzkohle eingepackt wird. Mit Ausnahme der Salzbäder, die für viele Verwendungszwecke gebraucht werden, beschränkt sich der Anwendungsbereich der vorstehend beschriebenen Methoden auf kleine Stücke und auf Sonderfälle. Bisweilen wird auch gespaltenes Ammoniakgas verwendet. Der größte Teil der Wärmebehandlung in einer Schutzatmosphäre wird in einer Gasmischung vorgenommen, die bei der unvollständigen Verbrennung von Kohlenwasserstoffgasen in Koksöfen oder der natürlichen Propan- und Butangase entsteht. Mischungen von etwa 93% Stickstoff und 7% Wasserstoff werden besonders für das Blankglühen eingesetzt und sind völlig frei von Explosionsgefahr.

Da die unvollständige Verbrennung der Kohlenwasserstoffe erhebliche Mengen Wasserdampf erzeugt, ist es unzweckmäßig, das Metall in den Gasen unmittelbar zur Zeit der Verbrennung zu erwärmen, wenn Reaktionen mit dem Metall vermieden werden sollen; die Schutzgase müssen während der Verbrennung in einem besonderen Behälter aufgefangen werden, damit dort mit einigen Hilfsmitteln die Feuchtigkeit entfernt wird. Die Erwärmungsquelle muß deshalb bei einer Gasfeuerung von der Ofenatmosphäre durch ähnliche Mittel wie eine Muffel getrennt sein. In elektrisch beheizten Öfen brauchen die Wärmequelle und die Schutzatmosphäre nicht getrennt zu sein.

Von den Komponenten des Schutzgases nach Entfernung der Feuchtigkeit wirkt das Kohlendioxyd (CO_2) oxydierend, während das Kohlenoxyd (CO) und der Wasserstoff (H_2) reduzierend sind. Beim Erwärmen und Abkühlen in Gasatmosphären reagieren in Abhängigkeit von der Temperatur und von der Zusammensetzung des Gases die einzelnen Gase mit dem Eisen und Kohlenstoff im Stahl, mit dem Eisenoxyd und mit allem anderen leicht. Als Ergebnis wird das Gas die Oberfläche des Stahles ent- oder aufkohlen.

Um die richtige Wahl der Gaszusammensetzung zu finden und um voraussagen zu können, wie ein Gas bekannter Zusammensetzung bei verschiedenen Temperaturen reagieren wird, haben AUSTIN und DAY [14] die Daten der Gleichgewichtskonstanten ausgearbeitet und an Beispielen deren Anwendung gezeigt. Auf Grund dieser Konstanten ist es möglich, ein Diagramm nach Art der Abb. 2.11 zu zeichnen. Die Reaktionen werden nach diesem Diagramm im Verhältnis von $CO:CO_2$ (oder $H_2:H_2O$) dargestellt und zeigen an, ob ein Gas bekannter Zusammensetzung bei verschiedenen Temperaturen oyxdieren, aufkohlen oder entkohlen wird.

Praktisch ist es schwer, eine Gasatmosphäre zu erzeugen, die mit dem Stahl genau im Gleichgewicht ist. Wenn das Gas Neigung zur Oxydation[1] hat, wird eine Erhöhung der Gasdurchlaufgeschwindigkeit diese Neigung steigern, denn das Gleichgewicht kann nicht annähernd so gut eingestellt werden, wie wenn das Gas sich weniger schnell bewegt und so bessere Gelegenheit hat, ins Gleichgewicht zu kommen. Das Gleichgewicht kann auch dann nicht erreicht werden, wenn die Temperatur im Stahl oder Ofen ungleichmäßig ist, oder wenn die Ofentemperaturen schwanken. Eine sorgsame Überwachung der Gaszusammensetzung und der Gastemperatur ist erforderlich, will man eine Schutzgasatmosphäre mit Erfolg anwenden. Die Wirksamkeit einer kontrollierten Gasatmosphäre wird durch eine von KOEBEL [92] entwickelte Methode bestimmt, nach der die Gewichtsänderung an einer Standardprobe beobachtet wird.

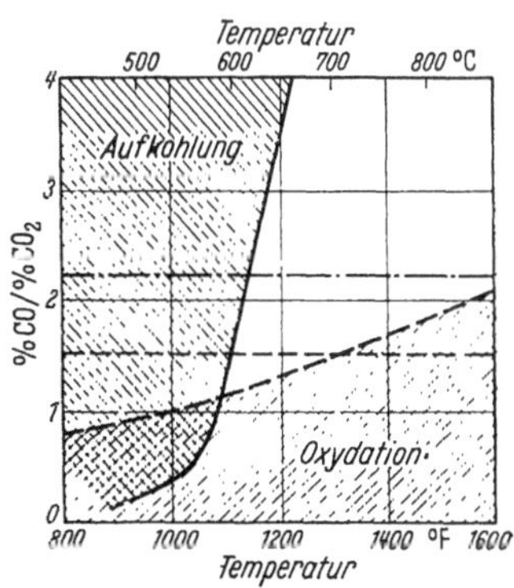

Abb. 2.11. Vermutlicher Einfluß einer Ofenatmosphäre auf die Stahloberfläche unter bestimmten Bedingungen. (AUSTIN und DAY [14].)

---

[1] In entsprechendem Sinne auch zur Entkohlung und Aufkohlung

2.11. Zusammenfassung.

Die Erwärmung des Stahles zur Härtung sollte idealerweise bei einer solchen Temperatur und in einer solchen Zeit vorgenommen werden, daß [1] Ferrit und Karbid vollständig im Austenit aufgenommen werden, und daß [2] der Kohlenstoff und die Legierungselemente so diffundieren, daß ein gleichmäßiger Austenit entsteht. Kritische Temperaturen sind bestimmt und gemessen worden; die erfolgreiche Wärmebehandlung erfordert jedoch eine Austenitisierung um 30—85°C (50—150°F) oberhalb der Temperatur, die von der Zusammensetzung des Stahles, seiner Vorbehandlung und der Erhitzungszeit abhängt. Diese Temperatur muß auch mit der Korngrößencharakteristik des Stahles und der im Fertigteil geforderten Korngröße übereinstimmen. In hochkohlenstoffhaltigen Stählen wird eine unvollständige Auflösung der Karbide zur Vermeidung des Kornwachstums und zur Verminderung von Restaustenit absichtlich herbeigeführt, während in niedriggekohlten Stählen eine unvollständige Auflösung des Ferrits eine mangelhafte Härtbarkeit und die Neigung zur Sprödigkeit und zum Reißen mit sich bringt. Die Erhitzungsbedingungen haben einen großen Einfluß auf den Erfolg der Wärmebehandlung. Verwerfen und Reißen wird durch langsames Erwärmen vermieden; schnelles Erwärmen wird in weitestem Maße auf kleine Teile, einfache Formen oder auf die Erwärmung der Oberflächenzonen beschränkt. Das schnelle Erwärmen erfordert demnach eine größere Sorgfalt in der Stahlauswahl und der Kontrolle der Vorbehandlung, um fehlerhafte Härtung und Risse zu vermeiden. Die Ofenbedingungen sind im Hinblick auf die Kosten der Fertigbearbeitung und auf die Dauerfestigkeit äußerst wichtig, und sehr sorgfältige Vorsichtsmaßregeln sind erforderlich, um ein wärmebehandeltes Stahlteil mit Erfolg einzusetzen.

3. Die Umwandlung des Austenits.

Es kann nicht stark und oft genug betont werden, daß viele der wichtigsten Eigenschaften des Stahles — z. B. Zugfestigkeit und Härte, solch entscheidende Faktoren wie Dehnung und Zähigkeit und die wirtschaftlich wichtige Eigenschaft der Bearbeitbarkeit — von der Mikrostruktur, von der Zusammensetzung und von der Verteilung der Karbidteilchen in einer Grundmasse von unlegiertem und legiertem Ferrit abhängig sind, und daß die Natur dieser Mikrostruktur vor allem davon abhängt, wie der Austenit während des Abkühlens umgewandelt worden ist. Dieser Grundsatz ist für jeden äußerst wichtig, der Stähle für Bauten und Maschinen einsetzen will, und die Lehre vom Ingenieurwesen kann sich glücklich schätzen, daß durch verschiedene Wärmebehandlungen eine breite Variationsmöglichkeit der Feinstruktur in Verbindung mit solchen Festigkeitseigenschaften erreicht werden kann, die einer mehr oder weniger genauen metallurgischen Kontrolle unterliegen.

Die Verwendung des Ausdruckes „mehr oder weniger", der die Gültigkeit der Feststellung „genaue metallurgische Kontrolle" einschränkt, ist gerechtfertigt, da es eine Reihe besonderer Charakteristiken bei der Wärmebehandlung des Stahles gibt, die der Metallurge vorerst nur mit möglichst gutem Willen anerkennen kann. In diesem und den folgenden Kapiteln sollen ja die Methoden beschrieben werden, mit denen die Struktur des Stahles beeinflußt werden kann, und es ist dabei herausgestellt, welche der vielen Veränderlichen, die in den Prozeß eingehen, richtig und wirtschaftlich, und welche nur schwer oder gar nicht kontrolliert werden können.

Die meisten Faktoren, die auf die Endstruktur der Kohlenstoff- und legierten Stähle Einfluß haben, sind deshalb so äußerst wichtig, weil sie in die Austenitumwandlung eingehen; sie sollen deshalb im einzelnen besprochen werden.

3.1 Studium der Austenitumwandlung bei kontinuierlichen Abkühlungsmethoden.

Vor einigen Jahren ist die Austenitumwandlung dadurch bestimmt worden, daß Stähle verschiedener Zusammensetzung verschiedenen Abkühlungsgeschwindigkeiten unterworfen und dabei die Einflüsse der Abkühlungsgeschwindigkeiten auf das Feingefüge und die Härte beobachtet wurden, wobei die Umwandlungstemperaturen bestimmt wurden (Ar_1), bei denen sich das γ-Eisen bei langsamer Abkühlung in das α-Eisen umwandelt. Bekanntlich liegt diese Ar_1-Temperatur normalerweise in der Nähe von 720 °C (1325 °F), wenig unterhalb der A_1-Gleichgewichtstemperatur von 723 °C (1333 °F), wie es Abb. 2.1 zeigt[1].

Der Einfluß einer steigenden Abkühlungsgeschwindigkeit auf die Gefügeausbildung und die Umwandlungstemperaturen hochkohlenstoffhaltiger Stähle ist von BAIN [17] gemäß Abb. 3.1 bestimmt worden. Eine Steigerung der Abkühlungsgeschwindigkeit läßt den Perlit sich feiner ausscheiden, steigert die Härte und erniedrigt die Temperatur (die

---

[1] Die A_1-Gleichgewichts-Temperatur, üblicherweise mit A_{e1} bezeichnet, ist eine angenommene Temperatur, die bei der Bestimmung der tatsächlichen Umwandlungen bei langsamem Erwärmen und Abkühlen durch Extrapolationen auf Null gefunden wird. Die bei langsamem Erwärmen beobachtete wirkliche Umwandlungstemperatur wird gewöhnlich mit A_{c1} (Abb. 2.2) bezeichnet, während die entsprechende Umwandlungstemperatur bei langsamem Abkühlen als A_{r1} bekannt ist. Bei sehr langsamem Erwärmen und Abkühlen unterscheiden sich A_{c1} und A_{r1} (also A_{c3} und A_{r3}) um 1,5—5,5 °C (3—10 °F), die jeweils oberhalb oder unterhalb A_{e1} (A_{e3}) liegen.

Linie GF in Abb. 3.1), bei der sich der Austenit umzuwandeln beginnt. Diese erniedrigte Umwandlung ist als Ar′ bekannt zum Unterschied der Ar_1-Umwandlung, die sich bei relativ konstanter Temperatur vollzieht.

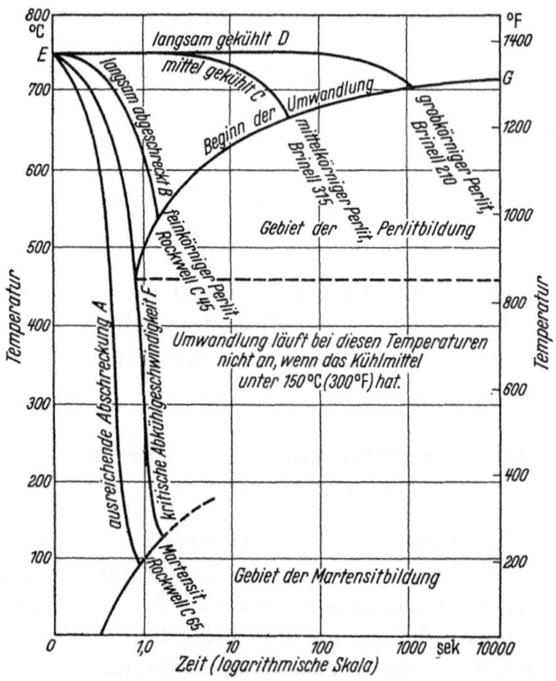

Abb. 3.1. Beziehung zwischen Zeit und Temperatur der Umwandlung eines 0,80%-Kohlenstoffstahls. (BAIN [17].)

Wenn die Abkühlungsgeschwindigkeit noch weiter gesteigert wird, gibt es eine Grenze, bei der die Ar′-Umwandlung gänzlich unterdrückt wird und eine neue Umwandlung bei viel tieferen Temperaturen anläuft. Die bestimmte Abkühlungsgeschwindigkeit, die zur Unterdrückung der oberen Ar′-Temperatur und damit zur Unterdrückung der Perlitumwandlung erforderlich ist, ist als kritische Abkühlungsgeschwindigkeit bekannt (Abb. 3.1). Ist diese Abkühlungsgeschwindigkeit erreicht, wandelt sich der Austenit in Martensit um. Der untere Umwandlungspunkt, bei dem sich Martensit bildet, wird üblicherweise Ar″ genannt.

Die meisten Legierungselemente haben, wenn man sie dem Kohlenstoffstahl zusetzt, die gleiche Wirkung wie eine Steigerung der Abkühlungsgeschwindigkeit. Wird z.B. in einem reinen Kohlenstoffstahl bei einer Abkühlungsgeschwindigkeit von 200°C/sek (350°F/sek) feiner Perlit erzeugt, so bringt die gleiche Abkühlungsgeschwindigkeit martensitische Struktur bei einem Stahl, der beträchtliche Mengen Chrom und

Mangan enthält. Die Wirkung erhöhter Abkühlungsgeschwindigkeit und die Zufügung von Legierungselementen ist schematisch in Abb. 3.2 dargestellt. Wie das Bild zeigt, kann man es bei einer bestimmten Abkühlungsgeschwindigkeit (oder bei einer Kombination einer bestimmten Abkühlungsgeschwindigkeit und Legierungszusätzen) erreichen, daß sich ein Gefüge aus-bildet, das sowohl aus Perlit und Martensit besteht (das schraffierte Gebiet in Abb. 3.2). Und es ist möglich, bei einer bestimmten Kombination von hoher Abkühlungsgeschwindigkeit und Legierungselementen oder von so hohen Legierungszusätzen, daß die Abkühlungsgeschwindigkeit unerheblich wird, die Ar″-Umwandlung bis unter Raumtemperatur abzusenken mit dem Ergebnis, daß das Gefüge verschiedene Mengen (bis zu 100%) Austenit enthält.

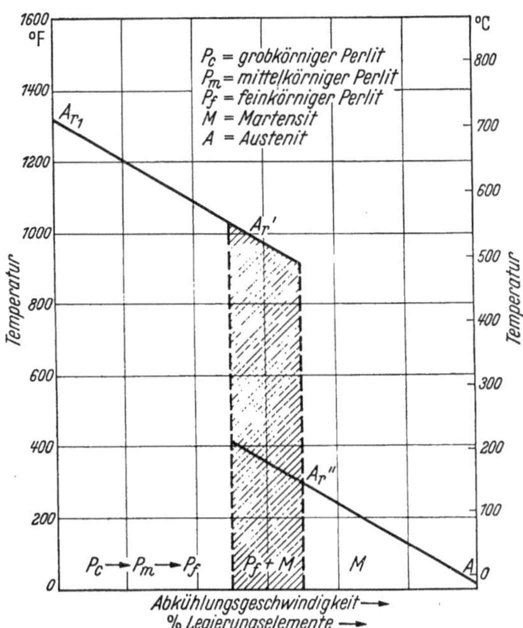

Abb. 3.2. Einfluß der Abkühlungsgeschwindigkeit und der Legierungselemente auf die Lage des unteren Umwandlungspunktes (Ar₁) beim Abkühlen. (SAUVEUR [123].)

3.2. Betrachtungen über die Austenitumwandlung bei isothermen Abkühlungsmethoden.

Das Studium der Austenitumwandlung bei nichtunterbrochener Abkühlung mit verschiedenen Kühlgeschwindigkeiten hat den Nachteil, daß es schwierig ist, die Natur der Umwandlungsstrukturen zu bestimmen, so daß es oft unmöglich ist, den Mechanismus aufzufinden, wodurch diese Strukturkomponenten gebildet werden. Einer der hervorragendsten Fortschritte in der Metallkunde in den letzten 20 Jahren ist die Vervollkommnung der isothermen Umwandlungstechnik durch DAVENPORT und BAIN [40]. Anstatt der laufenden Abkühlung wurden Proben schnell in einem Salzbad von bestimmter Temperatur abgeschreckt; diese wurden dann bestimmte Zeitintervalle auf dieser Temperatur gehalten, bevor sie in Wasser abgeschreckt wurden. Auf diesem Wege bildet sich bei einer

Temperatur das Gefüge derart aus, daß die erforderliche Zeit für den
Beginn und das Ende der Umwandlung zu bestimmen ist, so daß Vergleiche mit anderen Temperaturen und anderen Stählen gezogen werden
können. Diese Methode ist schematisch in Abb. 3.3 dargestellt. Zum

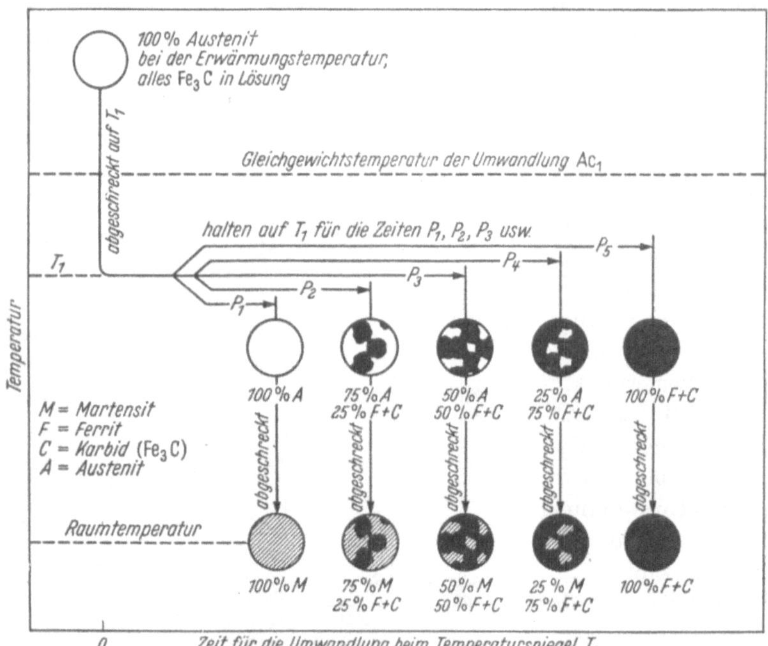

Abb. 3.3. Wärmebehandlungsverfahren als Grundlage zum Studium der isothermen Umwandlung.
(Davenport [41].)

Studium der isothermen Umwandlung ist es wichtig, eine genügende
Anzahl Proben zu nehmen, um sowohl den Anfang und das Ende der
sichtbaren Umwandlung zu bestimmen, als auch das Fortschreiten der
Umwandlung bei jeder der verschiedenen auf gleicher Höhe gehaltenen
Temperatur festzulegen. Sind einmal die Zeitintervalle für die verschiedenen Stufen der Umwandlung bekannt, können diese für die Aufstellung
eines vollständigen Diagramms benutzt werden. Dieser Vorgang ist in
Abb. 3.4 dargestellt. Einige Hundert kleiner Proben waren zur Aufstellung des Diagramms erforderlich. Von diesen wurden z.B. 29 Stück
in einem Salzbad von 375°C (700°F) abgeschreckt, worin sie verschiedene
Zeitintervalle von 2 sek bis zu 2000 sek belassen wurden; hiernach wurden sie in eiskaltem Salzwasser abgeschreckt und auf den Anteil der Um-
wandlungskomponenten gefügemäßig untersucht. Die Ergebnisse sind
im oberen Teil der Abb. 3.4 aufgezeichnet, wobei die Punkte des Beginns

der sichtbaren Umwandlung, von 50% der Umwandlung und dem offenbaren Ende in ein Diagramm eingetragen sind, das die Reaktionstemperatur über den Logarithmus der Zeit aufgetragen enthält. Das

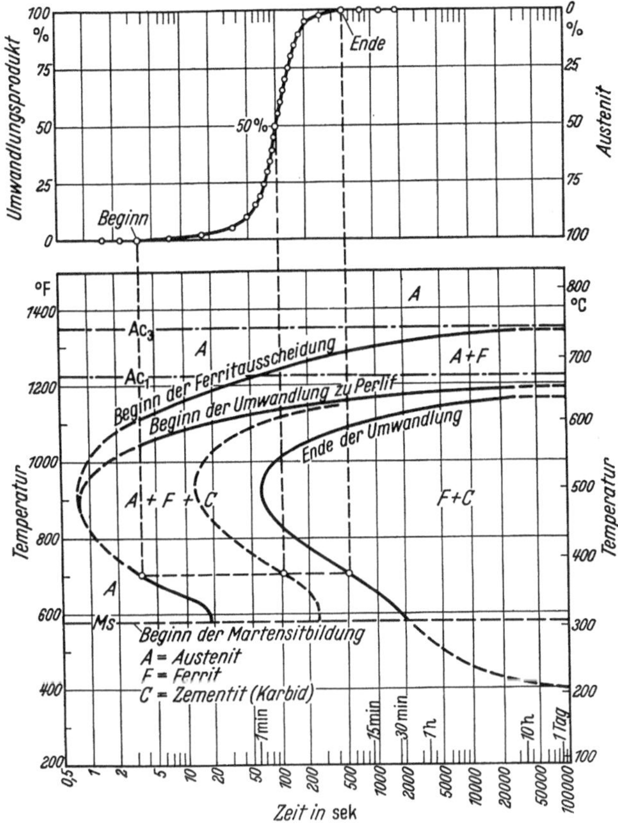

Abb. 3.4. Methode der Aufstellung eines TTT-Diagrammes und das vollständige Diagramm eines Nickel-Stahles mit mittlerem Kohlenstoffgehalt. (ATLAS [115].)

vollständige Diagramm, das im unteren Teil der Abb. 3.4 gezeigt ist, ist allgemein als ZTU = Zeit-Temperatur-Umwandlungsschaubild (time-temperatur-transformation = T-T-T = Diagramm) bekannt, und die Linien in solch einem Diagramm werden häufig als S-Kurven bezeichnet.

Ein typisches TTT-Diagramm für einen allgemein verwendeten niedriglegierten Stahl (SAE 4140) ist in Abb. 3.5 wiedergegeben. Es kann darin festgestellt werden, daß bei diesem Stahl, wenn er zwischen 705 und 260°C (1300 und 500°F) umwandelt, eine bestimmte Zeit für den Beginn und das Ende der Umwandlung erforderlich ist, damit sich Ferrit und Perlit oder Bainit bildet. Unter 260°C (500°F) bildet sich sofort und laufend Martensit [62], wenn die Temperatur abgesenkt wird, bis die Umwandlung vollständig ist[1]. Diese charakteristischen Zeitunterschiede, die bei verschiedenen Isothermen für die Austenitumwandlung festgestellt wurden, bestimmen die Feinstruktur und den Grad der Härtung, die bei kontinuierlicher Abkühlung entstehen.

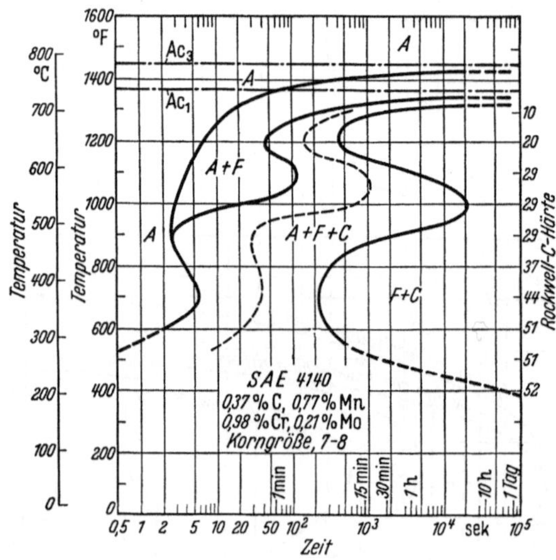

Abb. 3.5. TTT-Diagramm des SAE-Stahles 4140, austenitisiert bei 845° C (1550° F); die linke geschwungene Linie gibt die Zeit für den Beginn, die rechte geschwungene Linie für das Ende (vollständig) der Umwandlung. Phasen: A = Austenit, F = Ferrit, C = Karbid. (ATLAS [115].)

Die entscheidendsten Punkte des TTT-Diagramms für Kohlenstoff und niedriglegierte Stähle (Abb. 3.3 und 3.4) sind einmal die „Nase", bei der die Austenitumwandlung am schnellsten verläuft — meist im Temperaturbereich von 480—595°C (900—1100°F) — und zum anderen die Bucht oder das „Kinn" unterhalb der Nase, wo die Umwandlungsgeschwindigkeit meist langsamer verläuft. Bei und oberhalb der Nase ist das Umwandlungsprodukt Perlit (je nach Kohlenstoffgehalt mehr Ferrit oder Karbid); unterhalb der Nase und oberhalb der Temperatur des Martensitbeginns (die Ms-Temperatur) bildet sich Bainit.

3.3. Perlitbildung bei isothermer Umwandlung.

Beim Absenken der Temperaturen von der unteren kritischen Temperatur (Ar₁) bis auf etwa 540°C (1000°F) bildet sich Perlit, dessen Karbid und Ferrit aus dünnen Platten besteht. Der Abstand zwischen

---

[1] Die Linie des Martensitbeginns (Ms) enthält Abb. 3.5 nicht. Vergleiche für die ungefähre Lage dieser Umwandlung Abb. 3.4 und 3.14.

diesen Platten nimmt so ab, wie die Umwandlungstemperatur abnimmt (Abb. 3.6 und 3.7). Bei dieser Temperaturänderung beginnt die Aus-

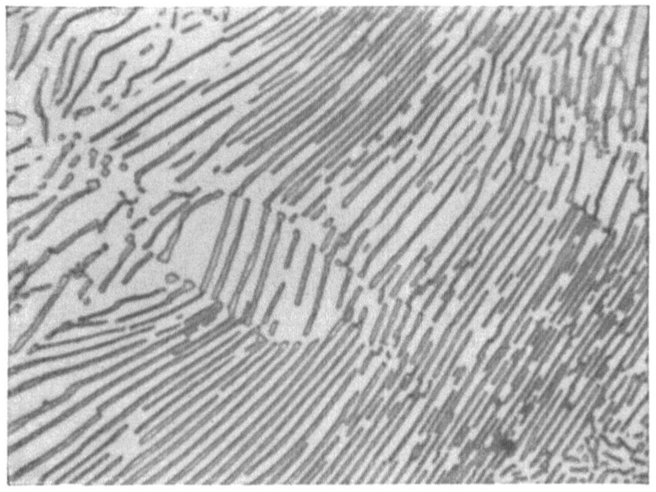

Abb. 3.6. Grobkörniger Perlit, gebildet bei 705° C (1300° F). V = 2000 mal. (FORGENG.)

Abb. 3.7. Feiner Perlit, gebildet bei 640° C (1185° F). V = 2000 mal. (FORGENG.)

scheidung des überschüssigen (voreutektoiden) Ferrits in niedriggekohlten Stählen oder voreutektoiden Karbids in hochgekohlten Stählen vor der eigentlichen Perlitbildung.

3a*

Tabelle 3.1. *Ergebnisse der Bearbeitungsteste nach der üblichen und der Pendelglühung*[1].

S A E Bezeichnung	Zusammensetzung %					Normalisierung			Austenitisierung			Umwandlung			Brinell-härte kg/mm²	Standzeit des Werkzeuges in Sek. bei einer Geschwindigkeit von 132 n/min
	C	Mn	Ni	Cr	Mo	Temperatur °F	°C	Zeit h	Temperatur °F	°C	Zeit h	Temperatur °F	°C	Zeit h		
2340	0,40	0,67	3,30						1500	815	2	langsam gekühlt			186	210²
									1325	720	1	1100	595	10	212	464
						1475	800	1	1325	720	1	1100	595	10	202	702
4340	0,43	0,66	1,80	0,70	0,26				1550	845	2	langsam gekühlt			216	60²
									1375	745	2	1250	675	24	116	293
						1550	845	2	1375	745	2	1250	675	24	195	843
3045	0,48	0,84	0,75	0,80					1525	830	2	langsam gekühlt			203	210
									1375	745	2	1200	650	2	207	94
						1500	815	2	1375	745	2	1250	675	10	196	700
						1900	1040	2	1375	745	2	1250	675	10	207	450
4640	0,42	0,66	1,78		0,30				1500	814	2	langsam gekühlt			196	103
									1375	745	2	1150	620	24	187	400
						1500	815	2	1375	745	2	1150	620	24	192	412
						1500	815	2	1375	745	2	1200	650	24	187	854
						1500	815	2	1375	745	2	1225	665	24	186	323
T 1340	0,41	1,79							1500	815	2	langsam gekühlt			207	110
									1375	745	2	1200	650	10	196	345
						1500	815	2	1375	745	2	1200	650	10	179	588
						1500	815	2	1375	745	2	1225	665	24	184	1500
3140	0,44	0,79	1,40	0,68					1500	815	2	langsam gekühlt			207	43
									1425	775	2	1250	675	2	196	300
						1450	790	2	1375	745	2	1250	675	15	174	600

[1] Brophy [26].   [2] Geschwindigkeit = 130 n/min.

Perlit bildet sich also bei langsamer kontinuierlicher Abkühlung, das Gefüge ist weich und gut bearbeitbar, wenn es auch für die beste Bearbeitbarkeit oft wünschenswert ist, relativ kleine und gut verteilte Ferritkörner mit ziemlich großen Perlitlamellen zu haben. Um eine solche Struktur zu bekommen, wird der Stahl sehr schnell bis auf 620—705°C (1150—1300°F) abgekühlt und dann 6—12 Stunden auf dieser Temperatur gehalten, bis sich Perlit isotherm gebildet hat. Die maximale Temperatur vor der isothermen Glühung ist sehr wichtig und soll für grobkörnige Stähle und für einige feinkörnige legierte Stähle, besonders für die niedrig chromhaltigen Stähle, hoch liegen (870—980°C; 1600 bis 1800°F), damit die Umwandlung in Perlit leicht verläuft [60]. Die Normalisierung kann also hierdurch überwacht werden. Die meisten feinkörnigen Stähle und einige nickellegierten Stähle, die nur unter Schwierigkeit lamellaren Perlit bilden, dürfen nur auf eine Temperatur zwischen Ac_1 und Ac_3 (Abb. 2.2) erwärmt und isotherm bei einer wenig unterkritischen Temperatur umgewandelt werden (621—705°C, 1150—1300°F) [26, 109]. Von BROPHY [26] mitgeteilte Angaben über die Beziehung zwischen den verschiedenartigen Glühbehandlungen und der Bearbeitbarkeit sind in Tab. 3.1 zusammengetragen.

3.4. Bildung von Bainit und Martensit.

Bei der isothermen Umwandlung bei Temperaturen unterhalb etwa 540°C (1000°F) ist der Ferrit des Ferrit-Karbid-Gemisches (Bainit) von federnartiger Struktur und Karbid tritt in feinen, sphäroidischen Teilchen

Abb. 3.8. Bainit, gebildet bei 370°C (700°F). V = 2000 mal. (FORGENG.)

auf, die relativ grob, wenn sie sich bei höheren Temperaturen dieses Bereiches bilden, und fein und gleichförmiger verteilt sind, wenn sie sich bei tieferen Temperaturen bilden, wie es die Abb. 3.8 und 3.9 zeigen.

Bainit bildet sich häufig bei unvollständig gehärteten Stählen und wird mit Absicht beim Thermalhärten (Austempering[1]) oder bei der Zeithärtung nach dem Purnell-Prozeß[2] erzeugt. Die Wärmebehandlung besteht aus einem Abschrecken in ein Salz- oder Bleibad bei einer Temperatur von 205—425°C (400—800°F), die für die Bainitumwandlung

Abb. 3.9. Bainit, gebildet bei 250°C (480°F). V = 2000 mal. (FORGENG.)

geeignet ist, mit einer solchen Geschwindigkeit, daß die Perlitumwandlung an der Nase der S-Kurve vermieden wird (Abb. 3.15). Diese Wärmebehandlung hat den Vorteil, in kleinen Abschnitten hochgekohlter Stähle hohe Festigkeit und Zähigkeit mit einem Minimum an Verzug und Rißgefahr zu erzeugen.

Bei noch tieferen Temperaturen beginnt sich unterhalb einer bestimmten Temperatur, die von der Zusammensetzung des Stahles abhängt, Martensit zu bilden, der eine übersättigte feste Lösung des Kohlenstoffs im Ferrit ist, welcher ein verzerrtes kubisches oder tetragonales Gitter hat. Diese Struktur ist im Bild stark federnartig mit wohlgeformten „Nadeln", wie dieses Abb. 3.10 zeigt. Austenit wandelt sich ohne Anlaufzeit in Martensit um, sobald die entsprechende Temperatur erreicht ist. Es ist deshalb einfach unmöglich, die Martensit-

---

[1] U. S. Patent 1 924 099.
[2] U. S. Patent 2 322 777.

umwandlung zu unterdrücken, wenn die Temperatur sehr schnell auf den entsprechenden Bereich erniedrigt worden ist.

Die Möglichkeit, mit der die Austenitumwandlung bis zu dem Temperaturbereich unterdrückt wird, bei dem sich Martensit bildet, hängt von verschiedenen Faktoren ab. Dieses ist vor allem dadurch bedingt, wie schnell die Wärme abgeführt wird, was von dem Abschreckmittel und der Größe der behandelten Teile abhängt[1]; zweitens hängt dieses von der Geschwindigkeit ab, mit der sich Austenit in Perlit oder Bainit

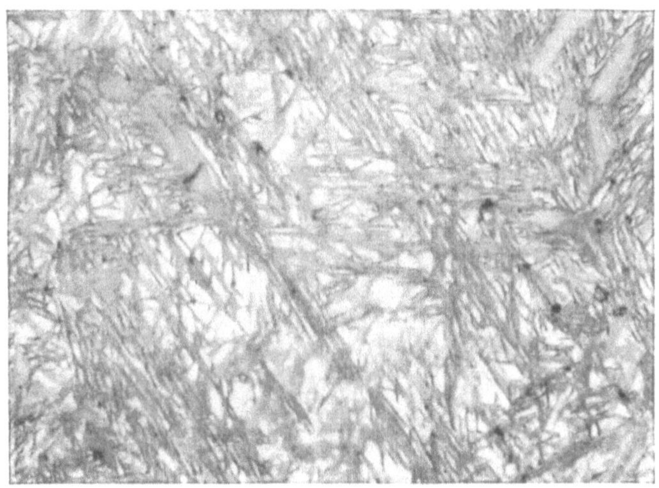

Abb. 3.10. Martensit. V = 1000 mal. (FORGENG.)

umwandelt. Mit anderen Worten, es hängt von der Lage der S-Kurve in bezug auf die Zeitachse des TTT-Diagramms ab.

Sowohl Perlit als auch Bainit bilden sich aus dem Austenit durch einen Vorgang, bei dem Kerne entstehen und diese Kerne zu ziemlich großen Teilchen anwachsen. Kernbildung und Wachstum hängen grundsätzlich von Temperatur und Zeit ab, aber in Summa — und dies der wichtigste Faktor der Härtbarkeit — ist die Kernbildung (und nicht das Wachstum) das Strukturentscheidende; es ist besonders durch die Zusammensetzung und durch das Gefüge des Materials bedingt, was wieder von der Zusammensetzung abhängt.

---

[1] Die Rolle des Abschreckmittels und der Einfluß der Stückgröße (Abmessungen) werden im letzten Kapitel besprochen; es soll hier nur darauf hingewiesen werden, daß das Abschreckmittel die Wärme je nach seiner Temperatur und Eigenart sehr schnell oder sehr langsam von der Oberfläche ableitet. Die Wärme fließt vom Inneren zur Oberfläche des Stahles, was jedoch im wesentlichen von der Wärmeleitfähigkeit und nicht so sehr von dem Kühlmittel abhängt.

Es ist deshalb möglich, durch Änderung der Zusammensetzung und der Struktur des Austenits die Kernbildung des Perlits oder Bainits zu beschleunigen oder zu bremsen, und das bedeutet, die Lage der S-Kurve nach links oder rechts zu verschieben.

Geht die Kernbildung beschleunigt vor sich, wird die Umwandlungsgeschwindigkeit erhöht, so daß die Schwierigkeit zunimmt, ohne vorherige Umwandlung auf Martensittemperatur abzuschrecken; ist die Kernbildung verlangsamt, kann der Stahl leichter so abgekühlt werden, daß aller Austenit nur in Martensit umgewandelt wird.

3.5. Einfluß des Kohlenstoffgehaltes und der Korngröße auf die Austenitumwandlung.

In dem vorangehenden Kapitel wurde darauf hingewiesen, daß die Art der Kernbildung der wichtigste Faktor bei der Umwandlungsgeschwindigkeit des Austenits in Perlit und Bainit ist; diese ist jedoch bei der Bildung des Martensits ohne Einfluß, der sich zumeist dann sofort bildet, wenn der nicht umgewandelte Austenit auf die geeignete Temperatur abgekühlt worden ist. Im allgemeinen verzögern Kohlenstoff und Legierungselemente die Geschwindigkeit der Kernbildung, und gemeinsam bestimmen sie die Temperatur der Martensitbildung (Ms), aber nicht die Geschwindigkeit der Umwandlung.

Der Kohlenstoff hat einen erheblichen Einfluß auf die Geschwindigkeit der Bainitbildung; Ergebnisse von DAVENPORT [41], die von anderen Autoren bestätigt worden sind, zeigen, daß die Erhöhung des Kohlenstoffs um 0,30% den Beginn der Bainitumwandlung in einem Kohlenstoffstahl zwischen 370 bis 260° C (700—500° F) um mehr als 500% verzögert.

Der Kohlenstoff hat auf die Umwandlungsgeschwindigkeit des Austenits unmittelbar in Perlit nur

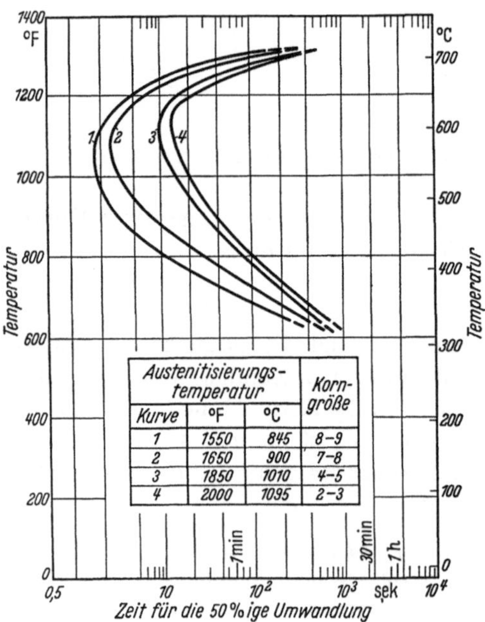

Austenitisierungs-temperatur			Korn-größe
Kurve	°F	°C	
1	1550	845	8—9
2	1650	900	7—8
3	1850	1010	4—5
4	2000	1095	2—3

Abb. 3.11. Vergleichende Zeitintervalle für eine 50%ige Umwandlung in einem einfachen Stahl, bedingt durch die Korngröße. (DAVENPORT [41].)

einen geringen Einfluß. Mittelbar hat er erheblichen Einfluß. Wenn
Stähle mit einem geringeren Kohlenstoffgehalt als 0,75—0,85% (untereutektoid) bis unter die Ar_1-Temperatur abgekühlt werden, scheiden sie
Ferrit gesondert aus; ist der Kohlenstoffgehalt höher als 0,85% (über-
eutektoid), scheiden sie Karbid gesondert aus. Die Teilchen des überschüssigen Ferrits oder des überschüssigen Karbids wirken als Keime

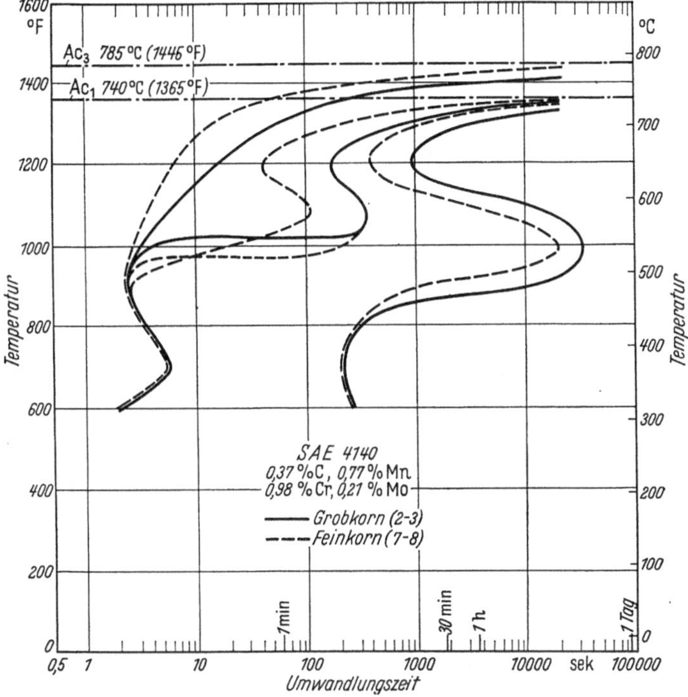

Abb. 3.12. TTT-Diagramme für den SAE-Stahl 4140 mit den Korngrößen 2—3 und 7—8.
(DAVENPORT, GRANGE und HAFSTEN [42].)

für die vorzeitige Kernbildung des Perlits; so werden hoch- und niedrig-
gekohlte Stähle etwas schneller in Perlit umgewandelt als solche Stähle,
die etwa 0,80% Kohlenstoff haben.

Die Umwandlung des Austenits in Perlit wird auch dann beschleunigt,
wenn sich im Austenit noch ungelöste Karbidteilchen oder sonstige Einschlüsse befinden. Diese wirken auch für die vorzeitige Kernbildung des
umwandlungsbereiten Perlits als Keime. Der Umfang dieser Umwand-
lungsbeschleunigung hängt von der Menge, der Größe und vor allem von
der Verteilung dieser ungelösten Teilchen ab.

Die Korngröße des Stahls hat ebenfalls auf die charakteristischen
Umwandlungen Einfluß. DAVENPORT [41] und DAVENPORT, GRANGE und

HAFSTEN [*42*] haben gezeigt, daß die Verzögerung des Umwandlungsbeginns um so größer ist, je gröber das Korn ist. Dieser Effekt ist bei
den Temperaturen der Nase der S-Kurven besonders ausgeprägt, wie
Abb. 3.11 und 3.12 zeigen, während er bei höheren und tieferen Temperaturen weniger deutlich ist. HOLLOMON und JAFFE [*78*] haben festgestellt, daß bei isothermer Umwandlung die Perlitbildung in erheblich
größerem Maße durch die Korngröße beeinflußt wird als die Bainitbildung, während bei kontinuierlicher Abkühlung die Korngröße einen
wesentlicheren Einfluß auf die Bainitbildung hat.

3.6. Allgemeiner Einfluß der Legierungselemente auf die isotherme Austenitumwandlung.

Der Einfluß der einzelnen Legierungselemente auf die Umwand-
lungsgeschwindigkeiten ist eingehend geprüft worden. Jedes Element
übt einen charakteristischen Einfluß auf die Austenit/Perlit- und
Austenit/Bainit-Umwandlung aus, so daß jede Stahlsorte ein ausge-
prägtes TTT-Diagramm hat. Die wesentlichen Einflüsse der Legierungselemente sollen nur nach ihrer Tendenz einer Erhöhung oder Erniedrigung der Kernbildungszeit der Perlit- oder Bainitbestandteile betrachtet werden. Die S-Kurven der legierten Stähle werden qualitativ
in eine Anzahl von Klassen eingeteilt.

MORRAL fand nach einer Zusammenstellung der vorhandenen isothermen Umwandlungsangaben, daß die Zeit-Temperatur-Umwand-
lungskurven einfacher und zusammengesetzter Stähle in 4 Grundtypen
eingeteilt werden können[1]. Wie in Abb. 3.13 gezeigt ist, teilt er die
S-Kurven im Hinblick auf die qualitative Eintragung in die gleiche Zeichnung in solche mit einem größeren Zeitintervall und ebenso im Hinblick
auf ihre Tendenz in solche ein, die einen Vorsprung (oder Kinn) haben,
was die Temperaturgebiete des Perlits und Bainits im Diagramm trennt.
Im allgemeinen neigen die austenitbildenden Elemente Mangan und
Nickel dazu, die Zeit zu erhöhen, ohne daß die Form der Kurve besonders
geändert wird. Die stark karbidbildenden Elemente Chrom und Molybdän
erhöhen die Zeit nur für die Perlitbildung, haben aber einen relativ geringen Einfluß auf die Bainitbildung, so daß sie eine Trennung der
Kurven in zwei Nasen bewirken, Typ III und IV. Molybdän hat weniger
Einfluß auf die Bainitbildung als Chrom. In chromhaltigen Stählen wird
die Zeit für die Bainitumwandlung besonders durch Kohlenstoff erhöht,
so daß hochkohlenstoffhaltige Chromstähle ähnliche TTT-Kurven haben

---

[1] MORRALS Originaleinleitung wurde 1945 veröffentlicht [*104*] und enthielt
5 Typen. Er hat vor kurzem erneut darüber veröffentlicht [*105*]. Abb. 3.13 zeigt
seine letzte Klassifizierung.

wie die reinen Mangan- und Nickelstähle. Die Klasseneinteilung einiger allgemein verwendeter Stähle ist nach MORRAL in Tab. 3.2 aufgeführt.

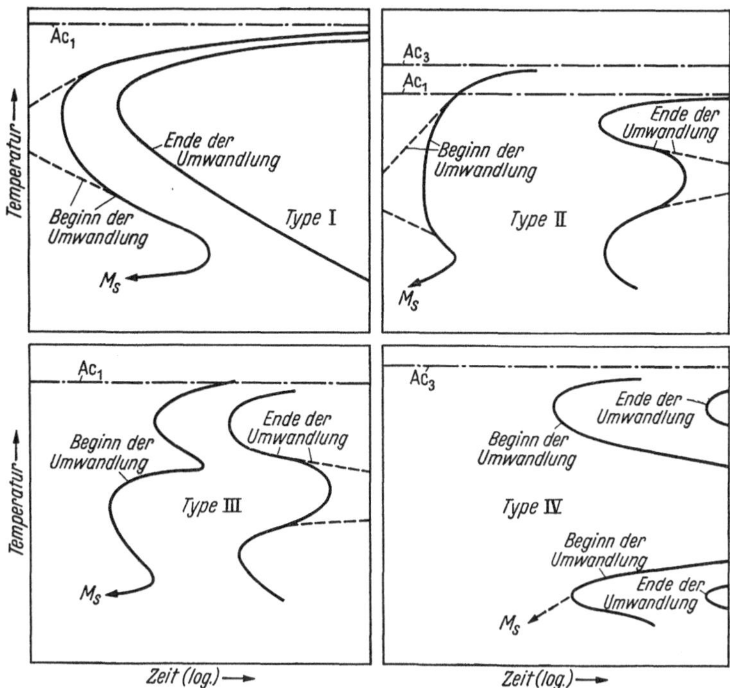

Abb. 3.13. Haupt-Typen der TTT-Diagramme für legierte Stähle. (MORRAL [*105*].)

Tabelle 3.2.

Allgemeine Einteilung der Stähle nach den TTT-Diagrammen.

MORRAL Typ	SAE und andere Stähle
I.	1000, 1300, 2300, 2515, hochkohlenstoffhaltige Werkzeugstähle
II.	3100, 3200, 4000, 4130, 4600, 4815, 5100, 6100, 8600, 8700
III.	3310, 4100 (außer 4130), 4300, 5200
IV.	ein kleiner Teil Cr-Ni-Stähle, mittel- und hochlegierte Werkzeug- und Gesenkstähle, Speziallufthärter, hochchromlegierte Messer- und Schnittstähle und Schnellstähle.

3.7. Umwandlung des Austenits in Martensit.

Der Hauptzweck der Härtung ist die Erzeugung von Martensit. Wenn die Abkühlungsgeschwindigkeit ausreichend ist, um die Umwandlung in Ferrit, Perlit und Bainit bei hohen Temperaturen zu unterdrücken, bringt das weitere Absenken der Temperatur die Umwandlung des Austenits in Martensit. GRENINGER und TROIANO [*62*] fanden, daß die Umwandlung des Austenits in Martensit von der Zusammensetzung abhängt, da diese die Temperatur der Martensitbildung beeinflußt; die Umwandlung hängt jedoch nicht von der Zeit ab. In niedriglegierten Stählen ist die Umwandlung oberhalb Raumtemperatur abgeschlossen, während einige hochlegierte Stähle eine Behandlung bei tieferen Temperaturen erfordern, um die Umwandlung zu beenden [51, 56, 71].

Kohlenstoff und Legierungselemente erniedrigen den Temperaturbereich der Martensitbildung. GRENINGER und TROIANO [62] und DIGGES [43] stellten fest, daß der Kohlenstoff die Temperaturen des Martensitbeginns (Ms) um die Beträge erniedrigt, die in Abb. 3.14 aufgezeichnet sind. Einige Forscher [30, 46, 59, 110] haben den Einfluß der

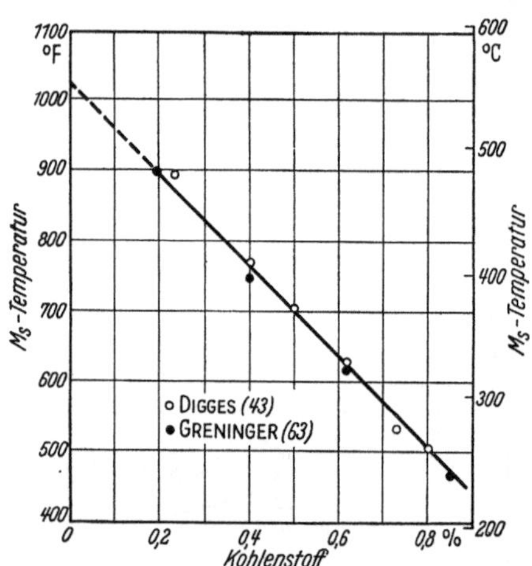

Abb. 3.14. Einfluß des Kohlenstoffs auf die obere Grenze der Martensitbildung (Ms) in sehr reinen Eisen-Kohlenstoff-Legierungen. (GRANGE und STEWART [59].)

Legierungselemente auf die Ms-Temperatur untersucht. Es sind verschiedene Formeln für die Berechnung dieser Temperatur in Abhängigkeit von der Zusammensetzung vorgeschlagen worden. GRANGE und STEWART [59] haben festgestellt, daß verschiedene Legierungselemente die Ms-Temperatur in additiver Weise nach folgender Formel erniedrigen:

$$\text{Ms (°F)} = 1000 - (650 \times \% \text{C}) - (70 \times \% \text{Mn})$$
$$- (35 \times \% \text{Ni}) - (70 \times \% \text{Cr}) - (50 \times \% \text{Mo})^1$$

(Hinweis des Übersetzers: Eine in Deutschland verwendete Formel ist die von JAFFE und HOLLOMON, Härtbarkeit und Härterisse, Transactions of American Institute of Mining and Metallurgical Engineers 167 (1946), Seite 617/626, für übliche Baustähle feiner Korngröße:

$$\text{Ar}'' \text{ (Ms) in °C} = 550 - (350 \times \% \text{ C}) - (40 \times \% \text{ Mn})$$
$$- (35 \times \% \text{ V}) - (20 \times \% \text{ Cr}) - (17 \times \% \text{ Ni})$$
$$- (10 \times \% \text{ Cu}) - (10 \times \% \text{ Mo}) - (5 \times \% \text{ W})$$
$$+ (15 \times \% \text{ Co}) + (30 \times \% \text{ Al}).$$

Si hat offenbar keinen Einfluß.

---

[1] Diese Faktoren gelten nur für einen Cr-Gehalt bis 1,5% und für einen Mo-Gehalt bis etwa 1%.

Die Temperatur der vollständigen Martensitumwandlung (Mf) liegt, abhängig vom Kohlenstoff- und Legierungsgehalt, etwa 85—170°C (150—300°F) unterhalb Ms. Die Korngröße hat auf die Martensitumwandlung keinen merkbaren Einfluß. Die Möglichkeit einer Voraus-

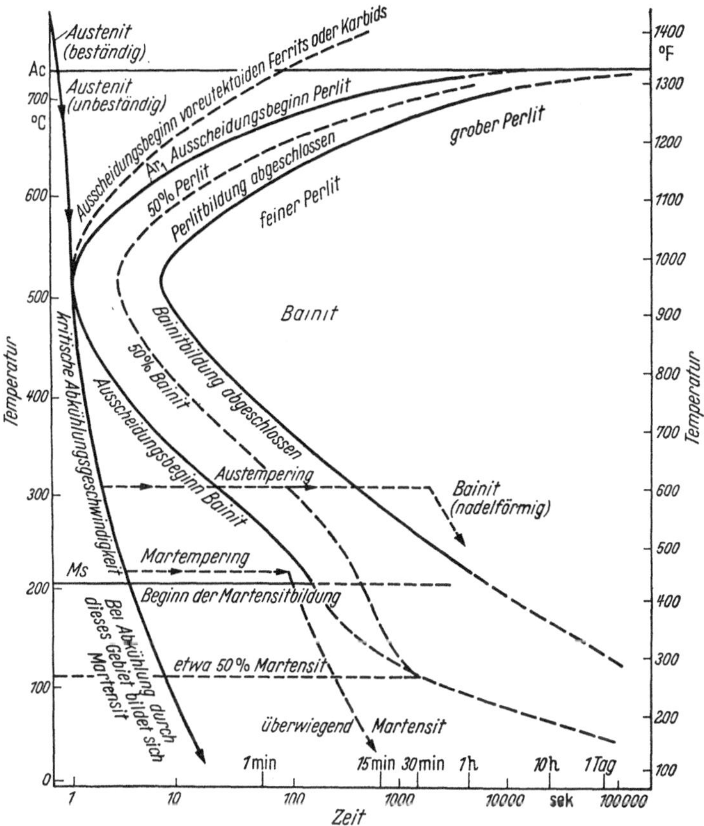

Abb. 3.15. Schematisches TTT-Diagramm für einen Kohlenstoff-Stahl mit Kurve für kritische Abkühlungsgeschwindigkeit, Ms-Temperatur und den Temperaturen für Austempering und Martempering. (McMulkin [102].)

bestimmung der Umwandlungstemperatur des Austenits in Martensit ist für die unterbrochene Härtung wie Thermalhärten (Austempering) und Warmbadhärten (Martempering) von praktischer Bedeutung. Die letztere Behandlung ist von Shepherd [128] zur Vermeidung von Härterissen vorgeschlagen worden. Der Stahl wird in einem Bad abgeschreckt, dessen Temperatur etwas höher als die Ms-Temperatur des betreffenden Stahles liegt. Er wird in dem Bade gerade so lange behalten, bis er die Temperatur des Bades angenommen hat, jedoch nicht so lange, daß sich isotherm Bainit bildet; hiernach kann er langsam (an Luft) auf Raumtemperatur abgekühlt werden, wobei sich Martensit bildet. Das Fehlen des Temperaturunterschiedes zwischen Rand und Kern (des thermischen Gradienten) verringert die Neigung des Stahles, sich beim Härten zu verwerfen oder zu reißen, was beim Abschrecken in einem Kühlmittel direkt auf Raumtemperatur eintreten kann. Eine schematische Darstellung des „Austempering" (Thermalhärten) und des „Martempering" (Warmbadhärten) für Kohlenstoffstähle zeigt Abb. 3.15 nach Darstellungen von McMulkin [102].

Bei den allgemeinen niedriglegierten Maschinenbaustählen ist die Martensitumwandlung oberhalb Raumtemperatur abgeschlossen. Bei hochkohlenstoffhaltigen oder hochlegierten Stählen jedoch wird das Ende der Austenitumwandlung im Martensit (Ms) bis unter Raumtemperatur erniedrigt, so daß ein Gefüge aus Martensit und nichtumgewandeltem Austenit entsteht. Restaustenit bleibt gewöhnlich auch in der hochkohlenstoffhaltigen Randzone aufgekohlter Stähle. Um bei diesen Stählen den Austenit völlig in Martensit umzuwandeln, müssen sie auf Temperatur unter Null °C abgekühlt werden. Diese Tieftemperaturbehandlung wird in Kühlapparaten, Trockeneis oder flüssigem Stickstoff vorgenommen und bedingt eine Steigerung der Härte (durch vermehrten Martensit) bei den Stählen, die wesentliche Mengen von Restaustenit enthalten. Das Teil muß ausreichend lange der tiefen Temperatur ausgesetzt werden, damit es vollständig diese Temperatur annimmt.

3.8. Umwandlung des Austenits bei kontinuierlicher Abkühlung.

Das Maximum der Härtung eines Stahles wird durch Abschrecken mit solcher Geschwindigkeit erreicht, daß der Austenit ohne jegliche Ferrit-, Perlit- oder Bainitausscheidungen in Martensit umwandelt, wobei die kritische Abkühlungsgeschwindigkeit für eine solche Aushärtung von der Tendenz abhängt, die weicheren Gefügebestandteile bei höheren Temperaturen auszuscheiden. Die Neigung zur vorzeitigen Umwandlung, bestimmt durch die Festlegung der Kurve des Umwandlungsbeginns im TTT-Diagramm, liefert schließlich eine vernünftige Grundlage zur Vorausbestimmung der Zusammensetzung und der Abkühlungsgeschwindigkeit, wenn man einen bestimmten Grad der Härte erreichen will, obgleich zur Zeit noch genauere Voraussagen der Härtbarkeit auf Grund von Erfahrungswerten vorliegen.

Das Studium der Austenitumwandlung bei konstanten Temperaturen hat ergeben, daß die Umwandlung oberhalb der Martensitbildung von der Zeit abhängt. Bei kontinuierlicher Abschreckung von der Härtetemperatur wird sich deshalb die Umwandlung über eine Reihe von Temperaturen erstrecken. Arbeiten von Grange und Kiefer [57] und von LIEDHOLM [97] zeigen, daß die bei kontinuierlicher Abkühlung anlaufende Umwandlung zu tieferen Temperaturen und zu nach rechts verlängerten Zeiten verschoben wird, wenn man diese mit denen des isothermen Umwandlungsdiagramms vergleicht, wie es in Abb. 3.16 gezeigt

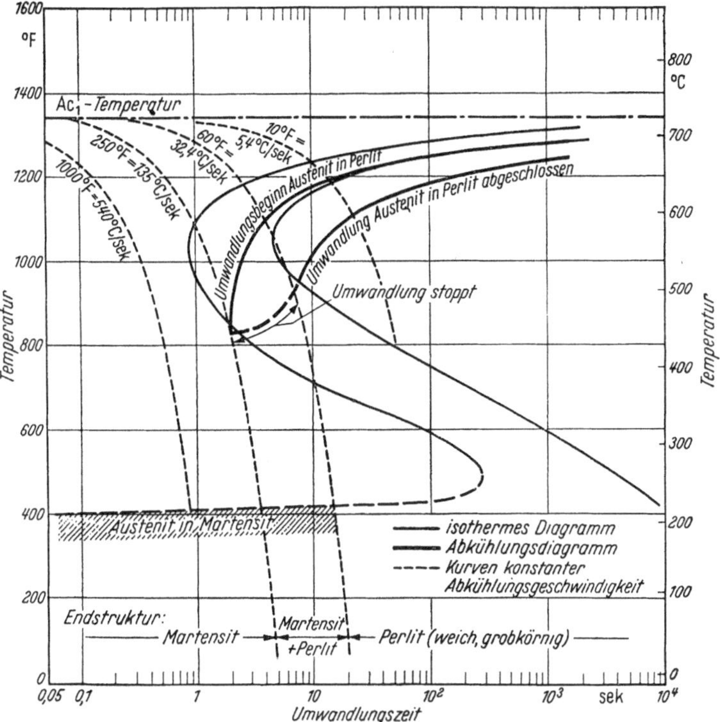

Abb. 3.16. Beziehung zwischen den kontinuierlichen Abkühlungsgeschwindigkeiten und dem TTT-Diagramm für einen eutektoiden Stahl. (GRANGE und KIEFER [57].)

ist. Der Betrag, um den Temperatur und Zeit verschoben wird, hängt von einer verwickelten Vielfalt von Einflüssen der Zeit und Temperatur auf die Kernbildung ab. Die Kette dieser Reaktionen ist von HOLLOMON, JAFFE und NORTON [76] und von MANNING und LORIG [99] besprochen worden.

Die zuletzt Genannten haben festgestellt, daß die Umwandlung des Austenits in Ferrit und Perlit bei kontinuierlicher Abkühlung mit angenäherter Genauigkeit aus den isothermen Umwandlungsdaten vorausbestimmt werden kann. Sie nahmen an, daß die Einflüsse der Zeit bei höheren Temperaturen derart der Zeit bei tieferen Temperaturen addiert werden können, daß die Zeitzunahmen der aufeinanderfolgenden tieferen Temperaturabschnitte zu einer Gesamtzeit bei der Umwandlungstemperatur zusammengefaßt werden können. Es war nicht möglich, die Bainitumwandlung mit dieser Summenformel zu erfassen. Schwierig ist hierbei die Tatsache, daß sich Bainit aus dem Austenit erst nach einer vorhergehenden Ferritausscheidung bildet, die der Ausgang der Bainitbildung ist.

Die Schwierigkeit, das Verhalten bei isothermer Umwandlung auf die kontinuierliche Abkühlung zu übertragen, macht dieses Verfahren ungeeignet, auf diese Weise die Härtbarkeit quantitativ zu bestimmen. Isotherme Daten helfen in qualitativer Hinsicht, zumal der Mechanismus der isothermen Umwandlung nur wenig geklärt ist und die Grundeigenschaften der entstehenden Gefügearten nur wenig bekannt sind. Die Berechnungen der Härtbarkeit in den folgenden Kapiteln beruhen in breitem Maße auf den empirischen Beobachtungen der Härtung bei kontinuierlicher Abkühlung. Der erzielte Fortschritt ist deshalb bemerkenswert, wenn bedacht wird, daß keine ausgeführte Annäherungsrechnung bisher zum Verständnis beigetragen hat, warum Legierungselemente die Härtbarkeit erhöhen.

3.9. Zusammenfassung.

Stahl ist im wesentlichen eine Eisen-Kohlenstoff-Legierung, die die Karbide beim Erwärmen unter Bildung von Austenit löst und diese bei der Abkühlung wieder ausscheidet. Die unterkritische Temperatur, bei der sich Austenit umwandelt, bestimmt die Form und die Größe der Karbidteilchen im Gefüge und bestimmt dadurch den Grad der Härtung. Bei isothermer Umwandlung bilden sich im Temperaturgebiet von 540—705°C (1000—1300°F) voreutektoidisch Ferrit oder Karbid und relativ weicher lamellarer Perlit. Zwischen 260 und 540°C (500—1000°F) besteht das Ferrit-Karbid-Gemenge aus dem härteren nadelförmigen Bainit, und bei tieferen Temperaturen wird der Kohlenstoff in übersättigter Lösung im Ferritgitter unter Bildung von Martensit zurückgehalten. Alle nichtmartensitischen Gefügebestandteile, die sich oberhalb der Martensittemperatur bilden, brauchen für Kernbildung und Kernwachstum eine bestimmte Zeit. Deshalb ist es bei kontinuierlicher Abkühlung möglich, deren Bildung durch schnelle Abkühlung oder Verlängerung der Kernbildungszeit durch Legierungselemente zu unterdrücken. Der Einfluß der Legierungselemente auf die isotherme Umwandlung des Austenits ist qualitativ bestimmt, aber der Einfluß bei kontinuierlicher Abkühlung zahlenmäßig noch nicht endgültig festgelegt worden, so daß wir in den folgenden Kapiteln auf die empirische Beobachtung zurückgreifen müssen.

4. Abschrecken.

Die moderne Wärmebehandlung ist selbst in ihrer einfachsten Form ein teurer Prozeß, aber für viele Tausende von Verwendungsarten sind die hohen Kosten gerechtfertigt. Die Notwendigkeit hoher Härte bei Werkzeugstählen ist für jeden offenbar, und es ist vor allem klar, daß die moderne Maschine ein unerreichbares Ideal wäre, wenn die einzelnen Maschinenteile nicht auf hohe Festigkeit vergütet und angelassen werden könnten. Dies ist jedem Metallurgen und jedem Ingenieur selbstverständlich und braucht nicht näher herausgearbeitet zu werden.

Seit die Wärmebehandlung solch ein wichtiger Vorgang für Stähle ist, die in großer Vielfalt in modernen Konstruktionen und Maschinen eingebaut sind, ist es gleichermaßen einleuchtend, daß Metallurgen und Ingenieure lebhaft daran interessiert sind, Unterlagen über das Verhalten der verschiedenen Kohlenstoff- und legierten Stähle beim Abschrecken zu bekommen, d.h. über den Grad der Aushärtung — der Härtbarkeit — und über die Gefügeausbildung (und die Eigenschaften), die durch verschiedene Abkühlungsarten erreicht werden können.

Der Grad der Aushärtung, der in jedem gegebenen Stahl durch Abschrecken erreicht werden kann, und sein Gefüge und die Eigenschaften hängen von zwei Hauptfaktoren ab. Diese sind die Abschreckgeschwindigkeit und die Abmessung des abgeschreckten Teiles. Mit anderen Worten, wir müssen wissen, ob das Abschreckmittel die Oberfläche des Stahles schnell genug abkühlt, um das gewünschte Gefüge zu erzielen, und ob auch die Mitte oder irgendeine Zone unterhalb der Oberfläche schnell genug abgekühlt wird, um dort das gewünschte Gefüge zu haben.

Eine zahlenmäßige Erfassung des Einflusses der Abmessung ist deshalb schwierig, weil die aus dem Inneren eines einigermaßen großen Stahlteiles an die Oberfläche strömende Wärme, wo sie vom Kühlmittel aufgenommen und verteilt wird, in relativ so langsamer Weise fließt, daß primär die Wärmeleitfähigkeit des Materials und nur zu einem geringeren Teil das Abschreckvermögen des Abschreckmittels entscheidend ist. Weiterhin ist die Geschwindigkeit, mit der die Wärme vom Inneren zur Oberfläche fließt, für alle praktischen Fälle von der chemischen Zusammensetzung unabhängig.

Es mußten eine Unzahl von Versuchen über die jeweiligen Abkühlungsgeschwindigkeiten in verschiedenen Abkühlmitteln in bezug auf die Oberfläche und die Mitte und auf verschiedene Stellen zwischen Oberfläche und Mitte, auf Teilausschnitte verschiedener Stückgrößen und Formen gemacht werden. Die Namen von FRENCH, SCOTT, GROSSMANN und RUSSELL, nur einige von vielen, sind auf diesem Gebiet mühevoller Arbeiten gut bekannt geworden. In diesem Kapitel wird ein klarer

Überblick über die heutige Kenntnis der Abschreckweisen und der Veränderlichen der Abschreckweisen gegeben, die auf den Arbeiten dieser und anderer Forscher beruhen.

4.1. Gebräuchliche Methoden zum Studium der Stahlabschreckung.

Im allgemeinen werden drei Methoden zum Studium der Stahlabschreckung angewendet. Diese sind 1. Bestimmung der Beziehung zwischen der Abkühlungsgeschwindigkeit und der Oberfläche und dem Volumen der Stähle verschiedener Größen und Formen, 2. Bestimmung des Grades der Härtung mit Hilfe von Rundstäben oder Platten, indem man den Anteil des gebildeten Martensits mit standardisierten Teilen verschiedener Größe und Form (gewöhnlich 50% Martensit) bei verschiedenen Abschreckmitteln vergleicht, und 3. Bestimmung des Grades der Härtung mittels des Jominy-Härtbarkeitstestes (in Kapitel 6 besprochen) und Übertragung der so erhaltenen Werte auf Rundstäbe und auf viereckige und flache Querschnitte und auf verschiedene Abkühlungsbedingungen.

Um eine genaue Beziehung zwischen dem Härtbarkeitsgrad einerseits und zwischen den verschiedenen Abkühlungsbedingungen und Teilen verschiedener Größen und Formen andererseits herauszuarbeiten, ist es nötig, eine Anzahl von Annahmen zu machen, von denen einige ungewissen Wert haben. Die auf diesem Wege gewonnenen Ergebnisse können deshalb zu ernsthaften Fehlschlüssen führen, so daß die Berechnungen in extremen Fällen tatsächlich irreführend sein können. Im allgemeinen sind diese Beziehungen jedoch zutreffend und vertrauenswürdig, wie einige der anderen Faktoren, die bei der Stahlhärtung auftreten, zumal manche der verwendeten Werte experimentell bestimmt worden sind. Wichtiger jedoch ist die Tatsache, daß die rohe Bestimmung der Abkühlungsgeschwindigkeiten ein sehr brauchbares Hilfsmittel ist, und es genügt meistens, in etwa annäherungsweise die Sollabschreckung der Stähle mit stark verschiedener Zusammensetzung und Größe zu bestimmen.

4.2. Die relativen Abkühlungsgeschwindigkeiten zwischen Oberfläche und Mitte beim Abschrecken.

Die Abkühlungsgeschwindigkeit eines bestimmten Rundstabes hängt von der Geschwindigkeit ab, mit der die Oberfläche des Rundstabes auf die Temperatur des Abschreckbades heruntergekühlt wird.

Infolge der durch die Wärmeleitfähigkeit gegebenen bestimmten Grenzen und der Tatsachen, daß beim Abschrecken die Wärme nur aus der Oberfläche des Rundstabes herausgezogen wird, entsteht ein Ab-

kühlungsgradient zwischen der Oberfläche und der Mitte der Rundstange,
wie es Abb. 4.1 zeigt. Je größer die Abkühlungsgeschwindigkeit an der
Oberfläche ist, um so steiler ist an allen Stellen innerhalb der Rundstange

das Wärmegefälle und folglich um so schneller die Abkühlungsgeschwindigkeit.
Dieses wurde von Sisco [132]
auf Grund von Arbeiten
von French [52] an Ku-
geln gezeigt, die in langsam bewegtem Wasser oder
Öl oder in ruhender Luft
abgekühlt wurden. Die Zahlen geben die wirklichen
Zeiten in Sekunden an,
die beim Abschrecken von
760 auf 315°C (1400 auf
600°F) gemessen wurden:

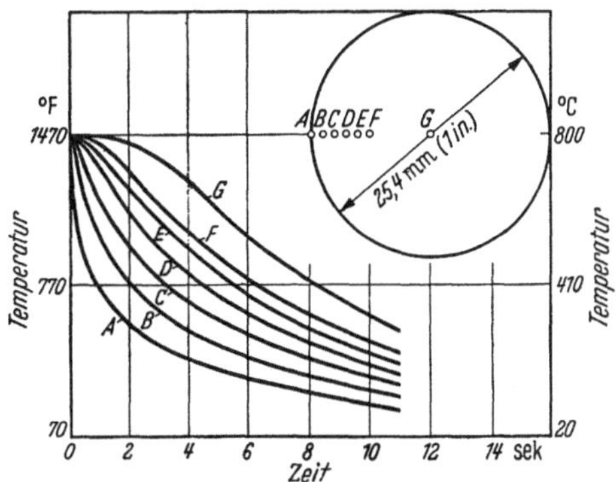

Abb. 4.1. Erforderliche Abkühlzeiten für verschiedene
Stellen innerhalb eines Rundbolzens beim Abschrecken in
kaltes Wasser. (Grossmann [66].)

Größe in		Wasser		Öl		Luft	
mm	(in.)	Oberfläche	Mitte	Oberfläche	Mitte	Oberfläche	Mitte
25,4	(1)	0,1	5	8	35	450	475
63,5	(2½)	0,3	20	30	> 100	> 1000	> 1000

Die Abkühlungsgeschwindigkeit eines Stahlteiles auf eine bestimmte
Temperatur ist von seiner Größe und Form und von der Stärke der Ab-
kühlung abhängig. Bei einer bestimmten Abkühlungsstärke nimmt die
Abkühlungsgeschwindigkeit an der Oberfläche eines Rundstabes mit der
Zunahme des Durchmessers ab, was eine allgemeine Abnahme der Ab-
kühlungsgeschwindigkeit im Innern der Stange zur Folge hat. Dieses ist

in Abb. 4.2 dargestellt,
in der die Abkühlungs-
zeiten für eine Stelle
3,2 mm (¹/₈ in.) unterhalb
der Oberfläche und für
die Mittelpunkte von Platten mit 38,1 (1½), 76,2 (3)
und 152,4 mm (6 in.)
Dicke eingetragen sind,
die unter gleichen Bedin-
gungen in Wasser abge-
schreckt wurden. Selbst
bei so starker Abkühlungs-

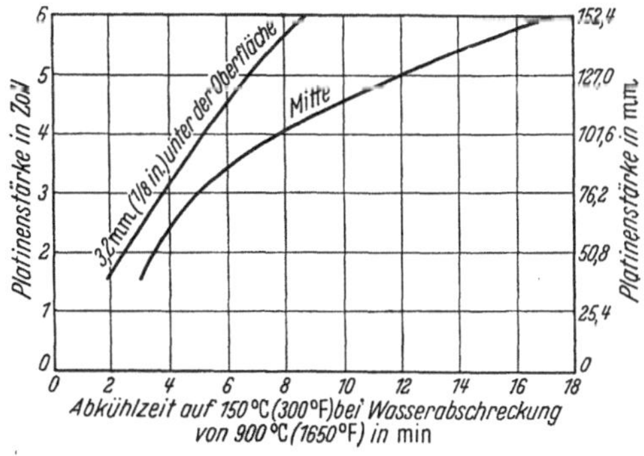

Abb. 4.2. Einfluß der Platinendicke auf die Abkühlungszeit
beim Abschrecken. (Nach Martin und Pappas [100].)

4a*

weise steigt die Zeit mit der Stückgröße an. Ähnlich bedingt eine Verkleinerung der Oberfläche bei gleichem Volumen eine Abnahme der Abkühlungsgeschwindigkeit. Die zunehmende Masse erniedrigt die Abkühlungsgeschwindigkeiten an allen Stellen innerhalb der Stange im Verhältnis der Verringerung der Oberfläche zum Gesamtvolumen.

4.3. Verhältnisse an der Oberfläche beim Abkühlen.

SCOTT [124] zeigte, daß beim Abkühlen metallischer Oberflächen durch Flüssigkeiten zu Anfang die Wärme nur langsam abfließt, da der Dampffilm die Flüssigkeit vom Metall trennt. Der Wärmeübergang vom Metall zum Kühlmittel ist in den Flüssigkeiten am geringsten, die einen niedrigen und ausgeprägten Siedepunkt haben, wie es beim Wasser der Fall ist. In der zweiten Phase wird die Wärme sehr stark abgeleitet, da die Kühlflüssigkeit laufend durch das Zusammenbrechen des Dampffilms an die Metalloberfläche gebracht wird; in dieser Phase ist das Wasser besonders wirksam. In der dritten Phase ist die Abkühlung von der Konvektion abhängig, sobald die Oberflächentemperatur des Metalls unter den Siedepunkt der Flüssigkeit abgesunken ist. Die Wärmeleitfähigkeit der Flüssigkeit bestimmt in dieser Phase im wesentlichen die Abkühlung.

Bei der Stahlhärtung ist das Abschreckmittel am idealsten, das die erste Phase (das Leidenfrost'sche Phänomen, der Übersetzer) nicht hat, wie es beim Öl teilweise der Fall ist; in der zweiten Phase soll es langsamer als das Wasser kühlen, und in der dritten Phase soll es so langsam kühlen, wie es das Öl tut, um ein schnelles Durchlaufen durch die niedrigen Temperaturbereiche zu vermeiden, wo sich Martensit bildet. Obgleich man jedoch immer auf der Suche nach einem „vollkommenen" Abschreckmittel ist, sind wir bei den praktischen Abschreckvorgängen im allgemeinen auf den Gebrauch von Wasser, wäßrigen Lösungen und von Natur- oder hergerichteten Ölen angewiesen. Die Wahl hängt davon ab, mit welcher Wirtschaftlichkeit die betreffenden Abkühlungsgeschwindigkeiten den geforderten Grad erreichen lassen, ohne daß übermäßiger Verzug und Reißen anfällt. Um eine solche Auswahl treffen zu können, ist es erforderlich, den Einfluß verschiedener Abschreckmittel auf die Bedingungen der Abkühlungsgeschwindigkeit oder den Grad der Härtung zahlenmäßig zu erfassen.

Wenn auch die Formen der Abkühlungskurven mit den verschiedenen Abschreckmitteln variieren, ist es notwendig, für die Durchführung einer Berechnung zu unterstellen, daß alle Abschreckmittel die gleiche Form der Abkühlungskurve ergeben, um ein einfaches Kriterium für die zahlenmäßige Bewertung der Abkühlungsweisen zu erhalten. Man muß also zur Berechnungsgrundlage annehmen, daß die physikalischen Eigenschaften der Stähle wie die Wärmeleitfähigkeit, die Dichte und die

Wärmeausbreitung sich nicht mit der Temperatur ändern und für alle Stähle gleich sind. Der durch diese Annahme entstehende Fehler ist manchmal erheblich, aber im allgemeinen ist er genügend klein, um eine brauchbare Annäherungsformel zu bekommen, was besser ist als das sonstige gefühlsmäßige Herumprobieren.

4.4. Die Abkühlungsweisen bei verschiedenen Abschreckmitteln.

Der Einfluß der verschiedenen Abschreckmittel kann durch die Abkühlungsgeschwindigkeit bestimmt werden, die in einem Rundstab bestimmter Größe und Form bei einer bestimmten Temperatur an einer bestimmten Stelle erreicht wird, wenn man diesen unter gleichen oder kontrollierten Bedingungen abkühlt. Da die Stärke der Bewegung im Abschreckbad die Geschwindigkeit beeinflußt, mit der das Bad dem Stahl die Wärme entzieht, muß diese für eine genaue Vergleichsmessung konstant sein oder kontrolliert werden. Die Abkühlungsgeschwindigkeit wird experimentell dadurch bestimmt [52, 124], daß Bolzen bestimmter Größe in verschiedenen Abschreckmitteln abgeschreckt und die Temperaturänderungen in Abhängigkeit von der Zeit an einer bestimmten Stelle innerhalb des Bolzens gemessen werden.

FRENCH [52] bestimmte die Abkühlungsgeschwindigkeiten der Mitte eines 12,7 mm ($\frac{1}{2}$ in.) starken Zylinders eines 0,95% C-Stahles beim Abschrecken in verschiedenen Kühlmitteln ohne Bewegung. Einige seiner Ergebnisse sind in der Tab. 4.1 zusammengestellt.

Tabelle 4.1. *Relative Abkühlungsgeschwindigkeiten der Mitte eines 12,7 mm ($^1/_2$ in.) starken Zylinders aus einem 0,95-C-Stahl, abgeschreckt von 875° C (1610° F), gemessen bei 720° C (1330° F)*[1].

Wäßrige Lösungen	Abkühlungsgeschwindigkeit bei 720° C (1330° F)		Öle	Abkühlungsgeschwindigkeit bei 720° C (1330° F)	
	°C/sek	°F/sek		°C/sek	°F/sek
Wasser	130[2]	234[2]	Sonderöl Nr. 1	80	144
5% Natronlauge	220	396	Sonderöl Nr. 2	68	122
5% Calcium-			Rohöl	65	117
chlorid	210	378	Baumwollsamenöl	65	117
10% Soda	190	342	Klauenöl	60	108
0,06% weiße			Fischöl	55	99
Seifenlösung	23	41	Maschinenöl	39	70
			Transformatoren-öl	31	56
			Palmöl	26	47

Diese Abkühlungsgeschwindigkeiten gehören nur zu den besonders ausgewählten Bedingungen dieses Testes. Es würden an gleicher Stelle

---

[1] FRENCH [52].
[2] Im Mittel, wirkliche Geschwindigkeiten 120—140° C/sek (216—152° F/sek).

in stärkeren Bolzen kleinere Geschwindigkeiten festgestellt werden; beim Abschrecken in bewegten Bädern wären die Abkühlungsgeschwindigkeiten größer, auch würden beim Abschrecken von anderen Temperaturen die Abkühlungsgeschwindigkeiten verschieden sein.

Um die Abkühlungsgeschwindigkeiten von Kugeln, Zylindern und Platten miteinander vergleichen zu können, entwickelte FRENCH [*52*] die folgende Formel, mit der die Geschwindigkeiten der Abkühlung des Mittelpunktes für je 100°C/sek bei 720°C für solche Kühlmittel bestimmt werden können, die eine ähnliche Abkühlungscharakteristik wie Öl und Wasser haben:

$$V = \left(\frac{S}{W}\right)^n \times C_2$$

wobei bedeuten

$V =$ Geschwindigkeit in 100° C
bei 720°C
$S =$ Oberfläche in Quadratzoll
($= 6{,}45$ qcm)
$W =$ Volumen in Kubikzoll
($= 16{,}39$ ccm)
n und $C_2 =$ Konstanten, die vom Abschreckmittel abhängen.

Die Formel besagt, daß die Abkühlungsgeschwindigkeit in direkter Beziehung zum Verhältnis zwischen Oberfläche und Volumen des Materials steht. Das Verhältnis von Oberfläche zu Volumen verändert sich mit dem Durchmesser oder der Dicke eines gegebenen Teiles und mit den verschiedenen Formen wie Kugeln, Rundstäbe, Platten und anderen. Es ist deshalb möglich, die Einflüsse des Querschnittes und der Form in einem einzigen Parameter auszudrücken, nämlich im Verhältnis der Oberfläche zum Volumen. Die Konstanten n und C_2 in der Formel ändern sich mit Form oder Größe des Materials nicht, sondern hängen ausschließlich von der Art des Kühlmittels ab.

4.5. Anwendung der French-Methode.

Zur Erläuterung der Methode nach FRENCH wird angenommen, daß die Bestimmung der Konstanten für die Abschreckung in fließendem Wasser erfolgen soll, so daß die Abkühlungsgeschwindigkeit in bezug auf die Mitte von Rundstangen verschiedener Größe unter diesen Abschreckungsbedingungen bestimmt wird. Es ist erforderlich, zuerst die Abkühlungsgeschwindigkeit der Mitte einer Rundstange bekannter Abmessungen zu bestimmen. Der Einfachheit halber nimmt man einen Rundstab von 25,4 mm (1 in.) Durchmesser und 101,6 mm (4 in.) Länge, der von 875°C (1610°F) mit einer Abkühlungsgeschwindigkeit von 70°C/sek (126°F/sek) gemessen bei 720°C (1330°F), abgeschreckt wird. Die Rundstange hat eine Oberfläche von 14,14 sq.in. und ein Volumen von 3,14 sq. in. und deshalb das Verhältnis Oberfläche zum gesamten Volumen von $14,14 : 3,14 = 4,50$.

Nachdem die Abkühlungsgeschwindigkeiten und das Verhältnis von Oberfläche zum gesamten Volumen bestimmt worden sind, kann auf Abb. 4.3 hingewiesen werden, in der die Abkühlungsgeschwindigkeit bei $720°$ C $(1330°$ F) gegen den Wert der Konstanten des Kühlmittels für verschiedene Verhältniszahlen von Oberfläche zu Volumen S/W aufgetragen ist. In diesem Diagramm schneidet die horizontale Gerade einer Abkühlungsgeschwindigkeit von $70°$C $(126°$F)/sek die gedachte Kurve für $S/W = 4,50$ bei einem Punkt, dessen Abszissenwert bei 1,92 für n liegt.

Durch Einsetzen des Wertes für $n = 1,92$ und der Abkühlungsgeschwindigkeit von $70°$C/sek $(126°$F) in die obige Formel kann der Wert der anderen Konstanten C_2 bestimmt werden. Eingesetzt ergibt:

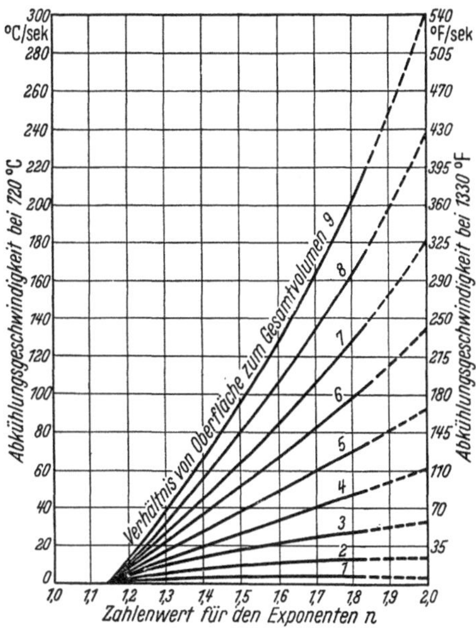

Abb. 4.3. Beziehung zwischen der Abkühlungsgeschwindigkeit der Mitten bei $720°$ C $(1330°$ F), dem Exponenten n der French-Gleichung und dem Verhältnis von Oberfläche zu Volumen für Stähle beim Abschrecken von $875°$ C $(1610°$ F). (FRENCH [52].)

$$70°\text{C}\ (126°\text{F}) = (4,5)^{1,92} \times C_2,$$
$$C_2 = 3,9.$$

Diese Konstanten können nun für die Berechnung der Abkühlungsgeschwindigkeit der Mitten von Rundstangen verschiedener Größen verwendet werden, die unter denselben Bedingungen und von denselben Temperaturen abgeschreckt worden sind. Die Abkühlungsgeschwindigkeit ist mit Hilfe der Abb. 4.3 graphisch zu ermitteln, wenn der Wert von n bekannt ist.

Die von FRENCH bestimmten Konstanten beim Abschrecken in ruhendem Salzwasser, Wasser, Öl und Luft enthält Tab. 4.2, die als Richtwerte für die Konstanten bei den verschiedenen Abschreckmitteln angenommen werden können.

Durch Einsetzen der Zahlenwerte der Konstanten für die entsprechenden Abschreckmittel in die obige Formel können die Abkühlungsgeschwindigkeiten der Mitten von Rundstangen verschiedener

Größen beim Abschrecken in 5%-Na-OH-Lösung, Wasser, Öl oder Luft
bestimmt werden. Eine schnellere Bestimmung der Abkühlungsgeschwin-

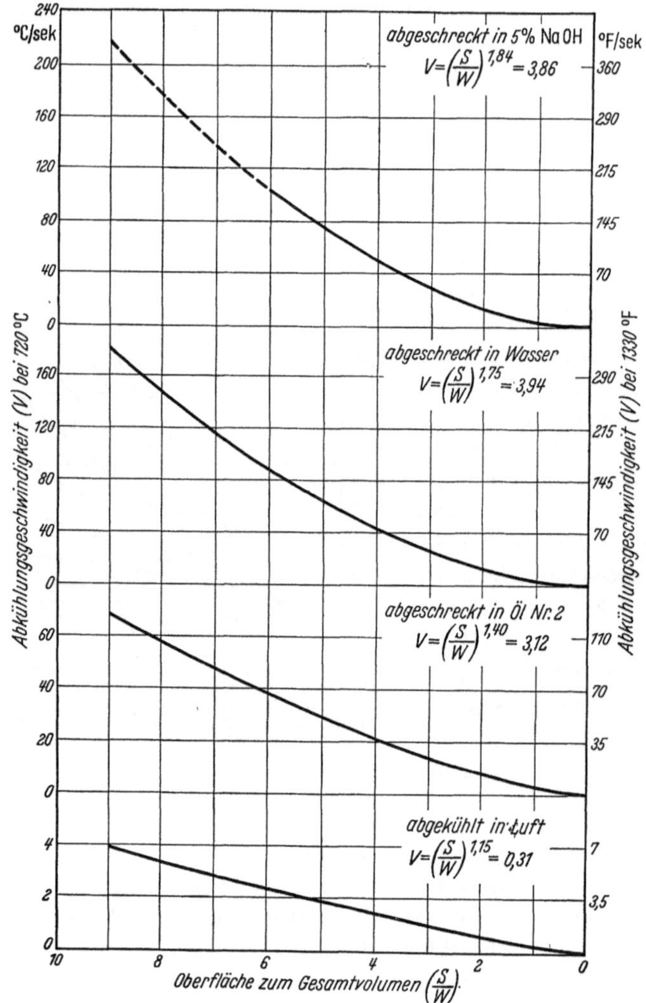

Abb. 4.4. Beziehung zwischen der Abkühlgeschwindigkeit der Mitten bei 720° C (1330° F) und dem
Verhältnis der Oberfläche zu Volumen von Stählen, die von 875° C (1610° F) in verschiedene Abkühlmittel abgeschreckt wurden. (FRENCH [52].)

digkeiten der Mitten bei 720°C (1330°F) kann für die gleichen Abkühlungsbedingungen mit Hilfe der Abb. 4.4 vorgenommen werden, in der
die Abkühlungsgeschwindigkeit gegen das Verhältnis von Oberfläche zu
Volumen für verschiedene Abschreckmittel aufgetragen ist.

Tabelle 4.2. *Konstanten für verschiedene Abschreckmittel für die Formel von* FRENCH *beim Abschrecken von 875° C (1610° F).*

Abschreckmittel und Form	Zahlenwert der Konstanten	
	n	C_2
5% NaOH, Rundstäbe	1,84	3,86
Wasser		
Kugeln	1,75	3,89
Rundstäbe	1,75	3,91
Platten	1,75	4,03
im Mittel		3,94
Öl N:2		
Kugeln	1,40	3,22
Rundstäbe	1,40	3,03
im Mittel		3,12
Ruhende Luft		
Rundstäbe	1,15	0,31

Beim Verhältnis $S/W = 5,0$ einer Rundstange zeigt z. B. das Diagramm, daß die Senkrechte auf $S/W = 5,0$ die Kurve der Luftabschreckung bei einer Abkühlungsgeschwindigkeit von 2,0°C (3,6°F)/sek, die Kurve für Ölabschreckung bei dem gleichen Punkt von 30° C (54°F)/sek und die Kurve für Wasserabschreckung bei dem entsprechenden Punkt von etwa 65°C (117°F)/sek scheidet. Diese Abkühlungsgeschwindigkeiten bei 720°C (1330°F) entsprechen dann denen der Mitten solcher Rundstangen, die in diesen Medien abgeschreckt sind.

Werden andere Abschreckungstemperaturen als 875°C (1610°F) gebraucht, kann die Abkühlungsgeschwindigkeit für die Mitte bei 720°C (1330°F) bestimmt werden, wenn die Abkühlungsgeschwindigkeit von 875°C (1610°F) bekannt ist. Es soll z. B. angenommen werden, daß eine Rundstange mit einem Wert für $S/W = 4,5$ von 875°C (1610°F) in bewegtes Wasser mit einem n-Wert von 1,92 abgeschreckt wird, und daß die Mitte eine

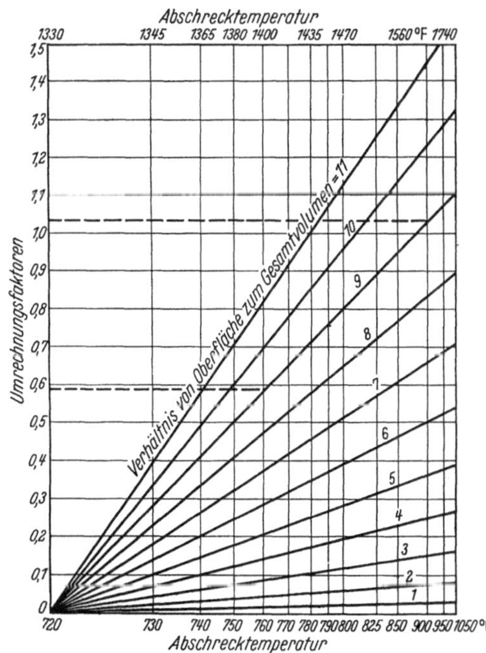

Abb. 4.5. Umrechnungsfaktoren der Abkühlungsgeschwindigkeiten der Bolzenmitten bei 720°C (1330°F) von einer Abschrecktemperatur auf eine andere Abschrecktemperatur. (FRENCH [52].)

Abkühlungsgeschwindigkeit von 70°C (126°F) je sek hat. Wenn die Abkühlungsgeschwindigkeit beim Abschrecken ab 825°C (1520°F) bestimmt werden soll, sucht man in Abb. 4.5 den Schnittpunkt der Vertikalen auf 875°C (1610°F) mit der gedachten Linie für $S/W = 4{,}50$ und liest auf der Ordinate den zugehörigen Faktor 0,30 ab. Für die neue Temperatur 825°C (1520°F) ist der Faktor 0,265. Die Abkühlungsgeschwindigkeit der Bolzenmitte bei 720°C (1330°F) ist beim Abschrecken von 825°C (1520°F) 0,265/0,30 von 70°C (126°F)/sek, also 61,8°C (111°F)/sek. Es muß darauf hingewiesen werden, daß JACKSON und CHRISTENSON [83] später fanden, daß die Abkühlungsgeschwindigkeit mit der Abschrecktemperatur nur dort ansteigt, wo das Verhältnis Oberfläche zu Volumen groß ist, daß jedoch bei kleinem Verhältnis von Oberfläche zum Volumen (wie bei den Jominy-Proben) ein Ansteigen der Temperatur die Abkühlungsgeschwindigkeit herabsetzt.

4.6. Bestimmung des Abschreckvermögens.

Andere Mittel zur zahlenmäßigen Bewertung der relativen Wirksamkeit von Abschreckmitteln sind die Anhaltszahlen ihres Abschreckvermögens. Diese vermeiden Ausdrücke, in der die spezifische Bolzengröße vorkommt, wie es bei der Abkühlungsgeschwindigkeit der Fall ist. Sie haben den weiteren Vorteil, daß bei Kenntnis des zahlenmäßigen Abschreckvermögens für jede Stelle innerhalb des Rundbolzens aus den Konstanten von RUSSELL [122] die Zeit berechnet werden kann, die zur Abkühlung auf irgendeine bestimmte Temperatur zwischen der Austenitisierungstemperatur und der des Kühlmittels erforderlich ist. Eine solche Berechnung setzt als Annahme voraus, daß sich die Wärmeleitfähigkeit, die spezifische Wärme und die Dichte des Stahles nicht mit der Temperatur oder der Zusammensetzung ändern, und daß die Geschwindigkeit des Wärmeentzuges in Übereinstimmung mit dem Newtonschen Gesetz der Differenz zwischen der Anfangstemperatur und der des Kühlmittels proportional ist. Es wird angenommen, daß die Geschwin-

Tabelle 4.3. *Angenäherte H-Werte für die Stärke der Abschreckung verschiedener Abschreckmittel[1].*

Bewegung des Abschreckmittels oder Teiles		Abschreckparameter H in			
Abschreckmittel	Teil	Luft	Öl	Wasser	Salzlösung
nein	nein	0,02	0,3	1,0	2,2
nein	mittel		0,4—0,6	1,5— 3,0	
nein	stark		0,6—0,8	3,0— 6,0	7,5
stark oder zerstäuben			1,0—1,7	6,0—12,0	

[1] GROSSMANN und ASIMOW [67].

digkeit, mit der das Kühlmittel die Oberflächentemperatur herabsetzt und die Wärme herauszieht, dem Gesetz der Wärmeleitfähigkeit folgt. Durch die zahlenmäßige Bewertung der Faktoren für Temperatur und Zeit und die Ausdrücke für die Wärmeleitfähigkeit, spezifische Wärme und Dichte kann der Einfluß des Kühlmittels dann als eine unabhängige Veränderliche abgeleitet werden, die das Abschreckvermögen darstellt, und die theoretisch für ein Stahlteil jeder Größe oder Form unter beliebigen Erhitzungs- oder Abkühlungsbedingungen angewendet werden kann. Das Abschreckvermögen wurde von GROSSMANN, ASIMOW und URBAN [65] mit H — diese Bezeichnung wird auch in diesem Buch verwendet — und von RUSSELL [122] mit h^1 bezeichnet.

Auf Grund solcher Berechnungen und der Versuchsergebnisse konnten GROSSMANN und ASIMOW die angenäherte Abschreckleistung verschiedener Abschreckmittel bestimmen (Tab. 4.3). Ein bewegtes Salzbad von 205°C (400°F) hat einen Abschreckwert $H = 0,25 - 0,30$ bei Teilen mit bearbeiteter Oberfläche. Für Teile mit leichtem Zunder ist der Abschreckwert $H = 0,20$ [82].

Wie die Abkühlungsgeschwindigkeit wird auch das Abkühlungsvermögen durch Faktoren wie die Stärke der Badbewegung, der Zusammensetzung und der Viskosität des Kühlmittels als auch durch jeglichen Zunderrest an der Oberfläche der Rundstangen merklich beeinflußt. Es ist empfehlenswert, zur vollständigen Abschreckprüfung den Wert H für jede Möglichkeit der Abschreckbedingungen zu bestimmen. Ist das Abschreckvermögen für gewisse Bedingungen bekannt, kann dieser Wert auf andere Behandlungsarten unter den gleichen Bedingungen übertragen werden. Die höchstmögliche Abschreckung, bei der die Oberflächentemperatur sofort auf die Temperatur des Abkühlmittels erniedrigt würde, wird als ideale Abschreckung bezeichnet und durch $H = \infty$ ausgedrückt. Der Begriff der idealen Abschreckung ist insofern von großem Wert, als er die Grundlage ist, auf die andere Abschreckvermögen bezogen werden können. GROSSMANN, ASIMOW und URBAN [65] haben für die verschiedenen Abkühlvermögen die Konstanten festgelegt, mit denen bei Rundstangen verschiedener Größen die Abkühlzeiten auf verschiedene Temperaturen unterhalb der Härtetemperatur bestimmt werden können. Auf Grund dieser Konstanten haben diese Forscher eine

---

[1] Der Buchstabe H nach GROSSMANN, ASIMOW und URBAN zur Kennzeichnung der Stärke der Abschreckung ist zahlenmäßig gleich dem halben h von RUSSELL; mit anderen Worten $2H = h$. Beide, H und h, werden in reziproken inches (1/in.) gemessen und sind Verhältniszahlen der Wärmeleitung, des Wärmeleitungsfaktors in Btu/in.^{2} × sek × °F, zu K, der Wärmeleitfähigkeit in Btu/in. × sek × °F (kcal/cm × sek × °C). Eine vollständige Besprechung der mathematischen Beziehungen findet man bei ASIMOW im Anhang der Veröffentlichung von GROSSMANN, ASIMOW und URBAN [65].

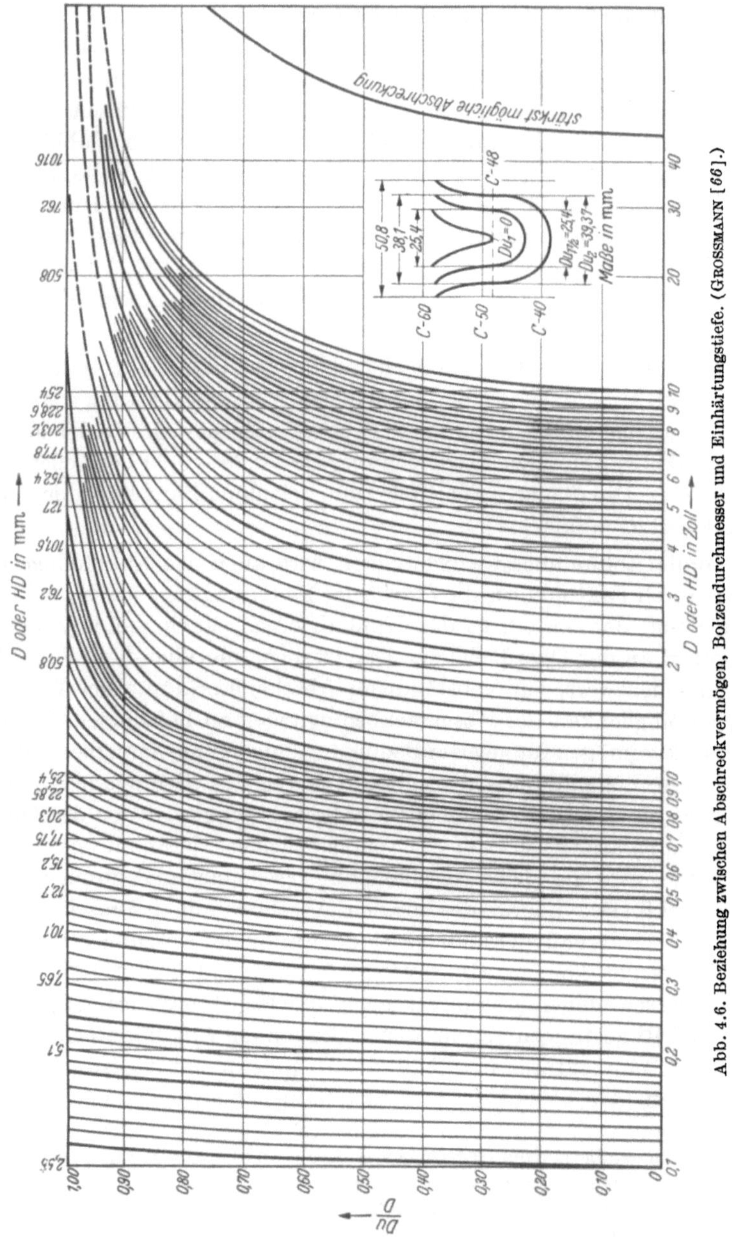

Abb. 4.6. Beziehung zwischen Abschreckvermögen, Bolzendurchmesser und Einhärtungstiefe. (GROSSMANN [66].)

Methode zur Bestimmung des zahlenmäßigen Wertes des Abschreckvermögens von Rundstangen und Platten entwickelt. Mit Hilfe dieser Methoden können für Rundstangen verschiedener Größen Gradienten für die verschiedenen Werte des Abschreckvermögens berechnet werden. Die Ergebnisse können im halblogarithmischen Temperatur/Zeit-Linien-System, bezogen auf eine Stelle in der Rundstange, aufgezeichnet werden.

In Abb. 4.6 ist die Abkühlungsgeschwindigkeit der Rundstange als Durchmesser der Rundstange multipliziert mit dem Zahlenwert des Abschreckvermögens ausgedrückt. Wenn eine Stange eines gegebenen Durchmessers D mit einer gegebenen Stärke H abgeschreckt wird, kann die Zeit festgestellt werden, in der eine betimmte Temperatur zu einer bestimmten Zeit in der Stange erreicht ist. Wenn die Rundstange größer oder kleiner ist, wird die gleiche Temperatur in der gleichen Zeit an einer anderen Stelle in der Rundstange verschiedenen Durchmessers erreicht. Für eine gleiche Abkühlungszeit wird die kritische Tiefe in der Stange als Verhältnis des ungehärteten Teildurchmessers (Du) zum ganzen Stangendurchmesser (D) ausgedrückt.

Wenn Zeit und Temperatur in bezug auf die Härtung des Stahles an der Grenze liegen, bei der die Außenzonen gehärtet und der Kern ungehärtet ist, wird der Teildurchmesser des ungehärteten Kerns mit Du bezeichnet. Mit wachsender Stückgröße verschiebt sich bei gleicher Abkühlstärke die Stelle gleicher Abkühlzeit näher zur Oberfläche. Bei größer werdendem Durchmesser D wächst das Verhältnis des ungehärteten Durchmessers zum Stangendurchmesser — das Verhältnis $Du : D$ — und folgt den Kurven der Abb. 4.6, die das Abschreckvermögen wiedergeben. Wenn die gleiche Abkühlzeit in verschiedenen Rundstangendurchmessern gemessen und das Verhältnis $Du : D$ gegen D aufgetragen worden ist, kann deshalb diese Kurve mit den Kurven verglichen werden, die das Abkühlvermögen darstellen, und man bestimmt so graphisch $H \times D$. Das Abschreckvermögen H wird durch Division von HD durch den Stangendurchmesser D gefunden.

4.7. Bestimmung des Abschreckvermögens von Rundstangen und Platinen.

Zur Bestimmung des Abschreckvermögens nach der Methode GROSS-MANN, ASIMOW und URBAN [65] werden mindestens drei Rundstangen von bestimmter Größe unter den Bedingungen abgeschreckt, für die Zahlenwerte für das Abschreckvermögen festgelegt werden sollen. Nach dem Härten werden die Rundstangen durchgeschnitten und geätzt, um den gehärteten Teil und den ungehärteten Kern kenntlich zu machen, wie es in Abb. 4.7 gezeigt ist. Der Durchmesser des ungehärteten Kernes, d.h. der Durchmesser des dunkel geätzten Mittelteiles, wird ausgemessen und als Du bezeichnet.

Der Wert von Du kann auch aus den Härteverlaufskurven über den Querschnitt bestimmt werden, wie dieses an dem kleinen eingefügten

Bild in Abb. 4.6 gezeigt wird. Man wählt einen Härtewert auf meist drei oder mehr Kurven aus, z. B. 48 Rockwell C im Diagramm; und der Abstand zwischen den Punkten auf dem Querschnitt, bei denen diese Härtewerte vorliegen, ist der Wert von Du.

Mit dem Wert Du wird für jede Rundstange das Verhältnis des ungehärteten Kerns zum Stangendurchmesser berechnet. Zum Beispiel ist auf

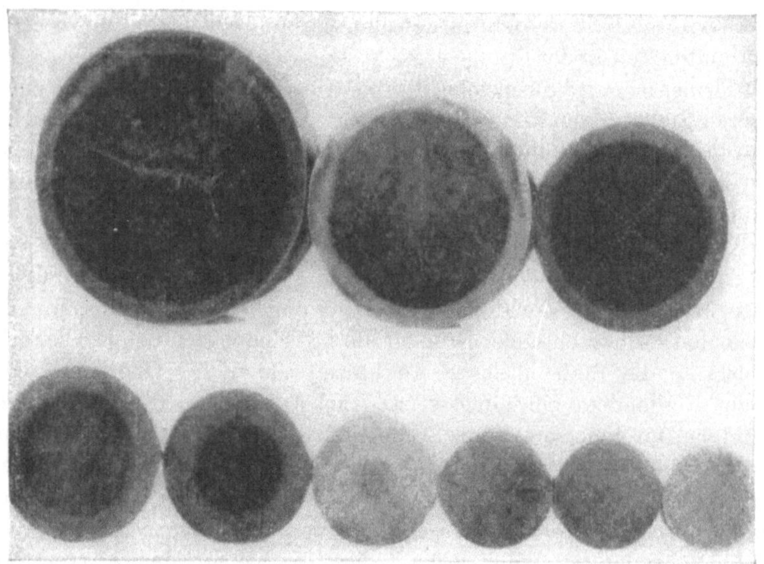

Abb. 4.7. Ungehärtete Kerne einer Stufenserie geätzter Barren, die unter gleichen Bedingungen abgeschreckt wurden.

dem eingefügten Bild in Abb. 4.6 der Stangendurchmesser des ungehärteten Kerns $Du_2 = 39,4$ mm (1,55 in.), so daß $Du : D = 39,4 : 50,8 = 0,775$ ist. Diese Verhältnisse werden gegen die Durchmesser der Rundstangen nach Abb. 4.8 aufgetragen. Die Zeichnung wird zweckmäßig auf transparentem Papier mit halblogarithmischer Teilung, dessen Koordinaten denen der Hauptzeichnung in Abb. 4.6 entsprechen, oder auf einem Deckblatt irgendeines transparenten Papiers über der Hauptzeichnung mit senkrechten und waagrechten Bezugslinien zu der Abszisse der Hauptzeichnung ausgeführt. Durch die aufgezeichneten Punkte wird dann die Linie gezogen.

Das transparente Deckblatt oder das graphische Papier, das auf die Hauptzeichnung gelegt worden ist, wird so lange horizontal vor und zurück verschoben, bis die eingezeichneten Punkte sich mit einer bestimmten Kurve decken. Nimmt man z. B. an, daß die experimentell bestimmte Kurve nach Abb. 4.8 mit der Kurve zusammenfällt, die die

Abszisse bei $HD = 5{,}0$ und bei der die horizontale Linie $Du:D = 0{,}775$ die vertikale Linie $HD = 10{,}0$ schneidet. Der Zahlenwert für das Abschreckvermögen H wird bestimmt, indem der Wert für HD, bei dem die Kurve die Horizontale für das Verhältnis $Du:D$ schneidet, durch den Durchmesser der Rundstange, zu dem dieses Verhältnis gehört, dividiert wird. Zum Beispiel schneidet die Kurve die Horizontale für $Du:D = 0$ bei einem HD-Wert von 5,0. Deshalb ist $H = HD:D = 5{,}0:1{,}0 = 5{,}0$. So ist in dem 50,8 mm (2 in.) starken Rundbolzen bei $Du:D = 0{,}775$ und $HD = 10$, $H = HD:H = 10{,}0:2{,}0 = 5{,}0$. Der Wert von H wird für alle Abschnitte als konstant angesehen, die unter den gleichen Bedingungen wie die Rundstangen abgeschreckt wurden, an denen der Wert für H bestimmt worden ist.

In entsprechender Weise können die Zahlenwerte für das Abschreckvermögen H aus den Daten bestimmt werden, die man an abgeschreckten Platinen nach Art der Hauptzeichnung in Abb. 4.9 gewinnt. Die ungehärtete Dicke wird mit Lu bezeichnet, und die Platinenstärke wird durch L dargestellt.

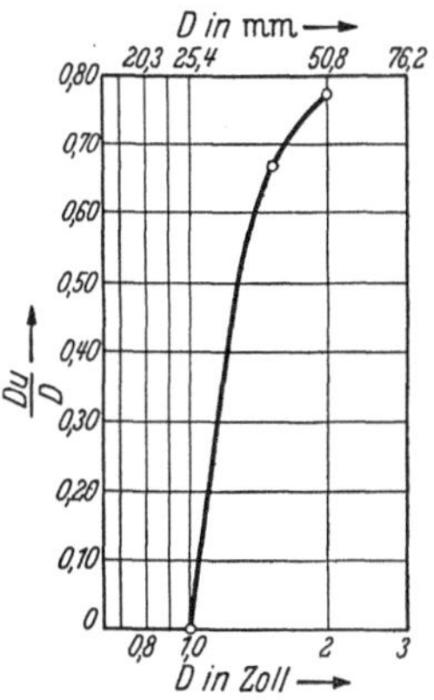

Abb. 4.8. Verhältnis des ungehärteten Kernes, gekennzeichnet durch die 48-Rockwell-C-Grenze (Nebenbild Abb. 4.6) zum Barrendurchmesser, aufgetragen über den Barrendurchmesser.

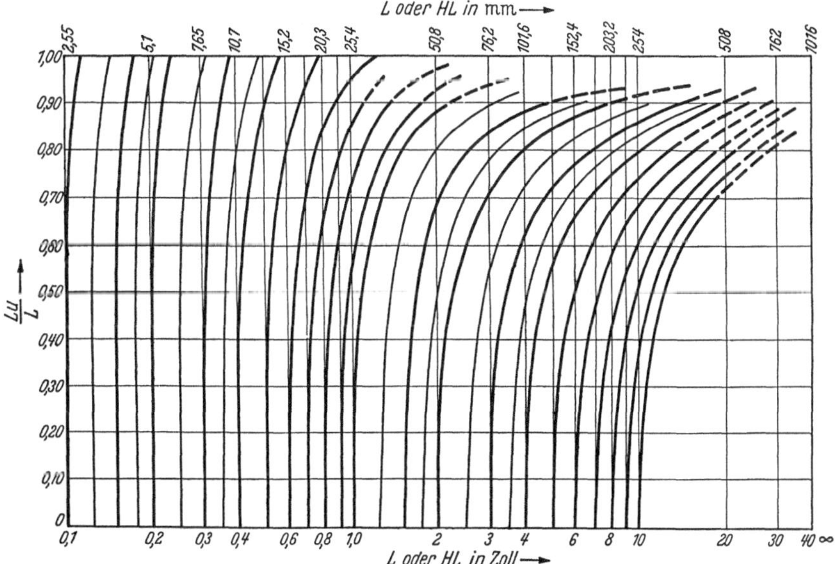

Abb. 4.9. Beziehung zwischen Abschreckvermögen, Platinendicke und Einhärtungstiefe. (ASIMOW und GROSSMANN [11].)

4.8. Bestimmung des Abschreckvermögens durch den Jominy-Test.

Bei der von LAMONT [96] entwickelten Methode zur Bestimmung des Zahlenwertes des Abschreckvermögens muß der Jominy-Test (im einzelnen im Kapitel 6 beschrieben) eines Stahles mittlerer Härtbarkeit gemacht und eine Rundstange desselben Stahles von einer solchen Größe abgeschreckt werden, daß diese nur teilweise aushärtet, wenn sie unter den gleichen Bedingungen abgeschreckt wird, für die der H-Wert bestimmt werden soll. Es soll angenommen werden, daß der Stahl eine Jominy-Härtekurve ähnlich der nach Abb. 4.10 hat, und daß eine abge-

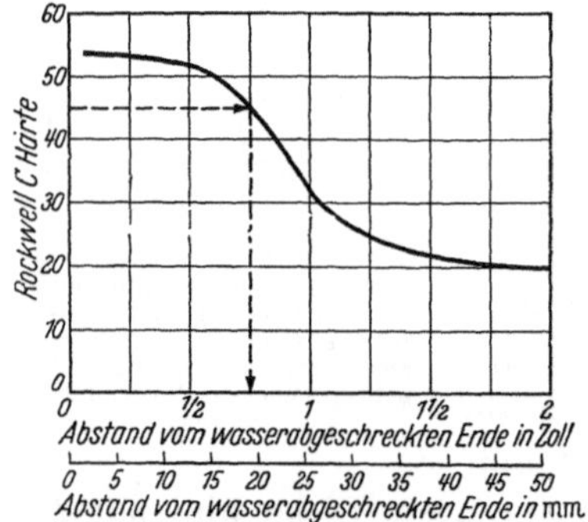

Abb. 4.10. Jominy-Härtbarkeitskurve eines niedriglegierten Stahles. (LAMONT [96].)

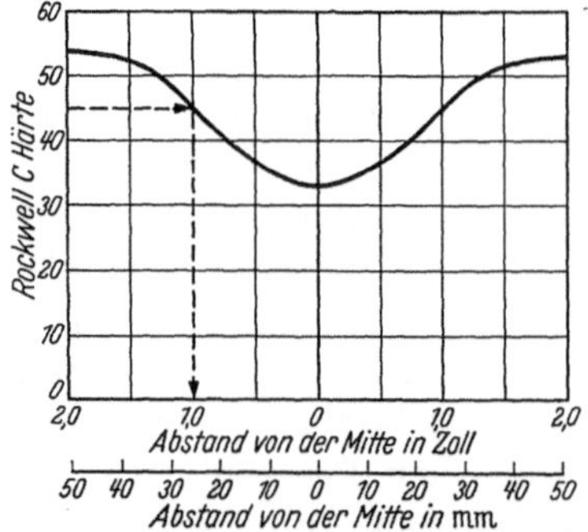

Abb. 4.11. Härte über den Querschnitt eines abgeschreckten Barrens des gleichen Stahles mit 101,6 mm (4 in.) Durchmesser. (LAMONT [96].)

schreckte Rundstange von 101,6 mm (4 in.) Durchmesser des gleichen Stahles einen Härteverlauf ähnlich dem der Abb. 4.11 hat. Dann wird ein Härtewert von z. B. 45 Rockwell C bestimmt, der sowohl in der Jominy-Kurve als auch auf der Härteverlaufskurve vorkommt. Diese Härte liegt nach den Abb. 4.10 und 4.11 nach JOMINY in einer Entfernung von 19,1 mm ($^3/_4$ in.) vom wasserabgeschreckten Ende und in einem Abstand von 25,4 mm (1 in.) vom Mittelpunkt der 101,6 mm (4 in.) starken Rundstange vor; dies bedeutet ein Tiefenverhältnis zwischen Mitte und Rand der Stange von $r : R = 0,5$, wobei r der Abstand von der Mitte der Stange bis zur Rockwell-C-Grenze (Abb. 4.11) und R der Radius der Rundstange ist.

Hinweise für die Verwendung eines dieser Diagramme, die die Beziehung zwischen der Jominy-Einhärtetiefe, dem Abschreckvermögen und dem Stangendurchmesser für verschiedene Tiefenverhältnisse aufzeigen, sind in den Abb. 4.14 bis 4.24 gegeben, oder für das vorliegende Beispiel des Tiefenverhältnisses $r/R = 0,5$ in den Diagrammen der Abb. 4.12 und 4.19. Die Wertzahl für das Abschreckvermögen nach Abb. 4.12 wird folgendermaßen bestimmt; die Horizontale bei 101,6 mm

(4 in.) Durchmesser schneidet die Vertikale der Jominy-Einhärtetiefe von 19,1 mm ($^3/_4$ in.) auf der Kurve $H = 2,0$, die den Zahlenwert für das

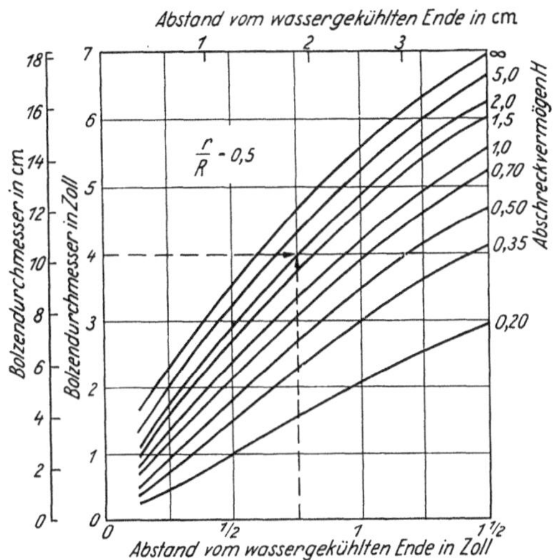

Abb. 4.12. Beziehung zwischen Abschreckvermögen, Jominy-Tiefe und Bolzengröße bei einem Durchmesserverhältnis von $r/R = 0,5$. (Lamont [96].)

Abschreckvermögen in diesem Falle darstellt. Wenn der H-Wert für einen Stahl betimmt ist, kann er auf andere Stähle und andere Stückgrößen übertragen werden, die unter den gleichen Bedingungen abgeschreckt worden sind.

4.9. Beziehungen zwischen Jominy-Test, Abschreckvermögen und Härte bei Rundstäben.

Für die Darstellung der Art und Weise, in der die Beziehung zwischen der Jominy-Härte, dem Abschreckvermögen und der Bolzengröße auf die Praxis übertragen wird, sei angenommen, daß für einen Stahl mit der Jominy-Härte-Charakteristik nach Abb. 4.13 die maximale Stärke der Rundstange festzulegen ist, die voll aushärtet, wenn sie mit einem Abschreckwert von $H = 0,35$ abgeschreckt wird; es soll weiterhin die Härte der vollausgehärteten Stange in der Mitte, das Abschreckvermögen für eine volle Aushärtung in einer Tiefe von 7,6 mm (0,3 in.) unter der Oberfläche einer Rundstange von 76,20 mm (3,0 in.) und schließlich der Härteverlauf über den Querschnitt, der in einer 101,6 mm (4 in.) starken Rundstange anfällt, bestimmt werden, wenn letztere mit einer Stärke

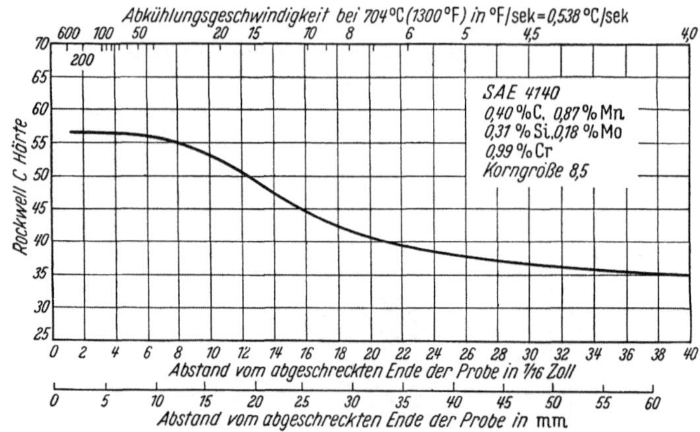

Abb. 4.13. Jominy-Härtbarkeitskurve des SAE-Stahles 4140.

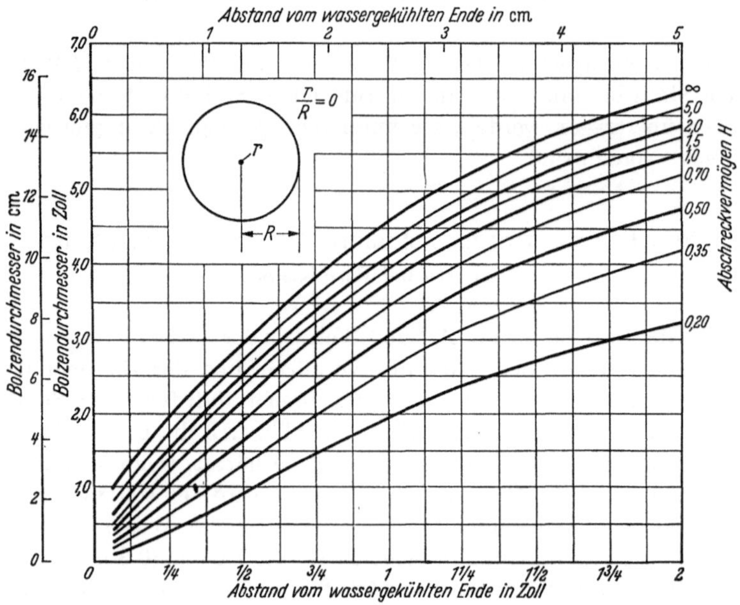

Abb. 4.14. Lage auf der Endabschreck-Jominy-Härtbarkeitsprobe, bezogen auf die Mitte von Rundbolzen. (LAMONT [96].)

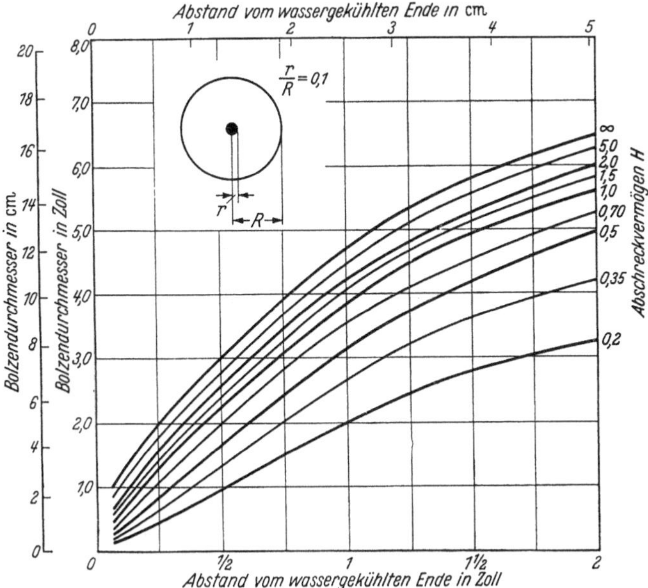

Abb. 4.15. Lage auf der Endabschreck-Jominy-Härtbarkeitsprobe, bezogen entsprechend 10% von der Mitte von Rundbolzen. (LAMONT [96].)

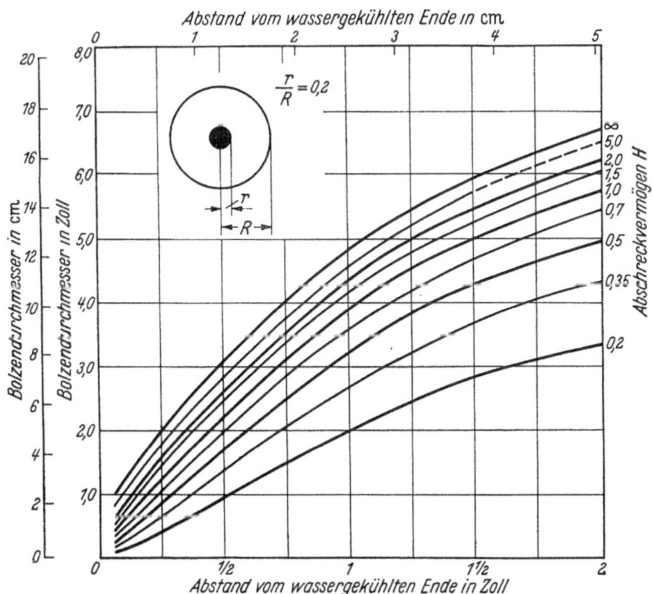

Abb. 4.16. Lage auf der Endabschreck-Jominy-Härtbarkeitsprobe, bezogen entsprechend 20% von der Mitte von Rundbolzen. (LAMONT [96].)

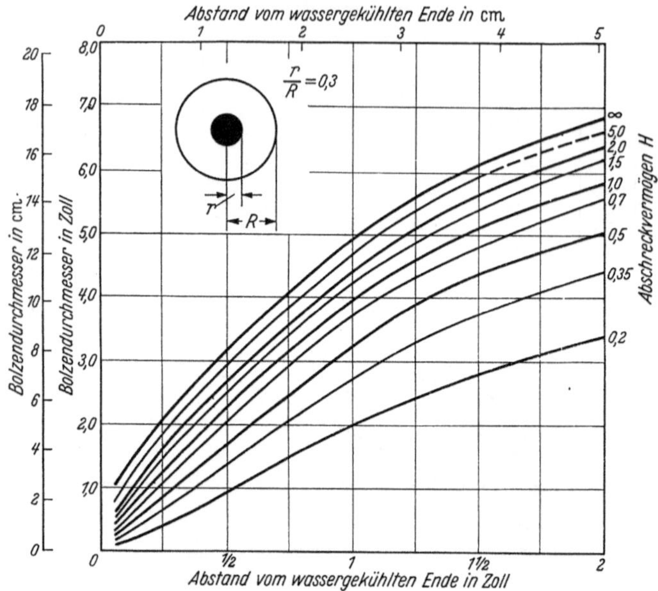

Abb. 4.17. Lage auf der Endabschreck-Jominy-Härtbarkeitsprobe, bezogen entsprechend 30% von der Mitte von Rundbolzen. (Lamont [96].)

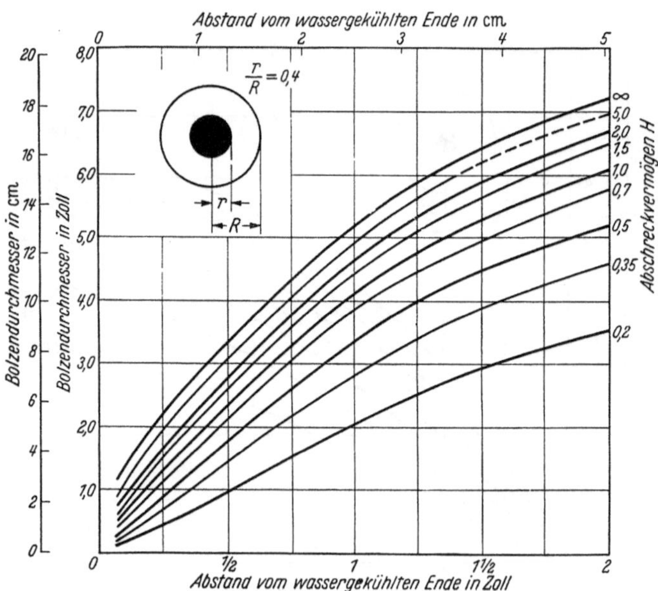

Abb. 4.18. Lage auf der Endabschreck-Jominy-Härtbarkeitsprobe, bezogen entsprechend 40% von der Mitte von Rundbolzen. (Lamont [96].)

von $H = 1{,}0$ abgeschreckt wird. Um diese Werte zu bestimmen, wird von den Beziehungen der Abb. 4.13 bis 4.24 Gebrauch gemacht.

In dem zur Diskussion gestellten Stahl (Abb. 4.13) wird die verlangte maximale Härte in der Jominy-Probe in einer Tiefe von 9,5 mm ($^6/_{16}$ in.)

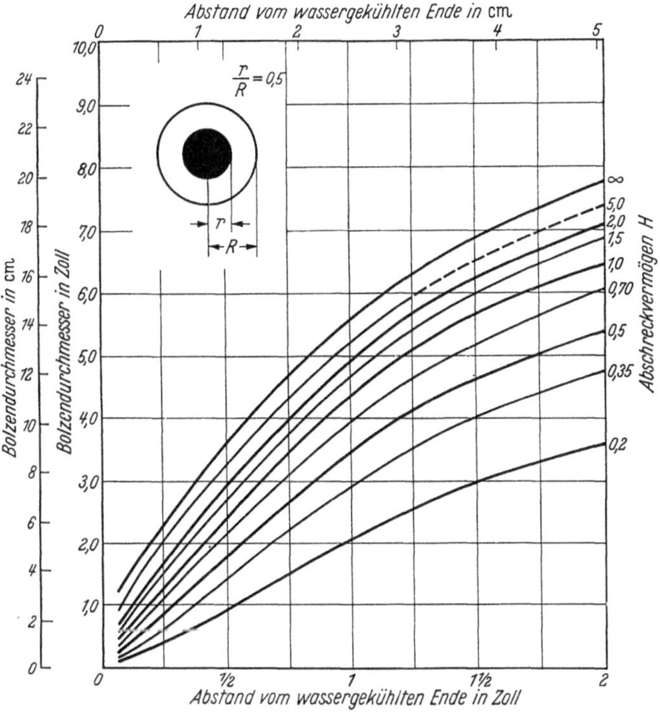

Abb. 4.19. Lage auf der Endabschreck-Jominy-Härtbarkeitsprobe, bezogen entsprechend 50% von der Mitte von Rundbolzen. (LAMONT [96].)

mit 55,8 Rockwell erreicht. Um die maximale Größe festzustellen, die eine volle Aushärtung bis zur Mitte bei einem Abschreckvermögen von $H = 0{,}35$ ergibt, wird auf Abb. 4.14 hingewiesen. Die Vertikale der Jominy-Einhärtetiefe von 9,5 mm ($^6/_{16}$ in.) schneidet die Abschreckkurve $H = 0{,}35$ in einem Punkt, dessen Horizontale einen Rundstangendurchmesser von etwa 25,4 mm (1 in.) Durchmesser anzeigt. Eine Abschreckhärte von 55,8 Rockwell C wird in Rundstangen von 25,4 mm (1 in.) oder geringerem Durchmesser erzielt, wenn sie unter diesen Bedingungen abgeschreckt werden.

Die erforderliche Abschreckleistung zur vollen Aushärtung einer Rundstange von 50,8 mm (2 in.) Durchmesser bezogen auf die Jominy-

Einhärtetiefe von 9,5 mm ($^6/_{16}$ in.) der Abb. 4.13 wird dort gefunden, wo
in Abb. 4.14 die Senkrechte auf der 9,5 mm ($^6/_{16}$ in.) Jominy-Tiefe die
Waagerechte für den 50,8 mm (2 in.) Rundstab auf der Kurve $H = 2,0$
schneidet. Die Bestimmung des erforderlichen Abschreckvermögens zur
vollen Aushärtung in einer Tiefe von 7,6 mm (0,3 in.) unterhalb der

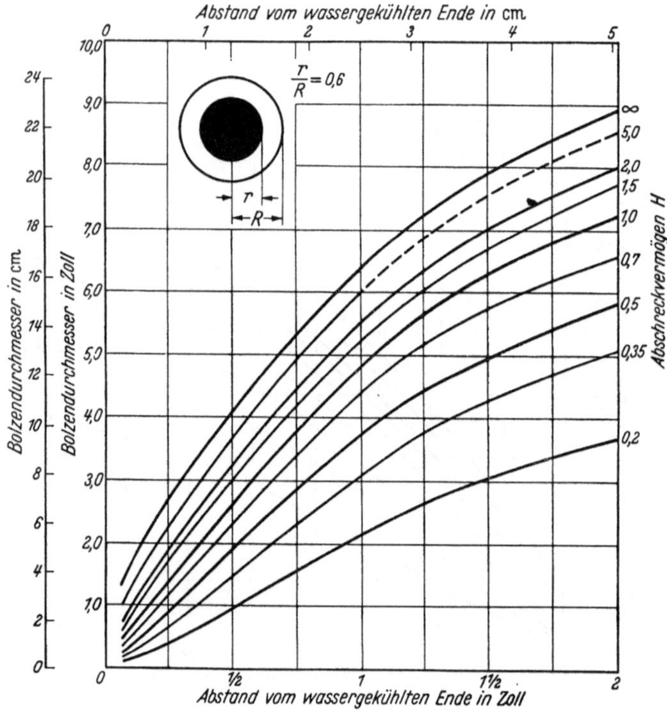

Abb. 4.20. Lage auf der Endabschreck-Jominy-Härtbarkeitsprobe, bezogen entsprechend 60% von
der Mitte von Rundbolzen. (LAMONT [*96*].)

Oberfläche eines SAE 4140-Rundbolzens von 76,2 mm (0,3 in.) Durchmesser kann in der Abb. 4.22 vorgenommen werden, die das Härtetiefenverhältnis von 0,8 zeigt. In diesem Bolzen ist das Härtetiefenverhältnis
zwischen Mitte und Rand

$$\frac{r}{R} = \frac{1,5 - 0,3}{1,5} = \frac{1,2}{1,5} = 0,8.$$

Beim Vergleich mit der Abb. 4.22 für das Tiefenverhältnis $r:R = 0,8$
findet man, daß die Senkrechte auf der Jominy-Härtetiefe von 9,5 mm
($^6/_{16}$ in.) die Waagerechte für den Durchmesser von 76,2 mm (3 in.) in

einem Punkt etwas oberhalb der Kurve $H = 1,0$ schneidet. Eine Rundstange von 76,2 mm (3 in.) Durchmesser würde deshalb in einer Tiefe von 7,6 mm (0,3 in.) unterhalb der Oberfläche voll aushärten und in dieser Tiefe eine Rockwell-C-Härte von 55,8 haben, wenn sie mit einer Stärke von $H = 1,1$ abgeschreckt würde. Die Mitte dieser 76,2-mm- (3 in.-)

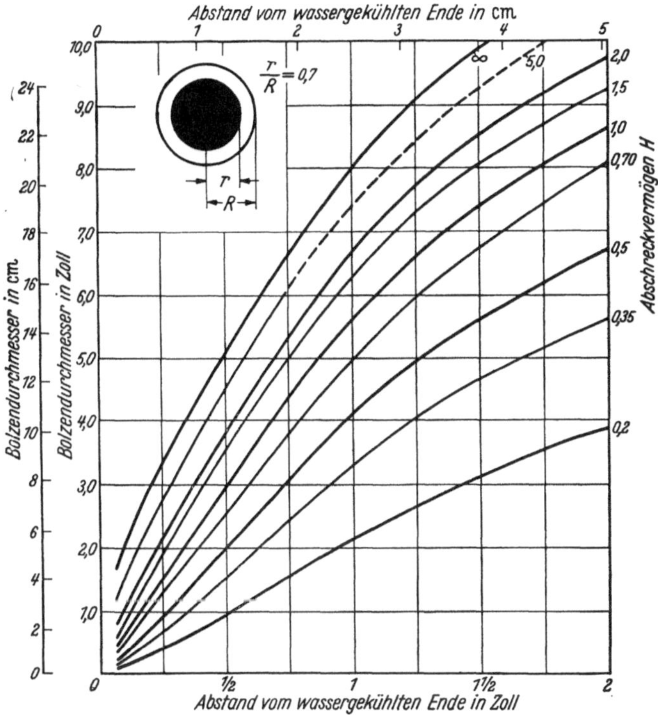

Abb. 4.21. Lage auf der Endabschreck-Jominy-Härtbarkeitsprobe, bezogen entsprechend 70% von der Mitte von Rundbolzen. (LAMONT [96].)

Rundstange würde, wenn diese mit $H = 1,1$ abgeschreckt wird, gleichbedeutend mit einer Jominy-Tiefe von 18,3 mm (11,5/16 in.) nach Abb. 4.14, in Übereinstimmung mit Abb. 4.13 eine Härte von 51,0 Rockwell annehmen.

Zur Bestimmung der Härte über den Querschnitt einer 101,6 mm (4 in.) starken Rundstange des SAE-Stahles 4140 nach dem Abschrecken mit $H = 1,0$ werden die Abb. 4.14 bis 4.24 herangezogen. Die Härte der Mitte der Stange wird durch die Angaben der Abb. 4.14 für das Tiefenverhältnis $r : R = 0$ bestimmt, in der ein Durchmesser von 101,6 mm (4 in.)

und eine Abschreckleistung von $H = 1,0$ eine Jominy-Härtetiefe von etwa 28,6 mm ($^{18}/_{16}$ in.) anzeigt. In diesem Abstand beträgt die Härte auf der Jominy-Härtekurve in Abb. 4.13 42,8 Rockwell C, was als Härte in der Bolzenmitte angesehen werden muß. Bei einem Tiefenverhältnis $r:R = 0,1$ oder einem Abstand ($r = 50,8$ mm $\times$ 0,1) 5,08 mm (0,20 in.)

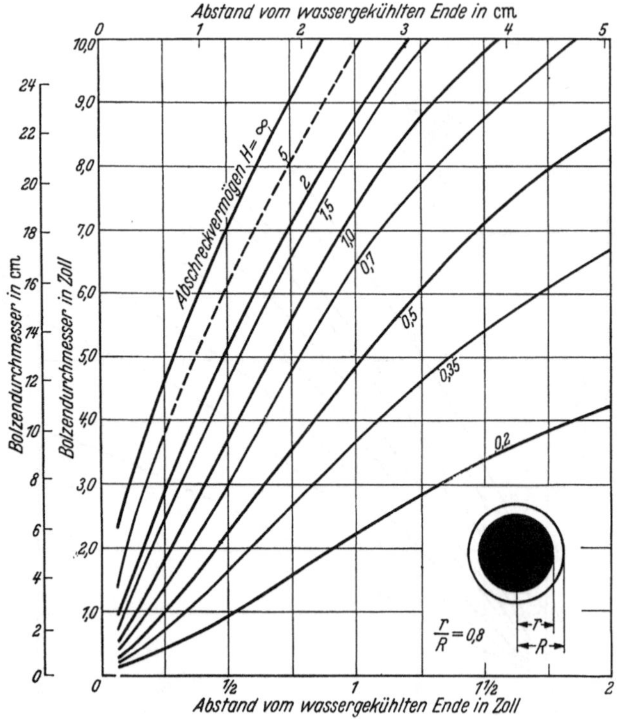

Abb. 4.22. Lage auf der Endabschreck-Jominy-Härtbarkeitsprobe, bezogen entsprechend 80% von der Mitte von Rundbolzen. (LAMONT [96].)

von der Bolzenmitte sind in Anlehnung an Abb. 4.15 ein Durchmesser von 101,6 mm (4,0 in.) und eine Abschreckleistung von $H = 1,0$ gleichwertig mit einer Jominy-Tiefe von 27,2 mm ($^{17}/_{16}$ in.). Bei diesem Abstand auf der Jominy-Härtekurve beträgt die Härte 43,2 Rockwell C, so daß bei einem Abstand von 5,08 mm (0,2 in.) von der Mitte des Bolzens eine Härte von 43,2 Rockwell C angenommen werden kann. Die Härtewerte für die anderen Stellen des Rundbolzens werden in gleicher Weise aus den Abb. 4.16 bis 4.24 bestimmt; die Härtesteigerung über den Querschnitt ist folgende:

Tiefenverhältnis $r : R$	Abstand von der Mitte	Rockwell-C-Härte
0,0 Mitte	0,00 mm (0,0 in.)	42,8
0,1	5,08 mm (0,2 in.)	43,2
0,2	10,16 mm (0,4 in.)	43,8
0,3	15,24 mm (0,6 in.)	44,2
0,4	20,32 mm (0,8 in.)	45,0
0,5 (halbe Tiefe)	25,40 mm (1,0 in.)	46,0
0,6	30,48 mm (1,2 in.)	48,5
0,7	35,56 mm (1,4 in.)	51,8
0,8	40,64 mm (1,6 in.)	54,5
0,9	45,72 mm (1,8 in.)	55,8
1,0 (Oberfläche)	50,80 mm (2,0 in.)	56,6

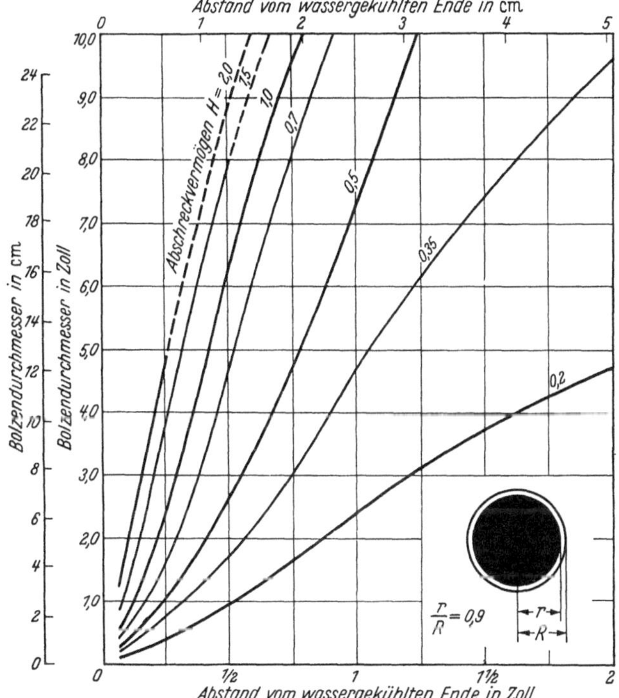

Abb. 4.23. Lage auf der Endabschreck-Jominy-Härtbarkeitsprobe, bezogen entsprechend 90 % von der Mitte von Rundbolzen. (LAMONT [96].)

Vorsicht muß in der zu strengen Anwendung dieser Berechnungen auf kleine und auf die Oberflächen sehr starker Rundstangen walten, da die Erfahrung gezeigt hat, daß die wirkliche Härte oft höher liegt als die berechnete.

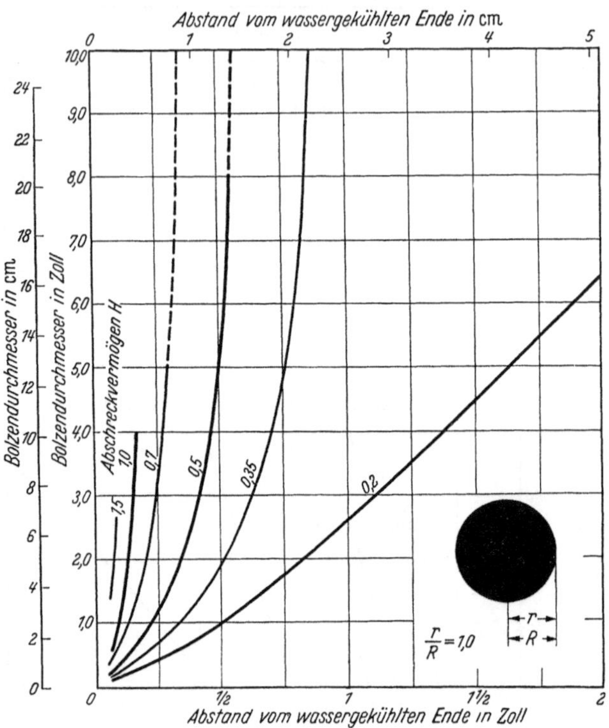

Abb. 4.24. Lage auf der Endabschreck-Jominy-Härtbarkeitsprobe, bezogen auf die Oberfläche von Rundbolzen. (LAMONT [96].)

4.10. Anwendung des aus dem Jominy-Test bestimmten Abschreckvermögens auf Vierkantstahl, Flachstahl und Platinen.

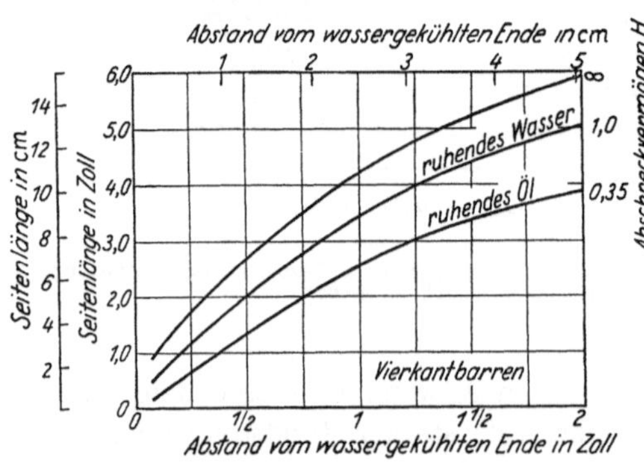

Abb. 4.25. Lage auf der Endabschreck-Jominy-Härtbarkeitsprobe, bezogen auf die Mitte von Vierkantbarren. (LAMONT [96].)

Die Beziehung der Jominy-Härtbarkeit auf die Mitten von Vierkantbarren, Flachstäben 1:2 und Platinen zeigen die Abb. 4.25, 4.26 und 4.27. Mit Hilfe dieser Diagramme kann der Grad der Härtbarkeit bestimmt werden, den die Mittelpunkte dieser Formen annehmen, wenn sie mit den Abschreckleistungen von $H = \infty$, $H = 1,0$ (ruhendes Wasser) und $H = 0,35$ (ruhendes Öl) gehärtet werden. Die Aufstellungen werden in gleicher Weise wie die der Abb. 4.14 für die Mittelpunkte von Rundbarren benutzt. Wenn auch die Angaben nicht mit der gleichen Genauigkeit wie bei den Aufstellungen für Rundbarren gemacht werden können, so ist die Annäherung doch ausreichend, aus diesen Diagrammen den erreichbaren Grad der Härtung zu bestimmen.

Ein Vergleich der Werte für die Mittelpunkte von Vierkantbarren, Flachstäben 1:2, Platinen und Rundbarren bei dem Abschreckvermögen von $H = \infty$, $H = 1,0$ und $H = 0,35$ zeigen die Abb. 4.28, 4.29 und 4.30. Mit diesen Diagrammen kann die Größe der Barren bestimmt werden, deren Mitte auf den gleichen Härtegrad gehärtet wird wie irgendeine andere Form bekannter Größe, wenn diese mit einer der angeführten Abkühlgeschwindigkeiten abgeschreckt werden. Wenn z. B. ein Rundbolzen von 101,6 mm

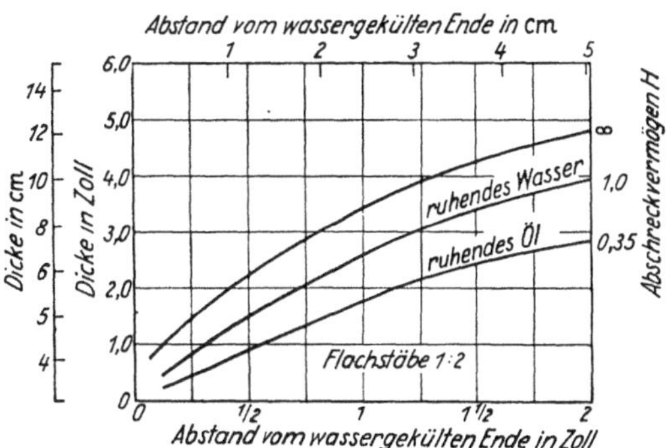

Abb. 4.26. Lage auf der Endabschreck-Jominy-Härtbarkeitsprobe, bezogen auf die Mitte von Flachstäben 1:2. (LAMONT [96].)

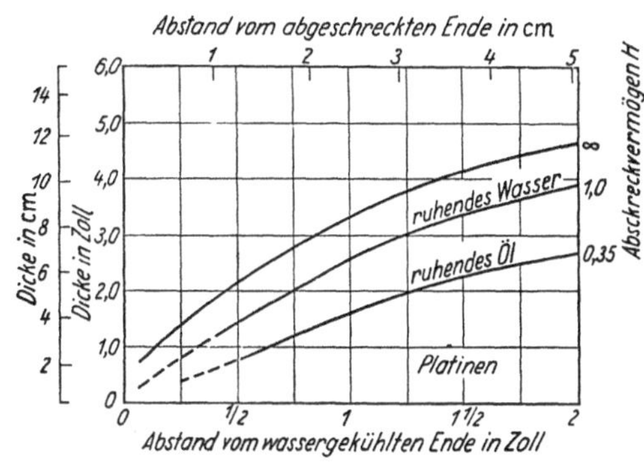

Abb. 4.27. Lage auf der Endabschreck-Jominy-Härtbarkeitsprobe, bezogen auf die Mitte von Platinen. (LAMONT [96].)

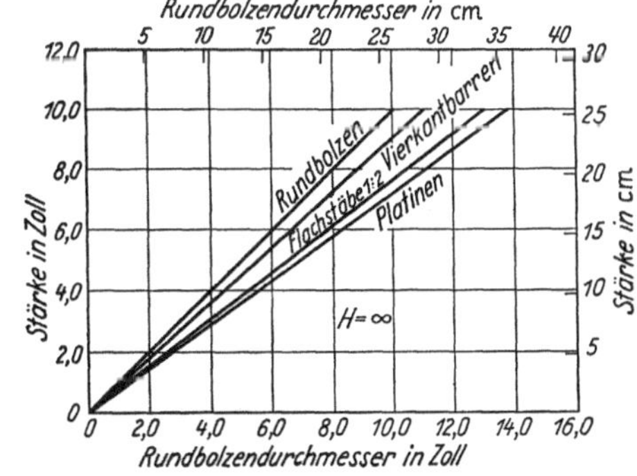

Abb. 4.28. Beziehung zwischen dem Rundbolzendurchmesser zur Bolzen- oder Platinenstärke bei der idealen Abschreckung ($H = \infty$). (LAMONT [96].)

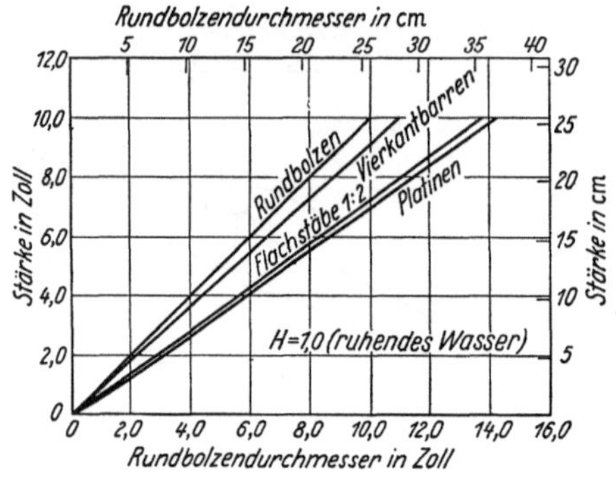

Abb. 4.29. Beziehung zwischen dem Rundbolzendurchmesser zur Bolzen- oder Platinenstärke bei der Abschrekkung in ruhendes Wasser ($H = 1{,}0$). (Lamont [96].)

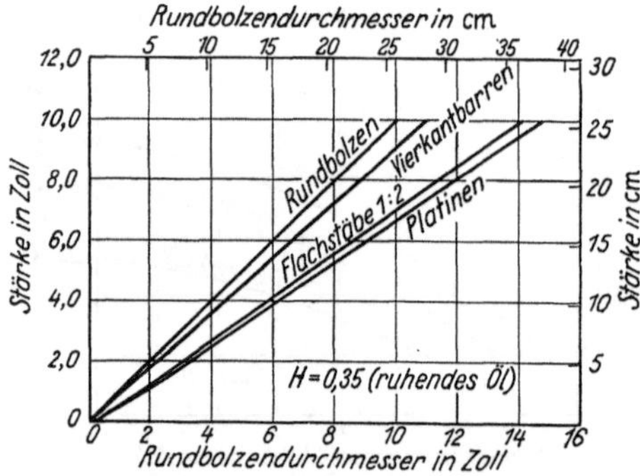

Abb. 4.30. Beziehung zwischen dem Rundbolzendurchmesser zur Bolzen- oder Platinenstärke bei der Abschrekkung in ruhendes Öl ($H = 0{,}35$). (Lamont [95].)

(4 in.) Durchmesser in der Mitte auf 45 Rockwell C durch Abschrecken mit einem H-Wert $= 0{,}35$ entsprechend Abb. 4.30 gehärtet wird, so nehmen auch die Mitten eines Vierkantes von 92,1 mm ($3^5/_8$ in.), eines 1:2-Flachstahles von 68,3 mm ($2^{11}/_{16}$ in.) Dicke und von 136,6 mm ($5^6/_{16}$ in.) Breite, oder einer Platine von 63,5 mm ($2\frac{1}{2}$ in.) Dicke eine Rockwell-Härte von 45 HRC an, wenn sie in gleicher Weise abgeschreckt werden. Die Diagramme wollen sagen, daß die Verhältnisrelation zwischen verschiedenen Formen sich mit dem Abschreckvermögen verändert, so daß dieses nicht verwendet werden kann, daß es aber eine bestimmte Beziehung zwischen zwei Formen gibt, wenn das Abschreckvermögen gleich ist.

4.11. Zusammenfassung.

Mittels vereinfachender Annahmen ist es möglich, das Absch reckvermögen und den Einfluß der Masse bei der Wärmebehandlung von Baustählen zahlenmäßig zu erfassen. Die in diesen Berechnungen enthaltenen Fehler sind noch so groß, daß die Berechnungen in Extremfällen zu Irrtümern führen können, aber im allgemeinen sind die Berechnungen ebenso genau wie einige der anderen Faktoren bei der Stahlhärtung. Wenn auch manche der bei der Berechnung verwendeten Zahlenwerte empirisch bestimmt werden, wie das Abkühlvermögen eines bestimmten Kühlmittels unter bestimmten Bedingungen oder wie der Masseneinfluß bei einem unregelmäßigen Querschnitt, so sind die Fehler nicht so bedeutsam, wie man annehmen könnte. Wenn auch deshalb an diesem Problem noch sehr viel gearbeitet werden muß, so können die Unzulänglichkeiten doch nicht die Tatsache verbergen, daß die angenäherte Bestimmung der Abkühlungsgeschwindigkeit ein sehr brauchbares Werkzeug ist, dessen Wichtigkeit nicht unterschätzt werden darf.

Beim Gebrauch der in diesem Kapitel angeführten Methoden zur Bestimmung der Beziehungen zwischen der Abkühlungsgeschwindigkeit, dem Abschreckvermögen und der Barrengröße — diese Faktoren liegen in erster Linie den berechneten Werten zugrunde — können die Grenzen dieser erwähnten Methoden klar festgelegt werden. Zum Beispiel ist die Abkühlungsgeschwindigkeit innerhalb der ersten 6,4-mm-($^1/_4$in.-)Zone am wasserabgeschreckten Ende der Jominy-Probe meist größer als angenommen, so daß die Genauigkeit der in den Abb. 4.14 bis 4.20 wiedergegebenen Zeichnungen für sehr kleine Abschnitte und nahe der Oberfläche von großen Teilen in Frage gestellt werden muß. Es ist dabei klar, daß der tatsächliche Wert für H unter konstanten Abschreckbedingungen bei sehr kleinen Abmessungen höher ist und sich etwas ändert, wenn die Teile verzundert sind, oder wenn der Koeffizient für die Wärmeleitung durch die Legierungselemente merklich beeinflußt wird. Es ist auch sehr zweifelhaft, ob es praktisch möglich ist, so dünne Härtezonen herzustellen, wie es theoretisch bei oberflächengehärteten Stählen der Fall ist. Die Einflüsse der bei der Austenitumwandlung auftretenden Spannungen sind in diese Betrachtungen nicht einbezogen worden. Wenn auch die Anwendbarkeit der Berechnungen bei kleinen Teilen eingeschränkt werden muß, so sind sie doch nachgewiesenermaßen für die Bestimmung der Beziehungen zwischen der Abkühlungsgeschwindigkeit, dem Abschreckvermögen und der Barrengröße mit hinreichender Genauigkeit allgemein verwendbar.

5. Härte und Härtbarkeit.

Eine der besonderen Eigenarten des Stahles, dessen Struktur durch eine entsprechende Behandlung fast vollständig martensitisch wurde, ist die Tatsache, daß diese Behandlungsweise, nämlich das sehr schnelle Abkühlen von Rotglut auf Raumtemperatur, meist unerwünschte innere Spannungen mit sich bringt, die Sprödigkeit und Verzug bedingen, wobei die Härte genügend hoch liegt. Um die Spannungen auszugleichen und die Sprödigkeit zu beheben, muß das abgeschreckte Material angelassen werden, was gleichzeitig jedoch die Festigkeit und die Härte erniedrigt.

Aus dem Vorstehenden geht hervor, daß die Härte und die Festigkeit des abgeschreckten Teiles hoch genug sein muß, um ein entsprechendes Anlassen zuzulassen, das die inneren Spannungen und die Sprödigkeiten beseitigt, ohne daß die geforderte Festigkeit und Härte unterschritten wird. Es ist ein heute allgemeingültiger Lehrsatz über den metallurgischen festen Aggregatzustand, daß die günstigste Kombination der mechanischen Eigenschaften eines abgeschreckten und angelassenen Kohlenstoff- oder niedriglegierten Stahles von dem Vorhandensein einer im wesentlichen martensitischen Struktur über den ganzen Querschnitt abhängt; und bei einer großen Anzahl der Stähle und bei Stücken größer als ein kleines Werkzeug oder eine Rasierklinge hängt es von der Härtbarkeit des Stahles ab, ob diese Struktur erreicht werden kann.

Die beiden entscheidendsten Faktoren zur Sicherung der besten Kombination der mechanischen Eigenschaften in Baustählen sind deshalb Härte und Härtbarkeit, die Gegenstand der Besprechung in diesem Kapitel sind.

5.1. Beziehung zwischen Härte und Struktur.

Unlegierter Kohlenstoffstahl ist im wesentlichen eine Anhäufung von Eisenkarbid (Zementit) in einer Grundmasse von relativ weichem Ferrit, und die Eigenschaften des Stahles hängen in erster Linie von der Zusammensetzung, Größe und Verteilung der Karbide in der Grundmasse ab, wie es das Kapitel 9 erläutert. Legierungselemente, die dem Kohlenstoffstahl zugesetzt werden, beeinflussen die Härte und Festigkeit des Ferrits, sie bilden Karbide, sie beeinflussen die Umwandlungstemperatur des Austenits in Perlit, wie es schon weiter vorn besprochen wurde, und sie verändern die Zusammensetzung des Eutektoids. Außerdem neigen die allgemein gebräuchlichen Legierungselemente (ausgenommen Kobalt) zu einer bald starken, bald schwachen Steigerung der Härtbarkeit.

Tabelle 5.1. *Wesentliche Einflüsse der Legierungselemente auf mittel- und hochkohlenstoffhaltige Stähle[1].*

Legierungs-elemente	Einfluß auf die Verfestigung der Ferrits	Einfluß auf die Karbidbildung	Einfluß auf die Umwandlungs-temperatur	Einfluß auf die Härtbarkeit
Mangan	stark	schwach	erniedrigt	stark
Silizium	stark	kein	erhöht	mäßig
Phosphor	stark	kein	erhöht	mäßig
Nickel	mäßig	kein	erniedrigt	mäßig
Chrom	schwach	mäßig	[2]	stark
Kupfer	mäßig	kein	erniedrigt	schwach
Molybdän	stark	stark	erhöht	stark
Vanadin	schwach	stark	erhöht	mild[3]
Wolfram	mäßig	stark	erhöht	mäßig

Der Einfluß der üblichen Legierungselemente auf die meisten dieser Stahleigenschaften ist in Tab. 5.1 zusammengefaßt, und die angenäherten

---

[1] Einteilung von BAIN [18], später von BAIN [19] und AUSTIN [13] modifiziert.
[2] Erhöhung oder Erniedrigung hängt vom Kohlenstoffgehalt ab.
[3] Einfluß wird stark, wenn vollständig im Austenit gelöst.

Werte ihrer Wirkung auf die Festigkeit des Ferrits zeigt Abb. 5.1. Die neuerdings von AUSTIN [13] gefundenen Werte zeigen, daß kleine Mengen von Mangan und Molybdän einen etwas größeren Effekt und kleine Prozentgehalte von Chrom einen etwas kleineren Effekt haben, als dieses Abb. 5.1 anzeigt.

Kurz, die Wärmebehandlung ändert Größe und Verteilung der Karbide, und die Legierungselemente ändern die Eigenschaften der ferritischen Grundmasse, in einigen Fällen ändern sie die Zusammensetzung

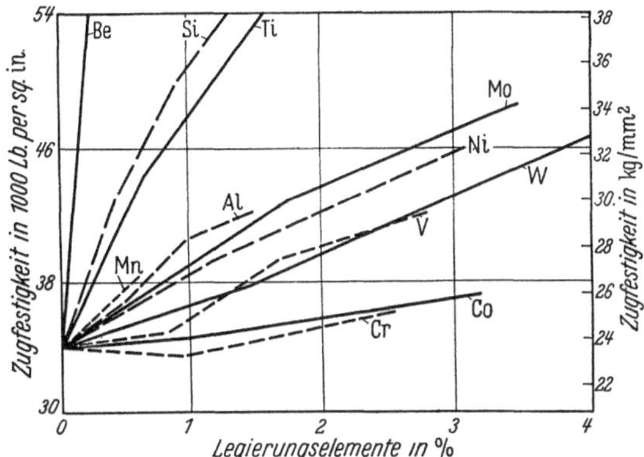

Abb. 5.1. Einfluß der allgemein verwendeten Legierungselemente auf die Festigkeit des Ferrits, wenn diese im Eisen gelöst sind. (LACY und GENSAMER in Übereinstimmung mit COMSTOCK und URBAN [31].)

der Karbide, und, was am entscheidendsten ist, sie beeinflussen die Härtbarkeit, d. h. die Geschwindigkeit, mit der sich der Austenit bei unterkritischen Temperaturen umwandelt. Die hohe Härte des Stahles ist im wesentlichen durch die Tatsache bedingt, daß die Karbidteilchen die Geschwindigkeit des Fließens des weichen Ferrits unter Druck herabsetzen. Dieses ist durch die Arbeiten von GENSAMER, PEARSALL, PELLINI und Low [54] gezeigt worden, die den Einfluß der Karbide in bezug auf den mittleren Abstand zahlenmäßig bewerteten, wo der Ferrit ohne Beeinflussung durch Karbidteilchen frei gleiten konnte. Die Härte wuchs in dem Maße an, wie die Ferritstreifen im Mittel kleiner wurden. Diese Bestimmungen wurden bei solchen Stählen gemacht, deren Karbide groß genug waren, um gekennzeichnet und mikroskopisch gezählt werden zu können, und die Extrapolation der Werte auf die Molekulargröße der Karbide ergab, daß die errechnete Zugfestigkeit mit der Härte bei voll ausgehärteten Stählen übereinstimmt.

Bei den (isothermen) Perlit- und Bainitumwandlungen sind die Karbidteilchen um so kleiner, je niedriger die Umwandlungstemperatur ist. Entsprechend steigt die Härte mit der Erniedrigung der Umwandlungstemperaturen. Erreichte Härtewerte bei einigen niedriglegierten Stählen, die bei verschiedenen Temperaturen umgewandelt worden sind, zeigt Abb. 5.2. Die starken Streuungen der Werte im Umwandlungsbereich

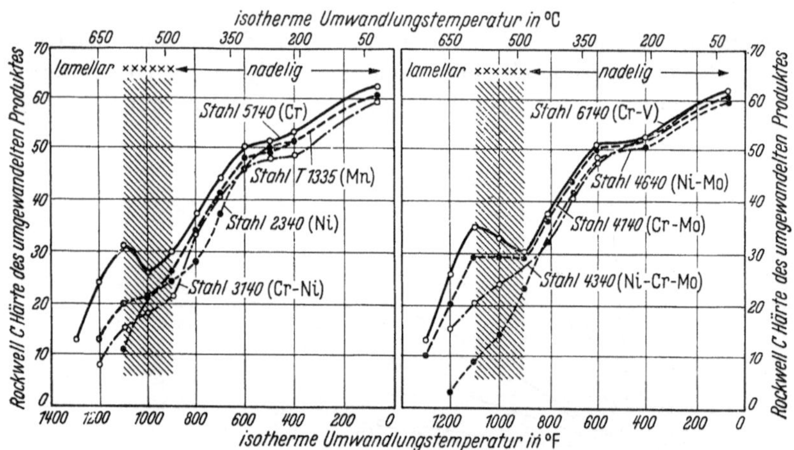

Abb. 5.2. Rockwell-C-Härte verschiedener SAE-Stähle isotherm umgewandelt. (DAVENPORT [41].)

von 480—595°C (900—1100°F) rühren davon her, daß in diesem Temperaturbereich der Übergang der meist lamellaren Struktur zur im wesentlichen nadelförmigen Struktur erfolgt. DAVENPORT [41] weist besonders darauf hin, daß die größte Unregelmäßigkeit bei solchen Stählen auftritt, die stark karbidbildende Legierungselemente enthalten, z.B. die Stähle 5140, 6140 und 4140.

5.2. Durch Abschreckung erreichbare maximale Härte.

Maximale Härte wird in Stählen mit merklichem Kohlenstoffgehalt nur dann erreicht, wenn sie beim Abschrecken vollständig in Martensit umwandeln. Die hohe Härte ist vermutlich durch die Verzerrung des kubischen (Ferrit-) Gitters durch eingelagerte Kohlenstoffatome bedingt, so daß das Gitter die tetragonale Form annimmt, die neugebildetem Martensit eigen ist. Man erreicht indessen die gleiche oder sogar eine etwas höhere Härte, wenn der Martensit durch Anlassen bei sehr niedrigen Temperaturen soeben in kubischen Ferrit und Karbidteilchen von möglichst molekularer Größe zerfällt. Wenn die effektive Größe der Karbide noch sehr klein ist, hängt die maximale Härte von der Anzahl der Karbidteilchen ab und ist dem Kohlenstoffgehalt proportional. Dieses wurde von BURNS, MOORE und ARCHER [29] aufgezeigt und ist in der oberen Kurve der Abb. 5.3 dargestellt.

Die von BURNS, MOORE und ARCHER [28] gefundenen Härten stellen
die höchsten Härtewerte dar, die sie an sehr kleinen Proben von Kohlen-
stoff- und niedrig legierten Stählen beobachteten, welche unter günstigen
Bedingungen abgeschreckt worden waren. In der Praxis liegen die

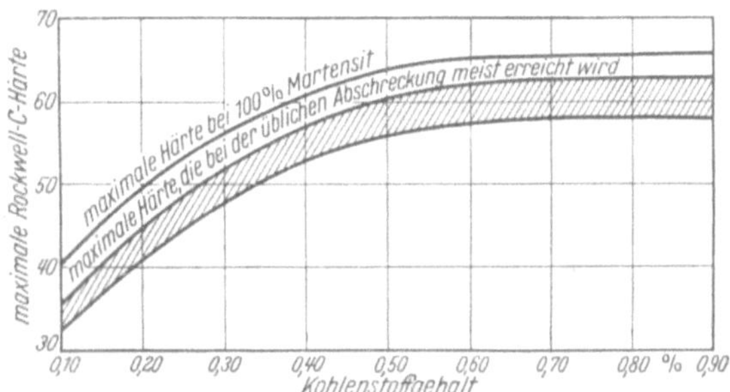

Abb. 5.3. Beziehung zwischen dem Kohlenstoffgehalt und der maximalen Martensithärte (obere
Kurve) und der maximalen Härte, die üblicherweise erreicht wird (gestricheltes Band). (Gezeich-
net von SISCO [132] auf Grund von Angaben von BURNS, MOORE und ARCHER [28] und von
BOEGEHOLD [22].)

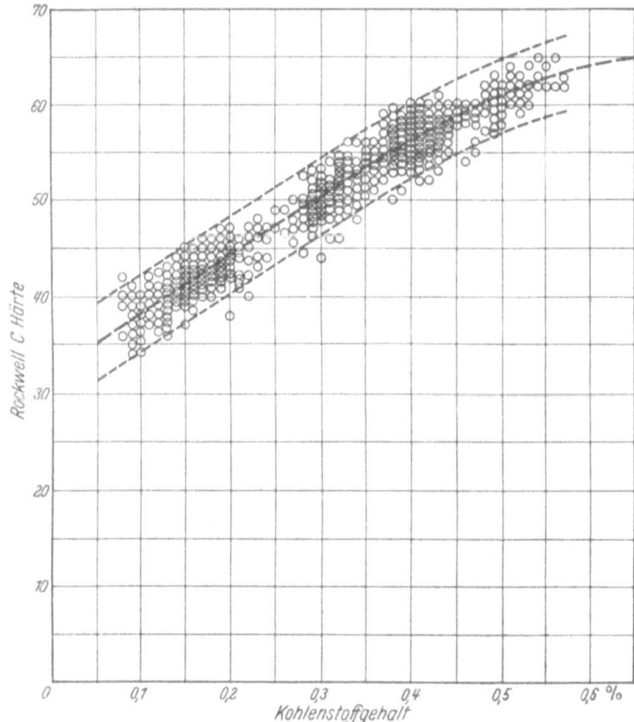

Abb. 5.4. Maximale Härtewerte an Jominy-Proben von 1063-Stählen. (CRAFTS und LAMONT [37].)

Crafts-Lamont-Rühenbeck, Härtbarkeit.   6

maximal erreichbaren Härtewerte etwas niedriger. Sisco [*132*] trug die
Werte von Boegehold [*22*] zusammen und erhielt das schraffierte
Band in Abb. 5.3; Crafts und Lamont [*37*] bestimmten die maximalen
Härten an mehr als 1000 Jominy-Proben und fanden das Band in
Abb. 5.4. Das Band zeigt eine Streuung von etwa 4 Rockwell C. Dieses
ist in erster Linie durch die Fehlergrenzen bei der Rockwell-Härteprüfung
bedingt und in zweiter Linie auf Seigerungen, Schwankungen in der
Wärmebehandlung und auf Fehler bei der Kohlenstoffbestimmung zu-
rückzuführen.

Die Höhe der mittleren maximalen Härte (Abb. 5.3 und 5.4) in Abhängigkeit vom Kohlenstoffgehalt steht mit den Ergebnissen anderer
Bestimmungen [*49*] im Einklang und ist merklich niedriger als die Kurven
von Burns, Moore und Archer (Abb. 5.3). Die Höhe der durch die
Jominy-Proben gewonnenen Härten (Abb. 5.4) scheint für die übliche
Wärmebehandlung richtig zu sein und ist für die praktische Anwendung
zu empfehlen. Die maximale Härte ist nicht nur bei der allgemeinen
Wärmebehandlung niedriglegierter Stähle bestimmt worden, so daß
man nicht sagen könnte, daß Legierungselemente keinen Einfluß darauf
hätten; aber in der Reihe der üblichen Baustähle kann das Maximum der
Härte so betrachtet werden, als ob es ausschließlich vom Kohlenstoffgehalt abhängig wäre.

5.3. Beziehung zwischen Härte und Härtbarkeit.

Es gibt für jeden Stahl eine bestimmte Abschreckgeschwindigkeit
(die kritische Abkühlungsgeschwindigkeit), die die maximale Abschreckhärte des Martensits erzeugt; stärkere Abkühlungsgeschwindigkeiten
bringen keine höheren Härten. Kleinere Abkühlungsgeschwindigkeiten
lassen einen bestimmten Anteil der Umwandlung, abhängig von der Lage
der Nase der S-Kurve nach Abb. 3.16 (S. 47), schon bei erhöhten Temperaturen anlaufen, so daß die Härte kleiner als das Härtemaximum
wird. Wenn die Abkühlungsgeschwindigkeit für die Mitte eines Teiles
ausreichend hoch ist, wird das Härtemaximum über seinen ganzen Querschnitt erreicht. Bei langsamerer Abkühlungsgeschwindigkeit fällt die
Härte der Mitte ab; dieses ergibt einen Härtegradienten über den Querschnitt des Barrens, wie es Abb. 4.7 (S. 62) darlegt. Abb. 5.5 zeigt die
Härteverteilung im Stahl SAE 6140 nach dem Abschrecken verschiedener Rundbolzen in Öl. Abb. 5.5 zeigt, daß eine vollständige oder völlige
Aushärtung beim Durchmesser von 12,7 mm (½ in.) erreicht wird, und
daß der Grad der Härtung laufend kleiner wird, so wie die Teilgröße zunimmt, und daß größere Einhärtetiefen bei den stärkeren Teilen anfallen. Ein Vergleich der Abb. 5.5 mit Abb. 5.6 zeigt den Einfluß der
Zusammensetzung und des Abschreckmittels auf den Grad der Härtung.

Es ist einleuchtend, daß der Grad der Härtung von Zusammensetzung, Teilgröße, Lage innerhalb des Teiles und Abschreckmittel abhängt.

Der Grad der Härtung, der in einem Stahl erreicht ist, kann durch die Einzelhärte an einer bestimmten Stelle innerhalb des Teiles ausgedrückt und als erforderliche Abkühlungsgeschwindigkeit gemessen werden, um diese Härte an der bestimmten Stelle zu erreichen. Wenn z.B. bei dem Stahl SAE 6140 der Wert 55 Rockwell C in der Mitte eines Abschnittes herangezogen wird, um den Grad der Härtung auszudrücken, wird die Ölabschreckung diese Härte in der Mitte eines Rundbolzens zwischen 12,7 und 25,4 mm (½—1 in.) im Durchmesser erreichen lassen (Abb. 5.5), während die Wasserab-

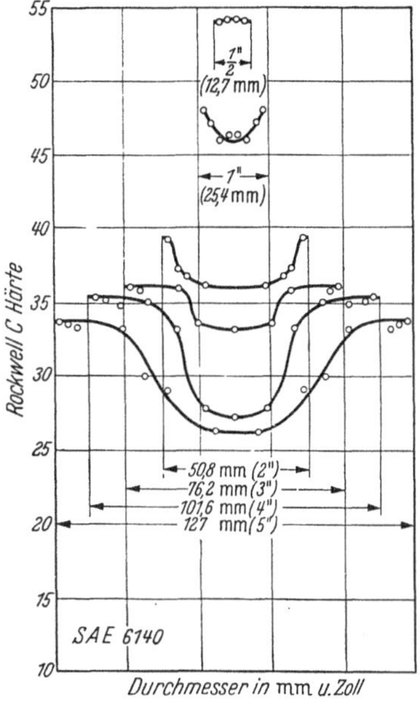

Abb. 5.5. Einfluß der Stückgröße auf die Härte des ölabgeschreckten SAE-Stahles 6140. (GROSSMANN [66].)

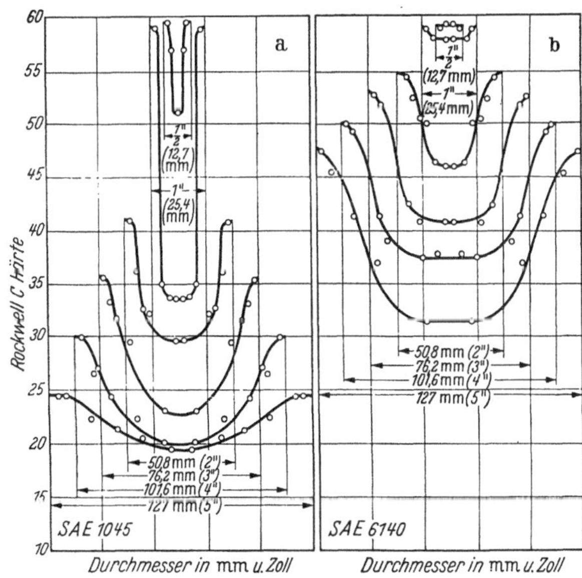

Abb. 5.6. Einfluß der Stückgröße auf die Härte der wasserabgeschreckten Stähle SAE 1045 und 6140. (GROSSMANN [66].)

schreckung dieselbe Härte in der Mitte eines Rundbolzens zwischen 25,4 und 38,2 mm (1—1½ in.) im Durchmesser bringt (Abb. 5.6 b). Wenn diese Abschnitte als kritische Durchmesser angesehen werden, ist es augenscheinlich, daß das Abkühlvermögen (die Abkühlleistung) und der kritische Durchmesser die Abkühlungsgeschwindigkeit definieren, die zur Erreichung von 55 Rockwell C in der Mitte des abgeschreckten Teiles dieses Stahles erforderlich ist, d.h., sie messen die Fähigkeit des Stahles, auf einen bestimmten Grad zu härten, in diesem Falle auf 55 Rockwell C.

Vergleicht man zwei Stähle, so ist das Härtemaximum dann gleich, wenn der Kohlenstoffgehalt gleich ist, während der Grad der Härtung im Inneren dickerer Teile verschieden ist. Abb. 5.6 zeigt die Härtegradienten des Stahles SAE 1045 im Vergleich zum Stahl SAE 6140 bei Wasserabschreckung. Es ist augenscheinlich, daß die Härtemaxima zahlenmäßig gleich sind, wenn angenommen wird, daß die wirklichen Kohlenstoffgehalte gleich sind. Da der Stahl SAE 1045 beim Abschrecken in Wasser einen kritischen Durchmesser von weniger als 12,7 mm (½ in.) hat, ist es einleuchtend, daß für den Stahl SAE 6140 bei dem gleichen Abschreckmittel der Grad der Härtung größer ist. Es ist auch möglich, den gleichen Betrag der Härtung für die Mitte eines 12,7-mm-(½ in.-) Bolzens aus dem Stahl SAE 6140 mit langsamerer Abkühlungsgeschwindigkeit zu erreichen, als diese für den Stahl SAE 1045 nach Abb. 5.5 und 5.6 a erforderlich ist. Je kleiner die Abkühlungsgeschwindigkeit ist, bei der ein Stahl irgendeinen bestimmten Härtegrad annimmt, um so größer ist sein Härtungsvermögen. Wie in einem vorausgehenden Kapitel gesagt wurde, kann die Härtbarkeit eines Stahles den Einfluß der Stückgröße ausgleichen. Für Vergleichszwecke kann dieses in Begriffen eines bestimmten Abschreckvermögens und eines bestimmten Härtungsgrades ausgedrückt werden. In manchen Fällen ist es wünschenswert, auf eine Standardbedingung Bezug zu nehmen, wie es der ideale kritische Durchmesser tut, der sich auf 50% Martensit bei unendlich starkem Abschrecken bezieht.

Offensichtlich ist es ratsam, die Härtbarkeit eines Stahles zahlenmäßig zu bewerten, um sein Verhalten bei der Wärmebehandlung voraussagen und ihn mit anderen Stählen vergleichen zu können. Die Methode des Abschreckens von Rundbolzen bestimmter Durchmesser (Abb. 5.6) ist labormäßig bisweilen so unpraktisch, daß andere Prüfmethoden erdacht worden sind. Alle diese Härtbarkeitsmethoden suchen den Test durch Reduzierung der Probenzahl zu vereinfachen. Einige bestimmen die Einhärtetiefe durch Anwendung von Formeln, während andere bestrebt sind, bestimmte Abkühlungsgeschwindigkeiten zugrunde zu legen. Die beliebteste laboratoriumsmäßige Prüfmethode für Maschinenbaustähle ist der Endabschrecktest von JOMINY, ausgearbeitet von JOMINY und BOEGEHOLD [*87*], der im Kapitel 6 beschrieben wird. Damit die Härtbarkeitsteste nicht nur für eine begrenzte Anwendung brauchbar sind, müssen sie genau reproduzierbar und geeignet sein, die Abkühlungsgeschwindigkeiten zahlenmäßig zu bewerten und eine Beziehung zwischen einfachen Formen zu gewährleisten. Hierdurch ist es möglich, die Härtbarkeit bei einer Stahlvergütung zu bestimmen und die Härtung von Teilen gegebener Größe und Form vorauszusagen. Zur Voraussage des Härteverhaltens bei anderen Erwärmungsweisen eben derselben Stahlqualität sind einige Kenntnisse über den Einfluß der Zusammensetzung auf die Härtbarkeit wünschenswert, wozu eine besondere Überwachung der Stahlherstellung notwendig ist. Aus diesem Grunde sind eine Anzahl von Arbeiten ausgeführt worden, um den Einfluß der Zusammensetzung auf die Härtbarkeit zu bestimmen. Dieses wird später in diesem Kapitel besprochen.

5.4. Standardkennziffer der Härtbarkeit — kritischer Durchmesser und idealer kritischer Durchmesser.

Wie vorhergehend schon betont wurde, ist die Härtung des Stahles von der Abkühlungsgeschwindigkeit und von den Faktoren der Zusammensetzung und Korngröße abhängig, die die Umwandlung bei erhöhten Temperaturen beeinflussen. Um die Härtbarkeit des einen Stahles mit der eines anderen Stahles zu vergleichen, müssen Abkühlungsgeschwindigkeit, Zusammensetzung und Korngrößen in Beziehung zu der Feinstruktur gesetzt werden, die durch die Austenitumwandlung bedingt ist. Ein brauchbarer Index für den Vergleich verschiedener Stähle ist diejenige Abkühlungsgeschwindigkeit, die ein besonderes Gefüge in einem Stahl erzeugt. GROSSMANN, ASIMOW und URBAN [*65*] nahmen das Gefüge mit 50% Martensit als Bezugsgrundlage und bezogen außerdem diese Struktur auf den Teil, in dem diese bei einem bestimmten Abkühlvermögen erreicht werden kann, so daß damit ein Standardausdruck für die Härtbarkeit gefunden worden war.

Die Auswahl einer speziellen Mikrostruktur für die zahlenmäßige Bewertung kritischer Abkühlgeschwindigkeiten setzt voraus, daß diese Struktur besondere Vorteile hat, oder daß andere übliche Gefügearten auf sie bezogen werden können. So ist eine Gefügeausbildung mit 100% Martensit wesentlich wünschenswerter, da diese zur Festlegung der Mindestabkühlungsgeschwindigkeit für vollständige Aushärtung wichtig ist. Sie ist deshalb von vielen Forschern benutzt worden, aber sie kann nur durch sorgfältige mikroskopische Prüfung bestimmt werden, und sie ist weiterhin so stark von Mikroseigerungen abhängig, daß es oft schwer ist, sie genau auszumachen. GROSSMANN, ASIMOW und URBAN [*65*] benutzen 50% Martensit als Bezugsstruktur, da diese in hochkohlenstoffhaltigen Stählen sehr genau durch eine makroskopische Prüfung am geätzten Querschliff (Abb. 4.7, S. 62) oder durch die Härteprüfung bestimmt werden kann. Diese Methode kann mit Recht kritisiert werden, da die nichtmartensitischen Bestandteile in verschiedenen Stählen verschieden sein können, d. h. sie können aus voreutektoidem Ferrit oder Karbid und aus Perlit oder Bainit oder einer Mischung dieser Anteile bestehen.

Nach dieser Prüfweise werden Feinstrukturen, die aus mehr als 50% Martensit bestehen, als gehärtet, solche, die weniger als 50% Martensit enthalten, als ungehärtet angesehen. Der kritische Durchmesser D ist die größte Abmessung eines Rundbarrens, der nach dem Abschrecken keinen ungehärteten Kern mehr aufweist, d. h. dessen Kerngefüge aus genau 50% Martensit besteht. Die kritische Abmessung kann durch Abschrecken von Rundbolzen verschiedener Abmessungen und Makroätzung des polierten Querschliffes bestimmt werden. Der ungehärtete Kern erscheint dunkel, während die gehärtete Außenzone hell wird, wie es Abb. 4.7 zeigt. Der vierte Bolzen von links unten in diesem Bild ist der größte Bolzen dieser Serie, bei dem gerade kein ungehärteter Kern mehr vorhanden ist; er hat die kritische Abmessung.

Die kritische Abmessung kann auch durch Härtemessungen über den Querschliff abgeschreckter Bolzen bestimmt werden, indem die Härte des Mittelpunktes einer Reihe von abgeschreckten Rundbolzen über den Durchmesser aufgetragen wird, wie es Abb. 5.7 zeigt. Die Abmessung des Bolzens an dem Punkt der Härtekurve, wo sich die Härte am stärksten ändert, also am Wendepunkt der Kurve, ist die kritische Abmessung.

So wird z. B. in Abb. 5.7 die kritische Abmessung mit 26,7 mm (1,05 in.) im Durchmesser bestimmt.

In einigen niedrigen und mittleren Kohlenstoffstählen macht der Gefügeanteil Bainit die makroskopische Unterscheidung zwischen gehärteten und ungehärteten Abschnitten des Bolzens schwierig. Bei der Prüfung dieser Stähle ist die Bestimmung der kritischen Abmessung aus der mikroskopischen Betrachtung vorzuziehen; GROSSMANN hat jedoch eine angenäherte Beziehung zwischen dem Kohlenstoffgehalt und der 50%-Martensithärte gefunden, die später FIELD [49] ausgearbeitet hat, wie es in einem folgenden Abschnitt beschrieben wird.

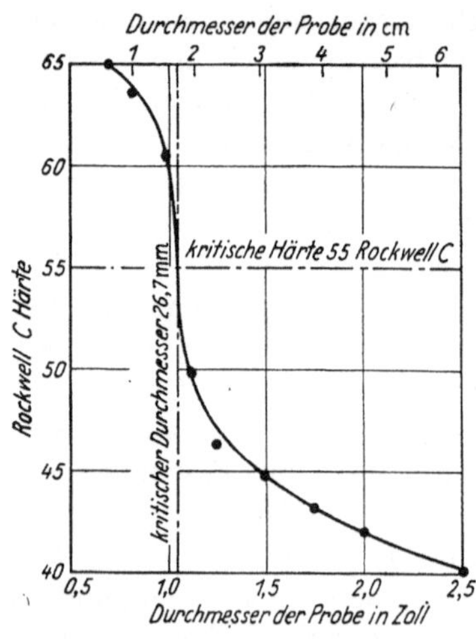

Abb. 5.7. Kritischer Durchmesser, bestimmt aus der Härte der Mitte einer Reihe von abgeschreckten Rundbolzen. (GROSSMANN, ASIMOW und URBAN [65].)

5.5. Bestimmung des idealen kritischen Durchmessers.

Obgleich der kritische Durchmesser (D) als ein Maß für die Härtbarkeit in brauchbarer Weise den Grad der Härtung anzeigt, der bei einem gegebenen Stahl erwartet werden kann, und der zum Vergleich der Härtungscharakteristiken verschiedener Stähle verwendbar ist, so ist seine Anwendung doch durch die Abschreckbedingungen begrenzt, unter denen die Prüfungen durchgeführt werden. Wie es kurz im Abschnitt 4.6 angedeutet worden ist, schlagen GROSSMANN, ASIMOW und URBAN [65] eine allgemein anwendbare Standardabschreckung vor, bei der man annimmt, daß die Oberfläche eines Bolzens sofort auf die Temperatur des Abschreckbades abgekühlt und während der ganzen Abkühlungsbehandlung auf dieser Temperatur gehalten wird. Diese ideale Abschreckung stellt die denkbar stärkste Abkühlung mit einem Wert von $H = \infty$ dar. Da dieses die stärkstmögliche Abschreckung ist, würde die kritische Abmessung für solch eine Abschreckung die größte kritische Abmessung sein, die für einen Stahl gegebener Härtbarkeit angenommen werden kann, was deshalb einen brauchbaren Index für den Vergleich verschiedener Härtbarkeiten ergibt. Die Härtbarkeit kann dann als kritischer

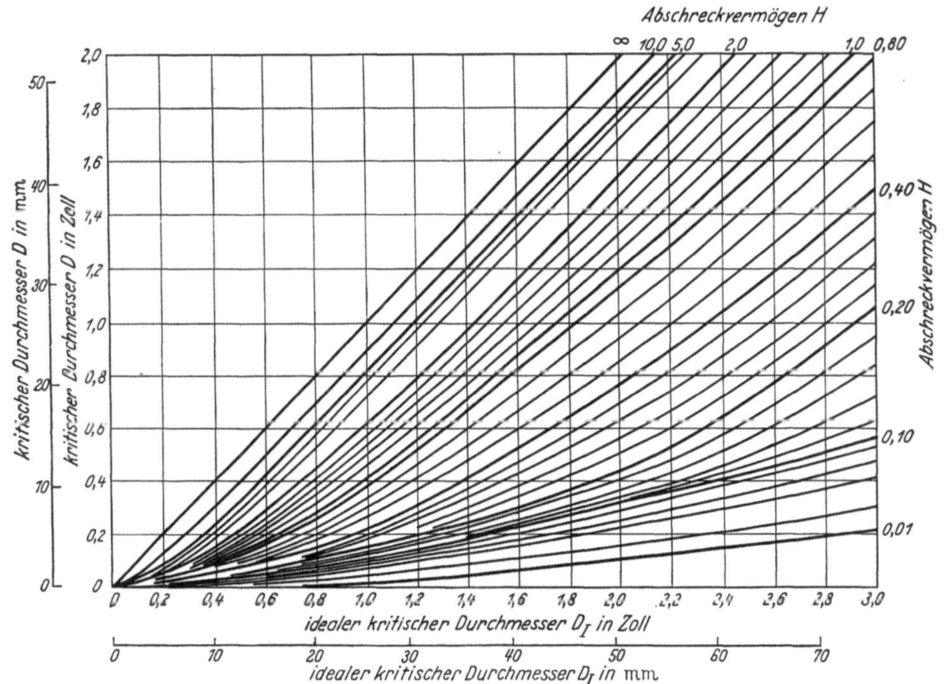

Abb. 5.8. Beziehung zwischen dem kritischen Durchmesser (D), dem Abschreckvermögen und dem idealen kritischen Durchmesser (D_I) für kleine Bolzen. (GROSSMANN, ASIMOW und URBAN [65].)

Durchmesser für eine genormte ideale Abschreckung oder als idealer kritischer Durchmesser (D_I) ausgedrückt werden.

Die Beziehungen zwischen der kritischen Abmessung (D), dem Abschreckvermögen und dem idealen kritischen Durchmesser (D_I) zeigen Abb. 5.8 und Abb. 5.9 für Rundbolzen, Abb. 5.10 und 5.11 für Platinen,

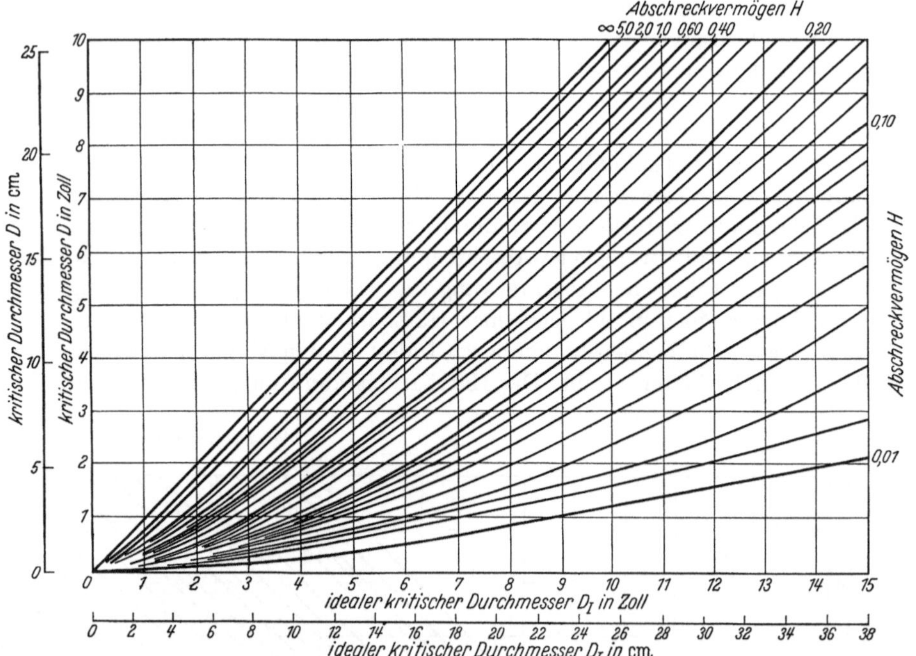

Abb. 5.9. Beziehung zwischen dem kritischen Durchmesser (D), dem Abschreckvermögen und dem idealen kritischen Durchmesser (D_I) für große Bolzen. (GROSSMANN, ASIMOW und URBAN [65].)

wobei L die kritische Dicke und L_I die ideale kritische Dicke ist, bei H-Werten verschiedener Abschreckleistungen. Wenn auch die Beziehungen nach den Abb. 5.8 bis 5.11 nur für das Kriterium der Härtbarkeit bei 50% Martensit Gültigkeit haben, gelten entsprechende Beziehungen für jedes gewünschte Kriterium wie z.B. für 100% Martensit, 90% Martensit, 0% Martensit oder irgendeinen anderen zu vereinbarenden Grad der Härtung.

Wenn der kritische Durchmesser bestimmt worden ist, kann der ideale kritische Durchmesser D_I aus den Diagrammen über die Beziehung zwischen der kritischen Abmessung, dem Abschreckvermögen und den iealen kritischen Durchmessern nach Abb. 5.8 bis 5.11 festgelegt werden. Wenn z.B. die kritische Abmessung eines Stahles mit 53,3 mm (2,10 in.) im Durchmesser beim Abschrecken mit einem Abschreckver-

mögen von $H = 0,50$ gefunden wird, ist der ideale kritische Durchmesser
entsprechend der Abb. 5.9 91,4 mm (3,60 in.).

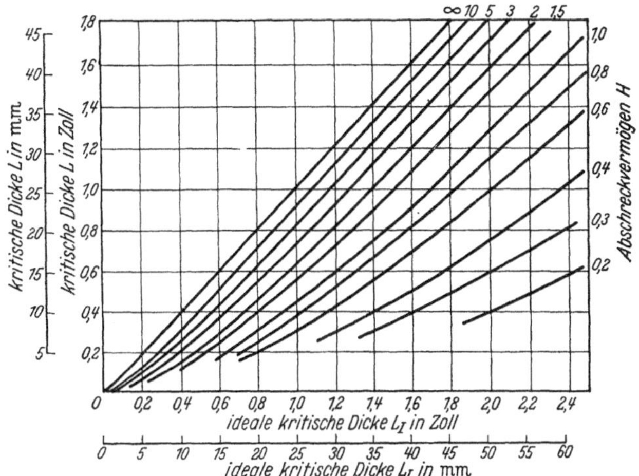

Abb. 5.10. Beziehung zwischen der kritischen Plattendicke (L), dem Abschreckvermögen und der idealen kritischen Plattendicke (L_I) für relativ dünne Platten. (ASIMOW und GROSSMANN [11].)

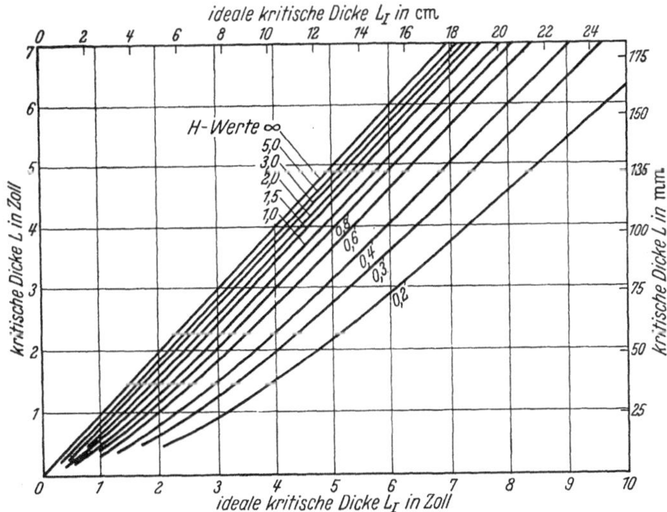

Abb. 5.11. Beziehung zwischen der kritischen Plattendicke (L), dem Abschreckvermögen und der kritischen Plattendicke (L_I) für relativ dicke Platten. (ASIMOW und GROSSMANN [11].)

Der ideale kritische Durchmesser kann auch aus der Jominy-Probe
bestimmt werden, indem man metallographisch den Abstand vom
wasserabgeschreckten Ende der Probe bestimmt, wo das Gefüge aus
50% Martensit besteht, und indem man diesen auf Abb. 4.14 bezieht,

die die Beziehung zwischen dem Jominy-Abstand und dem idealen kritischen Durchmesser aufzeigt. Wenn die 50%-Martensitstruktur bei einem Abstand von 17,5 mm ($^{11}/_{16}$ in.) vom wasserabgeschreckten Ende der Jominy-Probe dieses besonderen Stahles vorliegt, ist der angezeigte ideale kritische Durchmesser 91,4 mm (3,60 in.). Der angenäherte ideale kritische Durchmesser kann auch in gleicher Weise aus der kritischen Härte festgelegt werden, indem man die Tiefe bestimmt, bei der die kritische Härte auf der Jominy-Härtekurve liegt.

5.6. Prozente an Martensit aus dem idealen kritischen Durchmesser.

Aus dem idealen kritischen Durchmesser, der die Barrenabmessung angibt, bei der die Mitte mit einer unendlich schnellen Abschreckgeschwindigkeit ($H = \infty$) auf 50% Martensit gehärtet ist, kann durch Relation von HODGE und OREHOSKI [74] nach Abb. 5.12 der Barrendurchmesser bestimmt werden, bei dem das gehärtete Gefüge zwischen 50 und 99,9% Martensit enthält.

Wenn z.B. der ideale kritische Durchmesser eines Stahles experimentell mit 91,4 mm (3,60 in.) bestimmt ist, zeigt der Schnittpunkt einer Vertikalen, zugehörig zu $D_I = 91,4$ mm (3,60 in.) in Abb. 5.12, mit der 99,9%-Martensitlinie, daß ein Bolzen von etwa 45,7 mm (1,8 in.) im Durchmesser bis zum Mittelpunkt auf 99,9% Martensit härtet, wenn er mit einem Abschreckvermögen $H = \infty$ abgeschreckt wird.

Wenn der Durchmesser von 45,7 mm (1,8 in.) bei völliger Aushärtung des Bolzens so betrachtet wird, daß er der ideale Durchmesser für 99,9% Martensit (nicht der ideale kritische Durchmesser) ist, kann die

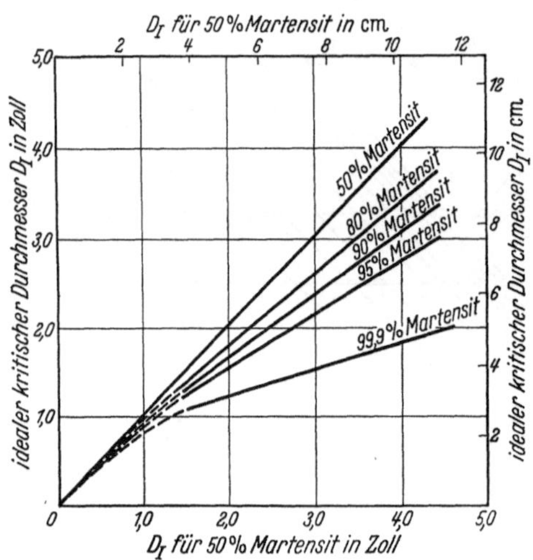

Abb. 5.12. Beziehung zwischen dem idealen kritischen Durchmesser und den Bolzengrößen, die mehr als 50% Martensit enthalten. (HODGE und OREHOSKI [74].)

Größe des Bolzens, der zu einem gleichen Grad durch Abschrecken in irgendein spezielles Abschreckmittel ausgehärtet werden soll, aus Abb. 5.8 bestimmt werden. Bei einem Abschreckvermögen von $H = 0,50$ hat ein Bolzen bei voller Aushärtung bis zum Kern einen Durchmesser von etwa 18,3 mm (0,72 in.).

5.7. Idealer kritischer Durchmesser aus der chemischen Zusammensetzung.

Es besteht kein Zweifel, daß der Jominy-Endabschrecktest, der in dem nächsten Kapitel beschrieben wird, eine schnell und gut reproduzierbare zahlenmäßige Bewertung der Härtbarkeit ergibt. Es gibt aber Anlässe in der Produktion und in der Auswahl von Vergütungsstählen, bei denen es wünschenswert ist, die Härtbarkeit eines Stahles oder das relative Verhalten von zwei oder mehr Stählen zu kennen, ohne einen solchen Test durchzuführen, so daß große Anstrengungen gemacht worden sind, eine Methode auszuarbeiten, mit der die Härtbarkeit aus der chemischen Zusammensetzung bestimmt werden kann.

Solch ein Verfahren ist jedoch von einer Anzahl von Veränderlichen abhängig, deren Kontrolle schwierig ist, und es beruht auf einer Anzahl von Annahmen, die nur einen ungewissen Wert haben. Dieses wird in den nächsten Abschnitten besprochen. Im allgemeinen kann deshalb die errechnete Härtbarkeit nur mit vollem Wissen ihrer Unzulänglichkeit betrachtet werden.

Der qualitative und quantitative Einfluß der Legierungselemente auf die Härtbarkeit ist erforscht worden; es wurden zahlreiche Werte von jedem dieser Legierungselemente nach Verfahren von HERTY, MCBRIDE und HOLLENBACK [72], BURNS, MOORE und ARCHER [28], BURNS und RIEGEL [29] festgelegt. Die Anwendung dieser Methoden ist im allgemeinen auf Sonderbedingungen beschränkt; GROSSMANN [68] hat jedoch eine allgemeiner anzuwendende Formel für die aus der chemischen Zusammensetzung berechnete Härtbarkeit entwickelt, die die Einteilung und Bearbeitung der Stähle kontrollierter Härtbarkeit möglich gemacht hat.

GROSSMANN berechnete die Härtbarkeit mit Hilfe des idealen kritischen Durchmessers. Er nahm an und fand es bestätigt, daß die Härtung des Stahles primär eine Beziehung zwischen dem Eisen und dem Kohlenstoff in einer Eisen-Kohlenstoff-Legierung ist, und daß die Legierungselemente im wesentlichen nur die Geschwindigkeit dieser Reaktion beeinflussen. Man stellte fest, daß der Einfluß der einzelnen Legierungselemente vom Kohlenstoffgehalt, der Korngröße und jedem anderen Faktor unabhängig war, so daß das eine Element, das in einem Stahl den idealen kritischen Durchmesser erhöht, diesen in gleicher Weise in einem anderen Stahl mit ganz anderer Zusammensetzung auch erhöht. Die Berechnung beruht auf dem Kriterium von 50% Martensit und auf der Annahme, daß die anderen 50% des nichtmartensitischen Anteiles keinen Einfluß haben, gleich ob sie aus Ferrit, Perlit, Bainit oder einer Mischung dieser Anteile bestehen. Zur Berechnung wird auch unterstellt, daß der Stahl vor dem Abschrecken völlig austenitisiert worden ist. Anschließende

Arbeiten anderer Forscher haben die allgemeine Verwendbarkeit dieser
Methode bestätigt, nur sind einige Meinungsverschiedenheiten über die
Zahlenwerte entstanden, die den Faktoren zuzuschreiben sind. Die im
nächsten Abschnitt angeführten Zahlen wurden von BOYD und FIELD [24]
als gut brauchbare Annäherungswerte ausgewählt.

5.8. Grossmanns Methode zur Berechnung der Härtbarkeit.

GROSSMANNS Methode besteht darin, den idealen kritischen Durchmesser, der dem Kohlenstoffgehalt einer ,,reinen'' Eisen-Kohlenstoff-Legierung entspricht, wie es Abb. 5.13 zeigt, mit Faktoren zu multiplizieren, die den Legierungselementen des Stahles zukommen und ihnen proportional sind. Den Einfluß der Korngröße auf den idealen kritischen Durchmesser von ,,reinen'' Eisen-Kohlenstoff-Legierungen zeigt Abb. 5.13. Die Multiplikatoren der einzelnen Legierungselemente ergeben die Geraden oder Kurven der Abb. 5.14.

Alle Elemente außer Gase müssen berücksichtigt werden, auch wenn sie nur als Rückstandsbeimengungen vorhanden sind, die meist durch die chemische Analyse nicht mitbestimmt werden.

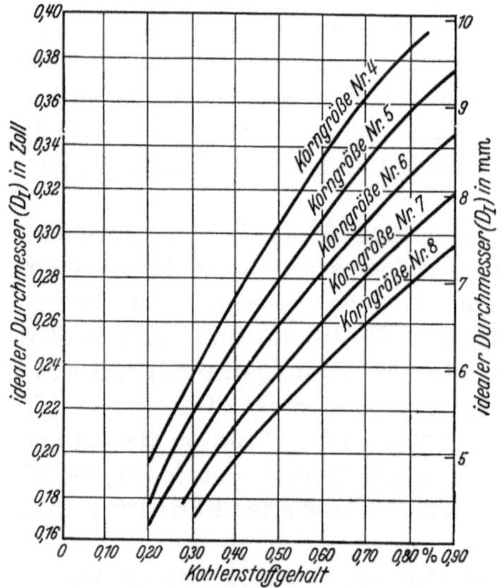

Abb. 5.13. Beziehung zwischen dem idealen Durchmesser
(D_I), dem Kohlenstoffgehalt und der Korngröße. (BOYD
und FIELD [24], nach GROSSMANN [68].)

Ausgenommen sind Schwefel und Phosphor, wenn sie in
solch kleinen Mengen wie üblicherweise im Siemens-Martin- oder Elektrostahl vorliegen. Deshalb sind in Abb. 5.14 keine Faktoren für sie angegeben. Phosphor erhöht und Schwefel erniedrigt etwas die Härtbarkeit; wenn jedes von ihnen mit weniger als 0,03 bis 0,04% vorliegt, heben sie sich gegenseitig auf.

Bei der Multiplikation der Faktoren miteinander haben die ersten Zusatzmengen von Legierungselementen einen größeren prozentualen Einfluß auf den idealen kritischen Durchmesser als die gleichen Zusatzmengen bei einem schon höheren Legierungsgehalt. Hieraus ergibt sich, daß kleine Mengen mehrerer Legierungselemente wie z.B. in niedrig-dreifach-legierten Stählen die Härtbarkeit stärker erhöhen als eine größere Menge eines einzelnen Legierungselementes. Die normale Fehlergrenze bei der Großmann-Methode zur Berechnung der Härtbarkeit liegt innerhalb etwa 15%. Einige mehrfach legierte Stähle zeigen jedoch deut-

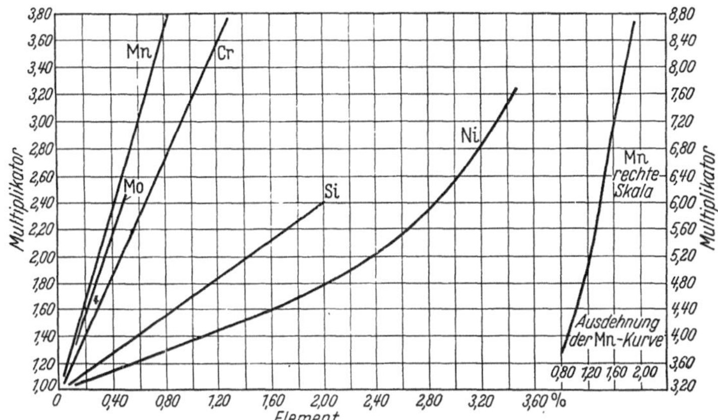

Abb. 5.14. Multiplikatoren für die fünf allgemein verwendeten Legierungselemente. (BOYD und FIELD [24].)

lich eine geringere Härtbarkeit als die berechnete. Diese geringere Härtbarkeit wird meist bei solchen Stählen beobachtet, die sowohl Chrom als auch Molybdän enthalten. Die Abweichung bei Chrom-Molybdän-Stählen

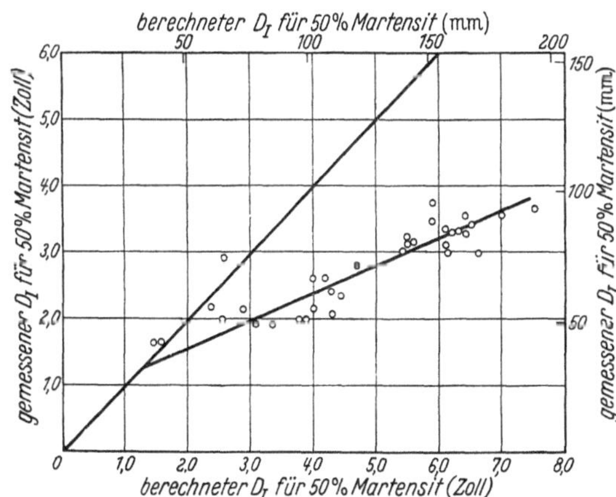

Abb. 5.15. Abweichung zwischen den gemessenen und berechneten idealen kritischen Durchmessern von Chrom-Molybdän-Stählen. (HODGE und OREHOSKI [74].)

scheint um so größer zu werden, je höher der Legierungsanteil oder je niedriger der Kohlenstoffgehalt ist. Silizium und in gewissem Maße auch Nickel scheinen diese Tatsache noch zu verschärfen. In den Normstählen

wie z.B. SAE 4100 und den dreifachlegierten Stählen ist der wirkliche
ideale kritische Durchmesser selten kleiner als 60 oder 80% des berechneten idealen kritischen Durchmessers, während in nichtgenormten hochlegierten Stählen die Härtbarkeit mehr als 15% unter dem berechneten
idealen kritischen Durchmesser liegt, wie es beobachtet worden ist. Den
Grad der Abweichung bei Normstählen zeigt Abb. 5.15. Die Gründe für
dieses Verhalten sind nicht ganz klar. Einmal wurden die jeweiligen
Multiplikatoren zum großen Teil bei einfachen Stählen bestimmt, in
denen das betreffende Element als Hauptbestandteil enthalten war. Nur
bei den Kohlenstoff-Mangan-Silizium-Aluminium-Stählen wurden von
CRAFTS und LAMONT [35] die Faktoren bei gleichzeitiger Anwesenheit
aller Legierungsanteile bestimmt; in diesem Falle wurden die Faktoren
durch andere Legierungselemente nicht beeinflußt. GROSSMANN nimmt
unter besonderer Bezugnahme auf den SAE-Stahl 4150 an, daß die Abweichung durch eine unvollständige Auflösung der Karbide im Austenit
oder durch eine ungleichmäßige Umwandlung des Austenits bedingt ist.
HOLLOMON und JAFFE [78] sehen die Ursache in der Umwandlung des
nichtmartensitischen Anteiles in Perlit oder Bainit, so daß deshalb verschiedene Größen der Multiplikatoren sowohl für perlitische als auch
bainitische Stähle erforderlich wären.

5.9. Beispiel einer berechneten Härtbarkeit.

Die allgemeine Formel für die Berechnung der Härtbarkeit aus der
chemischen Zusammensetzung ist:

$$D_I = D_{IC} \times MF\% \, \mathrm{Mn} \times MF\% \, \mathrm{Si} \times MF\% \, \mathrm{Ni} \ldots \text{usw.},$$

wobei bedeuten

D_I = der ideale kritische Durchmesser,
D_{IC} = der ideale kritische Durchmesser nach dem Kohlenstoffgehalt in % und der
     Korngröße nach Abb. 5.13,
MF = die Multiplikatoren nach Abb. 5.14.

Es soll der ideale kritische Durchmesser eines dreifach legierten
Stahles folgender Zusammensetzung und Korngröße berechnet werden:

Komponenten	%	Komponenten	%
C	0,40	Si	0,25
Mn	0,90	Ni	0,55
P	0,020	Cr	0,50
S	0,020	Mo	0,20

Gemessene Korngröße Nr. 8.

Der erste Schritt ist die Bestimmung von D_{IC} aus der Abb. 5.13 für
einen 0,40%igen Kohlenstoffstahl und der Korngröße Nr. 8. In diesem
Falle ist D_{IC} 2,79 mm (0,198 in.). Der Faktor für Mangan wird nach

Abb. 5.14 bestimmt, in der der Zahlenwert des Multiplikators auf der Ordinate abgelesen wird.

Da der Mangangehalt des Stahles 0,90% beträgt, ergibt sich der Faktor 4,0. In gleicher Weise werden die Zahlenwerte der Faktoren für die anderen Elemente bestimmt und in die Formel wie folgt eingesetzt:

$$D_I = \underset{(0,198)}{D_{IC}} \ \underset{(4,0)}{Mn} \ \underset{(1,04)}{P} \ \underset{(0,98)}{S} \ \underset{(1,13)}{Si} \ \underset{(1,21)}{Ni} \ \underset{(2,09)}{Cr} \ \underset{(1,60)}{Mo} = 3,68$$

Der ideale kritische Durchmesser des Stahles ist deshalb laut Berechnung 77,93 mm (3,68 in.).

Ein Vergleich der Multiplikatoren nach Abb. 5.14 gibt einen Überblick über den relativen Einfluß der fünf allgemein verwendeten Legierungselemente auf die Steigerung der Härtbarkeit. Mangan wirkt selbst bei Zusätzen von weniger als 0,50% vor dem Molybdän am stärksten. Chrom erhöht auch die Tiefe der Einhärtung erheblich, während Silizium und Nickel einen weniger starken Einfluß haben.

5.10. Die Genauigkeit der berechneten Härtbarkeit.

Die Gültigkeit der Großmann-Methode und die Genauigkeit der Multiplikatoren sind von einer Anzahl von Forschern [*36, 44, 94*] kritisch geprüft worden. Einige von ihnen arbeiteten mit der mikroskopischen Gefügeuntersuchung, während die meisten die 50%-Martensitgrenze nach den Daten der Abb. 5.16 aus der Härte bestimmten. Die Härte eines 50% martensitischen Stahles variiert jedoch bei gleichem Kohlenstoffgehalt mit dem Anteil an Legierungselementen; infolge des unterschiedlichen Einflusses der Legierungselemente auf das nichtmartensitische Gefüge ist es schwer, ihre Wirkung auf das 50%-Martensit-Kriterium zahlenmäßig zu bewerten.

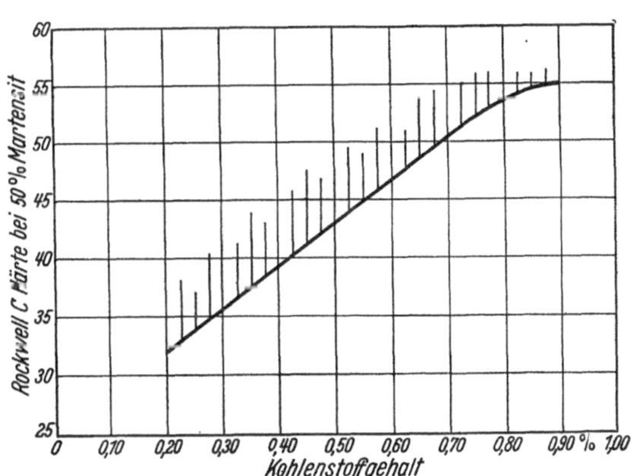

Abb. 5.16. Einfluß des Kohlenstoffgehaltes auf die Härte von 50% Martensit. (Ausgezogene Linie für reine Kohlenstoffstähle, schraffierter Teil für niedrig-und mittellegierte Stähle.) (GROSSMANN [68].)

Diese Veränderlichkeiten in der Härte von Gefügen mit 50% Martensit haben zu einigen Abweichungen bei der Bestimmung der Multiplikatoren geführt.

Eine neuere Arbeit von KRAMER, SIEGEL und BROOKS [95] ergab, daß einige Abweichungen dadurch ausgeglichen werden konnten, daß Stähle mit verschiedenen Kohlenstoffgehalten nach einer besonderen Desoxydationsbehandlung benutzt wurden. Die Multiplikatoren scheinen nicht durch einfache gerade Linien dargestellt zu werden, da der erste Einfluß kleinerer Mengen größer zu sein scheint, als man angenommen hat. Obgleich diese Arbeit zeigt, daß die Grundgedanken der Großmann-Methode richtig sind, müssen noch mehr Arbeiten durchgeführt werden, um die Genauigkeit der Faktoren zu erhöhen.

GROSSMANNS Faktoren sind mit geringen Abweichungen verwendet worden, um in den letzten vier oder fünf Jahren mit gutem Ergebnis die Härtbarkeit mit Ausnahme bei niedrigkohlenstoffhaltigen Stählen und ein paar niedriglegierten Materialien vorauszusagen. Das „American Iron and Steel Institute [24]" hat die Großmann-Faktoren auf der Grundlage Eisen-Kohlenstoff/Korngröße übernommen, und die Multiplikatoren, die für die Testung vieler Stähle am angemessensten erschienen, gingen in die Literatur ein (Abb. 5.14). Im allgemeinen wurde die Berechnung sowohl für die Entwicklung und die Auswahl mancher niedriglegierter Stähle als zuverlässig und brauchbar, als auch für die Überwachung der Zusammensetzung bei Maschinenbaustählen bestimmter Härtbarkeit als geeignet befunden.

Tabelle 5.2. *Vergleich der mechanischen Eigenschaften von Stählen bei voller und partieller Härtung.*

Stahlklasse	Bolzen-durch-messer mm	Martensit-anteil im Mittel-punkt %	Zug-festigkeit kg/mm²	Steck-grenze kg/mm²	Fließ-grenze[1] kg/mm²	Dehnung %	Ein-schnü-rung %	Kerb-zähig-keit mkg
SAE	10,16	100	104,1	93,0	97,1	18,6	63,9	8,7[2]
1040	12,45	66	104,2	83,3	87,3	16,1	56,9	—
SAE	10,16	100	103,5	95,8	95,8	20,0	55,6	7,5[2]
1340	30,61	30	101,9	81,2	85,1	15,0	48,1	4,2
SAE	14,32	100	103,3	100,2	100,2	21,0	61,8	8,9
8640	41,16	40	104,6	86,5	88,3	18,0	56,2	5,6
SAE	13,46	100	103,0	95,6	95,6	20,5	62,6	8,5
4340	25,40	100	103,8	93,2	93,2	20,0	61,8	8,7
	162,3 cm²	50	104,4	85,8	89,0	16,5	46,0	4,2

5.11. Beziehung zwischen dem Abschreckgefüge und den mechanischen Eigenschaften.

Das Kriterium 50% Martensit als Index für die Härtbarkeit hat für die üblichen Gebrauchseigenschaften keine besondere Bedeutung. Um die höchsten mechanischen Eigenschaften zu erzielen, muß das Teil auf

---

[1] (drop of beam).   [2] Abgeschreckt mit 1 cm².

wirklich 100% Martensit voll ausgehärtet werden. Dieses ist von verschiedenen Forschern [*73, 74, 85, 107*] gezeigt worden. Tab. 5.2 enthält die mechanischen Eigenschaften von vollausgehärteten Stählen und von den gleichen Stählen bei nur partieller Härtung.

Einige besondere maschinenbautechnische Anwendungsgebiete verlangen für kohlenstoff- und niedriglegierte Stähle eine volle Aushärtung und die höchsten mechanischen Eigenschaften nur an der Oberfläche. Der Härtegradient oder der Martensitanteil ist besonders in oberflächengehärteten Stählen wichtig, die wie die Hinterradachsen von Autos oder wie Federn auf Biegung oder Torsion beansprucht werden. In solchen Fällen liegt die maximale Beanspruchung in der Oberflächenzone, und in diesem Gebiet ist dann die möglichst beste Kombination der Eigenschaften erforderlich. In solchen Fällen nimmt die Belastungsmöglichkeit unterhalb der Oberfläche schnell ab, und die Höhe der optimalen Eigenschaften über den ganzen Querschnitt liegt nicht fest. Wenn solche Zonen bei oberflächengehärteten Stählen erzeugt werden, wie es bei dem Stahl SAE 1045 in Abb. 5.6 a dargestellt worden ist, ist die Oberfläche durch sehr starkes Abschrecken martensitisch, während das Innere bei einer relativ hohen Temperatur schon umwandelt. So hat sich der Kern infolge der Austenitumwandlung schon bei hohen Temperaturen ausgedehnt, während an der Oberfläche bei den niedrigen Temperaturen nur die Ausdehnung infolge der Martensitumwandlung eintritt. Dieses gibt dem Stahl an der Oberfläche eine Druckvorspannung, die die Zugbeanspruchung teilweise aufhebt und so die Ermüdungsgrenze tatsächlich erhöht. Dieser gewünschte steile Abfall des Härtegradienten kann nur bei bestimmten Stahlzusammensetzungen und Wärmebehandlungen erzielt werden; auch ist eine Kenntnis des Härtungsgrades bei verschiedenen Abkühlungsgeschwindigkeiten erforderlich.

Die Arbeit von HUDGE und OREHOSKI [*73, 74*] über den Martensitgradienten zwischen 50 und 99,9% Martensit ergibt, daß der Martensitgradient aus dem idealen kritischen Durchmesser vorausbestimmt werden kann, wie es Abb. 5.12 zeigt. Es wurde gefunden, daß dieser vom Kohlenstoffgehalt und von den einzelnen Legierungselementen unabhängig ist, aber etwas mit dem Grad der Desoxydation des Stahles variiert.

5.12. Der Einfluß von Bor auf den Härtegradienten nach dem Abschrecken.

Feinkörnige (mit Aluminium desoxydierte) Stähle, die mit Bor behandelt wurden, haben einen viel steileren Härtegradienten als nicht so behandelte Stähle, wie es Abb. 5.17 zeigt. Im zweiten Weltkrieg wurde Bor mit Erfolg als teilweisen Ersatz für die üblichen Legierungselemente verwendet, die schwer zu haben waren. Man fand, daß etwa 0,001% Bor die Härtbarkeit wirksam erhöht, und daß viel höhere Borzusätze nicht erforderlich sind. Üblicherweise werden etwa 0‚002% Bor zugesetzt; damit diese jedoch wirksam werden, muß der Stahl einer strengen

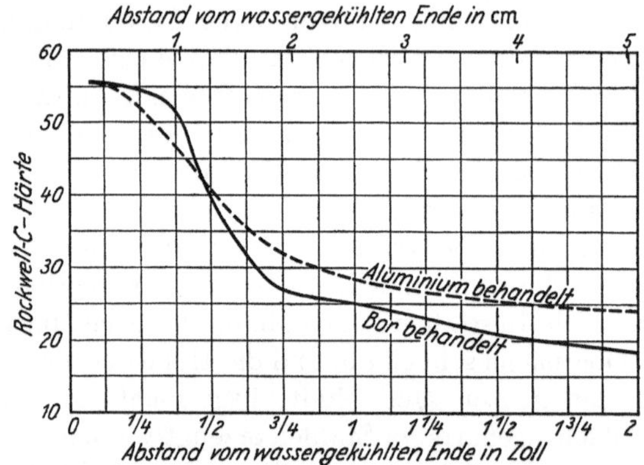

Abb. 5.17. Einfluß von Bor auf den Härtegradienten von Stählen mit gleichem idealen kritischen Durchmesser. Die Kurven gelten für Jominy-Proben an einem aluminiumbehandelten Stahl mit 0,40% C und 1,75% Mn und an einem borbehandelten Stahl mit 0,40% C und 1,15% Mn.

Desoxydationsbehandlung unterworfen worden sein. Es ist zweckmäßig, Bor als Legierungsanteil eines Desoxydationsmetalls zuzusetzen, um eine gleichmäßige Verteilung im ganzen Stahl zu bekommen. Wenn es richtig zugesetzt wird, beeinträchtigt es die Walzeigenschaften des Stahles nicht. Die Beziehung zwischen dem idealen kritischen Durchmesser von borbehandelten Stählen zum Kohlenstoffgehalt zeigt Abb. 5.18.

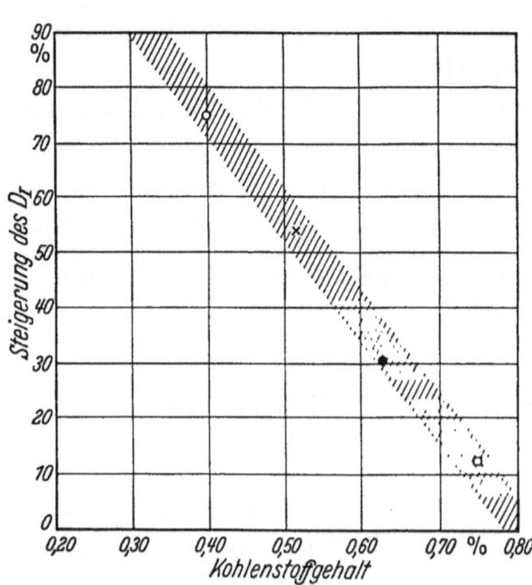

Abb. 5.18. Beziehung des Kohlenstoffgehaltes zum idealen kritischen Durchmesser in Kohlenstoffstählen, die einen effektiven Bor-Anteil enthalten (0,001 im Minimum). (GRANGE und GARVEY [58].)

Die Steigerung des idealen kritischen Durchmessers ist merkbar, wie Abb. 5.19 erkennen läßt, und außerdem nimmt die Tiefe der 100%-Martensiteinhärtung zu. Die Behandlung mit Bor hat meistens auf die Härte des nichtmartensitischen Gefüges keinen Einfluß, so daß bei einem bestimmten idealen kritischen Durchmesser die borbehandelten niedriger legierten Stähle im gewalzten oder geglühten Zustand meist weicher und besser bearbeitbar sind als vergleichsweise die üblichen aluminiumbehandelten höher legierten Stähle. Bor hat keinen

Einfluß beim Tempern. Da man bei Borzusätzen üblicherweise stark desoxydierte Stähle verwendet, die zu einem höheren Martensitanteil bei der Härtung neigen, liegt die Schlagfestigkeit solcher Stähle relativ hoch. Bor setzt jedoch in ungehärteten Stählen die Schlagfestig-
keit herab, so daß es nur dort verwendet werden sollte, wo das Gefüge nach dem Abschrecken wenigstens an der Oberfläche im wesentlichen martensitisch ist.

Eine Borbehandlung hat dann für Stähle einen besonderen Wert, wenn diese so ausgewählt und wärmebehandelt werden, daß sie eine martensitische Außenzone und einen ungehärteten Kern haben, um an der Oberfläche Druckvorspannungen zu bekommen. In diesem Falle übersteigt

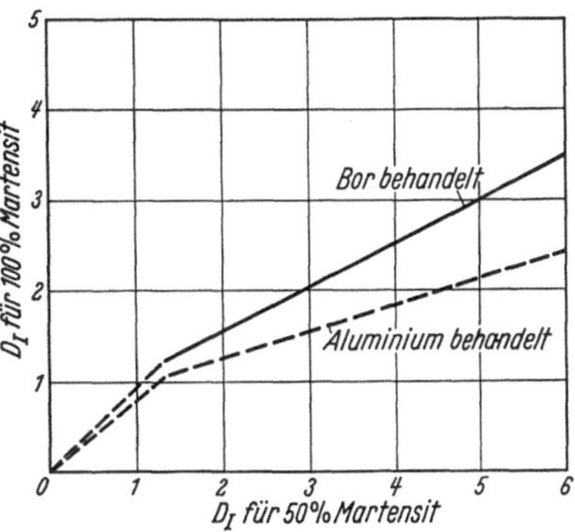

Abb. 5.19. Einfluß des Bors auf die Beziehung zwischen dem idealen kritischen Durchmesser bei 50% Martensit und bei 100% Martensit.

die Güte der gehärteten Oberfläche die geringere Schlagfestigkeit des wenig beanspruchten Kernes. Dieses ist in Abb. 5.20 dargestellt, die die Beziehung zwischen dem idealen kritischen Durchmesser des Stah-

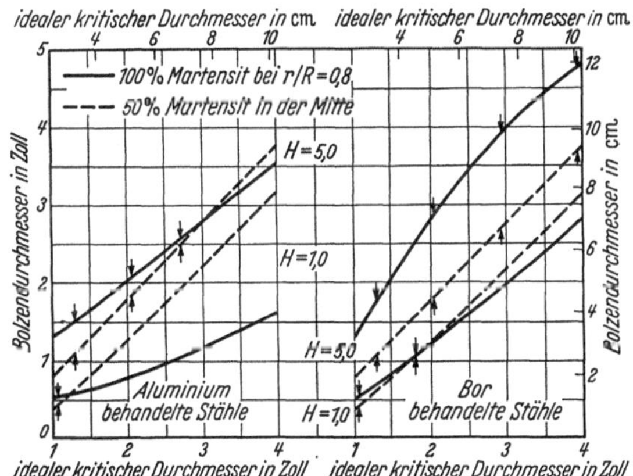

Abb. 5.20. Berechnetes Gebiet der Bolzendurchmesser (oberhalb der gestrichelten Linien und unterhalb der ausgezogenen Linien), die im Mittelpunkt auf 50% Martensit gehärtet werden können mit
einem Ring von 100% Martensit, der eine Dicke von mindestens 20% des Bolzendurchmessers hat.

les, dem Abschreckvermögen und den Bolzendurchmessern zeigt, die maximal auf 50% Martensit in der Mitte mit einem Ring von 100% Martensit in einer Dicke von mindestens 20% des Bolzenradius zeigt.

Diese Diagramme stützen sich auf die Abb. 4.14 und 4.19 (S. 66 und 69). Nach Abb. 5.20 liegt das Gebiet, in dem bei gegebenem Abkühlvermögen die Behandlung wirksam vorgenommen werden kann, oberhalb der gestrichelten Linie für 50% Martensit und unterhalb der ausgezogenen Linie für 100% Martensit.

Diese verwendbare Zone ist sehr klein, selbst wenn die Abschreckung nicht sehr stark ist und die Bedingungen scharf sind, so daß man diese Behandlungsweise nur bei relativ kleinen und gleichmäßigen Teilen anwendet.

Borbehandelte Stähle lassen einen wesentlich größeren Spielraum in der Stückgröße und im Abschreckvermögen zu. Zirkon hat auf den Härtegradienten einen ähnlichen Einfluß wie Bor. Vanadin wird auch aus gleichem Grunde in einigen Werkzeugstählen verwendet.

5.13. Zusammenfassung.

Zur Vorausbestimmung der Fähigkeit eines Stahles, in Abschnitten praktischer Größe zu härten, ist im Hinblick auf die Abkühlungsgeschwindigkeit der Grad zahlenmäßig festgelegt worden, bis zu dem sich beim Abschrecken Martensit bildet. Die Eigenschaft der Härtbarkeit wird gemäß Vereinbarung durch den idealen kritischen Durchmesser bei 50% Martensit gemessen. Eine Formel für die Berechnung des idealen kritischen Durchmessers ermöglicht die Voraussage und die Kontrolle der Härtbarkeit auf Grund der Zusammensetzung. Im allgemeinen verhalten sich die üblichen Legierungselemente in ergänzender Weise, aber desoxydierende und kornfeinende Elemente haben besondere Einflüsse. Für jede bestimmte Desoxydationsbehandlung hat der ideale kritische Durchmesser (50% Martensit) ein bestimmtes Verhältnis zum idealen Durchmesser höherer Prozentanteile an Martensit. Bor- und zirkonbehandelte Stähle haben einen viel steileren Martensithärtegradienten als reine aluminiumbehandelte Stähle und erzeugen 100% Martensit in größerer Tiefe bei dem gleichen Härtbarkeitsgrad von 50% Martensit. Dies ist von besonderem Wert dort, wo zur Erzielung optimaler Eigenschaften ein vollmartensitisches Gefüge gewünscht wird. Es ermöglicht auch die Verwendung von Stählen, bei denen nur die Oberflächenzonen ausgehärtet sind.

6. Härtbarkeitsprüfmethoden.

Die praktische Anwendung unserer Kenntnis von dem Abschreckvermögen und dem Einfluß der Masse des Stahles bei der Wärmebehandlung erfordert, daß die Härtbarkeit genau, leicht und billig zu messen ist. Die klassischen Methoden zur Bestimmung der Abkühlungsgeschwindigkeiten oder des Martensitgradienten werden mit einer Anzahl von Teilen verschiedener Größe laboratoriumsmäßig ausgeführt und erfordern großen experimentellen Aufwand und viele Materialproben. Einige Jahre schon werden praktische Härtbarkeitsteste weitgehend angewendet, die einen einzigen bestimmten Abschnitt für einen besonderen Verwendungsbereich (z.B. Werkzeugstähle) benötigen.

Um die Brauchbarkeit solcher Teste zu beweisen, wurden Proben verschiedener Größen und Formen und verschiedene Abschreckmethoden so verwendet, daß ein breites Band der Abkühlungsgeschwindigkeiten untersucht werden konnte. Die Abschreckbedingungen sind genormt und die Methoden zur Messung der Abkühlungsgeschwindigkeiten für einige Testverfahren so ausgearbeitet worden, daß die Bedingungen reproduzierbar sind. Von den standardisierten Härtbarkeitstesten wird am meisten der Endabschrecktest zur Bestimmung der mittleren Härtbarkeit von Stählen angewendet, der von JOMINY und BOEGEHOLD [87] ausgearbeitet worden ist. Die Abkühlungscharakteristiken der Endabschreckproben sind im Hinblick auf gleichförmige Abschreckteile gemessen und geprüft worden. Da der Endabschrecktest übereinstimmend leicht reproduzierbar ist, wurde er für die Bestimmung der Härtbarkeit zur Norm erhoben und ist auch das Mittel für die schnelle Aufstellung der Faktoren, die für eine genaue Überwachung der Härtbarkeit erforderlich sind. Der Endabschreck-Härtbarkeitstest, wie er von JOMINY [88] entwickelt worden ist, ermöglicht es, mit einer einzigen Probe die Härtungsgrade zu bestimmen, die mit einer großen Reihe von Abkühlungsgeschwindigkeiten erreicht werden können. Da sowohl eine ansehnliche und umfassende Anzahl von Daten des Härtbarkeitsgrades in Abhängigkeit verschiedener Abkühlungsgeschwindigkeiten bestimmt, als auch diese Daten mit dem Querschnitt und der Abschreckleistung in Beziehung gebracht worden sind, wurde dieser Test weitgehend angewendet und von „The Society of Automative Engineers" [134] und „The American Society for Testing Materials" [7] als Standardmethode zur Bestimmung der Härtbarkeit von Kraftfahrzeug- und anderen Maschinenbaustählen empfohlen. Er ist für niedriglegierte Stähle bis zu 101,6 oder 127 mm (4 oder 5 in.) im Durchmesser besonders gut geeignet. Der Test wurde im zweiten Weltkrieg für die Entwicklung der nationalen Notstähle (national Emergency steels) — heute als dreifach legierte Stähle bekannt — durch „The Technical Committee on Alloy Steels of the American Iron and Steel Institute" [3, 4] besonders ausgiebig verwendet. Es wurde mit Recht angenommen, daß Stähle mit ähnlichen Jominy-Endabschreck-Härtekurven auch ähnliche Eigenschaften in abgeschreckten Bolzen entsprechend gleicher Größe haben müssen, und man konnte neue Sorten von Stahllegierungen an Stelle solcher Sorten setzen, die größere Mengen von strategisch kritischen Legierungselementen enthalten. Durch die

Anwendung des Jominy-Testes konnte dieses ohne eingehende laboratoriumsmäßige und praktische Prüfung durchgeführt werden, die zumeist als notwendig angesehen wird, bevor ein neuer Stahl auf wichtigen Maschinenbaugebieten weitgehend angewendet wird.

6.1. Methode zur Durchführung des Jominy-Endabschreck-Härtbarkeitstestes.

Beim Jominy-Test, der in Veröffentlichungen umfassend beschrieben ist [7, 134], sind zwei Arten von Proben üblich, die Standardprobe und die L-Probe für nur an der Oberfläche voll ausgehärtete Stähle und für im Einsatz aufgekohlte Stähle.

Abb. 6.1 zeigt die verschiedenen Probenarten und ihre Abmessungen. Das geschliffene Ende der Probe wird beim Erhitzen durch eine neutrale Atmosphäre, durch Gußeisenspäne oder durch Einführen der Probe in einen Graphitblock vor Verzunderung oder Entkohlung geschützt. Nach dem Erwärmen über 30 Minuten auf die jeweilige Austenitisierungstemperatur wird die Probe schnell in eine Vorrichtung gebracht, und ein Wasserstrahl von kontrollierter Temperatur und Stärke wird gegen das Ende der Probe geleitet, wie es Abb. 6.2 zeigt. Das Wasser fließt mit einer Temperatur von 24 ± 2,5°C (75 ± 5°F) durch eine 12,7-mm-(½ in.-)Öffnung; die Wassersäule wird auf eine Höhe von 63,5 mm (2½ in.) eingestellt, bevor die Probe in die Vorrichtung gelegt wird. Die Probe, die so schnell wie möglich aus dem Ofen in die Ab-

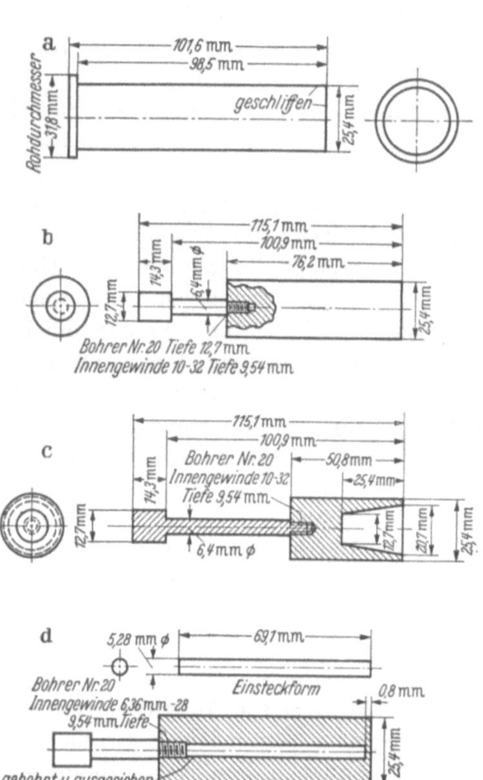

Abb. 6.1. Jominy-Test-Proben: (a) übliche Probenform; (b) andere wählbare Probenform; (c) L-Probe; (d) Einsteckform für Stähle, von denen nur kleine Abmessungen vorliegen. (SAE-Handbook [134].)

schreckvorrichtung gebracht wird, hängt so, daß das abzuschreckende Ende 12,7 mm (½ in.) oberhalb der Öffnung ist, und dann wird das Wasser mittels eines schnellarbeitenden Ventils angestellt. Starke Luft-

Abb. 6.2. Durchführung des Jominy-Testes.

strömungen müssen dabei vermieden werden. Wenn die Probe bis auf Raumtemperatur abgekühlt ist, werden zwei um 180° gegenüberliegende Flächen 0,3 mm (0,015 in.) tief entlang der ganzen Bolzenlänge einge-

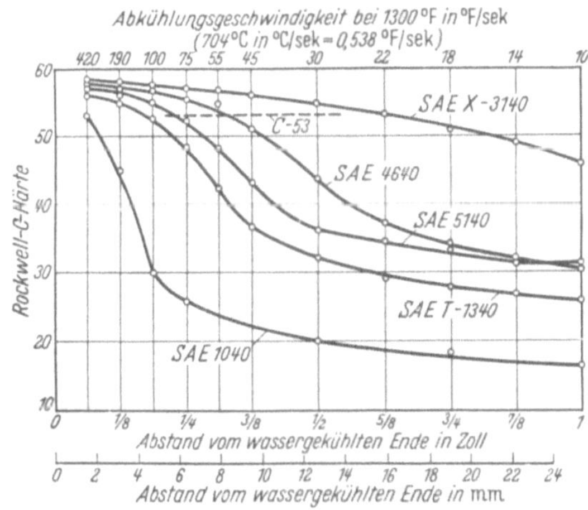

Abb. 6.3. Jominy-Endabschreckkurven für Kohlenstoff- und niedriglegierte Stähle mit 0,40% C. (JOMINY [90].)

schliffen. Bei dieser Schleifoperation muß darauf geachtet werden, daß
der Bolzen nicht zu hoch erhitzt wird. Längs der Mittellinie der beiden
Flächen werden mit 1,6 mm ($^1/_{16}$ in.) Abständen Rockwell-C-Messungen
gemacht. Heute sind Schablonen für die genaue Bestimmung der Rockwell-C-Härte im Handel lieferbar, die die genaue Messung erleichtern.
Die jeweils an einer bestimmten Stelle abgelesene Härte wird in Abhängigkeit von dem Abstand dieser Stelle vom wasserabgeschreckten
Ende aufgetragen und durch die Punkte die Kurve gezogen. Einige
kennzeichnende Kurven zeigen Abb. 6.3 und 6.4.

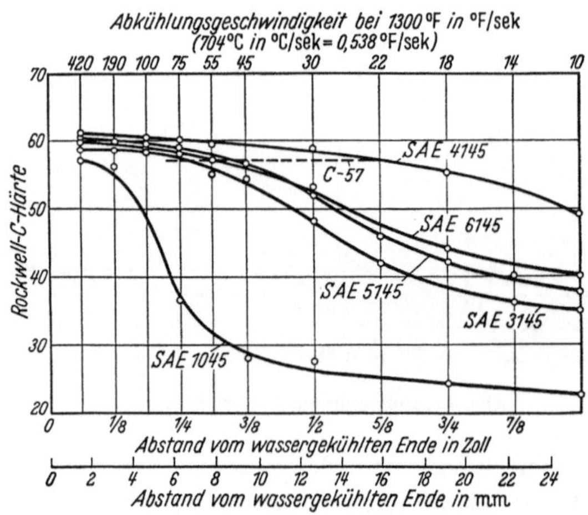

Abb. 6.4. Jominy-Endabschreckkurven für Kohlenstoff- und niedriglegierte Stähle mit 0,45% C.
(JOMINY [*90*].)

Da die Probe unter ganz bestimmten Bedingungen abgeschreckt wird,
ist die Abkühlungsgeschwindigkeit, die zwischen hoher Geschwindigkeit
am wasserabgeschreckten Ende und niedriger Geschwindigkeit am luft-
abgekühlten Ende variiert, immer an den gleichen Stellen mehrerer
Proben gleich. So werden in einem Prüfstück die Härtungscharakteristiken und die tatsächlichen Härten für eine Reihe von Abkühlungsgeschwindigkeiten erreicht, die mit den Abschreckgeschwindigkeiten in
Rundbolzen bis zu 101,6 oder 127 mm (4 oder 5 in.) im Durchmesser vergleichbar sind. Vergleicht man die Jominy-Kurven verschiedener Stähle,
so sind die Unterschiede in der Härtbarkeit wirklich offensichtlich. So
geht z.B. aus den Abb. 6.3 und 6.4 eindeutig hervor, daß die SAE-
Stähle 1040 und 1045 schwach einhärten, und daß die Stähle 3140
(1,25% Ni und 0,75% Cr) und 4145 tief einhärten; die anderen Stähle
reichen beim Abschrecken von relativer Flach- bis zur relativen Tief-
härtung. Nebenbei zeigen die horizontalen gestrichelten Linien in den

Abb. 6.3 und 6.4 die üblichen maximalen Härtewerte an, die beim Abschrecken reiner Kohlenstoffstähle mit 0,40 und 0,45% Kohlenstoff erreicht werden.

6.2. Spezifizierung der Jominy-Endabschreck-Härtbarkeit.

Zur Beschreibung der Härtbarkeit ist es erforderlich, eine Beziehung zwischen der Härte und dem Abstand vom wasserabgeschreckten Ende zu haben, bei dem die betreffende Härte erzielt wird. Tab. 6.1 enthält für Stähle mit verschiedenen Kohlenstoffgehalten die Härten in Rockwell C, die „The Society of Automative Engineers" [134] vorgeschlagen hat. So kann z.B. ein legierter Stahl mit 0,45% C so gekennzeichnet werden, daß er mindestens eine Härtbarkeit von $J_{50} = 6$ hat, was besagt, daß der Stahl eine Rockwell-C-Härte von 50 bei einem Mindestabstand von $^6/_{16}$ Zoll (9,5 mm) vom abgeschreckten Ende erreicht. Wenn die unteren und oberen Grenzen angegeben werden sollen, kann die kennzeichnende Jominy-Härtbarkeit mit $J_{50} = 6$ bis 12 bezeichnet werden ($^6/_{16}$—$^{12}/_{16}$ Zoll). Die Bezeichnungsweise kann auch $J_{35/45} = 8$ geschrieben werden, was besagt, daß bei einem Abstand von $^8/_{16}$ Zoll (12,7 mm) vom abgeschreckten Ende eine Rockwell-C-Härte von 35 bis 45 erzielt werden kann. Einen mehr ins einzelne gehenden Überblick über die Methoden zur Kennzeichnung der Härtbarkeit enthält die Besprechung der Härtbarkeitsbänder im nächsten Kapitel (Abschnitt 7.6).

Tabelle 6.1. *Härtezahlen zur Bestimmung der Härtbarkeit für Stähle mit verschiedenen Kohlenstoffgehalten*[1].

Kohlenstoffbereich in Prozenten	Härte in Rockwell C	
	legierte Stähle	Kohlenstoffstähle
0,08—0,17	25	
0,19—0,22	30	25
0,23—0,27	35	30
0,28—0,32	40	35
0,33—0,42	45	40
0,43—0,52	50	45
0,53—0,62	55	50

Die American Society for Testing Materials [7] empfiehlt, daß zur Ergänzung der Endabschreck-Härtbarkeitskurven in jedem Falle die chemische Zusammensetzung, die Korngröße, die Austenitisierungstemperatur und die Abschrecktemperatur herangezogen werden sollen.

---

[1] Society of Automative Engineers [134].

6.3. Beziehung zwischen der tatsächlichen Abkühlungsgeschwindigkeit und dem Endabschrecktest.

Durch die Feststellung der Abkühlungsgeschwindigkeiten an bestimmten Stellen der Jominy-Probe kann vorausgesagt werden, welche Härte in abgeschreckten Rundbolzen erwartet werden kann. Bei der Vorausbestimmung der Abschreckhärte aus dem Jominy-Test wird angenommen, daß bei einem gegebenen Stahl gleiche Abkühlungsgeschwindigkeiten gleiche Härtewerte bedingen ohne Rücksicht darauf, ob diese Abkühlungsgeschwindigkeit in der JOMINY-Probe oder an irgendeinem Punkt im Querschnitt des Rundbolzens erzeugt wird.

Die Abkühlungsgeschwindigkeiten an verschiedenen Punkten längs der Standard-Jominy-Probe wurden von JOMINY und BOEGEHOLD [87] bestimmt und sind in den Tab. 6.2 und 6.3 aufgeführt. Die Abkühlungsgeschwindigkeit bei 1000°F (538°C) verändert sich etwas mit der Abschrecktemperatur. Eine ähnliche Änderung der Abkühlungsgeschwindigkeit bei einer gegebenen Temperatur wird auch beim Abschrecken der üblichen Rundbolzen eintreten.

Um die Beziehung zwischen den Jominy-Testen und den gebräuchlichen Bolzen näher abzugrenzen, benutzte JOMINY [28] die Abkühlungsgeschwindigkeiten der Mitten von Bolzen verschiedener Größen, die in Wasser oder Öl abgeschreckt worden waren, wie diese von SCOTT [124] nach Tab. 6.3 gemessen wurden. Bei verschiedenen Stählen wurden die Härten über den Querschnitt gemessen, und die Härtewerte in der Mitte wurden mit den örtlichen Härtewerten der Jominy-Probe an den Stellen

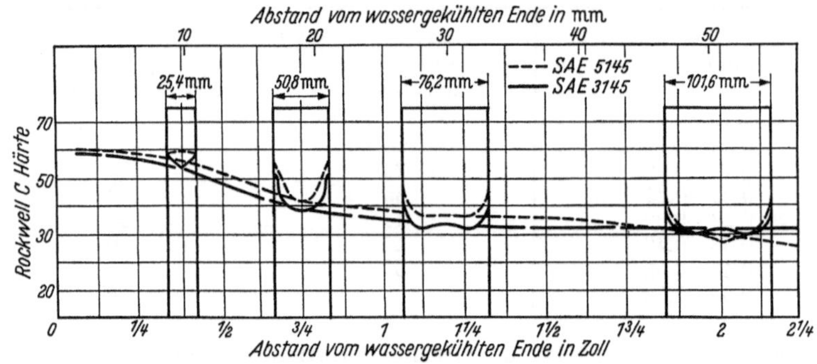

Abb. 6.5. Vergleich zwischen den Härtewerten der Mitten von Rundbolzen mit denen der Jominy-Proben an Stellen, wo die Abkühlungsgeschwindigkeiten mit denen der Mitten der verwendeten Bolzengrößen übereinstimmen. (JOMINY [88].)

verglichen, die die gleiche Abkühlungsgeschwindigkeit hatten. Die Ergebnisse sind in Abb. 6.5 dargestellt, bei der in die Jominy-Kurven der SAE-Stähle 5145 und 3145 die Härtewerte über den Querschnitt von in

Öl abgeschreckten Rundbolzen mit den Durchmessern von 25,4 bis 101,6 mm (1—4 in.) eingezeichnet sind. Die gute Übereinstimmung zwischen den beiden Arten der Testung zeigt, daß aus dem Jominy-Test eine hinreichend genaue Voraussage über die Härte gemacht werden kann, die in der Mitte eines abgeschreckten Rundbolzens zu erwarten ist.

Tabelle 6.2. *Abkühlungsgeschwindigkeiten an Stellen verschiedener Abstände vom wasserabgeschreckten Ende des* Jominy-*Prüfbolzens*[1].

Abstand vom wasserabgeschreckten Ende	Abkühlungsgeschwindigkeit °F/sek (0,538° C/sek)					
	bei 704° C (1300° F)		bei 538° C (1000° F)			
	abgeschreckt von					
mm (in.)	927° C	1700° F	927° C	1700° F	774° C	1425° F
1,59 ($^1/_{16}$)	226	420	226	420	376	700
3,18 ($^1/_8$)					217	400
4,77 ($^3/_{16}$)	50	93	28	42	28,5	53
6,36 ($^1/_4$)					18,8	35
7,95 ($^5/_{16}$)	32,8	61	12,9	24		
12,72 ($^1/_2$)					7,4	14
14,31 ($^9/_{16}$)	12,4	25	6,7	12,5		
19,10 ($^3/_4$)					4,8	9
20,71 ($^{13}/_{16}$)	6,7	12,5	4,4	8,1		
25,40 (1)					3,7	6,8
33,35 ($1^5/_{16}$)	3,8	7,0	2,7	5,0		
38,12 ($1^1/_2$)					2,5	4,6
63,62 ($2^1/_2$)	2,4	4,5	1,5	2,7	1,5	2,8

Tabelle 6.3. *Abkühlungsgeschwindigkeiten der Mitte von Rundbolzen verschiedener Durchmesser*[2].

| Bolzendurchmesser | Abkühlungsgeschwindigkeit bei 1330° F (721° C) in °F/sek (0,538° C/sek) in der Mitte eines von 1610° F (877° C) abgeschreckten Bolzens | |
mm (in.)	in ruhendem Öl	in ruhendem Wasser
12,72 ($^1/_2$)	115	330
19,10 ($^3/_4$)	72	185
25,40 (1)	47	108
38,12 ($1^1/_2$)	29	54
50,80 (2)	18	31
75,20 (3)	9,2	14
101,60 (4)	5,5[3]	8,5[3]

Nach der ursprünglichen Festlegung der Abkühlungsgeschwindigkeit bei verschiedenen Abständen vom wasserabgeschreckten Ende der Probe durch Jominy und Boegehold bestimmten Boegehold und Wein-

---

[1] Jominy und Boegehold *[87]*.   [2] Scott *[124]*.

[3] Bestimmt im Untersuchungslaboratorium der General Motors Co.

MANN[1] noch einmal die Abkühlungsgeschwindigkeiten und fanden diese in der Nähe des wasserabgeschreckten Endes merklich höher als bei der ursprünglichen Festlegung. Einen Vergleich der ursprünglichen Bestimmung mit den von BOEGEHOLD und WEINMAN bestimmten Abkühlungsgeschwindigkeiten für die Abstände bis zu 12,7 mm (½ in.) vom wasserabgeschreckten Ende zeigt Abb. 6.6.

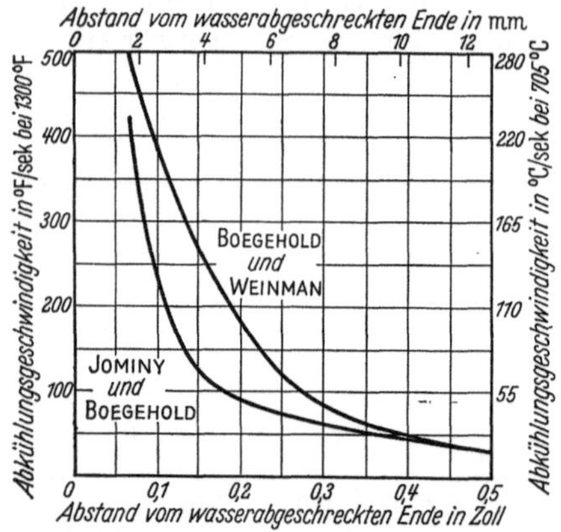

Abb. 6.6. Abkühlungsgeschwindigkeiten entlang der Jominy-Probe nach der Originalbestimmung von JOMINY und BOEGEHOLD [87] und später nach BOEGEHOLD und WEINMAN in Übereinstimmung mit KOPECKI [93].

Da die Härten der gebräuchlichen Rundbolzen entsprechend den einzelnen Abständen vom wasserabgeschreckten Ende der Jominy-Bolzen nicht so gut mit denen übereinstimmten, die durch die Anwendung der ursprünglichen Festlegung vorausbestimmt wurden, ist es wahrscheinlich, daß mit den von BOEGEHOLD und WEINMAN bestimmten Abkühlungsgeschwindigkeiten eine bessere Übereinstimmung erzielt werden kann. Mit dieser Verbesserung klärte MANNING [98] einige Abweichungen zwischen den Jominy-Proben und den abgeschreckten Rundbolzen auf.

6.4. Beziehung zwischen den wirklichen Abkühlungsgeschwindigkeiten in Öl und Wasser und dem Endabschrecktest.

Der Grad der Härtung und die Abschreckhärte (die Aufhärtung), die beim Abschrecken von Rundbolzen in ruhendem Wasser oder Öl zu erwarten sind, kann aus den Ergebnissen der Jominy-Teste unter Benutzung der Diagramme in Abb. 6.7 bestimmt werden. Zur Bestimmung der Bolzengröße, die beim Abschrecken in ruhendem Öl noch vollständig durchhärtet, soll angenommen werden, daß ein SAE-Stahl 6145 eine Jominy-Härtekurve ähnlich der in Abb. 6.4 hat, die eine Härte von 56 Rockwell C bei einer Jominy-Tiefe von 9,5 mm ($^6/_{16}$ in.) anzeigt. Der untere Teil der Abb. 6.7 läßt erkennen, daß eine vollständige Aushärtung bis zu den Mitten von Bolzen mit 25,4 mm (1 in.) Durchmesser eintreten wird, wie es der Schnittpunkt der Vertikalen bei 9,5 mm ($^6/_{16}$ in.) mit der Kurvenlage der Bolzenmitten ergibt. Beim Abschrecken in bewegtem Öl nimmt der Durchmesser der noch durchhärtenden Rundbolzen in dem Maße fortschreitend zu, wie die Umwälzgeschwindigkeit des Öles zunimmt.

---

[1] In Übereinstimmung mit KOPECKI [93].

In gleicher Weise kann die Bolzengröße bestimmt werden, bei der an verschiedenen Stellen innerhalb des Bolzens eine bestimmte Härte erreicht werden soll. Wenn zum Beispiel an einer Stelle mitten zwischen

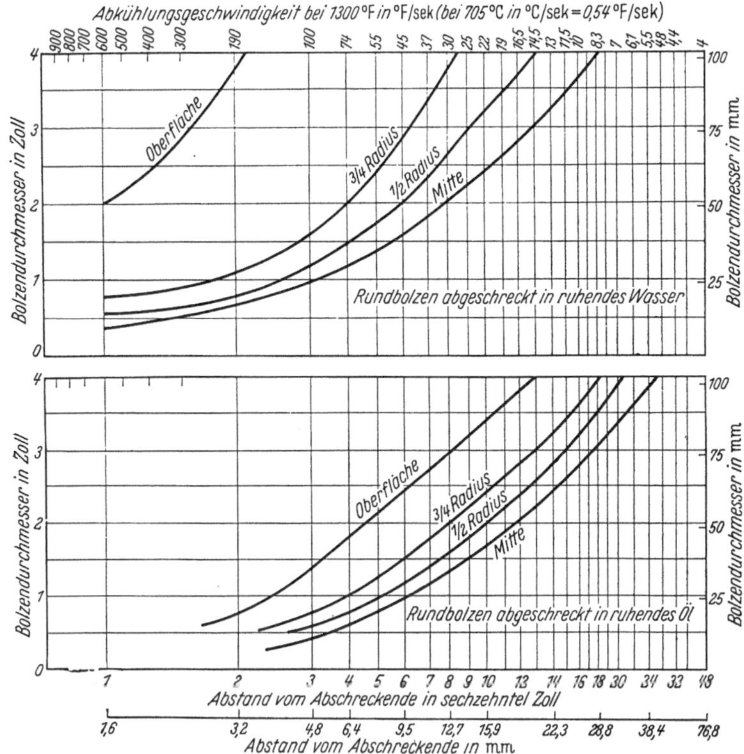

Abb. 6.7. Beziehung zwischen der Jominy-Tiefe, dem Bolzendurchmesser und verschiedenen Stellen innerhalb des Bolzens beim Abschrecken in ruhendes Wasser oder ruhendes Öl. (BOEGEHOLD, in SAE-Handbook [134].)

dem Mittelpunkt und der Oberfläche die volle Aushärtung auf 56 Rockwell C gefordert wird, so erreicht man diese Härte durch Abschrecken eines Bolzens von 30,5 mm (1,2 in.) Durchmesser in ruhendem Öl.

6.5. Beziehung zwischen dem Jominy-Test, dem Abschreckvermögen und dem kritischen Durchmesser.

GROSSMANN, ASIMOW und URBAN [65] berechneten zur Bestimmung der Beziehungen zwischen dem kritischen Durchmesser, dem Abschreckvermögen und dem idealen kritischen Durchmesser die Zeit, die erforderlich ist, um auf eine Temperatur mitten zwischen der Härtetemperatur und der Temperatur des Abschreckmittels abzukühlen. Diese

Zeit nannten sie die „Halbtemperaturzeit" und benutzten sie an Stelle der Abkühlungsgeschwindigkeit. Um den Jominy-Test auf diese Beziehung anwendbar zu machen, bestimmten ASIMOW, CRAIG und GROSS-

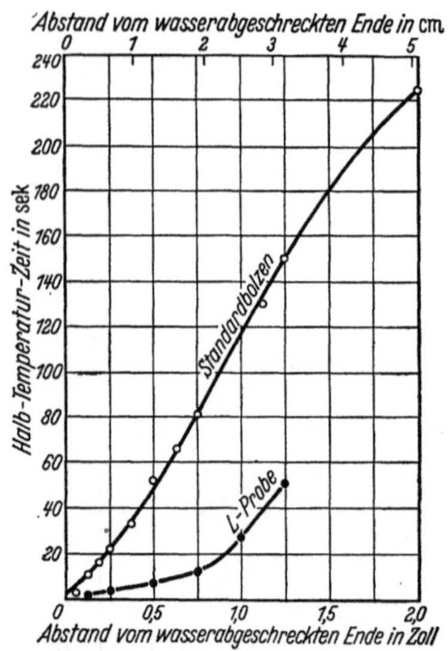

Abb. 6.8. Die für verschiedene Stellen auf der Jominy-Probe erforderlichen Zeiten zum Abkühlen auf die halbe Temperatur.

MANN [12] in Zusammenarbeit mit JOMINY die Halbtemperaturzeit-Charakteristiken für die normale Jominy-Probe, und JOMINY [89] bestimmte die gleiche Beziehung für die L-Probe. Diese Beziehungen zeigt Abb. 6.8. Mit Hilfe dieser Halbtemperaturzeiten kann die Beziehung zwischen der Jominy-Tiefe und dem idealen Durchmesser nach Abb. 6.9 aufgezeigt werden.

Der ideale kritische Durchmesser kann aus dieser Beziehung direkt bestimmt werden, wenn die Jominy-Tiefe, bei der 50% Martensit vorliegt, durch eine mikroskopische Prüfung der Jominy-Probe bestimmt worden ist. Wenn dieses zum Beispiel für eine Tiefe von 12,7 mm ($^8/_{16}$ in.) festgelegt worden ist, ist aus Abb. 6.9 zu entnehmen, daß bei einer Tiefe

von 12,7 mm ($^8/_{16}$ = 0,5 in.) an der Jominy-Probe der ideale kritische Durchmesser gleich 76,2 mm (3 in.) ist. Nach dieser Methode bestimmten CRAFTS und LAMONT [36] den idealen kritischen Durchmesser für die Festlegung der Multiplikatoren zur Berechnung der Härtbarkeit, wie es in dem vorhergehenden Kapitel besprochen worden ist. Wenn die Härte

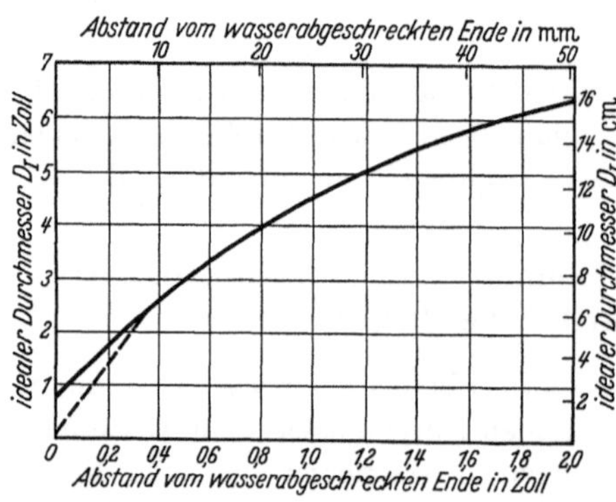

Abb. 6.9. Beziehung zwischen dem idealen Durchmesser und der Jominy-Tiefe. (ASIMOW, CRAIG, GROSSMANN [12] und modifiziert durch HODGE und OREHOSKI [73].)

an einem bestimmten Punkt zur Festlegung des idealen kritischen Durchmessers benutzt wird, kann die Jominy-Tiefe für den Punkt der Neigung der Jominy-Härtekurve oder die Jominy-Tiefe für die zugehörende Härte, wie dieses in Abb. 5.16 (S. 95) für die Grossmann-Beziehung zwischen der Härte und 50% Martensit gezeigt wird, auf die Kurve in Abb. 6.9 übertragen werden, so daß der ideale kritische Durchmesser für die zugehörige Tiefe abgelesen werden kann. Diese Methode der Festlegung des idealen kritischen Durchmessers wurde von CRAFTS und LAMONT [*35*], KRAMER, HAFNER und TOLEMANN [*94*], KRAMER, SIEGEL und BROOKS [*95*], BROPHY und MILLER [*27*] und in gleicher Weise von GROSSMANN [*68*] zur Bestimmung der Multiplikatoren für die Berechnung der Härtbarkeit angewendet. Die Annahme, daß die Härte zur Bestimmung des prozentualen Anteiles an Martensit herangezogen werden kann, ist von großem praktischen Wert; aber die unterschiedlichen Einflüsse der nichtmartensitischen Bestandteile sind keineswegs unbedeutend, so daß diese Methode für die Praxis nur dann anwendbar ist, wenn die Möglichkeit eines Fehlers einbezogen wird.

6.6. Beziehung zwischen dem Jominy-Test, dem Abschreckvermögen und der Härte in der Mitte (Mittenhärte).

In Ergänzung zu der Vorausbestimmung des idealen kritischen Durchmessers kann die jeweilige Härte festgelegt werden, die in der Mitte von Bolzen zu erwarten ist, welche mit einem bekannten Abschreckvermögen abgeschreckt wurden, wenn man die vorhergehenden Beziehungen zu einigen Härtewerten berücksichtigt, anstatt nur auf 50% Martensit zu beziehen. Die Jominy-Tiefe kann bei einer gegebenen Härte dazu benutzt werden, den idealen kritischen Durchmesser nach Abb. 6.9 zu bestimmen; der Durchmesser des Bolzens, der eine gewisse Härte in der Mitte haben soll, wenn dieser mit einer gegebenen Abschreckleistung abgeschreckt wird, kann dann aus der Beziehung zum idealen Durchmesser nach Abb. 4.14 (S. 66) festgelegt werden. Diese Methode braucht man nur in umgekehrter Richtung anzuwenden, um die Jominy-Tiefe zu bestimmen, die erforderlich ist, um eine gewünschte Härte in der Bolzenmitte bei einem bekannten Abschreckvermögen zu bekommen.

Die Beziehung zwischen Jominy-Test und Rundbolzen ist von LAMONT [*96*] noch weiter ausgebaut worden, indem er die Konstanten von RUSSELL [*122*] verwendete, um bestimmte Gebiete von der Mitte bis zur Oberfläche einzuschließen, wie es für Abb. 4.22 (S. 72) kennzeichnend ist, die die Verhältnisse bei 20% des Radius von der Oberfläche darlegt ($r/R = 0{,}8$). Ähnliche Beziehungen, wie sie in den Abb. 4.14 bis 4.24 für verschiedene Lagen dargelegt sind, ermöglichen es, direkt aus den Jominy-Härtbarkeitswerten die Gradienten zu bestimmen, die in Rundbolzen bei bekanntem Abschreckvermögen anfallen.

Diese Beziehung liefert eine einfache Methode, um das Abschreckvermögen zahlenmäßig zu bewerten. Wenn in Ergänzung zu den Jominy-Härtbarkeitswerten an einem Bolzen desselben Stahles, der unter Bedingungen abgeschreckt wurde, die zahlenmäßig erfaßt werden sollen, die Härte über den Querschnitt bestimmt worden ist, kann der Zahlenwert des Abschreckvermögens mit Hilfe der entsprechenden Abbildungen der Abb. 4.14 bis 4.24 aus dem Schnittpunkt des Bolzendurchmessers und der Jominy-Tiefe bestimmt werden, bei der die betreffende Härte vorliegt.

Ähnliche Beziehungen sind auch für andere Formen als Rundbolzen festgelegt worden. Der Vergleich der Jominy-Tiefe und der idealen Platinenstärke ermöglicht es, durch die Beziehung zwischen der idealen Platinenstärke, dem Abschreckvermögen und der Platinendicke nach ASIMOW und GROSSMANN [*11*] gemäß Abb. 5.10 und 5.11 (S. 89) Härtbarkeitswerte für Platinen bei verschiedenen Abschreckvermögen aufzustellen. Die Härte, die in der Mitte von Rundbolzen, Vierkantstäben, Flachstäben und Platinen nach dem Abschrecken in ruhendem Öl oder Wasser zu erwarten ist, kann direkt aus den Ergebnissen der Jominy-Teste durch Relationen von LAMONT bestimmt werden, wie sie Abb. 4.25 bis 4.30 (S. 74—76) zeigen, bei denen die Anwendung der Zeichnungen im einzelnen beschrieben ist.

6.7. Vor- und Nachteile des Jominy-Endabschreck-Testes.

Der Jominy-Endabschrecktest kann schnell und wirtschaftlich ausgeführt werden und ist bei Beachtung gewöhnlicher Vorsichtsmaßregeln für Maschinenbaustähle vollständig reproduzierbar, wenn deren Härtbarkeit weder sehr klein noch sehr groß ist. Mit anderen Worten, die Jominy-Testwerte, die in dem einen Laboratorium durch Prüfung gewonnen wurden, decken sich völlig mit den Testwerten an Proben des gleichen Stahles irgendeines anderen Laboratoriums. Das wichtigste ist jedoch, daß diese Testung für die Bestimmung des Abschreckverhaltens weit genauer ist als irgendeine Methode der Berechnung der Härtbarkeit, so daß sie immer dort angewendet werden sollte, wo quantitative Werte verlangt werden.

Ein anderer Vorteil ist der, daß der Test für die Härtbarkeitskontrolle einer Schmelze niedriglegierter Stähle während des Schmelz- und Frischprozesses geeignet ist. Es hat sich schlüssig gezeigt, daß die Jominy-Endabschreckkurven eines gegossenen Stahles sich meist genau mit den Kurven desselben Stahles im gewalzten Zustand decken[1]. Dies bedeutet, daß die Härtbarkeit einer Schmelze durch gegossene Proben dann schon beurteilt werden kann, wenn die Schmelze abgestochen wird, so daß die Ergebnisse vorliegen, bevor die Gußblöcke zu Luppen, Platten oder Knüppel ausgewalzt sind.

Die Bestimmung der Abkühlungsgeschwindigkeiten für verschiedene Stellen an dem Jominy-Bolzen und die Verbindung der Werte des End-

---

[1] Dies ist im einzelnen bei SISCO [*132*] besprochen.

abschrecktestes mit dem Abschreckvermögen und mit der Größe der Teile, die unter verschiedenen Abschreckbedingungen völlig durchhärten sollen, hat die Bedeutung dieser Zahlenwerte und die Brauchbarkeit dieser Methode zur Bestimmung der Härtbarkeit wesentlich erhöht. Trotz allem stecken eine Anzahl von Fehlermöglichkeiten darin. Der Test erfaßt ein weites Gebiet der Abkühlungsgeschwindigkeiten, aber er ist für die sehr genauen Abkühlungsgeschwindigkeiten nicht exakt genug, die für die Bildung des Martensits bei Teilen merklicher Größe aus flach einhärtendem Material wie Kohlenstoffstähle und einige niedriglegierten Einsatzstähle erforderlich sind. Weiterhin kann der Test dort nicht angewendet werden, wo die Abkühlungsgeschwindigkeiten, die zur vollständigen Aushärtung erforderlich sind, niedrig liegen — das Minimum liegt etwa bei 3°C (5°F)/sek—, so daß er für lufthärtende legierte Stähle nicht anwendbar ist.

Infolge dieser Grenzen des Jominy-Testes sind andere Methoden für bestimmte Stahlklassen ausgearbeitet worden. Einige dieser Methoden sind für flach einhärtende Materialien anwendbar, so zum Beispiel die von BURNS, MOORE und ARCHER [*28*], SHEPHERD [*126, 127, 129*], POST, GREENE und FENSTERMACHER [*112*] und McMULLAN [*103*]. Eine Methode zur Bestimmung der Härtbarkeit von sehr tief einhärtenden Stählen aus der Vielzahl der Lufthärter wurde von POST, FETZER und FENSTERMACHER [*113*] ausgearbeitet. Einige dieser Methoden sind mit GROSSMANNs idealem kritischen Durchmesser in Beziehung gesetzt worden und können deshalb leicht auf abgeschreckte Rundbolzen übertragen werden, so daß sie einen größeren Anwendungsbereich haben als andere. Jede Methode hat jedoch ihre eigenen Vor- und Nachteile, so daß die Wahl einer Methode von ihrer Eignung zur Anwendung und von dem Wert der Testung, die durchzuführen ist, abhängt.

6.8. Besondere Härtbarkeitsteste für flach einhärtende Stähle.

Es ist viel Arbeit aufgewendet worden, um einen allgemein brauchbaren Test für die Bestimmung der Härtbarkeit von nicht tief einhärtenden Stählen[1] zu entwickeln, was aber allgemein zufriedenstellend nicht gelungen ist. Die *L*-Probe nach Abb. 6.1 ist eine Teillösung des Problems zum Vergleich des Härteverhaltens dieser Stähle und ist weitgehend angewendet worden, aber die Proben sind nicht einfach herzustellen; auch bestehen noch andere Nachteile wie ungleichmäßige Erwärmungsbedingungen, die Neigung der Probe für hoch kohlenstoffhaltige Stähle beim Abschrecken zu reißen, und andere mehr, die dazu angeregt haben, einen besseren Test zu entwickeln.

Einer der einfachsten Teste, der für flach einhärtendes Material und besonders für unlegierte Stähle mit 0,30 bis 0,60% C angewendet wird,

---

[1] Auch sog. Schalenhärter.

ist der Rockwell-Inch- oder SAC- (surface hardness / area under the hardenability curve / center hardness — Oberflächenhärte / Fläche unter der Härtbarkeitskurve/Mittenhärte) Test, der vor mehr als 10 Jahren von BURNS, MOORE und ARCHER [*28*] vorgeschlagen worden ist. Die von den Erfindern und vom Metals Handbook [*5*] vorgeschlagene Probe ist ein Rundbolzen von 101,6 bis 152,4 mm (4—6 in.) Länge und von 25,4 mm (1 in.) Durchmesser, der aus einem stärkeren Abschnitt von etwa 254 mm (10 in.) Länge und mindestens 28,6 mm ($1^{1}/_{8}$ in.) Durchmesser herausgearbeitet worden ist.

Die Probe, die vorher normalisiert worden ist, wird bei der jeweiligen Temperatur — meist 845°C (1550°F) — austenitisiert und in fließendem (bewegtem) kalten Wasser abgeschreckt. Der gehärtete und nicht angelassene Bolzen wird quer durchgeschnitten, die Schnittfläche geschlichtet, leicht poliert und meist geätzt, um die Tiefe der Härtung festzustellen. Die Rockwellhärte wird auf der Oberfläche und in der Mitte gemessen, und man legt eine Reihe von sieben Rockwell-Meßpunkten gleichmäßig verteilt zwischen Mitte und Oberfläche. Eine andere Meßreihe wird radial im Winkel von 90° zu der ersten Meßreihe gelegt.

Der halbe Härtewert an der Oberfläche und der halbe Härtewert in der Mitte werden zu den sieben Zwischenwerten addiert und das Ganze durch acht dividiert. Dieses ist dann der Rockwell-Inch-Wert und stellt den Flächeninhalt unter der Härtbarkeitskurve über den Querschnitt dar. Die Werte für Stähle mit 0,30 bis 0,60% C liegen je nach Kohlenstoffgehalt und Härtbarkeit zwischen 32 bis 60. Diese Methode ist auf etwa 1 Rockwell-Inch genau, wenn die Werte am gleichen Bolzen gemessen wurden; aber die Genauigkeit kann beim Vergleich handelsüblicher Schmelzen mit praktisch gleicher Zusammensetzung dann um so geringer werden, wenn Beimengungen oder andere Faktoren einen merklichen Einfluß auf Härte und Härtbarkeit haben.

Der Rockwell-Inch-Test wird von einer großen Anzahl Stahlhersteller und Stahlverbraucher angewendet, und er wird jetzt von The Iron and Steel Technical Committee of The Society of Automative Engineers empfohlen.

Vor einigen Jahren machte McMULLAN [*103*] den Vorschlag, die Endabschreckmethode bei Einsatz- und flachhärtenden Stählen auf eine keilförmige Probe anzuwenden, wobei die eine Oberfläche des Keiles abgeschreckt wird und auf der Gegenseite die Härtemessungen gemacht werden. Es ist einleuchtend, daß diese Methode mehr Meßpunkte erlaubt, und daß folglich weniger Fehler durch Ungleichmäßigkeiten im Abstand der Meßpunkte voneinander anfallen. Sie vermeidet demnach einen der anderen Nachteile der Jominy-*L*-Prob .

6.9. Besondere Härtbarkeitsteste für hochkohlenstoffhaltige Werkzeugstähle.

Eine sehr gebräuchliche Methode zur Bestimmung der Härtbarkeit von Werkzeugstählen ist der Shepherd-Scheiben-Härtbarkeitstest (disc hardenability) [126]. Scheiben bestimmter Dicke werden 20 Minuten in einem Bleibad von 770°C (1420°F) erhitzt und dann im Salzwasserstrahl abgeschreckt. Die gehärteten Scheiben werden dann mit einer dünnen Schleifscheibe durchgeteilt und geätzt, um die Tiefe der Einhärtung festzustellen. Die Härtbarkeit wird als die Dicke 0,8 mm ($^1/_{32}$ in.) der dünnsten Scheibe angezeigt, die einen ungehärteten Kern von 2 mm ($^5/_{64}$ in.) oder mehr hat.

SHEPHERD [127] schlug später eine andere Prüfung der hochkohlenstoffhaltigen Werkzeugstähle vor, die teilweise auf den Grundlagen der im vorausgehenden Paragraphen beschriebene Prüfmethode beruht, bei der jedoch die Korngröße in die Berechnung einbezogen wird. Dieser Test, bekannt als „penetration-fracture" (Eindring-Bruch) oder P-F-Test, ist in Metals Handbook [5] beschrieben. Er besteht darin, von vier Proben mit 19,1 mm ($^3/_4$ in.) Durchmesser und 76,2 mm (3 in.) Länge je eine von 790, 815, 845 und 870°C (1450, 1500, 1550 und 1600°F) im Salzwasserstrahl abzuschrecken, in der Mitte einzukerben und durch Schlag zu brechen. Die eine Hälfte jeder Probe wird auf Korngröße des gehärteten Teiles durch Vergleich mit einer Standardgröße einer gebrochenen Probe geprüft. An der anderen Hälfte wird nach dem Schlichten der Bruchfläche, rohem Polieren und Ätzen die Tiefe der Einhärtung festgestellt. Die P-F-Charakteristik ist eine Zahl, bei der die vier ersten Ziffern die Einhärtungstiefe in $^1/_{64}$ Zoll (0,4 mm) und die letzten vier Ziffern die Bruchkorngröße darstellen. Die erste Zahl jeder Gruppe ist der P-F-Wert für die Abschrecktemperatur von 790°C (1450°F), die zweite stellt eine Abschrecktemperatur von 815°C (1500°F) dar, usw.

POST, GREENE und FENSTERMACHER [112] entwickelten den Kegeltest („cone") für die zahlenmäßige Bewertung der Härtbarkeit von Stählen mit den Shepherd-P-F-Zahlen von 10 bis 16. Der Test besteht darin, eine konische Probe zu härten, die 127 mm (5 in.) lang ist, und die am schmalen Ende einen Durchmesser von 6,4 mm ($^1/_4$ in.) und am breiten Ende einen solchen von 51,8 mm ($1^1/_4$ in.) hat, indem sie aus einem Ofen mit kontrollierter Atmosphäre in einen 76,2 mm (3 in.) starken Strahl einer 10%igen Salzwasserlösung mit dem schmalen Ende nach unten abgeschreckt wird. Nach der Härtung wird der Konus durch die Mitte längs aufgeschnitten, und die Rockwell-C-Härte wird auf der Längsachse gemessen. Die Niveaulinien der Abkühlungsgeschwindigkeit an der Konusprobe während der Salzwasserabschreckung von 790 und 900°C (1450 und 1650°F) werden bestimmt, und mit der Festlegung der kritischen

8a*

Härte (Rockwell-C-Härte 55 für übertektoide Stähle) durch Härtemessungen quer zur Achse des Konus kann die Abkühlungsgeschwindigkeit festgelegt werden, die zur Erreichung dieser Härte erforderlich ist.

Die heute am meisten angewendete Abart des Endabschrecktestes für hochkohlenstoffhaltige Werkzeugstähle ist der P-V-Test („penetration-velocity") (Eindringgeschwindigkeit), der von SHEPHERD [129] entwickelt worden ist. Proben mit einer 90°-Meißelspitze von 28,6 mm ($1^1/_8$ in.) Länge werden austenitisiert und schnell mit der Meißelkante nach unten in die Abschreckvorrichtung gebracht, in der das Kühlmittel (meist Salzwasser) mit einem bestimmten Druck auf die abgeschrägte Oberfläche gespritzt wird.

Wenn die Probe so kalt ist, daß man sie anfassen kann, wird aus der Mitte eine Scheibe senkrecht zur Meißelspitze herausgeschnitten. Diese wird geschliffen, roh poliert und geätzt, um die Tiefe der Einhärtung festzustellen (Abb. 6.10). Ein Ausmessen der Härtung kann dann vor-

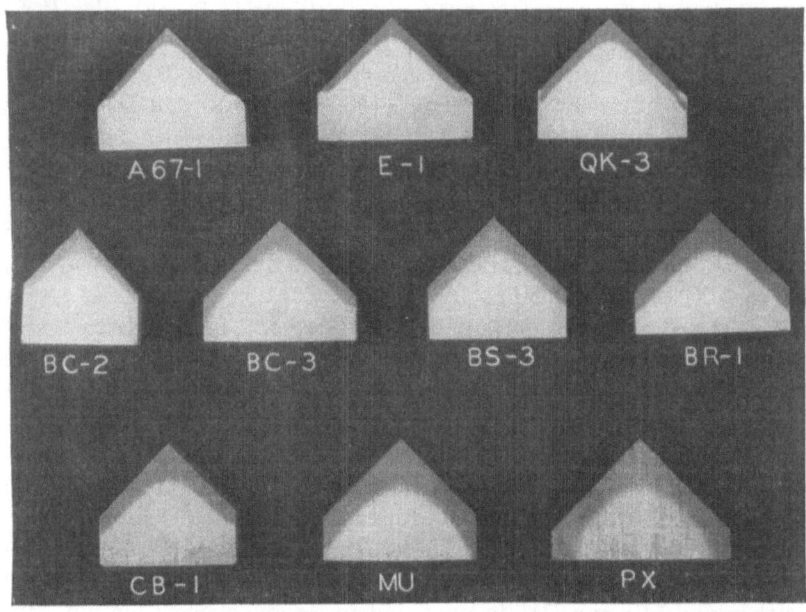

Abb. 6.10. Geätzte Platten des P-V-Härtbarkeitstestes. Die Übergangszone ist bei Stählen mit geringerer Härtbarkeit viel schärfer. Die P-V-Zahlenwerte der Proben A 67, QK-3, BC-3, BR-1 und MU sind 0,162, 0,227, 0,256, 0,342 und 0,446; $^1/_2$ natürliche Größe. (SHEPHERD [129].)

genommen werden, wie es die Probe PX in Abb. 6.10 zeigt. In einem vorhergehenden Kapitel (5.4 auf S. 85) wurde erwähnt, daß sich das Ätzbild eines roh polierten Querschnittes eines abgeschreckten Bolzens grundsätzlich ändert, wenn das Gefüge weniger als 50% Martensit enthält. Unter Benutzung dieses Kriteriums drückte SHEPHERD die Härtbarkeit (P-V-Wert) als die Entfernung der 50%-Martensitlinie vom Scheitel des Winkels aus. Dieser Abstand deckt sich völlig mit einer Härte von 55 Rockwell C, 73 Rockwell N, 87,5 Rockwell A oder 598 Vickers (10 g Last).

Der Test ist schnell und preiswert auszuführen. Er ist besonders für Stähle anwendbar, die einen idealen kritischen Durchmesser zwischen 12,7 und 19,1 mm ($^1/_2$ und $^3/_4$ in.) haben. Da das 50%-Martensitkriterium leicht festzustellen ist, können die P-V-Werte schnell bestimmt und die Stähle durch die Ätzcharakteristik schnell verglichen werden, wie es Abb. 6.10 zeigt, ohne daß die Härte gemessen werden muß, obwohl dieses zur Kontrolle wertvoll ist. Außerdem stellte SHEPHERD fest, daß die Genauigkeit des Testes nicht durch leichtes Anlassen beeinflußt wird, was bei der schnellen Herstellung geschliffener Proben von Vorteil ist.

6.10. Härtbarkeitstest für lufthärtende Stähle.

Die Bestimmung der Härtbarkeit von Stählen mit einer sehr niedrigen kritischen Abkühlungsgeschwindigkeit war lange Zeit ein Problem. Vor einigen Jahren nun entwickelten POST, FETZER und FENSTERMACHER [113] einen Test für Stähle dieser Art, mit dem die relativen lufthärtenden Eigenschaften eines gegebenen hochhärtbaren Stahles aus Zylindern von 25,4 mm (1 in.) Durchmesser bei 203,2 mm (8 in.) Länge bis 152,4 mm (6 in.) Durchmesser bei 152,4 mm (6 in.) Länge bestimmt werden können.

Die Härtbarkeit ist als die Abkühlungsgeschwindigkeit gegeben, mit der der Stahl nach 540°C (1000°F) abgekühlt werden muß, um eine bestimmte Rockwell-C-Härte zu erreichen. Da die Schwankungen der Härtbarkeit bei Stählen gleicher Sorte unbedeutend sind, kann dieser Test auch dazu benutzt werden, die Härte vorzubestimmen, die in Werkzeugen verschiedener Größe und Form auftreten können, wenn sie aus lufthärtenden Stählen gefertigt sind.

6.11. Zusammenfassung.

Es sind viele Methoden zur Prüfung der Härtbarkeit mittels eines genormten Abschreckvermögens unter Bezugnahme auf die ideale Abschreckung erdacht worden. Der am meisten angewendete Test für niedriglegierte Maschinenbaustähle ist der Jominy-Test, bei dem ein kleiner Bolzen am Ende durch ein Verfahren abgeschreckt wird, was die allseitige Abschreckung großer Stücke nachahmt. Die Abkühlungsgeschwindigkeiten und die Halbtemperaturzeiten dieser Probe sind gemessen worden, wobei die Ergebnisse dieses Testes mit Hilfe fertiger Formeln zur Bestimmung des Härteverhaltens des Stahles nutzbar gemacht wurden. Der Test ist deshalb für die Überwachung sowohl der Herstellung als auch der Anwendbarkeit des Stahles von großem Wert. Der genormte Jominy-Test wird meist im Bereiche mittlerer Härtbarkeit angewendet, während die anderen allgemein gebräuchlichen Testmethoden hauptsächlich für Stähle mit sehr niedriger oder sehr hoher Härtbarkeit Verwendung finden.

7. Jominy-Härtbarkeitskontrolle.

Voraussage und Prüfung der Härtbarkeit sind für die Sicherung eines einheitlichen Verhaltens bei der Wärmebehandlung wesentlich. Die Anforderung an eine reproduzierbare Prüfmethode wird am besten durch den Jominy-Test erfüllt, so daß Hersteller und Härter von niedriglegierten Maschinenbaustählen eine gemeinsame Basis für die Messung der Härtbarkeit haben. Da Stähle meist durch die Zusammensetzung gekennzeichnet sind, kann der Verarbeiter außerdem auch die Härtbarkeit aus der Analyse vorausbestimmen. In ähnlicher Weise kann der Hersteller die Zusammensetzung überwachen, um die geforderte Härtbarkeit zu erzielen. Die grundlegenden Einflüsse der Zusammensetzungen sind mit ausreichender Genauigkeit bestimmt worden, so daß über die Härtbarkeitsbänder Übereinstimmung erzielt wurde, die bei den Normstählen erwartet werden können. Die Härtbarkeit ist als ein Band von Jominy-Härtewerte ausgedrückt worden, die durch den Stahlhersteller gewährleistet werden, so daß dieses durch den Stahlverbraucher tatsächlich benutzt werden kann.

Im Kapitel 5 wurde gezeigt, daß die Härtbarkeit in Ausdrücken des idealen kritischen Durchmessers durch die von GROSSMANN entwickelten Multiplikatoren berechnet werden kann. Diese Methode gibt uns ein schnelles und für viele Stähle ein relativ ausreichendes Mittel in die Hand, das Verhalten des Stahles bei einer Wärmebehandlung zahlenmäßig zu erfassen, aber sie liefert keine direkten quantitativen Werte über die Struktur und die Eigenschaften als Folge der Härtung, wie es der Jominy-Test tut. Die Möglichkeit, die Abschreckhärte direkt aus der Zusammensetzung und der Korngröße vorauszubestimmen, ist jedoch häufig sehr nützlich, so daß sogar Methoden zur Berechnung des Härtegradienten beim Jominy-Endabschrecktest entwickelt worden sind. Es ist mit anderen Worten möglich, eine Jominy-Endabschreckkurve aufzustellen, ohne den Test zu machen.

Die wesentlichen Methoden zur Berechnung des Härtegradienten der Jominy-Kurve aus der chemischen Zusammensetzung und der Korngröße sind die auf dem idealen kritischen Durchmesser beruhende Methode von FIELD [49] und die Additionsmethode von CRAFTS und LAMONT [37]. Sie werden in diesem Kapitel besprochen. Es muß immer wieder deutlich herausgestellt werden, daß diese Methoden den Endabschrecktest nicht ersetzen können und auch nicht ersetzen sollen; sie können dort mit Vorteil angewendet werden, wo es unmöglich oder unbequem wäre, den Test auszuführen. Die dadurch erhaltenen Kurven sollten jedoch nur als Annäherung an die durch das Experiment erhaltenen Kurven betrachtet werden.

7.1. Berechnung der Jominy-Kurve aus dem idealen kritischen Durchmesser.

Die von FIELD [49] vorgeschlagene Methode beruht auf drei Annahmen: Die Härte am äußersten abgeschreckten Ende der Jominy-Probe, die „initial hardness" (IH), die Anfangshärte, ist eine Funktion des Kohlenstoffgehaltes des Stahles; die Härte bei jedem Abstand vom wasserabgeschreckten Ende des Jominy-Bolzens (DH) ist für einen Stahl mit gegebenem Kohlenstoffgehalt eine Funktion des idealen kritischen

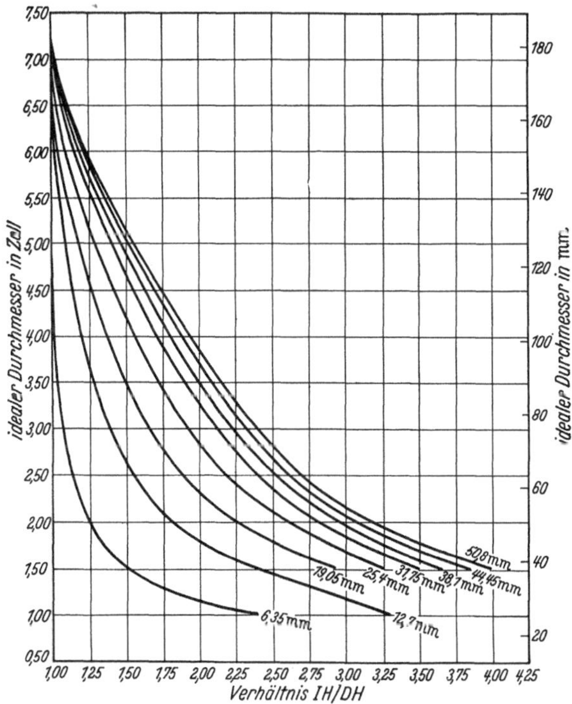

Abb. 7.1. Beziehung zwischen dem idealen kritischen Durchmesser und dem Verhältnis der Anfangshärte zur Abstandshärte (IH/DH). (BOYD und FIELD [24], nach FIELD [49].)

Durchmessers; und drittens ist das Verhältnis der Anfangshärte (IH) zur
Härte an einem beliebigen Abstand (DH) für jeden Kohlenstoffgehalt
eine konstante Funktion des idealen kritischen Durchmessers. Der erste
Schritt dieser Methode ist, unter Benutzung der Grossmann-Faktoren
nach Abb. 5.13 und 5.14 den idealen kritischen Durchmesser zu berech-
nen. Das Verhältnis von IH/DH wird dann für die einzelnen gewünschten
Jominy-Tiefen aus der empirisch bestimmten Beziehung nach Abb. 7.1
festgelegt. Um die Härte an einem Punkt der Jominy-Kurve zu finden,
wird die Anfangshärte, die aus der Beziehung der maximalen Härte zum
Kohlenstoffgehalt nach Abb. 7.2 bestimmt wird, durch das Verhältnis
IH/DH für jeden Punkt dividiert. Die wahrscheinliche Fehlergrenze zeigt
Abb. 7.3. Infolge der veränderlichen Härte der nicht martensitischen
Anteile ist die Methode bei den dreifach legierten Stahlsorten am ge-
nauesten, bei denen diese Beziehung auch zuerst nachgewiesen wurde.

7.2. Beispiel der Berechnung einer Jominy-Kurve aus dem idealen kritischen Durchmesser.

Eine Beschreibung der Methode nach FIELD soll an dem Beispiel des
Stahles 8640 gezeigt werden, der 0,40% Kohlenstoff, 0,90% Mangan,
0,55% Nickel, 0,50% Chrom und 0,20% Molybdän enthält, dessen Härt-

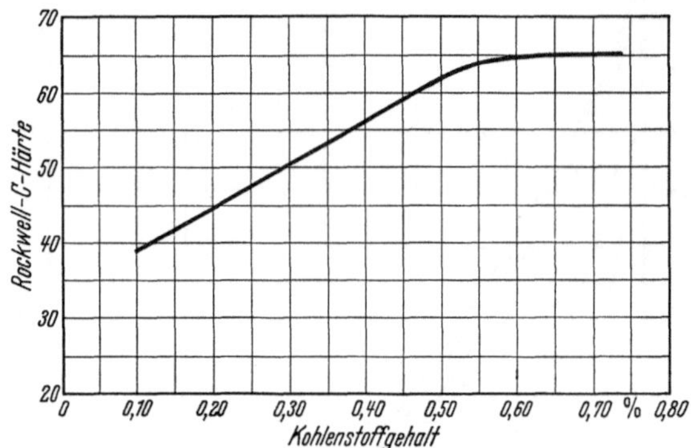

Abb. 7.2. Beziehung zwischen dem Kohlenstoffgehalt und der Anfangshärte bei 1,6 mm ($^1/_{16}$ in.) vom
wasserabgeschreckten Ende der Jominy-Probe. (BOYD und FIELD [24].)

barkeit im Abschnitt 5.9 (S. 94) berechnet wurde. Ist kein Material
dieses Stahles zur Herstellung von Jominy-Bolzen verfügbar, kann die
Endabschreckkurve angenähert angegeben werden. Der nach der Methode GROSSMANN (Abschnitt 5.9) berechnete ideale kritische Durchmesser wird zu 93,9 mm (3,68 in.) gefunden. Die maximale Härte bei
einem Kohlenstoffgehalt von 0,40% nach Abb. 7.2 ist 56 Rockwell C und
stellt die Anfangshärte (IH) dar. Dieser Härtewert zeigt die Härte bei

einem Abstand von 1,6 mm ($^1/_{16}$ in.) vom wasserabgeschreckten Ende der Jominy-Proben.

Aus Abb. 7.1 wird der Wert des Verhältnisses IH/DH für jede Stelle der Jominy-Kurve aus den Punkten abgelesen, an denen die Horizontale bei $D_I = 93{,}9$ mm (3,68 in.) die entsprechenden Kurven schneidet. Der Wert für IH wird durch den Wert des Verhältnisses IH/DH dividiert, um die Härte für jede Stelle der Jominy-Kurve wie folgt zu bestimmen:

| Jominy-Abstand | | IH/DH | IH:IH/DH | Berechnete Rockwellhärte C |
mm	in.			
1,59	$^1/_{16}$	1,00	56:1,00	56,0
6,36	$^1/_4$	1,03	56:1,03	54,4
12,72	$^1/_2$	1,24	56:1,24	45,2
19,10	$^3/_4$	1,46	56:1,46	38,4
25,40	1	1,66	56:1,66	33,7
31,76	$1^1/_4$	1,83	56:1,83	30,6
38,12	$1^1/_2$	1,92	56:1,92	29,2
44,50	$1^3/_4$	2,00	56:2,00	28,0
50,80	2	2,05	56:2,05	27,3

Mit Hilfe dieser Werte ist es möglich, die Jominy-Härtekurve zu konstruieren, und unter Benutzung der Beziehungen zwischen Bolzengröße, dem Abschreckvermögen und dem Jominy-Test, wie diese vorstehend beschrieben wurden (S. 64—76), kann abgeschätzt werden, wie sich ein Stahl dieser Zusammensetzung bei der Wärmebehandlung und Abschreckung verhalten wird. Aus diesen Beziehungen findet man, daß die Härte der Mitte eines Bolzens von

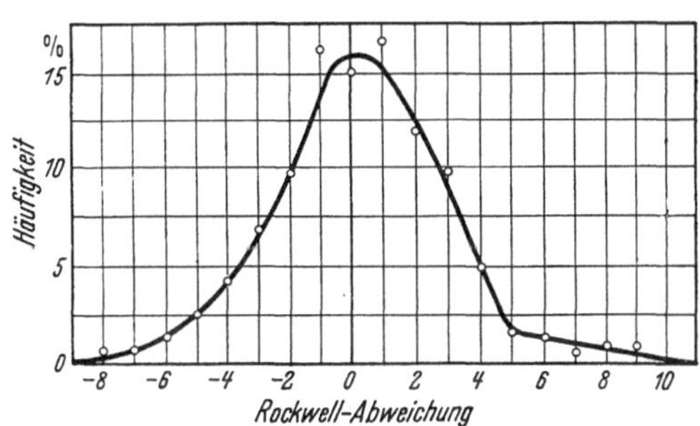

Abb. 7.3. Verteilungskurve der Abweichung zwischen den berechneten und den tatsächlichen Werten bei 43 Schmelzen niedriglegierter Stähle. (FIELD [49].)

18,3 mm (0,72 in.) Durchmesser aus diesem Stahl 55 Rockwell C beträgt, wenn er mit dem Abschreckvermögen $H = 0{,}50$ abgeschreckt wird, wie es vorher (S. 90) schon als maximale Bolzengröße festgestellt wurde, bei der noch eine volle Aushärtung erreicht wird.

7.3. Berechnung der Jominy-Kurve nach der Additionsmethode.

Da die Tiefe der Einhärtung der Jominy-Testprobe üblicherweise in Rockwell-C-Härtewerten gemessen wird, wurde von CRAFTS und LAMONT [37] erwogen, daß es möglich sein muß, die Härte nach einer unmittelbareren Methode vorauszubestimmen, als sie FIELD [*49*] benutzte. Dies wurde durch die Addition der Rockwell-C-Einheiten proportional dem Kohlenstoff- und Legierungsgehalt und der Korngröße möglich. Gewisse Ungenauigkeiten, die bei der Berechnung des idealen kritischen Durchmessers von niedrig Kohlenstoff- und Chrom-Molybdän-legierten Stählen beobachtet worden sind, wurden bei dieser Methode zur Berechnung der Jominy-Härte nicht gefunden.

Die Methode nimmt an, daß „reine" Eisen-Kohlenstoff-Legierungen, wenn sie mit Abkühlungsgeschwindigkeiten abgeschreckt werden, die denen der Jominy-Proben entsprechen, eine bestimmte Härte annehmen, die in Abb. 7.4 mit Kohlenstoff-Grundhärte („carbon-base") bezeichnet ist. Von einer bestimmten Härte ab, bezeichnet als Martensit-Grundhärte

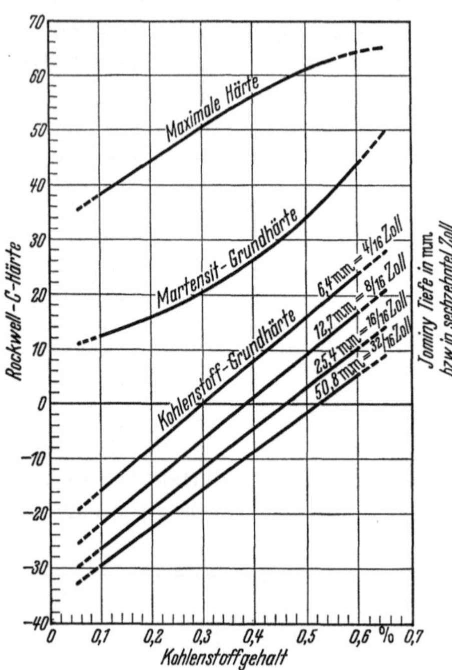

Abb. 7.4. Kohlenstoff-Grundhärte, Martensit-Grundhärte und maximale Härte in Abhängigkeit vom Kohlenstoffgehalt. (CRAFTS und LAMONT [*37*].)

(„martensite-base"), bringen Legierungselemente im Stahl additive Härteeinheiten zu der Kohlenstoff-Grundhärte im Verhältnis der Tab. 7.1.

Tabelle 7.1. *Anstieg der Abschreckhärte für je 1⁰/₀ des Legierungselementes*[1].

Legierungselement	Rockwell-C-Einheiten für je 1% des Legierungselementes
Mangan	15,5
Silizium	5,0
Nickel	5,5
Chrom	15,0
Molybdän	37,5

Im Martensitgebiet wächst die Härte ungleichmäßig, so daß das Mehr in der Summe der Kohlenstoff-Grundhärte und der Legierungs-

---

[1] Korngröße = Erhöhung um 1 Rockwell-C-Einheit für jede Korngrößennummer unter 10.

Additionseinheiten über der Martensit-Grundhärte mit einem Faktor multipliziert wird, der von 1,25 bei 0,05% Kohlenstoff bis auf 4 bei 0,60% Kohlenstoff anwächst. Die Faktoren und eine brauchbare Tafel werden im nächsten Abschnitt gebracht. Die Genauigkeit der Berechnung zeigt Abb. 7.5, die die tatsächlichen und berechneten Härtewerte im Vergleich mit dem Härtbarkeitsband des Stahles 8640 aufführt.

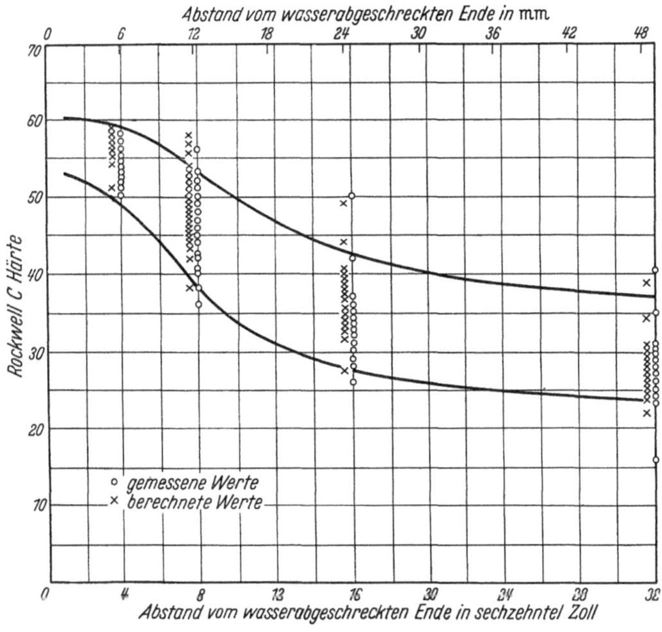

Abb. 7.5. Vergleich der wirklichen und berechneten Härten von 37 Proben mit dem Härtbarkeitsband des Stahles 8640. (CRAFTS und LAMONT [37].)

Es muß herausgestellt werden, daß die Martensit-Grundhärte, der Martensitfaktor und die maximale Härte nur vom Kohlenstoffgehalt abhängen, und daß die Kohlenstoff-Grundhärte nur in geringem Maße von der Abkühlungsgeschwindigkeit beeinflußt wird. In ähnlicher Weise sind die Einflüsse der Legierungszusätze vom Kohlenstoffgehalt, der Abkühlungsgeschwindigkeit und allem anderen unabhängig und haben Auswirkungen wie ein Ansteigen der Abkühlungsgeschwindigkeit. Hierdurch wird noch einmal bestätigt, daß Legierungselemente die Härtung des Stahles in erster Linie durch ihren Einfluß auf die Abkühlungsgeschwindigkeit bedingen.

Die Berechnung der Jominy-Härte liegt innerhalb von 6 Rockwell-C-Werten, was genau genug ist, um bei der Auswahl und der Wärmebehandlung von legierten Stählen dienlich zu sein, was jedoch wahrscheinlich für Prüfzwecke nicht genau genug ist. Hinreichend genaue Ergebnisse werden durch den Vergleich einander ähnlicher Stähle durch Festlegung der Additionszuwachse bei einer unterschiedlichen Zusammensetzung auf experimentell bestimmter Grundlage erzielt. Die Verwendung der Rockwell-Härte ist insofern bequem, als sie eine logarithmische Funktion der Härte ist. Deshalb trägt in Übereinstimmung mit der Additionsformel jede Einheit eines Legierungselementes in gleicher Weise zur Härte bei, und es ist leicht, den relativen Einfluß verschiedener Elemente zahlenmäßig zu bewerten.

Durch die von CRAFTS und LAMONT [*38*, *39*, *49*] entwickelte Methode, die in diesem Abschnitt und im nächsten Kapitel besprochen wird, kann nicht nur die Jominy-Härte, sondern auch die Anlaßhärte und die Kerbzähigkeit aus der chemischen Zusammensetzung vorausbestimmt werden. Bei diesen Berechnungen beruht der Vorteil auf der logarithmischen Beziehung zwischen der Rockwell-C-Härte und der Brinellhärte oder der Zugfestigkeit, so daß die Rechnungen, die eine reguläre Multiplikation erfordern, unter Verwendung der Rockwell-C-Härte als Index der Festigkeit additiv ausgeführt werden können.

7.4. Beispiel zur Berechnung der Jominy-Härte nach der Additionsmethode.

Es wird angenommen, daß die Jominy-Härtekurve für einen Stahl 8645 mit der Korngröße 8 und folgender Zusammensetzung berechnet werden soll:

Element	Prozentsatz
Kohlenstoff	0,45
Mangan	0,85
Silizium	0,22
Nickel	0,50
Chrom	0,50
Molybdän	0,20

Gemessene Korngröße Nr. 8

Der erste Schritt ist die Festlegung der Additionseinheiten, mit denen die einzelnen Elemente die Härte von „reinen" Eisen-Kohlenstoff-Legierungen erhöhen. Dieses geschieht graphisch, indem aus der Abb. 7.6 die Additionseinheiten proportional dem Anteil jedes Legierungselementes im vorliegenden Stahl abgelesen werden. Die Korngrößeneinheit wird zu der Summe aller Einheiten addiert, um die vollständige Zahl der Legierungs-Additionseinheiten zu erhalten. Die Additionseinheiten können auch berechnet werden, indem der Prozentsatz des Legierungselementes mit den Faktoren der Tab. 7.1 für ein Prozent des betreffenden Elementes wie folgt multipliziert wird:

Legierungselement	%-Satz × Faktor	Additionseinheit berechnet oder abgelesen aus Abb. 7.6
Mangan	0,85 × 15,5	13,2
Silizium	0,22 × 5,0	1,1
Nickel	0,50 × 5,5	2,7
Chrom	0,50 × 15,0	7,5
Molybdän	0,20 × 37,5	7,5
Korngröße Nr. 8		2,0
Summe aller Additionseinheiten		34,0

Die Summe aller Additionseinheiten wird dann zu der Kohlenstoff-Grundhärte der „reinen" Eisen-Kohlenstoff-Legierung für jede Jominy-Tiefe nach Abb. 7.4 addiert. Für Jominy-Tiefen, die nicht in diesem Diagramm enthalten sind, kann die Kohlenstoff-Grundhärte aus Abb. 7.7 für die jeweiligen Kohlenstoffgehalte des Stahles bestimmt werden.

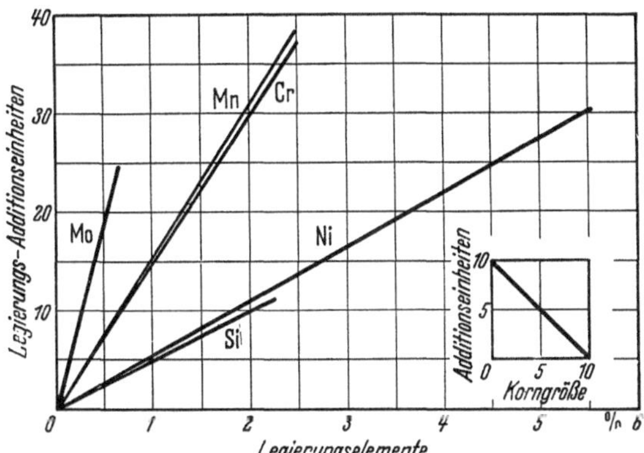

Abb. 7.6. Additionseinheiten (Rockwell C) für die allgemein verwendeten Legierungselemente. (CRAFTS und LAMONT [37].)

Wenn die Summe der Kohlenstoff-Grundhärte und der Legierungs-Additionseinheiten die Martensit-Grundhärte für den jeweiligen Kohlenstoffgehalt überschreitet — z. B. 30 Rockwell C bei einem 0,45%-C-Stahl —, muß noch eine Additionserhöhung für Martensit beigefügt werden. Diese Zahl kann der Aufstellung in Abb. 7.8 entnommen werden, um weitere Rechnungen zu vermeiden. Die Summe der Kohlenstoff- und Legierungs-Additionseinheiten ist auf dem rechten Rand des Diagramms aufgetragen, von dem aus man zur Bestimmung der Abschreckhärte nach links geht. Wird die untere Grenzlinie erreicht, bevor die Ordinate erreicht ist, die den Kohlenstoffgehalt des Stahles anzeigt, folgt man der aufwärts gebogenen Kurve bis zur Kohlenstoffordinate, so daß die Härte an dieser Stelle vom linken Rand abgelesen werden kann. Dieses trifft bei dem Abstand von 12,7 und 25,4 mm ($^8/_{16}$ und $^{16}/_{16}$ in.) der Beispiele in Tab. 7.2

zu. Wenn die obere Grenzlinie vor der Kohlenstoffordinate erreicht wird, wie es bei dem Abstandsbeispiel 6,4 mm ($^4/_{16}$ in.) der Fall ist, folgt man dieser Grenzlinie bis zum jeweiligen Kohlenstoffgehalt; dieser Punkt

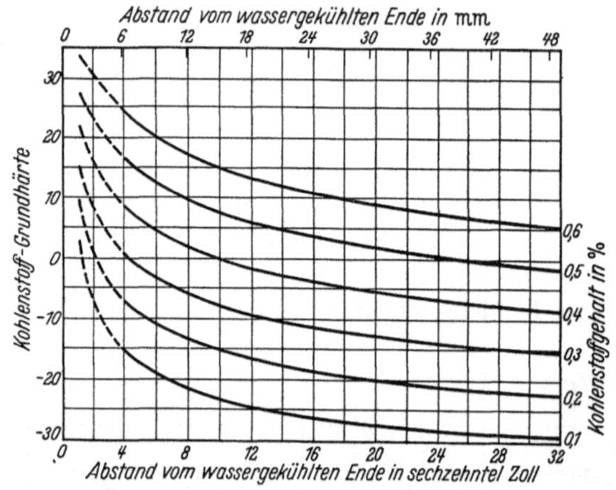

Abb. 7.7. Einfluß der Abkühlungsgeschwindigkeit, ausgedrückt als Jominy-Abstand, auf die Kohlenstoff-Grundhärte (Rockwell C). (CRAFTS und LAMONT [37].)

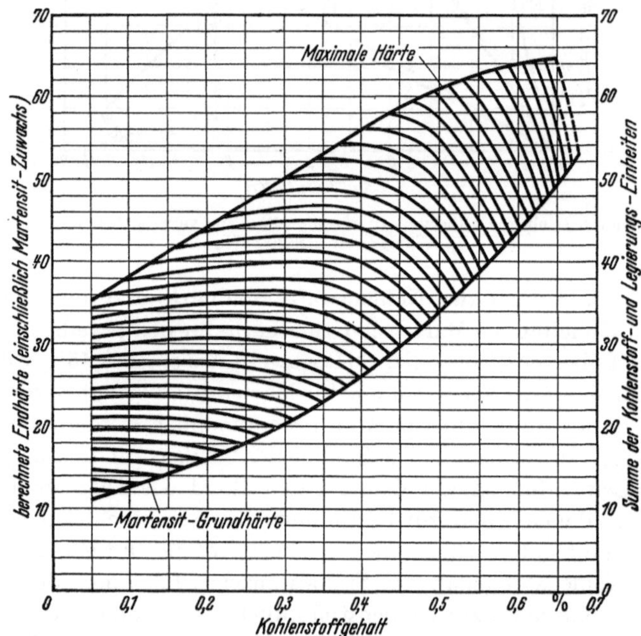

Abb. 7.8. Nomographische Karte zur Bestimmung der Härte im abgeschreckten Zustand (Rockwell C) aus der Summe der Kohlenstoffgrundhärte und der Legierungseinheiten. (CRAFTS und LAMONT [37].)

ergibt die berechnete (maximale) Härte. Wenn zuerst die Kohlenstoff-ordinate erreicht wird, was in den unteren Härtegebieten zutrifft, so ist die Summe der Kohlenstoff- und der Legierungs-Additionseinheiten selbst die berechnete Härte. Dieses ist bei dem Abstand von 50,8 mm ($^{32}/_{16}$ in.) in Tab. 7.2 der Fall, wo 29 Rockwell C kleiner als die Martensit-Grundhärte von 30 Rockwell C ist.

Tabelle 7.2. *Beispiel für die Anwendung der nomographischen Karte nach Fig. 7.8 zur Berechnung der Härte.*

Stufen der Berechnung	Jominy-Tiefe mm (in.)			
	6,4 (4/16)	12,7 (8/16)	25,4 (16/16)	50,8 (32/16)
Kohlenstoff-Grundhärte	+ 12,1	+ 5,4	− 0,3	−4,0
(plus) Legierungs-Additionseinheiten	34,0	34,0	34,0	34,0
Summe	46,1	39,4	33,7	29,0
Berechnete Härte (Abb. 7.8)	58,7	51,6	38,5	29,0

Wenn die arithmetische Berechnung ohne die nomographische Karte in Abb. 7.8 durchgeführt werden soll, kann die Martensiterhöhung durch Subtraktion der Martensit-Grundhärte von der Summe der Kohlenstoff-Grundhärte und der Legierungs- und Korngrößen-Additionseinheiten und Multiplikationen dieser Differenzen mit dem Martensitfaktor nach Abb. 7.9 bestimmt werden.

Das Produkt wird zu der Martensit-Grundhärte addiert, um die be-rechnete Jominy-Härte zu erhalten, wie es in Tab. 7.3 aufgeführt ist. Wenn die Härte aus dieser Berechnung die maximal erreichbare Härte für den jeweiligen Kohlen-stoffgehalt des Stahles kennt-lich an der Maximumlinie in Abb. 7.4 überschreitet, d.h. wenn sie bei einem Stahl mit 0,45 $^0/_0$ C 58,7 Rockwell C über-schreitet, wie es bei dem Ab-stand von 6,4 mm ($^4/_{16}$ in.) der Fall ist, kann die maximale Härte als berechnete Härte angesehen werden. Wenn die

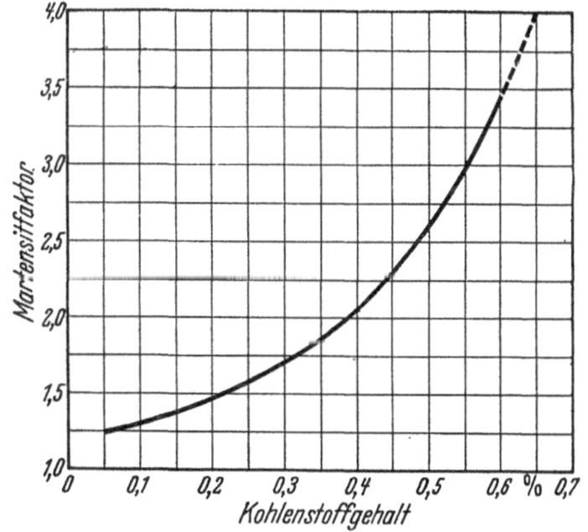

Abb. 7.9. Beziehung zwischen Kohlenstoffgehalt und Martensitfaktor. (Crafts und Lamont [37].)

Summe der Kohlenstoff- und Legierungseinheiten kleiner als die Martensit-Grundhärte ist, wie es bei der Jominy-Tiefe von 50,8 mm ($^{32}/_{16}$ in.) in Tabelle 7.3 der Fall ist, so ist diese Summe (29,0 Rock-

Tabelle 7.3. *Beispiel der arithmetischen Berechnung der Härte.*

Stufen der Berechnung	Jominy-Tiefe mm (in.)			
	6,4 (4/16)	12,7 (8/16)	25,4 (16/16)	50,8 (32/16)
Summe der Kohlenstoff- und Legierungseinheiten	46,1	39,4	33,7	29,0
(minus) Martensit-Grundhärte aus Abb. 7.4	30,0	30,0	30,0	30,0
Differenz	16,1	9,4	3,7	
(mal) Martensitfaktor nach Abb. 7.9	2,3	2,3	2,3	
Produkt	37,0	21,6	8,5	
(plus) Martensit-Grundhärte aus Abb. 7.4	30,0	30,0	30,0	
Insgesamt	67,0	51,6	38,5	
Berechnete Härte .	58,7	51,6	38,5	29,0

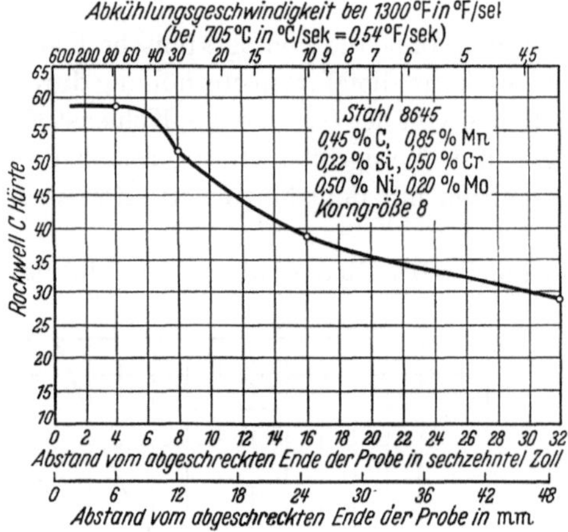

Abb. 7.10. Jominy-Härtbarkeitskurve für den Stahl 8645, berechnet nach der Additionsmethode.

well C in der vorstehenden Berechnung) die berechnete Härte. Die berechneten Wertzahlen der Härte können eingezeichnet und die Jominy-Härtekurve kann wie in Abb. 7.10 gezogen werden.

Volle Aushärtung wird bei einem Abstand von etwa 9,5 mm ($^6/_{16}$ in.) vom wasserabgeschreckten Ende erreicht; die Härte beträgt an dieser Stelle 57,6 Rockwell C. Aus den Beziehungen zwischen der Jominy-Härte, dem Abschreckvermögen und der Härtung, wie sie vorhergehend besprochen wurden, kann vorausbestimmt werden, daß die maximale Bolzengröße, die bei einem Abschreckvermögen von $H = 0{,}35$ bis zur Mitte voll aushärtet, 25,4 mm (1 in.) im Durchmesser ist.

7.5. Die Entwicklung der Härtbarkeitsbänder.

In den letzten fünf Jahren sind von The Society of Automative Engineers and the American Iron and Steel Institute [133] Bänder festgelegt worden, die die minimale und maximale Jominy-Härte bestimmen, welche bei handelsüblichen Schmelzen legierter Stähle erwartet werden können. Diese Härtbarkeitsbänder sind für besondere Zwecke empfohlen worden, und es ist jetzt möglich, verschiedene Sorten von Stählen (die Zusammensetzungen sind im Anhang I aufgeführt) zu kaufen, deren Härtbarkeit garantiert innerhalb solcher Bänder liegt.

Während des zweiten Weltkrieges war die Nachfrage nach Legierungselementen so groß, daß es unmöglich war, genug SAE-Stähle herzustellen, die relativ hohe Zusätze der Mangelmetalle enthielten. Neue Zusammensetzungen legierter Stähle wurden eingeführt — die sogenannten National Emergency (NE) steels, nationalen Notstähle —, um die eher verfügbaren Legierungselemente zu verwenden, und um die im Schrott verbliebenen Legierungselemente wirksamer ausnutzen zu können. Diese dreifach legierten Stähle wurden so abgestellt, daß sie ähnliche Härtbarkeitscharakteristiken hatten wie die alten Stähle, so daß sie viele alte SAE-Qualitäten auf der Basis der Jominy-Härtbarkeit ersetzen. Sobald einige Erfahrungen mit der Jominy-Testung auf breiterer Basis gewonnen wurden, erkannte man jedoch, daß das Gebiet der Härtbarkeit auf Grund der Unterschiede in der Zusammensetzung um eine Klasse zu weit war, um praktisch gleiche minimale Eigenschaften zu gewährleisten. So stellte z. B. PARKER [*106*] fest, daß das Härtbarkeitsband des 4140 bei einem Jominy-Abstand von 25,4 mm ($^{16}/_{16}$ in.) vom abgeschreckten Ende der Probe bei genormter chemischer Zusammensetzung bis auf 29 Rockwell C sich ausbreitet (d.h. von 29 bis 58 RC).

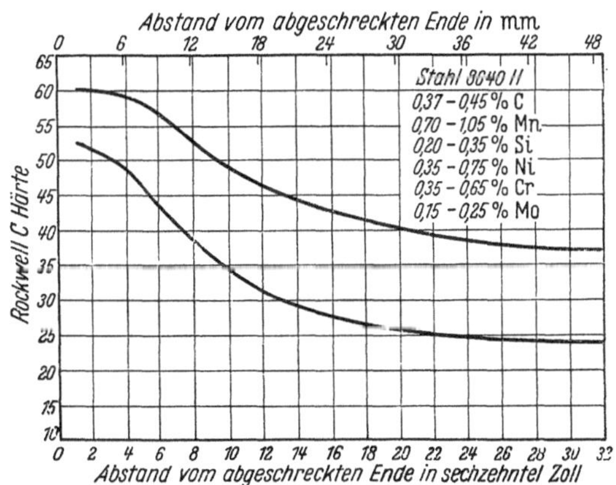

Abb. 7.11. Das versuchsweise festgelegte Härtbarkeitsband des Stahles 8640 H. (Society of Automotive Engineers and American Iron and Steel Institute [*133*].)

Studien über Jominy-Härtbarkeitsteste an Schmelzen genormter Sorten durch das Technical Committee on Alloy Steel of the American Iron Steel Institute (technische Kommission für legierte Stähle beim amerikanischen Eisen- und Stahlinstitut) zeigten, daß extrem hohe und extrem niedrige Härtbarkeit nur bei einem kleinen Prozentsatz der Schmelzen anfallen. Sogar dieser Prozentsatz konnte reduziert werden, indem die Analysengrenzen so erweitert wurden, daß während des Frischens der Schmelze höhere Anteile an Legierungselementen zugegeben werden konnten, so daß man an der oberen Grenze der Analysentoleranz lag. In Zusammenarbeit zwischen dem Iron and Steel Committee of the War Engineering Board und der Steel Division of The Society of Automotive Engineers wurden gemeinsam übereinstimmende Bänder der minimalen und maximalen Jominy-Härtbarkeit versuchsweise für eine Anzahl von allgemein verwendeten Stählen festgelegt [133]. Die Analysentoleranzen wurden etwas erweitert (Tab. 7.4), und die Stähle hatten unter Gewährleistung eine innerhalb der festgelegten Grenzen liegende Härtbarkeit.

Die Stähle mit festen Grenzen der Härtbarkeitsbänder werden durch ein der Serienziffer beigefügtes H gekennzeichnet; z. B. zeigt Abb. 7.11 das typische Härtbarkeitsband für den Stahl 8640 H. Den Grad der Erweiterung in der chemischen Zusammensetzung für zwei allgemein verwendete Stähle zeigt Tab. 7.4.

Tabelle 7.4. *Analysengrenzen bei zwei niedriglegierten Stählen mit gewährleisteter (H) und nicht gewährleisteter Härtbarkeit[1].*

Stahl Nr.	Chemische Zusammensetzung in %					
	C	Mn	Si	Ni	Cr	Mo
4140	0,38−0,43	0,75−1,00	0,20−0,35		0,80−1,10	0,15−0,25
4140 H	0,37−0,45	0,70−1,05	0,20−0,35		0,80−1,15	0,15−0,25
8640	0,38−0,43	0,75−1,00	0,20−0,35	0,40−0,70	0,40−0,60	0,15−0,25
8640 H	0,37−0,45	0,70−1,05	0,20−0,35	0,35−0,75	0,35−0,65	0,15−0,25

Wenn auch die Bänder breiter sind, als der Stahlverbraucher es wünscht, so gestatten sie doch bei der Stahlherstellung einen hohen Grad der Härtbarkeitskontrolle. Obgleich sie eine größere Verbesserung gegenüber den früheren Analysenbegrenzungen bringen, ist die mögliche Breite so groß, daß in einem speziellen Falle die tatsächliche Härtbarkeit größer oder kleiner ausfallen kann, wenn man es wünscht. Für eine wirtschaftliche und genaue Anwendung des Stahles scheint es vernünftig, Auswahl und Verteilung der Schmelzen innerhalb engerer Toleranzen vorzunehmen. Die Beziehung zwischen der unteren und oberen Härtbarkeitstoleranz und der Härte abgeschreckter und angelassener Bolzen des Stahles 8600 zeigen die Abb. 7.12 und 7.13. Infolge des Einflusses des Martensitanteiles auf die Endeigenschaften sind die Mängel der ungleich-

---

[1] Society of Automotive Engineers and American Iron and Steel Institute [133].

mäßigen Härtbarkeit sogar noch größer, als sie durch den Härtegrad angezeigt werden.

Nachdem Erfahrungen in der Herstellung und Anwendung von Stählen mit spezifischer Härtbarkeit vorlagen, wurden die versuchsweise festgelegten Bandgrenzen revidiert [133]. Im allgemeinen wurden sie

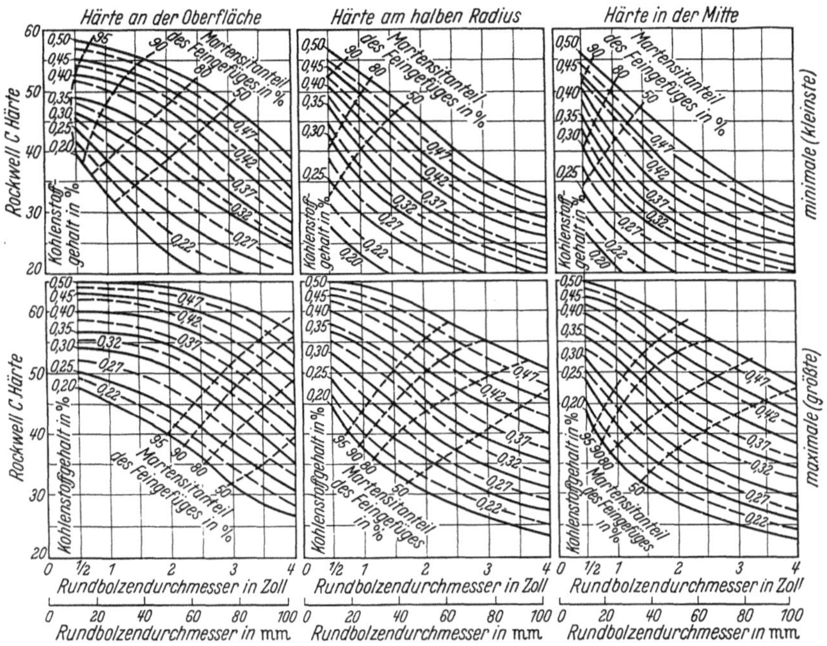

Abb. 7.12. Die zu erwartende Härte bei kleinster und größter Härtbarkeit an der Oberfläche, am halben Radius und in der Mitte von Rundbolzen des Stahles 8600 H, die in Öl abgeschreckt wurden. (BOEGEHOLD [23].)

etwas schmaler gehalten, wobei im wesentlichen die untere Grenze erhöht wurde. Es scheint so, daß Schmelzen in der Nähe des Maximums (obere Grenze) nicht so zu unerwarteten Schwierigkeiten bei der Verspanung, beim Schmieden und Walzen neigen, während Schmelzen nahe dem Minimum (untere Grenze) in Zugfestigkeit und Zähigkeit nach dem Anlassen bedenklich mangelhaft sein können. Wenn die maximale Härtbarkeit wichtig ist, so löst man dieses Problem dadurch, daß man etwas weniger Kohlenstoff und mehr Legierungsanteile anwendet, um den gewünschten Grad der Härtbarkeit in Verbindung mit einem niedrigeren Härtemaximum und besserer Bildsamkeit zu bekommen. Zusätzliche Werte anderer Stahlsorten haben die Spezifizierung der Härtbarkeit bei einer beträchtlichen Anzahl von Stählen ermöglicht. Allgemein verwendbare Grenzen der Härtbarkeitsbänder für H-Stähle sind im Anhang II aufgeführt.

9a*

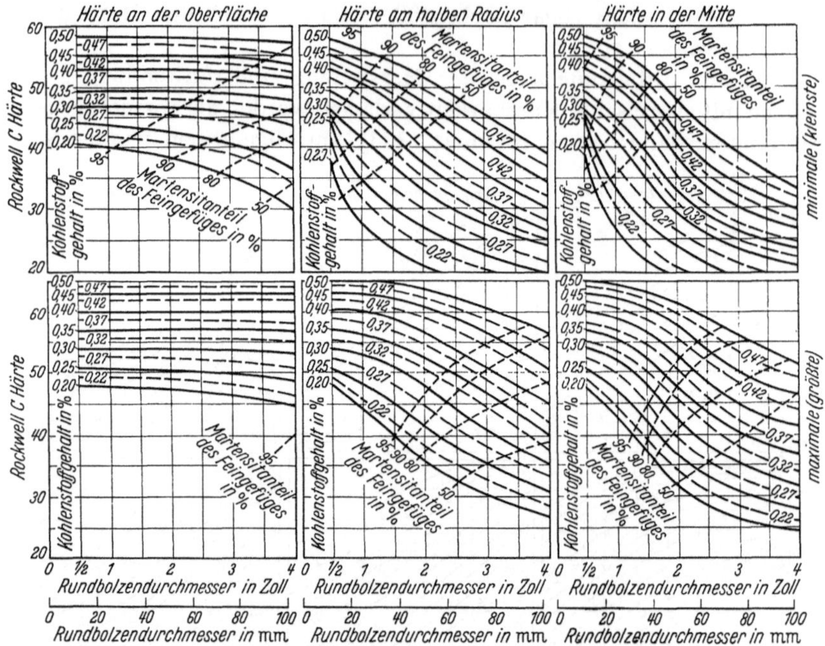

Abb. 7.13. Die zu erwartende Härte bei minimaler (kleinster) und maximaler (größter) Härtbarkeit an der Oberfläche, am halben Radius und in der Mitte von Rundbolzen des Stahles 8600 H, die in Wasser abgeschreckt wurden. (BOEGEHOLD [23].)

7.6. Anwendung der Härtbarkeitsbänder auf die spezielle Härtbarkeit.

Die Society of Automotive Engineers und das American Iron and Steel Institute [133] empfehlen, daß beim Gebrauch der Härtbarkeitsbänder für spezielle Zwecke „bestimmte Punkte an den Kurven ausgewählt werden sollen, wie es Abb. 7.14 zeigt; die ganze Länge der Kurve soll nicht voll angesetzt werden". Um diese Punkte mit Sicherheit festzustellen, können die Härtewerte aus vorhandenen Tabellen [133], wie diese im Anhang II aufgeführt sind, besser entnommen werden, als sie von den Endabschreckkurven abzulesen.

Eine kennzeichnende Darstellung der Methoden zur Bestimmung der spezifischen Härtbarkeit wird in Abb. 7.14 gegeben. Diese Methoden sind:

A. Die größten und kleinsten Abstände, bei denen die gewünschten Härtewerte vorliegen. Dieses zeigen die Punkte A—A in der Abb. 7.14 an. In diesem Falle würde die Spezifikation $J_{45} = 6{,}4$ bis $17{,}5$ mm ($^4/_{16}$—$^{11}/_{16}$ in.) lauten.

B. Die größten und kleinsten Härtewerte bei einem beliebigen Abstand. Dieses zeigen die Punkte B—B in der Abb. 7.14 an. In diesem Falle würde die Spezifikation $J_{36/50} = 12{,}7$ mm ($^8/_{16}$ in.) lauten. Zweckmäßigerweise soll der Abstand an der Jominy-Kurve für die spezielle Aufgabe mit dem Gebiet übereinstimmen, das der Verbraucher benötigt.

C. Zwei obere Härtewerte an zwei beliebigen Abständen können herausgegriffen werden, wie es die Punkte C—C anzeigen; es können auch zwei untere Härtewerte an zwei beliebigen Abständen bestimmt werden, wie es die Punkte D—D in Abb. 7.14 anzeigen.

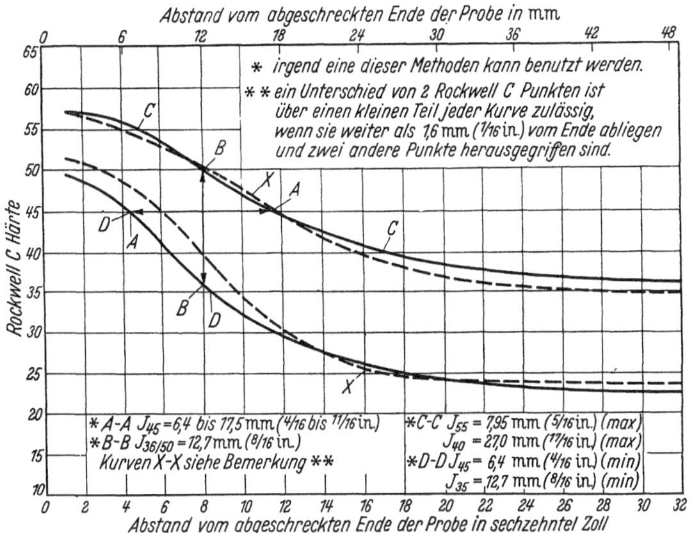

Abb. 7.14. Methoden zur Bestimmung der speziellen Härtbarkeit. (Society of Automotive Engineers and American Iron and Steel Institute [153].)

Es ist natürlich möglich, irgendeinen Punkt auf der unteren Kurve und irgendeinen beliebigen Punkt auf der oberen Kurve herauszugreifen; es können sogar die oberen und unteren Härtewerte bei einer Entfernung von 1,6 mm ($^1/_{16}$ in.) vom Abschreckende in diese Forderung mit einbezogen werden.

Die Society of Automotive Engineers und das American Iron and Steel Institute [133] empfehlen dort, wo die Spezifierung durch mehr als zwei Punkte auf dem Band erfolgen soll [ausgenommen die oberen und unteren Werte bei 1,6 mm ($^1/_{16}$ in.)], daß sogar eine Toleranz von 2 Rockwell-C-Zahlen an einem schmalen Abschnitt der Kurve zugelassen werden kann. Dieses ist notwendig, da die Jominy-Kurven der individuellen Schmelzen sehr wenig von den Begrenzungslinien der normalen Bänder abweichen können; diese Abweichung kann nur geringfügig einen oder mehr Punkte auf der ganzen Kurve betragen. Solche Verhältnisse werden durch die gestrichelten Kurven angedeutet, auf denen in Abb. 7.14 die Punkte X—X gekennzeichnet sind.

7.7. Zu berücksichtigende Faktoren bei der Anwendung der Härtbarkeitsbänder.

Die Anwendungsweise der Härtbarkeitsbänder für die Auswahl eines Maschinenbaustahles hängt davon ab, wie genau die Endeigenschaften geprüft werden sollen. Wenn das Abschreckvermögen und die Stückgröße bekannt sind, kann der angenäherte Jominy-Abstand vom wasserabgeschreckten Ende nach den Methoden bestimmt werden, die im Kapitel 4 aufgeführt sind. Die Abschreckleistung bestimmt den Prozentanteil an Martensit oder die entsprechende Härte, die bei einem bestimmten Jominy-Abstand verlangt wird. Wenn hohe Festigkeitswerte einen hohen Martensitanteil erfordern, liegt der Härtewert des unteren Bandes dem entsprechenden Punkt auf dem Band der Jominy-Härtbarkeit meist unterhalb der Härte, die die verlangte Festigkeit nach einem Minimum des Anlassens soeben ergibt. Wenn die Anforderungen nicht so streng sind und nur eine bestimmte Zugfestigkeit nach dem Anlassen im Bereich von 425—540°C (800—1000°F) festgesetzt ist, kann der untere entsprechende Härtewert, der zur Erreichung einer betimmten Anlaßhärte erforderlich ist, nach Methoden berechnet werden, die im nächsten Kapitel beschrieben sind.

Bei Berechnungen, die den Gebrauch der chemischen Zusammensetzung erforderlich machen, wurde festgestellt, daß eine angemessen enge Annäherung unter der Annahme erreicht wird, daß die untere Grenze der Härtbarkeit mit einer Zusammensetzung korrespondiert, bei der der Anteil jedes Elementes $1/_3$ seines Anteiles der chemischen Analyse oberhalb des unteren Wertes dieser Spezifikation ist. Ähnlich kann die obere Härtbarkeit durch $1/_3$ des Anteiles jedes Elementes unterhalb des oberen Wertes dieser Spezifikation dargestellt werden. Wenn die Bestimmung des tiefsten zu erwartenden Wertes verlangt wird, muß daran erinnert werden, daß die Härtbarkeitsbänder auf Schöpfproben beruhen. Seigerungen treten dabei weniger auf als örtlich in einer Schmelze, die die untere Härtbarkeitsgrenze örtlich beeinflussen. Diese Ursache wurde durch Abweichungen bei Kontrollanalysen festgestellt und sollte bei der Härtbarkeit berücksichtigt werden. Die Seigerung kann eine Abweichung von 2 bis 4 Rockwell C ausmachen. Bei Verwendung der chemischen Zusammensetzung zur Berechnung der unteren Härten liegen diese in besonderen Fällen 10% unter- und oberhalb der unteren Härtelinie des speziellen Bereiches. Solch niedrige Werte fallen nur bei einer kleinen Anzahl von Schmelzen an, so daß eine solche scharfe Prüfung der unteren Härtbarkeitsgrenze nur bei den Sonderfällen gerechtfertigt sein wird, bei denen der Sicherheitsfaktor groß sein muß. Weiterhin ist die Schwierigkeit bei der Überwachung der Abschreckung in vergleichbarer Größe derart, daß es nur wissenschaftlichen Wert zu haben scheint, die Härtbarkeit des Stahles zu genau vorausbestimmen zu wollen.

7.8. Zusammenfassung.

Die Härtbarkeit ist eine besondere Charaktereigenschaft, die ein Schlüssel für viele Eigenschaften ist, welche wärmebehandelte Stähle haben, so daß sie ein brauchbares Kriterium für eine geeignete Verwendung des Stahles ist. Eine Überwachung der Härtbarkeit ist zahlenmäßig durch die Einflüsse der Zusammensetzung möglich. Die Härtbarkeit kann mit einem bestimmten Grad von Genauigkeit vorausgesagt werden. Dieses erlaubt eine leichte Überwachung bei der Herstellung und gestattet die Auswahl geeigneter und wirtschaftlicher Stähle. Die spezielle Härtbarkeit, wie sie durch die Härtbarkeitsbänder der H-Stähle dargelegt wird, ist ein vielversprechender Schritt zur wirtschaftlichen und wirksamen Auswahl niedriglegierter Stähle. Das Band ist breiter als wünschenswert, so daß es für genaue Prüfungen zweckmäßig ist, Schmelzen auszuwählen, die innerhalb des spezifischen Bereiches liegen. Zu feine Unterschiede im Grade der Härtbarkeit zu machen scheint jedoch bei der jetzigen Weise der Wärmebehandlung nicht gerechtfertigt zu sein.

8. Anlassen nach dem Härten.

Stahl wird selten im nurabgeschreckten Zustand verwendet, da er durch das Abschrecken innere Spannungen hat, und da ihm Bildsamkeit und Zähigkeit fehlen, wie es bei neugebildetem Martensit der Fall ist. Um diese Spannungen herabzusetzen und die Zähigkeit und das Fließvermögen zu erhöhen, wird der abgeschreckte Stahl durch Wiedererwärmung auf eine Temperatur unter der Umwandlungstemperatur des α-Eisen in das γ-Eisen angelassen. Die Wärmebehandlung zur Herabsetzung der Spannungen bei Temperaturen bis zu 260°C (500°F) wird im allgemeinen bei hochkohlenstoffhaltigen und einer Anzahl niedriglegierter Stähle vorgenommen, die stark abgeschreckt wurden, um eine Struktur zu erzielen, die im wesentlichen aus Martensit besteht, und wo hohe Härte oder Festigkeit wie bei Werkzeugen, Getrieben und Lagern verlangt wird. Solch eine Wärmebehandlung bringt eine erhöhte Maßbeständigkeit, Zähigkeit und Rißfestigkeit. Wasserhärter werden bei Temperaturen zwischen etwa 425 und 650°C (800 und 1200°F) angelassen. Dieses erniedrigt im allgemeinen die Härte und die Zugfestigkeit und erhöht die Zähigkeit und Bildsamkeit. Unbeschadet einer Anlaßbehandlung wird der Bestwert an Festigkeit und Zähigkeit immer dann erreicht, wenn beim ersten Abschrecken volle martensitische Struktur erzielt worden ist.

8.1. Einfluß des Anlassens auf das Gefüge.

Die Änderungen der mechanischen Eigenschaften eines Stahles beim Anlassen rühren teilweise vom Abbau der Spannungen her, im wesentlichen jedoch von den Gefügeveränderungen, die während der Erwärmung vor sich gehen. Diese Änderungen werden in erster Linie durch die Anlaßtemperatur beeinflußt, ebenso jedoch durch Faktoren wie Kohlenstoff- und Legierungsgehalt, Haltezeit auf Anlaßtemperatur und Charakter der Ausgangsstruktur. Wenn neu gebildeter Martensit erhitzt wird, ändert sich die Gitterstruktur vom tetragonalen zum kubischen Ferritgitter unter Ausscheidung von Kohlenstoff, der im tetragonalen Gitter in übersättigter Lösung vorlag. Dieser Vorgang ergibt schon ohne Gefügeveränderung eine Dunkelätzung der Martensitnadeln. Deshalb ist auch die Frage nach der Natur der Karbidausscheidung während der ersten Anlaßstadien aufgeworfen worden. ANTIA, FLETCHER und COHEN [9] schlossen, daß der Kohlenstoff in gewisser Übergangsform ausgeschieden wird und sich dann erst endgültig in Zementit umwandelt. Diese Annahme ist durch die Arbeit von ARBUZOV und KURDYUMOV [10] gestützt worden, die den Zerfall eines Martensit-Einkristalls untersuchten und mit Hilfe von Röntgenstrahlen ein Übergangsgefüge fanden. Eine unveröffentlichte Arbeit[1] über die Rückstände bei der Elektrolyse läßt vermuten, daß das Übergangsgefüge Fe_2C ist.

Beim Erwärmen auf etwas höhere Temperatur neigt der Restaustenit zur Umwandlung. In reinen Kohlenstoffstählen beginnt nach Untersuchungen von ANTIA, FLETCHER und COHEN die Umwandlung entweder isotherm oder beim Erwärmen im Bereich von 230—290°C (450—550°F) anzulaufen. Das Zerfallsprodukt ist weitgehend dem Martensit der ersten Anlaßstufe ähnlich, obwohl seine nadelartige Ausbildung mehr dem Bainit gleicht.

Bei etwas höheren Temperaturen — 290—400°C (550—750°F) — wandelt sich das Übergangsgefüge in Zementit um, wobei sich gleichzeitig aus dem Martensit Ferrit bildet. Die Umwandlung wird durch einen Wärmeeffekt und durch das Auftreten der Röntgenspektren des Zementitkristalls gekennzeichnet.

ESSER und CORNELIUS [48] haben beim Zerfall des Martensits während des Erwärmens bis etwa 540°C (1000°F) drei Wärmetönungen festgestellt, wie es Abb. 8.1 zeigt. Die Wärmetönung bei a soll mit der Umwandlung des tetragonalen α-Eisengitters in das normale kubische Gitter unter Ausscheidung des Übergangskarbides verbunden sein. Die Umwandlungswärme, die mit der Änderung das Austenits in ein Gemenge von Ferrit und Übergangskarbid verbunden ist, zeigt b an. Nach den An-

---

[1] OFFENHAUER, C. M., Union Carbide and Carbon Research Laboratories, Inc.

nahmen von ANTIA, FLETCHER und COHEN würde c die Wärmetönung anzeigen, die bei der Umwandlung der Übergangsstruktur in Zementit entsteht. BAIN [19] glaubt jedoch, daß diese durch die Rekristallisation der Ferritform bedingt ist, wenn sich diese von der einen in die andere umwandelt.

Bei höheren Temperaturen als die der drei Anlaßstufen haben die einzelnen Zementteilchen das Bestreben, zusammenzuwachsen und mit Zunahme der Temperatur an Größe zuzunehmen. Wenn großer kugeliger Zementit angestrebt wird, läßt man den Stahl bei einer Temperatur etwas unterhalb A_1 ausreichend lange Zeit an. Auf die Anlaßumwandlungen hat eine längere Anlaßzeit in gewissem Grade den gleichen Einfluß wie eine höhere Anlaßtemperatur.

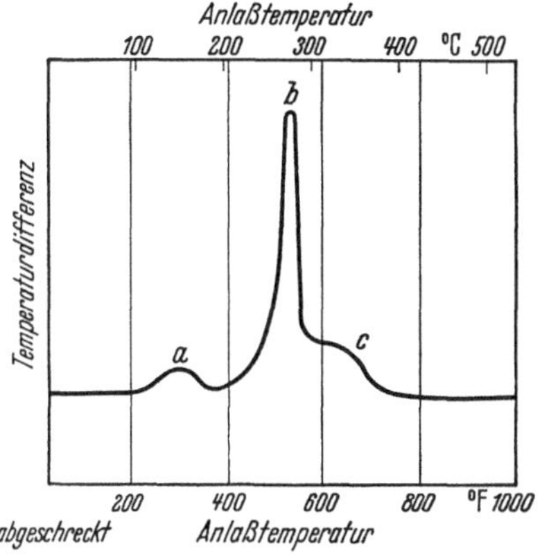

Abb. 8.1. Wärmetönungen in abgeschreckten (martensitischen) Stählen mit steigender Anlaßtemperatur. (ESSER und CORNELIUS [48].)

8.2. Beziehung zwischen dem Anlassen und der Härte des abgeschreckten Stahles.

Die Änderung der Karbidverteilung und der Karbidform durch das Anlassen bewirkt im wesentlichen die Härte des Stahles. Gefügeveränderungen verlaufen im Gebiet unterkritischer Temperaturen kontinuierlich, wobei die Hauptreaktion nach der Zementitbildung das Wachstum der Karbidteilchen ist. Man erwartet deshalb, daß im allgemeinen die Härte abfällt, wenn die Anlaßtemperatur ansteigt, da Koagulation und Wachstum der Karbidteilchen eine Zunahme von Ferrit zur Folge hat (siehe S. 79). Dieses zeigt Abb. 8.2 für hochkohlenstoffhaltige Stähle. Bei Temperaturen, unterhalb denen sich Zementit bildet, d.h. in den beiden ersten Stufen des Anlassens, verlaufen jedoch Reaktionen, die ein leichtes Ansteigen der Härte bedingen, wie es die der Arbeit von FLETCHER und COHEN [50] entnommene Abb. 8.3 zeigt. Ausgenommen für den 0,49%-C-Stahl tritt bei allen Stählen ein schwaches Ansteigen der Härte ein. Dieses ist offenbar ein Ausscheidungshärtungseffekt des Karbid-Übergangsgefüges. Es muß hervorgehoben werden, daß die Umwandlung des Restaustenits beim Anlassen mit der isothermen Umwandlung bei der ersten Abkühlung vergleichbar ist, und daß Stähle mit austenitischer Bainitstruktur eine lange Anlaßzeit oder eine hohe Anlaßtemperatur benötigen, um die Umwandlung des Austenits abzuschließen.

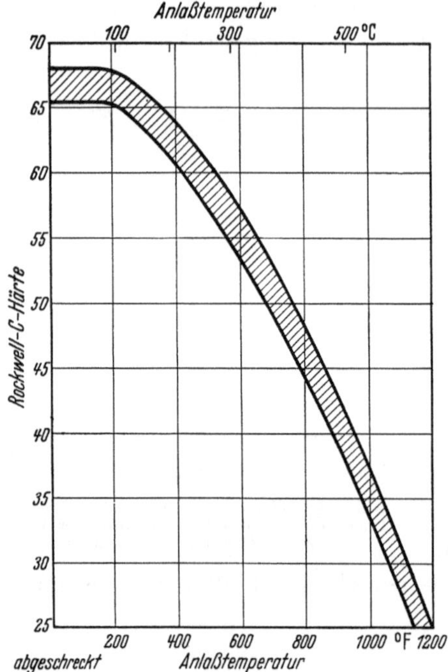

Abb. 8.2. Einfluß des Anlassens auf die Härte eines im Wasser abgeschreckten hochkohlenstoffhaltigen Stahles. (GILL und Mitarbeiter [55].)

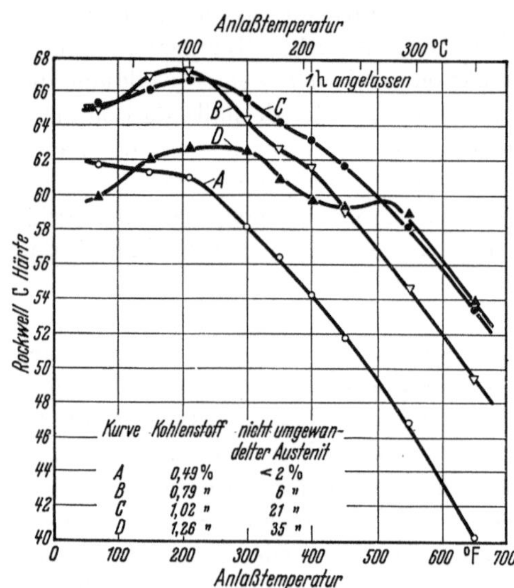

Abb. 8.3. Anlaß-Härtekurven von Stählen mit 0,49 bis 1,26% C für eine Anlaßzeit von einer Stunde bei verschiedenen Temperaturen. (FLETCHER und COHEN [50].)

Bei einer Untersuchung über die Anlaßhärte von Jominy-Proben in den Union Carbide and Carbon Research Laboratories wurde beobachtet, daß am martensitischen wasserabgeschreckten Ende der Proben das Aussehen des Martensits in drei Typen eingeteilt werden kann (Abb. 8.4). Typ I nahe dem wasserabgeschreckten Ende besteht aus gut ausgebildeten Nadeln, wogegen Typ III in der Nähe höherer Umwandlungstemperatur weniger gut ausgebildete Nadeln aufweist und angelassen aussieht.

Man nimmt an, daß die Gefügeunterschiede der drei Typen in erster Linie den verschiedenen Grad des Selbstanlassens während des Abschreckens darstellen. Wenn Restaustenit entsteht, wird er bei Typ II und III in größerem Umfange vorliegen als bei Typ I, was mit MATHEWS [101] Beobachtung übereinstimmt, wonach größere Spannung bei sehr starker Abkühlung eine vollständige Umwandlung fördert. Beim Anlassen im Gebiet von 205—315°C (400 bis 600°F) tritt beim Martensit

Typ I ein unverhältnismäßig starkes Weicherwerden ein, wie es Abb. 8.5 zeigt. In der kaum voll ausgehärteten Zone, bei der das Gefüge vornehmlich aus Martensit Typ III besteht, wurde geringes oder kein Weicherwerden festgestellt. In der nächsten Zone, die im wesentlichen

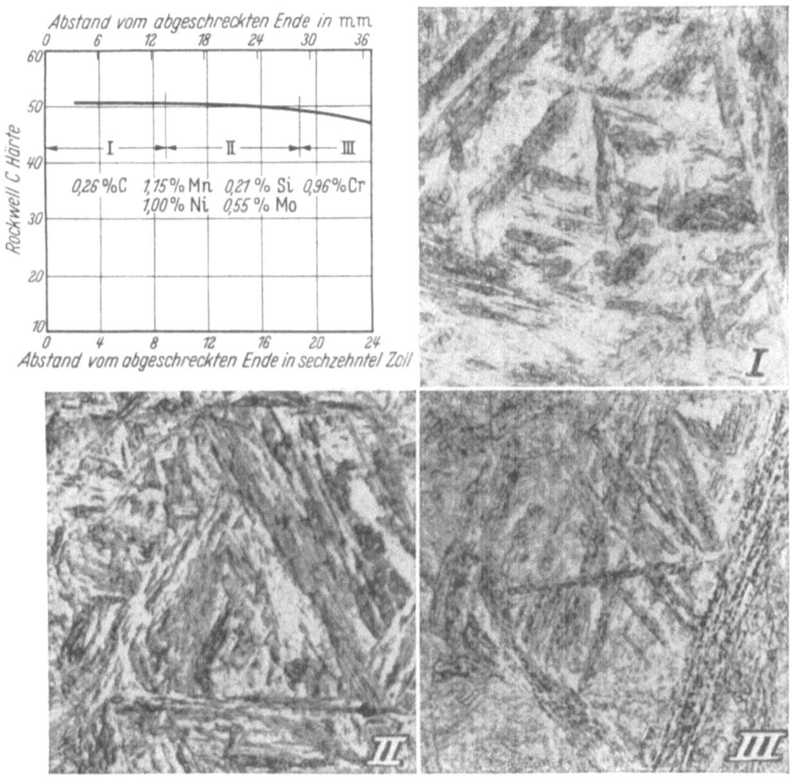

Abb. 8.4. Martensit-Typen in gehärteten Jominy-Proben. Originalvergrößerung 2000 mal; reduziert auf ¹/₃.

martensitisch mit etwas Bainit und Ferrit ist und infolgedessen eine geringere Abschreckhärte hat, bringt das Anlassen eine Härtesteigerung mit sich, wobei der Anstieg kleiner als die Anfangshärte ist und der Prozentanteil an Martensit abnimmt. Diese Härteänderungen sind noch nicht genügend studiert worden, um genaue Begründungen geben zu können. Die Ferrit-Bainit-Martensit-Struktur wird jedoch einen namhaften Betrag an Restaustenit enthalten, wie es KLIER und LYMAN [91] gezeigt haben, der die Härtesteigerung bedingt, wenn er sich beim Anlassen umwandelt. Diese Beobachtungen sind in Verbindung mit dem Verhalten von gehärteten hochkohlenstoffhaltigen Getriebestählen von

9b*

Interesse, die mehr als ein Minimum an Legierungszusätzen zu erfordern scheinen, um eine martensitische Struktur hoher Zähigkeit zu erzielen.

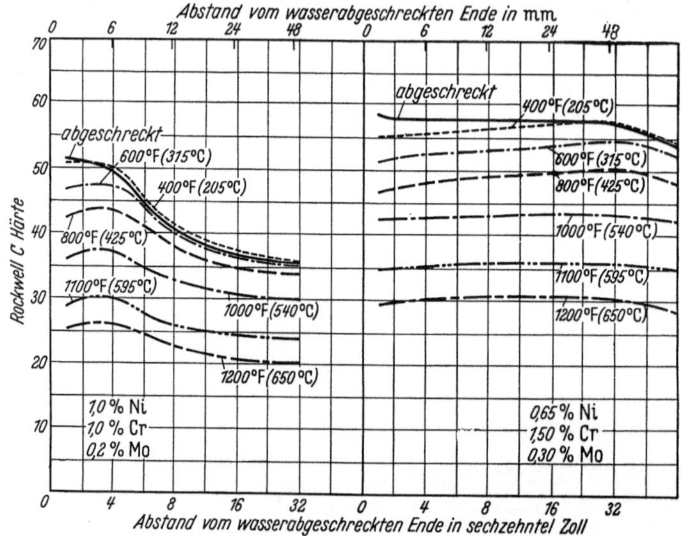

Abb. 8.5. Anlaß-Jominy-Härtekurven von halbtief eingehärteten (linke Kurven) und tief eingehärteten (rechte Kurven) Stählen.

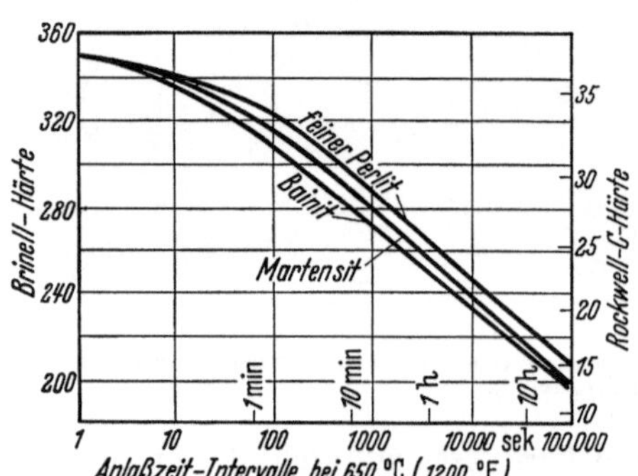

Abb. 8.6. Erweichungsgeschwindigkeit bei 650° C (1200° F) der drei charakteristischen Strukturen bei gleicher Ausgangshärte. (ENGEL [47].)

In der dritten Anlaßstufe nimmt die Härte bei reinen Kohlenstoffstählen mit der Anlaßtemperatur laufend ab. Bei Strukturen, die sich beim Abschrecken auf erhöhte Temperatur aus Austenit in Perlit und Bainit bilden, tritt eine verhältnismäßig geringe Härteänderung bei Anlaßtemperaturen in der Nähe der Temperatur ein, bei der sich die Karbide gebildet haben. So wird der ungehärtete Teil der Jominy-Probe nach Abb. 8.5 nicht wesentlich weicher, wenn die Temperatur von mehr als 425°C (800°F) erreicht worden ist. ENGEL [47] zeigte, daß bei hohen Anlaßtemperaturen die Erweichungsgeschwindigkeit für Martensit, Bainit und Perlit praktisch gleich ist (Abb. 8.6).

8.3. Allgemeine Einflüsse der Legierungselemente auf die Anlaßhärte.

Sieht man von der gesteigerten Neigung, Restaustenit zu bilden, ab, so scheinen alle Legierungselemente außer Silizium einen geringen Einfluß auf die Härte der zwei ersten Anlaßstufen zu haben. Dieses ist durch Arbeiten von FLETCHER und COHEN [50] und von CRAFTS und LAMONT [38] gezeigt worden. Bei Anlaßtemperaturen im Bereich oberhalb 425°C (800°F) bedingen jedoch die karbidbildenden Elemente Mangan, Chrom, Molybdän und Vanadin bekanntlich eine wesentlich höhere Härte und Festigkeit bei der gleichen Behandlung, als diese bei praktisch legierungsfreien Stählen erreicht werden. Dieses zeigen eindeutig die mechanischen Werte nach SISCO [132], die Tab. 8.1 im Auszug enthält. In entsprechender Weise verhindern die Karbidbildner ein Erweichen beim Anlassen und ermöglichen so ein Anlassen bei einer beträchtlich höheren Temperatur, als dieses bei unlegierten C-Stählen zur Erzielung einer bestimmten Härte und Festigkeit üblich ist. Dieses zeigt Tab. 8.2.

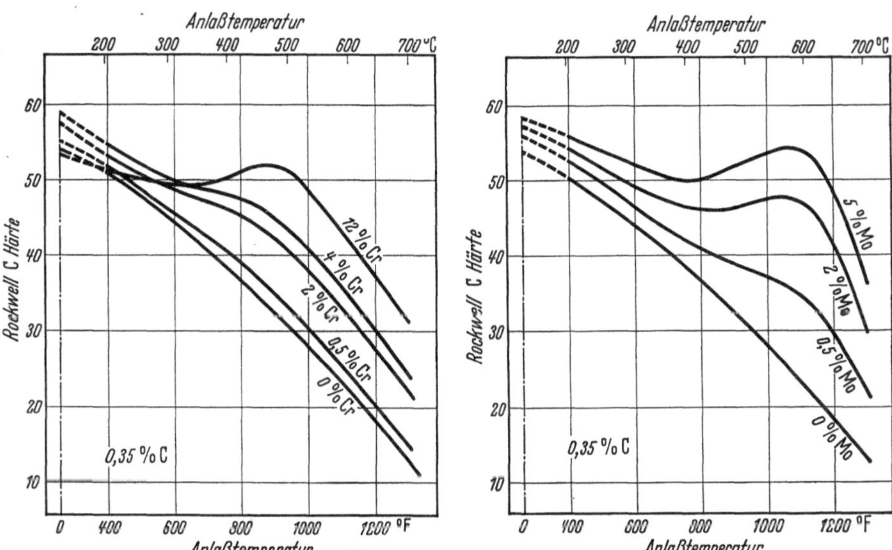

<table>
<tr><td>

Abb. 8.7. Einfluß von Chrom auf die Anlaßbeständigkeit eines Stahles mit 0,35% Kohlenstoff. (BAIN [19].)

</td><td>

Abb. 8.8. Einfluß von Molybdän auf die Anlaßbeständigkeit eines Stahles mit 0,35% Kohlenstoff. (BAIN [19].)

</td></tr>
</table>

Der verzögernde Einfluß der karbidbildenden Elemente beim Anlassen, wenn diese in größeren Mengen vorhanden sind, zeigt qualitativ Abb. 8.7 und 8.8 nach BAIN [19]. Bei Anlaßtemperaturen von 540°C (1000°F) erhöht die Steigerung des Chromgehaltes von 0 auf 2% die Rockwell-C-Härte um etwa 10 Einheiten; etwa 0,5% Molybdän hat annähernd den gleichen Effekt.

Tabelle 8.1.

Kennzeichnende Festigkeitseigenschaften von SAE Kohlenstoff- und niedriglegierten Stählen, die in Öl abgeschreckt und bei 540° C (1000° F) angelassen wurden[1].

Stahl N:	Zusammensetzung in % analysiert					Zugfestigkeit kg/mm²	Streckgrenze kg/mm²	Dehnung % bezogen auf 50,8 mm (2 in.) Länge	Einschnürung in %
	C	Mn	Ni	Cr	Mo				
1045	0,45	0,75				77,3	54,8	20	50
1340	0,40	1,75				99,1	84,4	18	52
3140	0,40	0,75	1,25	0,60		100,5	83,7	17	57
4140	0,40	0,75		1,00	0,20	119,5	103,3	16	56
4340	0,40	0,65	1,75	0,65	0,35	129,4	112,5	15	52

Tabelle 8.2.

Kennzeichnende Festigkeitseigenschaften von SAE Kohlenstoff- und niedriglegierten Stählen, behandelt auf eine Zugfestigkeit von 105,5 kg/mm² (150000 lb. per sq in.)[1].

Stahl N:	Zusammensetzung in % analysiert					Anlaßtemperatur		Streckgrenze kg/mm²	Dehnung % bezogen auf 50,8 mm (2 in.) Länge	Einschnürung in %
	C	Mn	Ni	Cr	Mo	°C	°F			
1045	0,45	0,75				315	600	80,1	10	35
1060	0,60	0,75				400	750	79,4	15	45
1340	0,40	1,75				510	950	90,0	16	50
3130	0,30	0,65	1,25	0,60		455	850	90,0	17	57
3140	0,40	0,75	1,25	0,60		510	950	89,3	17	56
4130	0,30	0,65		0,65	0,20	565	1050	92,1	20	61
4140	0,40	0,75		1,00	0,20	595	1100	92,1	18	60
4340	0,40	0,65	1,75	0,65	0,35	650	1200	91,4	19	57
8640	0,40	0,90	0,50	0,50	0,20	565	1050	100,5	17	53
8740	0,40	0,90	0,50	0,50	0,25	595	1100	91,4	18	56

8.4. Einfluß der Legierungselemente auf die Anlaßhärte bei niedriglegierten Stählen.

Der Einfluß der Legierungselemente auf die Anlaßhärte der Stahlsorten des Maschinenbaus ist von CRAFTS und LAMONT [38] bestimmt worden. Es wurde dabei angenommen, daß die Anlaß-Rockwell-C-Härte von der Härte im abgeschreckten Zustand, der Zusammensetzung, der Anlaßtemperatur und der Anlaßzeit abhängt. Die Methode gründet sich auf Härtemessungen, die an endabgeschreckten Jominy-Proben einfach und mehrfach legierter Stähle vor und nach 2stündigem Anlassen zwischen 205 und 650°C (400 und 1200°F) vorgenommen wurden. Die berechneten Härtewerte wurden mit den Werten verglichen, die an abgeschreckten und angelassenen Bolzen aus Kohlenstoff- und legierten Stählen zwischen etwa 12,7 und 102,6 mm (½ und 4 in.) im Durch-

---

[1] SISCO [132]. Die Werte wurden an 12,73 mm (0,505 in.) Proben bestimmt, die aus Rundbolzen von etwa 25,4 mm (1 in.) Durchmesser im abgeschreckten Zustand herausgearbeitet wurden.

messer gemessen wurden, wobei die Übereinstimmung $\pm$ 5 Rockwell C betrug.

Abb. 8.9 zeigt die allgemeine Methode der Rechnung, die im nächsten Abschnitt ausführlicher beschrieben wird, in der die Abschreckhärte (Härte im abgeschreckten Zustand) gegen die Härte nach dem Anlassen bei einer gegebenen Anlaßtemperatur aufgetragen ist. Die Abschreck-

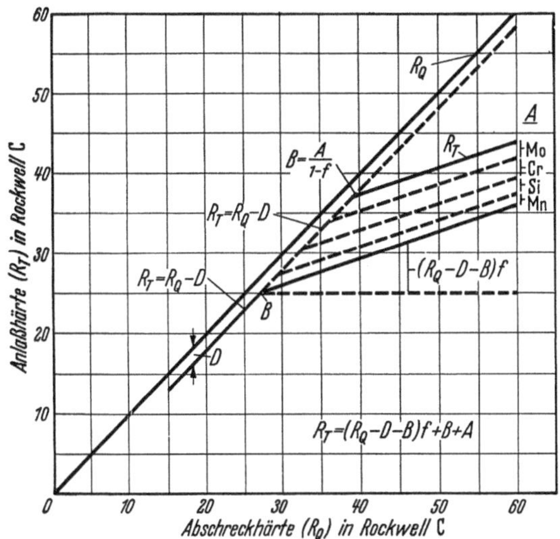

Abb. 8.9. Schematisches Diagramm zur Berechnung der Anlaßhärte. (CRAFTS und LAMONT [38].)

härte (R_Q) liegt auf einem Punkt der 45-Grad-Linie. Nach dem Anlassen erniedrigt sich die Härte (R_T) um einen bestimmten Betrag D, der von der Höhe der Anfangshärte unabhängig ist, plus einem zusätzlichen Betrag bei Stählen mit einer hohen Abschreckhärte. Die Abnahme ist bei gehärteten Stählen dann geringer, wenn diese Legierungselemente enthalten, so daß letztere als zu addierende Härtesteigerer für diejenige

Tabelle 8.3. *Prozentanteil der Legierungselemente, der bei verschiedenen Anlaß-temperaturen den Härteabfall um eine Rockwell-C-Einheit verzögert.*

Element	Anlaßtemperaturen					
	205°C (400°F)	315°C (600°F)	425°C (800°F)	540°C (1000°F)	595°C (1100°F)	650°C (1200°F)
Mangan	1,33	0,65	0,40	0,40	0,40	0,40
Silizium[1]		0,22	0,22	0,22	0,22	0,22
Chrom[1]	1,33	0,45	0,19	0,19	0,19	0,19
Nickel				3,33	1,67	0,77
Molybdän[1]		0,32	0,13	0,06	0,06	0,06

[1] Bis zu 1% Silizium, 1,5% Chrom oder 0,5% Molybdän.

Härte angesehen werden können, die bei legierungsfreier Zusammensetzung erzielt wird. Die Prozentanteile der Legierungselemente, die den Härteabfall um 1 Rockwell C verzögern, zeigt Tab. 8.3.

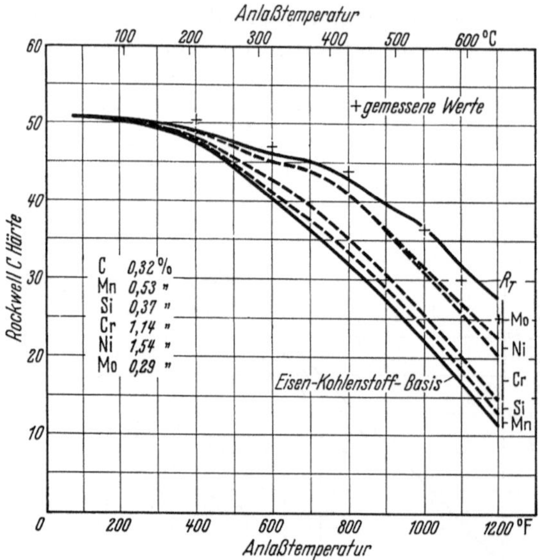

Abb. 8.10. Anlaßhärte-Temperaturkurven zeigen schematisch den Einfluß der Legierungselemente auf die Verschiebung des Weicherwerdens. (CRAFTS und LAMONT [38].)

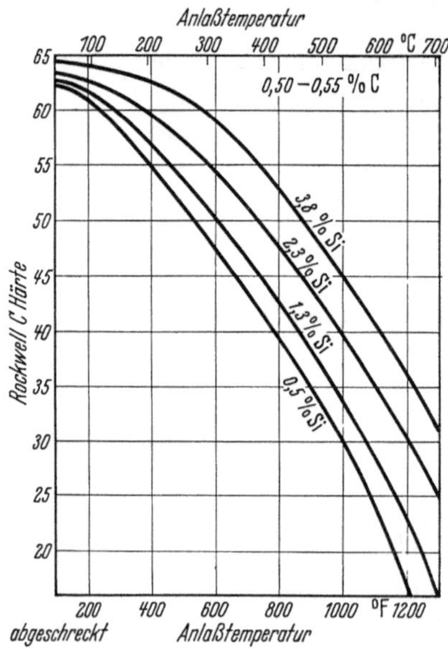

Es muß betont werden, daß jedes Legierungselement mit Ausnahme von Nickel den Härteabfall auf eine höhere Temperatur verschiebt, bis der maximale Effekt bei einer für jedes Element charakteristischen Temperatur erreicht ist. Die charakteristischen Temperaturen, bei denen das Maximum der Verzögerung des Härteabfalls für die einzelnen Legierungselemente beim Anlassen liegt, sind folgende: Silizium 315°C (600°F), Mangan und Chrom 425°C (800°F), Molybdän

Abb. 8.11. Erhöhung der Anlaßbeständigkeit eines 0,50—0,55%igen Kohlenstoffstahles durch Silizium bei einer Anlaßzeit von 1 h. (BAIN [19].)

540°C (1000°F) und Vanadin 595°C (1100°F). Oberhalb dieser Temperatur fällt die Härte eines legierten Stahles nach Abb. 8.10 mit Steigerung der Temperatur in gleicher Weise wie bei einem Kohlenstoffstahl ab, nur daß die Härtewerte höher liegen.

Es ist augenscheinlich, daß die Karbidbildner Chrom, Molydbän und Vanadin für die Erhaltung der Festigkeit bei hohen Anlaßtemperaturen besonders geeignet sind. Andererseits ist bei niedrigen Temperaturen Silizium wirksam, wie es Abb. 8.11 anzeigt. Hoch kohlenstoffhaltige Stähle für Getriebe mit etwas unter 1% Silizium haben nach dem Härten und Anlassen bei 205—260°C (400—500°F) eine um 21 kg/mm² (30000 lb. per sq. in.) höhere Festigkeit als bei dem üblichen Siliziumgehalt. Nickel hat bei Anlaßtemperaturen bis 540°C (1000°F) einen kleinen Einfluß.

8.5. Berechnung der Anlaßhärte nach der Additionsmethode.

Bei der Additionsmethode [38] zur Bestimmung der Anlaßhärte in Rockwell C nach einer Anlaßzeit von 2 Stunden wird folgende Formel angewandt:

$$R_T = (R_Q - D - B) f + B + A$$

wobei bedeutet:

R_T = Anlaßhärte

R_Q = Abschreckhärte

D = Abnahme durch Anlassen (decrement) nach Abb. 8.18

B = kritische Härte für Kohlenstoffgehalt und Anlaßtemperatur nach Abb. 8.19

f = Anlaßfaktor für Kohlenstoffgehalt und Anlaßtemperatur nach Abb. 8.20

A = Summe des Zuwachses der einzelnen Legierungselemente nach den Abb. 8.13 bis 8.17.

Zur Vermeidung von Rechnungen für die Bestimmung der Anlaßhärte dient das Nomogramm der Abb. 8.12. Die Benutzung dieser Rechentafel setzt voraus, daß die Abschreckhärte, der Kohlenstoffgehalt und der Gesamtzuwachs, um den die Legierungsanteile bei einer bestimmten Anlaßtemperatur den Härteabfall verzögern, bekannt sind. Der Zuwachs durch die Legierungsanteile wird jeweils aus den Abb. 8.13 bis 8.17 bestimmt. Es soll zum Beispiel die Anlaßhärte des Stahles 8645 im Temperaturbereich zwischen 205 und 650°C (400 und 1200°F) bestimmt werden. Die jeweiligen Verschiebungen des Härteabfalls nach höheren Anlaßtemperaturen (Zuwachs) durch die einzelnen Legierungselemente für jede Anlaßtemperatur werden festgelegt und sind in Tab. 8.4 zusammengefaßt.

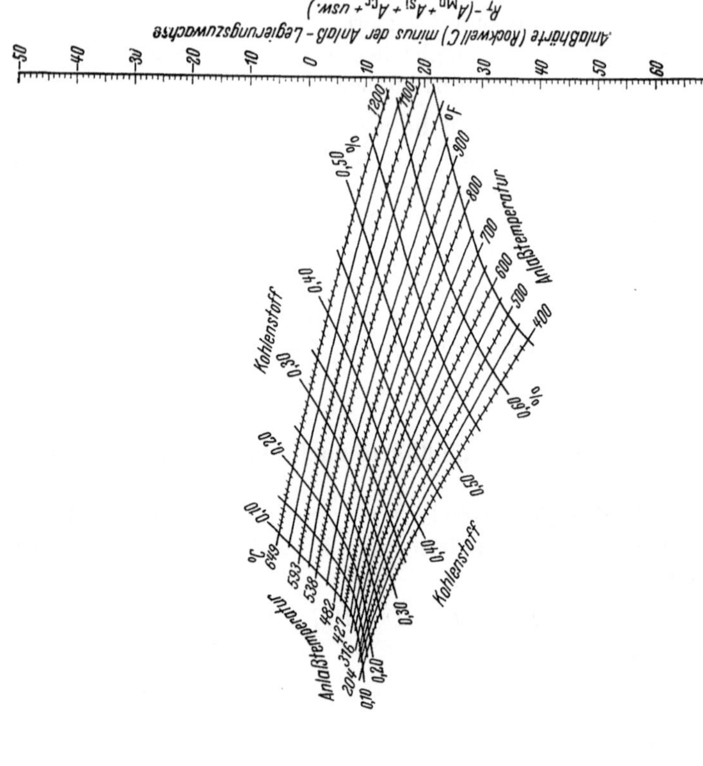

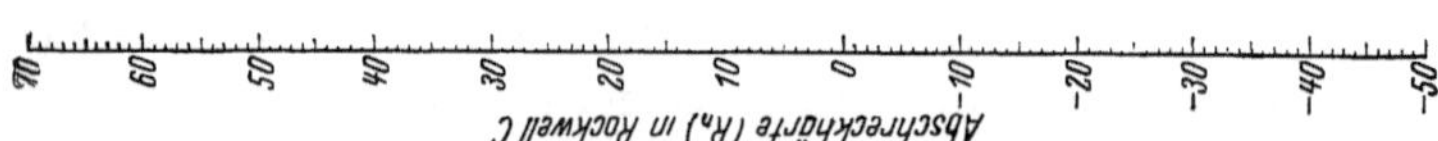

Abb. 8.12. Nomogramm zur Bestimmung der Jominy-Härte nach dem Anlassen über 2 h. (CRAFTS und LAMONT [38].)

Tabelle 8.4.

Verschiebung des Härteabfalls durch die Legierungsanteile beim Stahl 8645.

Element	Prozent-anteil	Hinweis auf Abb.	Zuwachs bei Anlaßtemperaturen von					
			205° C (400° F)	315° C (600° F)	425° C (800° F)	540° C (1000° F)	595° C (1100° F)	650° C (1200° F)
C	0,45							
Mn	0,85	8.13	0,6	1,3	2,1	2,1	2,1	2,1
Si	0,22	8.14	0,0	1,0	1,0	1,0	1,0	1,0
Ni	0,50	8.15	0,0	0,0	0,0	0,2	0,3	0,7
Cr	0,50	8.16	0,4	1,1	2,6	2,6	2,6	2,6
Mo	0,20	8.17	0,0	0,6	1,4	3,6	3,6	3,6
Summe des Zuwachses			1,0	4,0	7,1	9,5	9,6	10,0

Mit dem Nomogramm der Abb. 8.12 wird folgendermaßen gearbeitet: Man zieht eine gerade Verbindungslinie zwischen der Abschreckhärte am

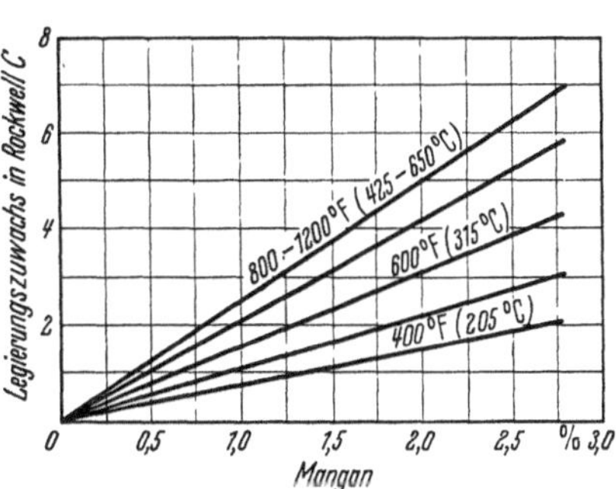

Abb. 8.13. Einfluß des Mangans auf die An-laßbeständigkeit bei verschiedenen Anlaß-temperaturen. (CRAFTS und LAMONT [38].)

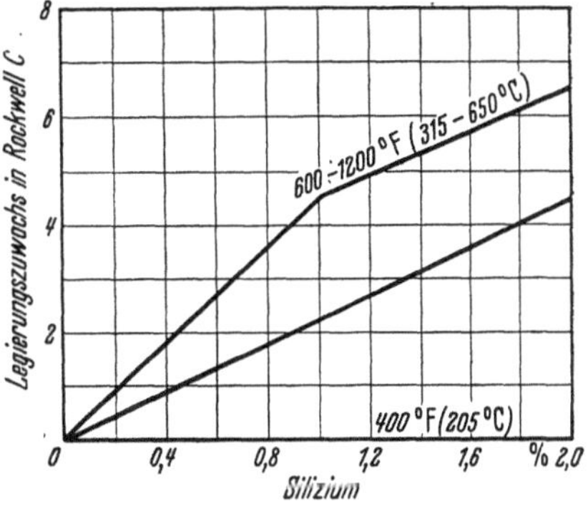

Abb. 8.14. Einfluß des Siliziums auf die An-laßbeständigkeit bei verschiedenen Anlaß-temperaturen. (CRAFTS und LAMONT [38].)

linken Bildrand und dem Schnitt-punkt der Linien des Kohlenstoff-gehaltes und der Anlaßtemperatur im Gitter und verlängert diese bis zum rechten Bildrand. Hier findet man die Härte der „reinen" Eisen-Kohlenstoff-Legierung, wozu der vorher bestimmte Gesamtzuwachs der Härtewerte aller Legierungs-elemente addiert wird. Als Beispiel sei angenommen, daß ein voll aus-gehärteter Bolzen des Stahles 8645 von 25,4 mm (1 in.) Durchmesser

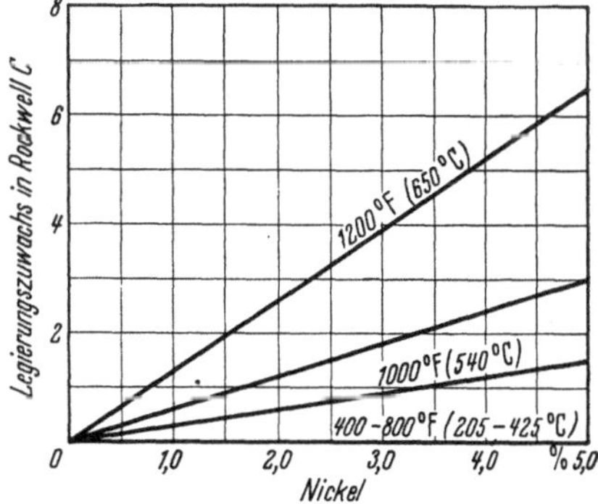

Abb. 8.15. Einfluß von Nickel auf die Anlaß-beständigkeit bei verschiedenen Anlaßtempera-turen. (CRAFTS und LAMONT [38].)

eine Abschreckhärte von 57,6 Rockwell C habe und die Härte nach dem Anlassen bei 540°C (1000°F) zu bestimmen sei. Man zieht eine gerade Verbindungslinie zwischen 57,6 Rockwell C auf der Ordinate links und dem 'Schnittpunkt der Linien für 540°C (1000°F) und für 0,45%

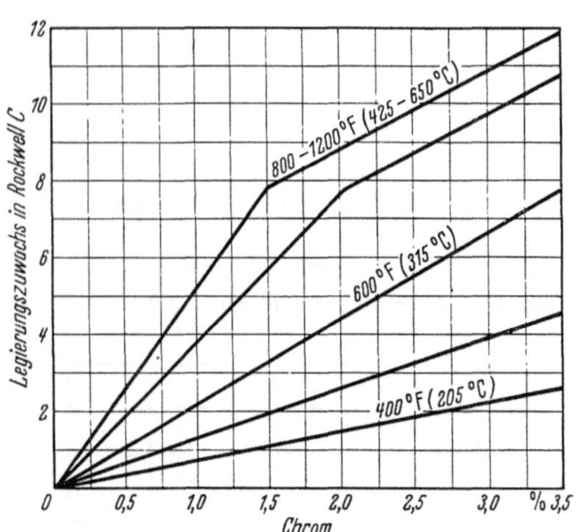

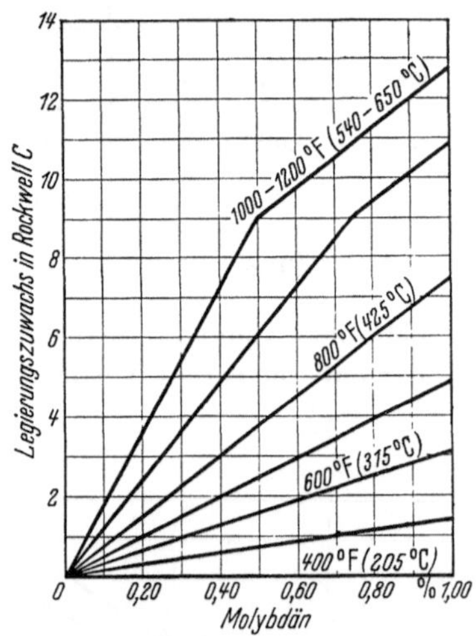

Abb. 8.16. Einfluß von Chrom auf die Anlaßbeständigkeit bei verschiedenen Anlaßtemperaturen. (CRAFTS und LAMONT [38].)

Abb. 8.17. Einfluß des Molybdäns auf die Anlaßbeständigkeit bei verschiedenen Anlaßtemperaturen. (CRAFTS und LAMONT [38].)

Kohlenstoff. Die Härte der „reinen" Eisen-Kohlenstoff-Legierung nach dem Anlassen auf 540°C (1000°F) ist dann 24,1 Rockwell C, wie man am rechten Rand ablesen kann. Die Anlaßhärte des Stahles findet man durch Addition des Legierungszuwachses für 540°C (1000°F), das sind nach Tab. 8.4 9,5 Rockwell C, zu 24,1 Rockwell C für die „reine" Eisen-Kohlenstoff-Legierung, so daß damit die Anlaßhärte mit 33,6 Rockwell C bestimmt ist. In ähnlicher Weise wird die Anlaßhärte des Stahles

Tabelle 8.5. *Berechnete Anlaßhärte des Stahles 8645 für Anlaßtemperaturen von 205–650° C (400–1200° F) mit Hilfe des Nomogramms der Abb. 8.12.*

Stufen der Berechnung	Härte bei einer Anlaßtemperatur von					
	205° C (400° F)	315° C (600° F)	425° C (800° F)	540° C (1000° F)	595° C (1100° F)	650° C (1200° F)
Härte der Eisenkohlenstoff-Grundlegierung	54,0	44,4	35,0	24,1	19,0	13,4
(plus) Summe des gesamten Zuwachses durch die Legierungsbestandteile	1,0	4,0	7,1	9,5	9,6	10,0
Anlaßhärte des Stahles in Rockwell C	55,0	48,4	42,1	33,6	28,6	23,4

8645 für andere Anlaßtemperaturen bestimmt; die Härtewerte sind in Tab. 8.5 aufgezeichnet.

Die Interpolation der Anlaßhärtewerte für Temperaturen zwischen 205 und 650°C (400 und 1200°F) zeigt, daß dieser Stahl eine Anlaßhärte von 33 Rockwell C hat, wenn er 2 Stunden bei 550°C (1020°F) angelassen wird, und unter Benutzung der Umrechnungstafel der Abb. 9.1 eine Zugfestigkeit von 105,5 kg/mm² (150000 lb. per sq. in.) hat. Diese Berechnung liegt innerhalb der Fehlergrenze von ± 5 Rockwell C oder 10,5 kg/mm² (15000 lb. per sq. in.) Zugfestigkeit.

Die Anlaßhärte wird demnach so berechnet, daß in der Formel die Rockwell-C-Härte im abgeschreckten Zustand und die Zahlenwerte der anderen Ausdrücke unter Berücksichtigung der Anlaßtemperatur eingesetzt werden. Die Zahlenwerte für das Anlaßdekrement D, die kritische Härte B und den Verschiebungsfaktor f für das Weichwerden können jeweils den Abb. 8.18 bis 8.20 entnommen werden. Für den Stahl 8645 haben die Faktoren den in der Tab. 8.6 angegebenen Wert.

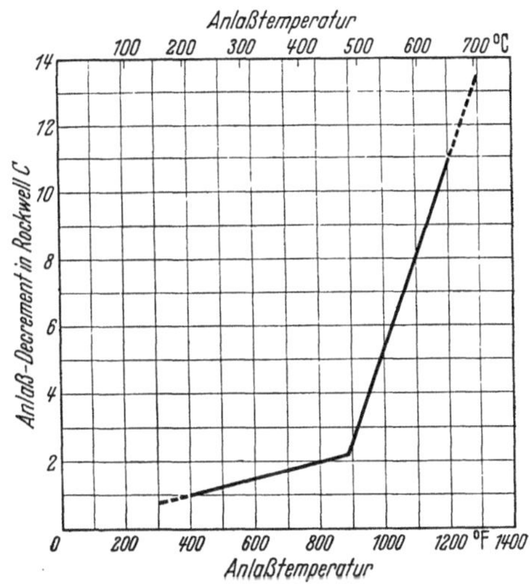

Abb. 8.18. Härteabnahme (decrement D) durch Anlassen bei „ungehärtetem" Stahl. (CRAFTS und LAMONT [38]·)

Tabelle 8.6. *Zahlenwerte zur Berechnung der Anlaßhärte des Stahles 8645 bei Anlaßtemperaturen von 205—650° C (400—1200° F).*

Berechnungs- faktoren	Hinweis auf Abb.	Härte für eine Anlaßtemperatur von					
		205° C (400° F)	315° C (600° F)	425° C (800° F)	540° C (1000° F)	595° F (1100° F)	650° C (1200° F)
Abschreck- härte R_a	—	57,6	57,6	57,6	57,6	57,6	57,6
Anlaß- dekrement D	8.18	1,0	1,5	2,0	5,3	8,0	10,7
Kritische Härte B	8.19	50,6	34,0	22,3	13,1	9,8	6,1
Anlaßfaktor f	8.20	0,57	0,47	0,38	0,28	0,23	0,18

Diese Werte zusammen mit den Werten der Verschiebung des Härteabfalles nach höheren Anlaßtemperaturen für die einzelnen Legierungselemente nach Tab. 8.4 ergeben nach dem Einsetzen in die Formel

$$R_T = (R_Q - D - B)\,f + B + A$$

$$R_T\,(205°\text{C}) = (57,6 - 1,0 - 50,6)\,0,57 + 50,6 + 1,0 = 55,0$$
$$R_T\,(315°\text{C}) = (57,6 - 1,5 - 34,0)\,0,47 + 34,0 + 4,0 = 48,4$$
$$R_T\,(425°\text{C}) = (57,6 - 2,0 - 22,3)\,0,38 + 22,3 + 7,1 = 42,1$$
$$R_T\,(540°\text{C}) = (57,6 - 5,3 - 13,1)\,0,28 + 13,1 + 9,5 = 33,6$$
$$R_T\,(595°\text{C}) = (57,6 - 8,0 - 9,8)\,0,23 + 9,8 + 9,6 = 28,6$$
$$R_T\,(650°\text{C}) = (57,6 - 10,7 - 6,1)\,0,18 + 6,1 + 10,0 = 23,4$$

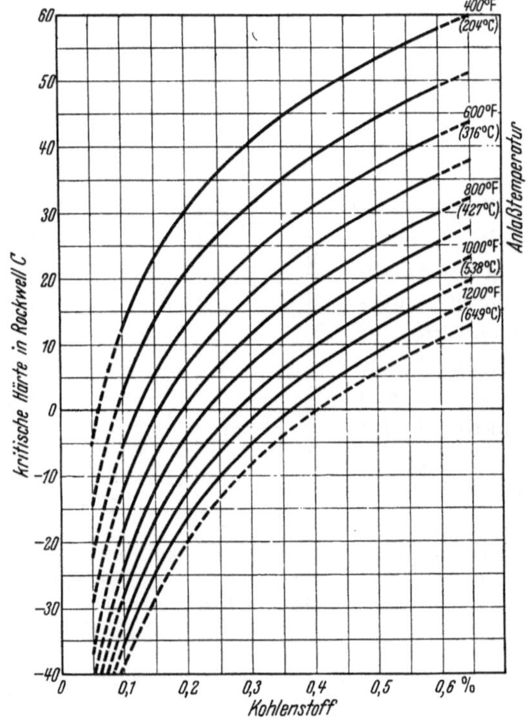

Abb. 8.19. Kritische Härte (B) bei legierungsfreiem Stahl, bedingt durch den Kohlenstoffgehalt und die Anlaßtemperatur. (CRAFTS und LAMONT [*38*].)

Wenn der berechnete Wert für R_T größer als $R_Q - D$ ist, dann ist $R_Q - D$ die Anlaßhärte. Da dieses jedoch bei dem Stahl 8645 nicht der Fall ist, sind die berechneten Werte für R_T die Zahlenwerte der Rockwell-C-Härte nach dem Anlassen bei den angegebenen Temperaturen.

In Stählen, die Vanadin enthalten, weichen die Grundfaktoren für die Berechnung der Anlaßhärte von denen der aluminiumbehandelten Stähle ab. Außerdem wird die Berechnung dadurch verwickelter, daß der Einfluß des Vanadins auf die Hinausschiebung des Härteabfalls beim Anlassen mit dem Kohlenstoffgehalt des Stahles variiert. Der Einfluß des Vanadins auf die Anlaßhärte kann bestimmt werden; der angenäherte

Zuwachs, um den 0,15% Vanadin die Härte angelassener Stähle steigert,
ist in Tab. 8.7 ausgeführt.

Tabelle 8.7.

*Angenäherter Härtezuwachs für 0,15% Vanadin in Stählen mit bestimmten Kohlen-
stoffgehalten beim Anlassen auf die genannten Temperaturen.*

% Kohlenstoff	540° C (1000° F)			595° C (1100° F)			650° C (1200° F)		
	ungehärtet	teilausgehärtet	vollausgehärtet	ungehärtet	teilausgehärtet	vollausgehärtet	ungehärtet	teilausgehärtet	vollausgehärtet
0,20	4,5	7,0	6,0	7,1	12,0	8,5	8,2	15,0	7,0
0,30	4,5	4,0	5,0	7,1	8,0	7,5	8,2	11,0	6,5
0,40	4,5	2,0	5,0	7,1	7,5	7,5	8,2	8,0	6,5
0,50	4,5	1,0	5,0	7,1	7,0	7,5	8,2	8,0	5,0

Bei Anlaßtemperaturen unterhalb etwa
540°C (1000°F) nähert
sich die Härte der Vanadinstähle denen der
aluminiumbehandelten
Stähle, so daß der Zuwachs für Anlaßtemperaturen unter 540° C
(1000°F) nicht aufgeführt ist. Die Anlaßhärte
eines Stahles mit 0,15%
Vanadin wird deshalb
nach der Methode bestimmt, die im vorausgehenden Abschnitt beschrieben worden ist,
wobei der Zuwachs der
Härte für Vanadin nach
Tab. 8.7 addiert wird.
Zum Beispiel betrug im
vorhergehenden Abschnitt die Härte des
vollausgehärteten Stahles 8645 nach dem An

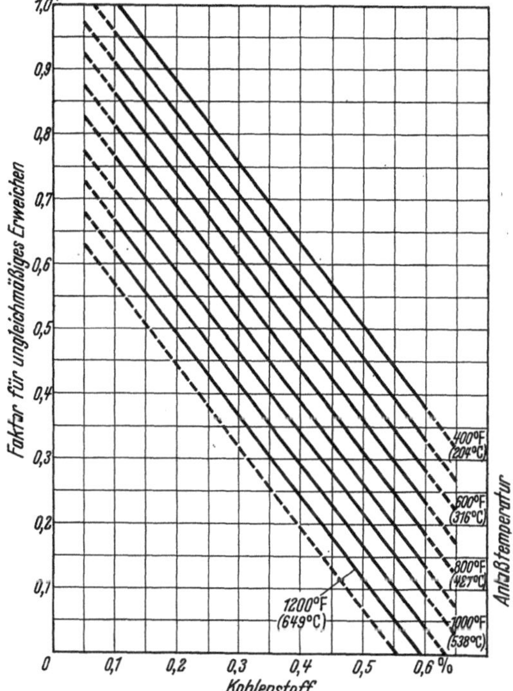

Abb. 8.20. Faktor (*f*) für ungleichmäßiges Erweichen in „gehärteten" Stählen, bedingt durch den Kohlenstoffgehalt und
die Anlaßtemperatur. (CRAFTS und LAMONT [*38*].)

lassen bei 595°C (1100°F) 28,6 Rockwell C. Aus der Tab. 8.7 ergibt
sich, daß 0,15% Vanadin diese um 7,5 Rockwell C erhöhen würde.
Die Härte dieses Stahles 8645 mit 0,15% Vanadin würde deshalb nach
dem Anlassen bei 595°C (1100°F) über 2 Stunden 28,6 + 7,5 = 36,1
Rockwell C sein.

8.6. Bestimmung der Anlaßhärte aus dem idealen kritischen Durch- messer.

Die anfallende Anlaßhärte in Rockwell C nach dem Abschrecken und Anlassen über 1 Stunde zwischen 480 und 650°C (900 und 1200°F) kann aus der Abschreckhärte und aus dem idealen kritischen Durchmesser nach der von WELLAUER [138] entwickelten und in den Abb. 8.21 bis 8.23 erläuterten Methode bestimmt werden. Es soll zum Beispiel festgelegt werden, welche Anlaßtemperatur eine Zugfestigkeit von 123 kg/mm² (175000 lb. per sq. in.) oder eine Härte von 38 Rockwell C in der Mitte eines gehärteten Bolzens von 18,3 mm (0,72 in.) im Durchmesser des in Abschnitt 5.9 beschriebenen Stahles 8640 ergeben wird, der in Übereinstimmung mit Abschnitt 7.2 eine Härte im abgeschreckten Zustand von 55 Rockwell C hat. Da der berechnete ideale kritische Durchmesser mit 77,9 mm (3,68 in.) (siehe S. 95) größer als 76,2 mm (3,0 in.) ist, muß auf die Abb. 8.23 Bezug genommen

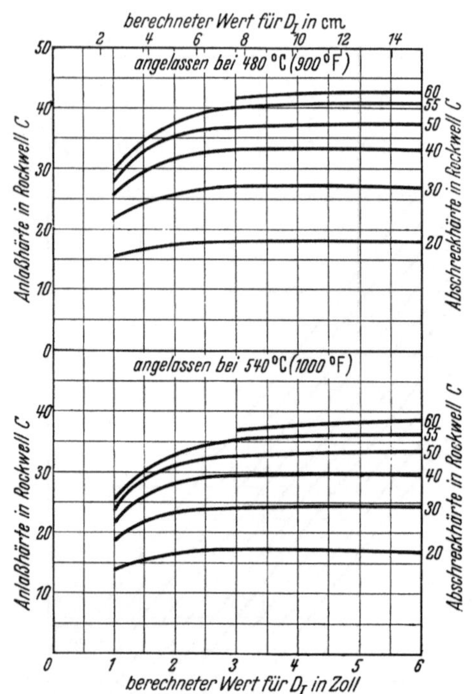

Abb. 8.21. Härte nach dem Anlassen bei 480 und 540°C (900 und 1000° F), bezogen auf die ideale kritische Größe und die Abschreckhärte. (WELLAUER [138].)

werden, in der die Anlaßhärte gegen die Anlaßtemperatur für verschie- dene Höhen der Abschreckhärte bei solchen Stählen aufgetragen ist, die einen größeren idealen kritischen Durchmesser haben als 76,2 mm (3,0 in.). Da die gewünschte Anlaßhärte 38 Rockwell C ist, zieht man eine Gerade horizontal bis zum Schnittpunkt mit der Linie, die die Abschreckhärte von 55 Rockwell C darstellt. Dann zieht man eine Ver- tikale durch diesen Schnittpunkt, die auf der Abszisse die erforderliche Anlaßtemperatur anzeigt, die die gewünschte Härte nach einstündigem Anlassen ergibt. Im vorliegenden Falle würde die Anlaßtemperatur von 520°C (965°F) die geforderte Härte von 38 Rockwell C ergeben. Durch Umkehrung dieses Verfahrens kann die Härte bestimmt werden, die durch das Anlassen bei verschiedenen Anlaßtemperaturen bei unterschiedlichen Abschreckhärten anfällt. Für berechnete ideale kritische Durchmesser kleiner als 76,2 mm (3,0 in.) können ähnliche Bestimmungen nach den Abb. 8.21 und 8.22 durch Interpolation gemacht werden. Der Fehler beträgt etwa ± 5 Rockwell C, ausgenommen bei Stählen mit hohem Silizium-, Vanadin- oder Molybdängehalt, bei denen größere Fehlergrenzen gefunden worden sind. Zugfestigkeit, Streckgrenze, Zähigkeit und Schlagfestigkeit werden aus den im nächsten Kapitel beschriebenen Diagrammen zur Bestimmung der Anlaßhärte festgelegt.

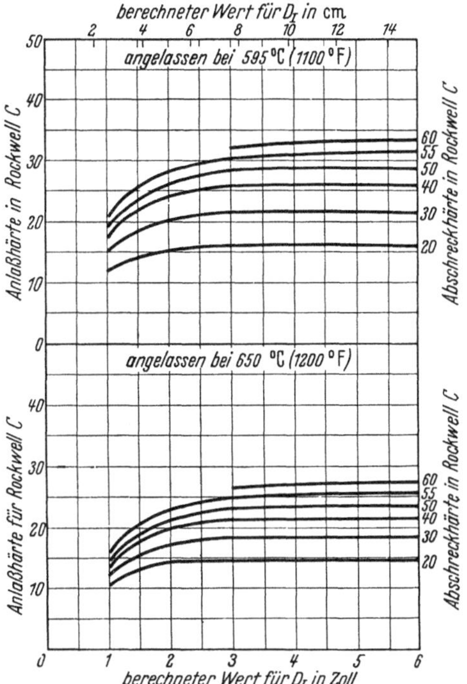

Abb. 8.22. Härte nach dem Anlassen bei 595 und 650° C (1100 und 1200° F), bezogen auf die ideale kritische Größe und die Abschreckhärte. (WELLAUER [*138*].)

8.7. Erklärung des Einflusses der Legierungselemente auf das Hinausschieben des Härteabfalls beim Anlassen.

Die Art und Weise, in der die Legierungselemente den Härteabfall abgeschreckter Stähle während des Anlassens verzögern, ist noch nicht zufriedenstellend erklärt worden. Wie es CRAFTS und LAMONT [*38*] gezeigt haben und es Abb. 8.24 erläutert, neigen

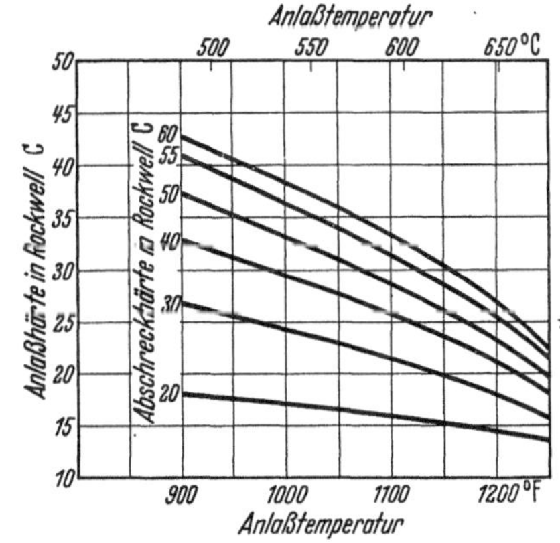

Abb. 8.23. Beziehung zwischen Anlaßtemperatur, Anlaßhärte und Abschreckhärte für Stähle mit idealem kritischen Durchmesser größer als 76,2 mm (3,0 in.). (WELLAUER [*138*].)

die Legierungselemente dazu, sich während des Anlassens bei hohen Temperaturen in den Karbiden anzuhäufen.

Bei Stählen mit hohen Anteilen an karbidbildenden Elementen bedeutet dieses eine Änderung der Zementitphase (Fe_3C) in ein Legierungskarbid.

Es ist eindeutig nachgewiesen worden, daß die Umwandlungen in Karbide beim Anlassen verlaufen. AUSTIN [15] zeigte z.B. nach einer Überarbeitung des ganzen Gebietes der Karbidbildung und der Beziehung der Karbide zum Grundwerkstoff beweiskräftig, daß eine Erhöhung der Anlaßtemperaturen und in einigen Fällen der Anlaßzeit üblicherweise den Prozentanteil an Legierungselementen in den Karbiden erhöht. Bei Manganstählen z.B. enthielt der Zementit in einem niedrig kohlenstoffhaltigen Stahl mit 2% Mangan nach einem Anlassen von 10 h bei 400°C (750°F) 4,6% Mangan und nach einem Anlassen von 50 h bei 680°C (1255°F) 17% Mangan.

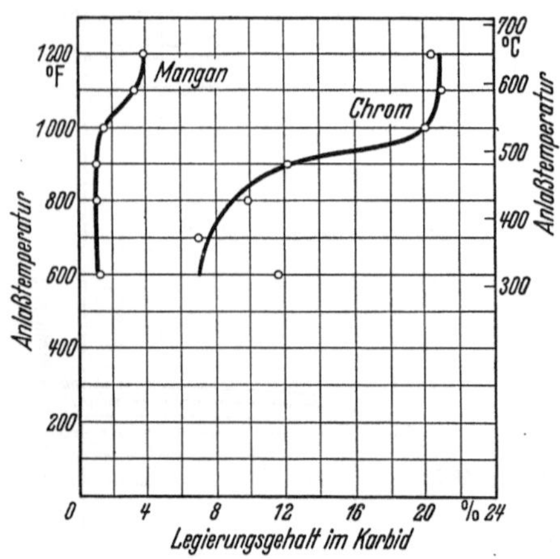

Abb. 8.24. Legierungsgehalt von elektrolytisch extrahierten Eisen-Mangan- und Eisen-Chrom-Karbiden. (CRAFTS und LAMONT [38].)

Entsprechende Zahlen aus der Literatur und aus noch unveröffentlichten Angaben führte AUSTIN für Chrom, Molybdän und Wolfram an. So wurde z.B. ein Stahl mit 0,5% Kohlenstoff und 5% Wolfram nach einer Homogenisierung bei 1150°C (2100°F) abgeschreckt, wonach die Karbide nach verschiedenen Anlaßbehandlungen extrahiert wurden. Bei einem Anlassen dieser Legierung bei 700°C (1290°F) stieg der Anteil an WC in den Karbiden von 10% bei einer Anlaßzeit von 5 h auf etwa 80% bei einer Anlaßzeit von 140 h. Der Anteil an $(FeW)_{23}C_6$ fiel während der gleichen Behandlung von 80% auf weniger als 10%. Daß diese Änderungen in den Legierungskarbiden während des Anlassens einen Einfluß auf die Härteänderungen haben, scheint außer Frage zu stehen, aber der zugrunde liegende Mechanismus ist noch keineswegs klar.

1923 nahmen BAIN und JEFFRIES [16] und später HOUDREMONT, BENNEK und SCHRADER [81] an, daß die Eisenkarbidpartikelchen, die sich nach dem Martensitzerfall bilden, die Neigung zum Wachsen haben, wobei gleichzeitig der Stahl weicher wird, daß aber bei einem Anlassen etwa in der Nähe von 595°C (1100°F) die Legierungskarbide in hochlegierten Stählen beständiger sind als die Eisenkarbide. Der Kohlenstoff neigt zur Diffusion in den Entstehungskern der Legierungskarbide, so daß die frisch gebildeten Partikelchen der Legierungskarbide sehr

kleiner Größe für den sekundären Härtungseffekt heranzuziehen ist, der oft beim Anlassen hochlegierter Stähle beobachtet wird (Abb. 8.7 und 8.8). Diese Theorie würde den Härteanstieg positiv erklären, aber nicht die in den vorausgehenden Abschnitten erläuterten Beobachtungen, daß die Legierungselemente nur den Härteabfall bei niedriglegierten Konstruktionsstählen hinausschieben. Quantitative Überlegungen lassen jedoch erkennen, daß die Verzögerung des Härteabfalls eines niedriglegierten Stahles wohl durch den gleichen Mechanismus wie der positive Härteanstieg bei höherlegierten Stählen erklärt werden kann, er erklärt jedoch nicht, daß der Betrag dieser Neigung unzureichend ist, mehr als eine Verzögerung des Härteabfalls herbeizuführen. Es besteht auch noch eine Unstimmigkeit zwischen der Temperatur der Karbidumwandlung nach Abb. 8.24 und der Temperatur, bei der die Härtungstendenz offenbar wird, und durch das Fehlen

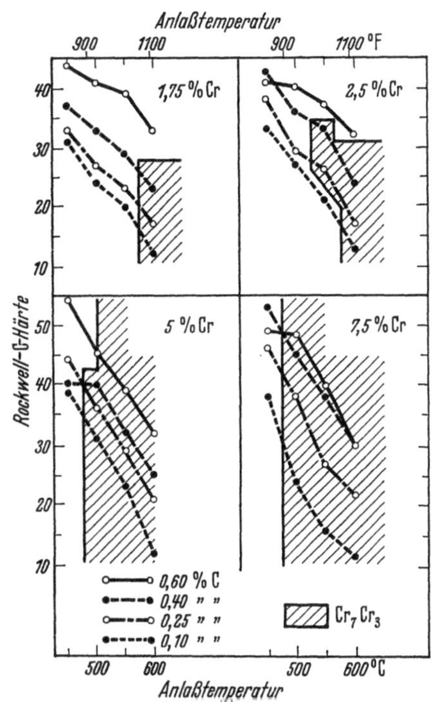

Abb. 8.25. Härte von abgeschreckten und 64 h angelassenen Chromstählen. (Crafts und Offenhauer [34].)

einer Ungleichmäßigkeit in der Härte bei der Änderung der Karbidphase, wie es Abb. 8.25 zeigt. Obgleich der Widerstand beim Anlassen, bedingt durch die karbidbildenden Elemente, mit dem Eintritt der Legierungsanteile in die Karbide zusammenzufallen scheint, ist die Natur des Vorgangs immer noch etwas ungeklärt.

Der positive Härteanstieg, wie er an einem 12%igen Chromstahl in Abb. 8.7 dargelegt ist, scheint teilweise durch Restaustenit bedingt zu sein. Dieses wird in Abb. 8.26 an einem Stahl gezeigt, der 1% Kohlenstoff, 5% Chrom und 1% Molybdän enthält. In diesem Falle entsteht die positive Sekundärhärtung nur, wenn die Abschrecktemperatur hoch genug ist, um die Härte im abgeschreckten Zustand durch Reste von Austenit zu erniedrigen. Wahrscheinlich wandelt sich der Restaustenit während des Anlaßvorganges um, so daß der neu gebildete Martensit die Härte erhöht. Allerdings nimmt die Sekundärhärtung in Schnelldrehstählen einen viel höheren Grad an, als er durch Restaustenit erklärt werden könnte, zumal die Sekundärhärte etwa die Höhe der Abschreck-

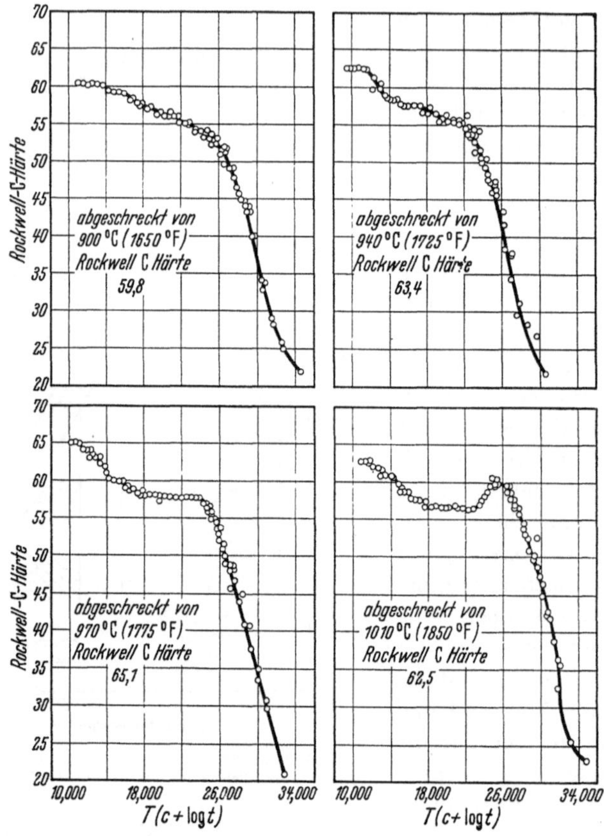

Abb. 8.26. Anlaßdiagramme eines Stahles mit 1% C, 5% Cr und 1% Mo, der in von 1010 °C (1800 °F) abgeschreckten Proben eine beträchtliche Nachhärtung zeigt, während diese in von niedrigeren Temperaturen abgeschreckten Proben fehlt. Im Ausdruck T $(c + \log t)$ bedeuten T = absolute Temperatur, t = Zeit, c = a Stahlkonstante). (ROBERTS, GROBE und MOERSCH JR. [119].)

härte erreicht. Daß in diesen Stählen eine intermetallische Verbindung zur Sekundärhärtung beiträgt und sie beschleunigt, ist auch als Erklärungsversuch herangezogen worden.

8.8. Einfluß der Zeit auf die Anlaßhärte.

Die Zeit, in der ein Stahl auf Anlaßtemperatur gehalten wird, hat auf den Grad des Härteabfalls und damit auf die Endhärte des Stahles einen großen Einfluß. Dieses zeigen die Abb. 8.27 und 8.6 (S. 140). BAIN [19] fand, daß der Härteabfall des Martensits bei abgeschreckten

reinen Kohlenstoffstählen etwa in linearer Beziehung zum Logarithmus
der Zeit steht, ausgenommen den sehr schnellen Abfall in den ersten
wenigen Sekunden und nach 1600 Stunden. HOLLOMON und JAFFE [75]
zeigten, daß die Einflüsse von Zeit
und Temperatur derart sind, daß
der Härteabfall des Stahles in
regelmäßiger und vorauszubestim-
mender Weise abläuft. Sie fanden,
daß der Härteabfall beim Anlassen
eine Funktion von beiden, der Zeit
und der Temperatur, ist, und daß
bei Kenntnis des Anlaßverlaufes
für eine gegebene Temperatur der
Verlauf für ein anderes Zeitintervall ausreichend genau vorausgesagt werden kann.

Zur Erläuterung sei gesagt, daß
dann, wenn die gebrauchten An-
laßzeiten von der 2-Stunden-Dauer
abweichen, die CRAFTS und LA-
MONT [38] für ihre Versuche ausgewählt haben (siehe Abschnitt 8.5),
der Zeitunterschied mit Hilfe der
von HOLLOMON und JAFFE [75]
ausgearbeiteten Methode auf die

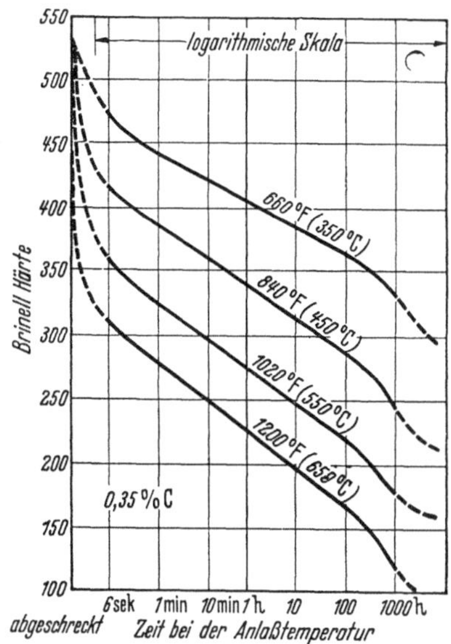

Abb. 8.27. Einfluß der Zeit auf das Erweichen
eines abgeschreckten 0,35 % igen Kohlenstoff-
stahls bei verschiedenen Anlaßtemperaturen.
(BAIN [19].)

Temperatur umgerechnet werden kann, wie es im einzelnen im nächsten Abschnitt besprochen wird. Die Berechnungen werden dabei auf
Faktoren für die umgerechnete Temperatur beruhen, die dem Anlassen
für 2 h der wirklichen Anlaßtemperatur für eine längere oder kürzere
Zeit äquivalent ist. Die folgende Formel für mittlere Kohlenstoffstähle
ist geeignet, die wirkliche Anlaßtemperatur auf die äquivalente Temperatur für die 2-Stunden-Periode mit Faktoren umzurechnen, die von
CRAFTS und LAMONT benutzt wurden:

$$T_2 = \frac{(T_1 + 459)\,(19{,}5 + \log t_1)}{19{,}801} - 459.$$

Diese Formel würde für Celsiusgrade lauten:

$$T_2 = \frac{(T_1 + 273)\,(19{,}5 + \log t_1)}{19{,}801} - 273.$$

Es bedeuten

T_1 = wirkliche Anlaßtemperatur in °F bzw. °C,
t_1 = wirkliche Anlaßzeit in Stunden,
T_2 = äquivalente Temperatur für die 2-h-Anlaßperiode in °F bzw. °C
$19{,}801 = 19{,}5 + \log 2$ h.

Als Beispiel sei angenommen, daß eine 4-h-Anlaßperiode bei einer Anlaßtemperatur von 540°C (1000°F) gebraucht wird. Diese Werte werden in die Formel eingesetzt.

$$T_2 = \frac{(1000 + 459)\,(19,5 + 0,602)}{19,801} - 459$$

$$= 1027°\text{F} \; (553°\text{C}).$$

Auf Grund der Formel für die Berechnung der Anlaßhärte muß deshalb die Anlaßtemperatur 553°C (1027°F) anstatt 540°C (1000°F) sein.

In Übereinstimmung mit HOLLOMON und JAFFE [75] sind deshalb bei einem gegebenen Stahl mit Hilfe einer einfachen Beziehung Anlaßzeit und Anlaßtemperatur austauschbar; die Einflüsse von Zeit und Temperatur können so zu einem einzigen Parameter verbunden werden, daß bei Kenntnis des Anlaßhärtegradienten unter bestimmten Bedingungen andere äquivalente Anlaßperioden und Temperaturen berechnet werden können. Diese Beziehung gilt sowohl für Stähle mit einer ausgeprägten Charakteristik der Sekundärhärtung als auch für Kohlenstoffstähle, die mit steigender Anlaßtemperatur kontinuierlich erweichen. Im letzteren Falle kann aus einer einzigen Anlaßbehandlung das Fortschreiten des Anlassens vorausgesagt werden. Diese Beziehung gilt auch genau so ohne Rücksicht darauf, ob die Ausgangsstruktur martensitisch, bainitisch oder perlitisch ist.

8.9. Methode zur Bestimmung der Anlaßhärte aus der Zeit-Temperatur-Beziehung.

HOLLOMON und JAFFE [75] fanden, daß die Rockwell-C-Härte eines gegebenen Stahles eine Funktion des Parameters ist

$$T\,(c + \log t),$$

wobei bedeuten

$T =$ Anlaßtemperatur in °K (Anlaßtemperatur in °F + 459 oder °C + 273)

$t =$ Zeit bei der Anlaßtemperatur

$c =$ Konstante für den einzelnen Stahl.

Die Konstante c findet man durch Veränderung des Kohlenstoffgehaltes eines Stahles in der Weise, wie es Abb. 8.28 zeigt.

Wenn die Anlaßzeit und Anlaßtemperatur zur Erzielung eines

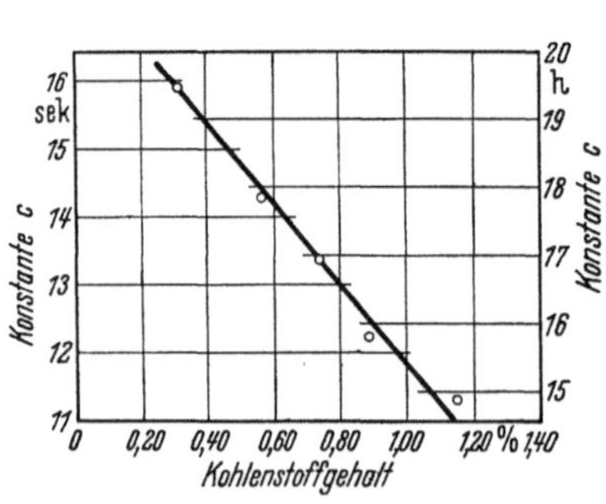

Abb. 8.28. Veränderung der Konstante c mit dem Kohlenstoffgehalt im Zeit/Temperatur-Parameter für angelassene, vollausgehärtete reine Kohlenstoffstähle. (HOLLOMON und JAFFE [75].)

bestimmten Härtewertes bekannt sind, dann verwendet man zur Bestimmung einer anderen Zeit oder Temperatur zur Erzielung der gleichen Anlaßhärte die folgende Formel:

$$(T_2 + 459)\,(c + \log t_2) = (T_1 + 459)\,(c + \log t_1),$$

wobei bedeuten

$T_2 =$ unbekannte oder angenommene Temperatur in °F,
$\quad t_2 =$ unbekannte oder angenommene Zeit in Stunden,
$T_1 =$ Anlaßtemperatur in °F, bei der die gegebene Härte erreicht wird,
$\quad t_1 =$ Zeit in Stunden der Anlaßbehandlung, bei der die gegebene Härte erreicht wird.

Um die Art und Weise darzulegen, in der die Formel angewendet wird (ein anderes Beispiel wurde in dem vorhergehenden Abschnitt angeführt), sei als bekannt angenommen, daß bei einem niedriglegierten Stahl mit 0,40% Kohlenstoff nach dem Anlassen bei 540°C (1000°F) über 4 Stunden eine Härte von 45 Rockwell C erreicht wird. Zur Verkürzung der Anlaßbehandlung soll die Zeit bestimmt werden, die erforderlich ist, um nach dem Anlassen auf 595°C (1100°F) die gleiche Härte zu erzielen. Der Wert für c ergibt sich für einen 0,40%-Kohlenstoffstahl aus der Abb. 8.28. In diesem Falle ist $c = 18,9$. Dieser Wert wird zusammen mit den Werten der bekannten Anlaßtemperatur und Anlaßzeit und der neuen Anlaßtemperatur in die Formel eingesetzt

$$(1100 + 459)\,(18,9 + \log t) = (1000 + 459)\,(18,9 + \log 4),$$

woraus ist

$$\log t = \frac{(1100 + 459)\,(18,9 + 0,602)}{(1100 + 459)} - 18,9$$
$$t = 0,20\ \text{h oder } 12\ \text{min.}$$

Die gleiche Härte von 45 Rockwell C wird bei diesem Stahl nach einem Anlassen bei 595°C (1100°F) über 12 Minuten erreicht.

Um die Austauschbarkeit von Zeit und Temperatur zu vereinfachen, ist die Gleichheitsbeziehung in den Abb. 8.29 und 8.30 für $c = 19,5$ und $c = 15,0$ beziehungsweise für die Zeit in Stunden graphisch aufgetragen. Da der Zahlenwert für c nicht sehr entscheidend ist, können die Diagramme für Stähle benutzt werden, die keine Sekundärhärtung aufweisen, und zwar die Abb. 8.29 für Stähle mit 0,20 bis 0,40% Kohlenstoff und die Abb. 8.30 für Stähle mit 0,90 bis 1,20% Kohlenstoff.

Bei Anwendung der Diagramme wird in dem entsprechenden graphischen Netz der Punkt festgelegt, der diejenige Zeit und Temperatur darstellt, die zur Erzielung der gewünschten Anlaßhärte als bekannt eingehalten werden müssen. Man zieht durch diesen Punkt eine wirkliche oder gedachte Gerade parallel zu der nächstliegenden schrägen Geraden des Diagramms. Alle Kombinationen von Zeit und Temperatur, die von

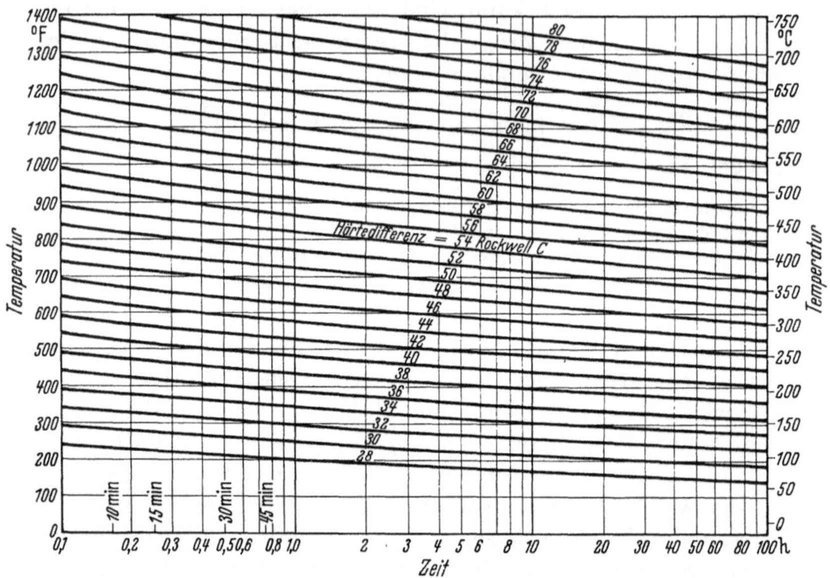

Abb. 8.29. Diagramm zum Auffinden der Zeit/Temperatur-Kombinationen für äquivalentes Anlassen. (Vornehmlich für 0,20—0,40%ige Kohlenstoffstähle, $c = 19,5$ minus Zeit in h.) HOLLOMON und JAFFE [75].)

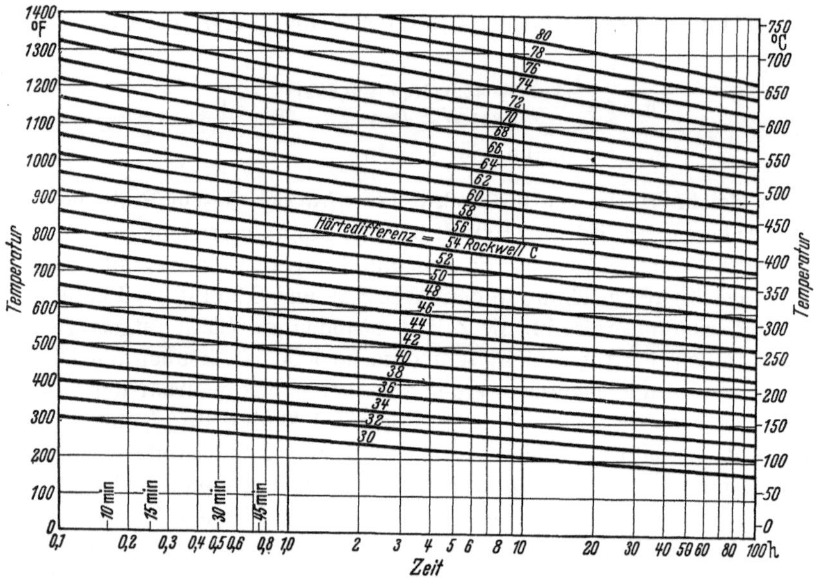

Abb. 8.30. Diagramm zum Auffinden der Zeit/Temperatur-Kombinationen für äquivalentes Anlassen. (Vornehmlich für 0,90—1,20%ige Kohlenstoffstähle, $c = 15,0$ minus Zeit in h.) (HOLLOMON und JAFFE [75].)

dieser Linie angezeigt werden, ergeben die gewünschte Anlaßhärte. Wenn gemäß dem früheren Beispiel der Schnittpunkt für eine Temperatur von 540°C (1000°F) und für eine Zeit von 4 Stunden in Abb. 8.29 festgelegt wird, so findet man diesen etwas unterhalb der „Härtedifferenz"-Linie gekennzeichnet mit 64. Die Parallele zu dieser Härtedifferenzlinie zeigt an, daß die gleiche Härte nach 2stündigem Anlassen bei 550°C (1020°F) oder nach 1stündigem Anlassen bei 560°C (1040°F) oder nach 0,2stündigem Anlassen bei 595°C erzielt wird.

Die Härtedifferenzlinien in den Diagrammen werden zur Bestimmung derjenigen Härte benutzt, die nach verschiedenen Anlaßbehandlungen anfällt, wenn die Härte durch eine andere Anlaßbehandlung bekannt ist. Es soll angenommen werden, daß ein legierter Stahl mit 0,30% Kohlenstoff, der praktisch keine Sekundärhärtung aufweist, nach einer Anlaßbehandlung bei 650°C (1200°F) über 1 h 25 Rockwell C annimmt, und daß die Härte nach einem Anlassen bei 425°C (800°F) über 2 h vorauszubestimmen ist. Die Härtedifferenzlinie für 1 h und 650°C (1200°F) wird nach Abb. 8.30 mit 70 gefunden. Zu diesem Wert wird die Härte addiert, die nach der Anlaßbehandlung erzielt wurde, um die „charakteristische Härte" des Stahles zu bekommen; in diesem Falle 70 + 26 = 96. Die Härtedifferenz für die neue Behandlungsweise beträgt für den Punkt 2 h und 425°C (800°F) nach Abb. 8.29 etwa 54; diese wird von der charakteristischen Härte subtrahiert, was den Wert der Rockwell-C-Härte ergibt. Die Härte dieses Stahles ist deshalb nach einem Anlassen bei 425°C (800°F) über 2 h 96 − 54 = 42 Rockwell C.

Es muß betont werden, daß die in den Abb. 8.29 und 8.30 aufgezeigten Beziehungen nicht auf Stähle mit einer Sekundärhärtungscharakteristik anwendbar sind, es sei denn, das Gebiet der betreffenden Anlaßtemperaturen liegt oberbalb der charakteristischen Anlaßtemperatur, bei der der Härteabfall beim Anlassen wieder normal verläuft. Die Formel von HOLLOMON und JAFFE [75] ist von mehreren Forschern unter sehr verschiedenen Bedingungen benutzt worden, wobei sie sich als hinreichend genau ergab.

8.10. Zusammenfassung.

Das Anlassen von Stahl wird in erster Linie durchgeführt, um die Verformbarkeit und die Zähigkeit entsprechend zu erhöhen, bevor die Härte abfällt. Nebeneigenschaften können jedoch aus der Härte bestimmt werden, so daß die Hauptmessung des Anlaßeffektes sein Einfluß auf die Härte ist. Die Härte fällt bei einer Steigerung der Anlaßtemperatur und der Anlaßzeit ab, wobei dieser Härteabfall durch den Einfluß der Legierungselemente verzögert wird. Untersuchungen über den Einfluß der Legierungselemente bei Konstruktionsstählen haben ergeben, daß sie das Erweichen hinausschieben. Das Maß des Härteabfalls in niedriglegierten Stählen ist so bestimmt worden, daß hinreichend genaue Voraussagen über die Anlaßhärte und Zugfestigkeit gemacht werden können.

Die Anlaßhärte vollausgehärteter niedriglegierter Maschinenbaustähle kann nach der von CRAFTS und LAMONT [*38*] ausgearbeiteten Methode berechnet werden. Die Fehlergrenze beträgt ± 5 Rockwell C oder entsprechend 10,5 kg/mm^2 Zugfestigkeit.

Von WELLAUER [*138*] ist eine andere Methode vorgeschlagen worden, nach der die Einzeleinflüsse der Legierungselemente unberücksichtigt bleiben, wobei angenommen wird, daß der Einfluß der Legierungselemente ihrem Einfluß auf den idealen kritischen Durchmesser beim Härten proportional ist. Entsprechend dieser Methode hängt die Anlaßhärte von der Abschreckhärte und dem idealen kritischen Durchmesser ab; der Einfluß des Durchmessers ist jedoch unbedeutend, wenn er 76,2 mm (3 in.) überschreitet. WELLAUERs Methode reicht meist aus, wenn sie auf dreifach legierte Stähle angewendet wird, für die sie entwickelt wurde, aber sie führt bei anderen Sorten legierter Stähle zu ernsten Fehlern, wobei Unterschiede bis zu 10 Rockwell C auftreten können.

9. Mechanische Eigenschaften und Härtbarkeit.

Eine Anzahl mechanischer Eigenschaften des wärmebehandelten Stahles bedingen sein Verhalten bei Beanspruchung und bei elastischer oder plastischer Verformung, so daß sie bei dem Entwurf von Maschinenelementen von großer Wichtigkeit sind, wenn diese dynamischen Wechselbelastungen ausgesetzt werden; sie sind deshalb für die Wirtschaftlichkeit und für die lange Lebensdauer einer Maschine entscheidend. Diese Eigenschaften werden meist auf die Zugfestigkeit und die Härte bezogen und hängen von dem Grad der Aushärtung (Härtbarkeit) beim Abschrecken ab. Im allgemeinen hängen die maximale Streckgrenze (Fließgrenze), die Bildsamkeit, die Zähigkeit und die Ermüdungsfestigkeit bei einer bestimmten Höhe der Zugfestigkeit und der Härte von der völligen martensitischen Aushärtung mit anschließendem Anlassen auf die gewünschte Zugfestigkeit ab. Die für richtig erachtete Festigkeit ist andererseits wieder von Erwägungen sowohl der Bildsamkeit und Zähigkeit als auch der Streckgrenze und Ermüdungsfestigkeit abhängig, so daß die Auswahl eines Stahles für einen bestimmten Verwendungszweck voraussetzt, sowohl über die festigkeitsabhängigen Eigenschaften als auch über die wirkliche Zugfestigkeit und Härte Voraussagen machen zu können. Die festigkeitsabhängigen Eigenschaften sind deshalb für die Abschätzung der minimalen Härtbarkeit und der maximalen Zugfestigkeit für einen gesteuerten zufriedenstellenden Einsatz wichtig.

9.1. Zugfestigkeit.

Die Zugfestigkeit ist die Standardeigenschaft, auf die andere Güte-werte wie Streckgrenze, Dehnung, Einschnürung, Schlagfestigkeit und Ermüdungsfestigkeit bezogen werden. Unterschiedliche Wärmebehand-lungen und dementsprechend unterschiedliche Feinstrukturen beein-flussen diese festigkeitsabhängigen Eigenschaften. Der wichtigste Kon-trollfaktor ist jedoch der Anteil des Martensits, der sich beim Abschrek-ken bildet. Die festigkeitsabhängigen Eigenschaften müssen deshalb im Hinblick sowohl auf die Festigkeit als auch auf den Grad der Aus-härtung beim Abschrecken erwogen werden.

Die Zugfestigkeit (und einige auf sie bezogene Eigenschaften) be-stimmt man nahezu überall durch Zerreißen einer genormten Probe unter festgelegten Bedingungen in einer speziell für diesen Zweck gebauten Maschine. Die Zugfestigkeit kann auch mit für die meisten Zwecke aus-reichender Genauigkeit aus der Härte festgelegt werden. Eine heute gül-tige Umrechnungstafel gibt Anhang IV. Abb. 9,1 zeigt graphisch eine Umrechnung der Zugfestigkeit aus der Rockwell-C-Härte. Die Rockwell-C-Härteprüfung ist für die Erfor-schung der Härtbarkeit in weit größerem Maße als irgendeine andere Prüfart benutzt worden, da sie einfach ist und in ange-näherter logarithmischer Be-ziehung zur Zugfestigkeit steht. Für alle praktischen Zwecke können Härte und Zugfestigkeit als äquivalente Eigenschaften be-trachtet werden.

Bei den niedriglegierten Ma-schinenbaustählen, wie sie in die-sem Buch hauptsächlich behan-delt werden, hängt die maximale Härte oder Zugfestigkeit vom Kohlenstoffgehalt ab, wie es in den Abb. 5.3 und 5.4 gezeigt wird (S. 81). Das Anlassen er-niedrigt die Festigkeit solcher Stähle. Da man rein erfahrungs-gemäß feststellte, daß das An-

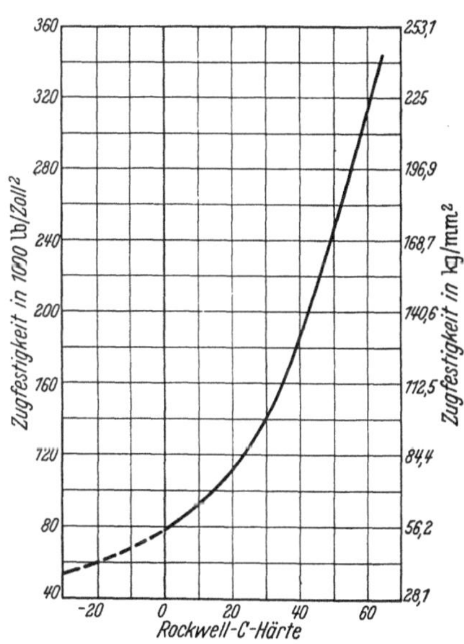

Abb. 9.1. Angenäherte Beziehung zwischen der Rockwell-C-Härte und der Zugfestigkeit der Stähle. (SAE-Handbuch [134].)

lassen für die praktische Bewährung besondere Vorteile bringt, ist es einleuchtend, daß die Prüfung auch anderer Eigenschaften als die Zug-festigkeit von Wichtigkeit ist, und daß ein Stahl nur bis zu einer be-

11a*

stimmten Grenzbelastung verwendet werden kann, wenn er auf seine maximale Festigkeit wärmebehandelt worden ist. Durch das Abschrecken bedingte Restspannungen sind zweifellos von erheblicher Wichtigkeit, so daß deshalb die Bildsamkeit und die Zähigkeit als besonders wichtige Faktoren für die Lebensdauer der meisten Maschinenbauteile angesehen werden müssen. Der beste Einsatzbereich der Stähle ist noch wenig erforscht und, solange keine besseren Kriterien der Qualitäten entwickelt worden sind, müssen die Bildsamkeit und die Zähigkeit herangezogen werden, die man nach der abgeschlossenen Wärmehehandlung feststellt.

9.2. Beziehung zwischen Härtbarkeit, Zugfestigkeit und Anlaßhärte.

Die erreichbare Härte nach dem Anlassen eines vollausgehärteten 25,4-mm-Durchmesser- (1 in.-)Bolzens zeigt angenähert die Abb. 9.2. So schneidet z. B. die Vertikale für eine Anlaßtemperatur von 540 °C (1000 °F)

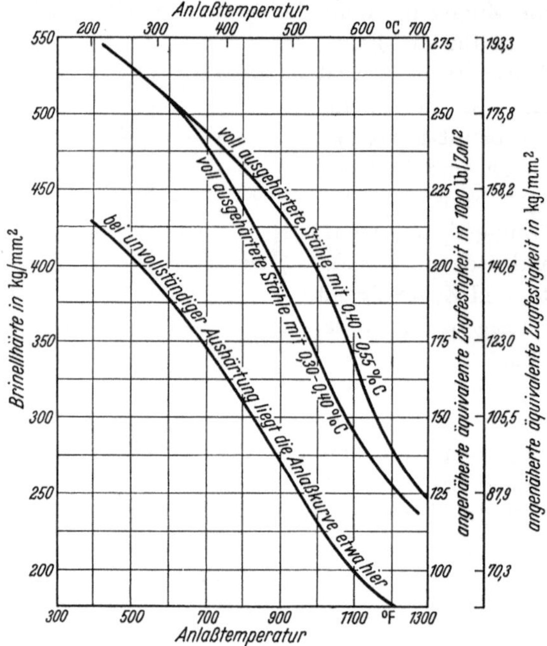

Abb. 9.2. Einfluß des Anlassens auf Brinellhärte und äquivalente Zugfestigkeit abgeschreckter Stähle. (SAE-Handbuch [134].)

die Kurve für „vollausgehärtete Stähle mit 0,40 bis 0,50 % Kohlenstoff" in einem Punkt etwas unterhalb der Horizontalen, die eine Brinellhärte von 400 darstellt, bei etwa 395 Brinell. Der Einfachheit wegen sei deshalb angenommen, daß eine Anlaßtemperatur von 530 °C (985 °F) eine Anlaß-Brinellhärte von 400 ergibt, die einer Zugfestigkeit von 140,6 kg/mm² (200000 lb. per sq. in.) entspricht.

Wenn der Stahl beim Abschrecken nicht voll ausgehärtet worden ist, liegt die Brinellhärte nach dem Anlassen etwas tiefer, als es in dem Beispiel gezeigt wurde; sie würde nach Abb. 9.2 je nach Härtbarkeit zwischen 400 und 230 betragen. Die Zugfestigkeit kann gemäß der entsprechenden Kurve in diesem Diagramm bis auf etwa 91,4 kg/mm² (113000 lb. per sq. in.) abfallen.

Die Beziehung zwischen Brinellhärte und Zugfestigkeit zeigt Abb. 9.3, die das Gebiet der Zugfestigkeitswerte angibt, die bei vollausgehärteten Stählen einer Brinellhärte

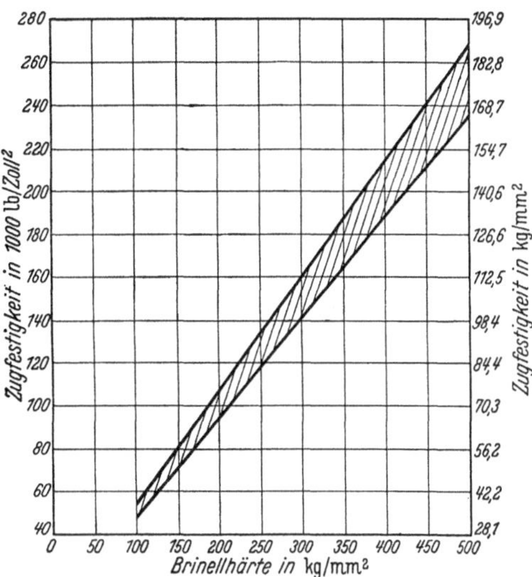

Abb. 9.3. Beziehung zwischen Brinellhärte und Zugfestigkeit der Stähle. (SAE-Handbuch [134].)

anfallen. So kann zum Beispiel bei einer Brinellhärte von 400 eine Zugfestigkeit zwischen 130,1 und 151,1 kg/mm² (185000 und 215000 lb. per sq. in.) erwartet werden.

9.3. Streckgrenze und Streckgrenzenverhältnis.

Es ist bisweilen schwierig, den Punkt im Zerreißdiagramm einer Probe genau zu bestimmen, bei dem der Übergang in das plastische Gebiet erfolgt und bei der die Probe eine bleibende Verlängerung behält. In fast allen unbehandelten niedrig oder mittleren kohlenstoffhaltigen Stählen wird dieser Punkt, die Fließgrenze, durch das Absinken des Waagebalkens der Prüfmaschine eindeutig angezeigt. Bei den meisten wärmebehandelten Stählen benutzt man im allgemeinen einen bestimmten Betrag der Verlängerung über die Meßlänge der Probe hinaus; üblicherweise bestimmt eine bleibende Verlängerung von 0,2% bezogen auf eine Länge von 50,8 mm (2 in.) den Zahlenwert der Streckgrenze. Diese Bestimmung ist jedoch nicht immer zufriedenstellend, da verschiedene Stähle sich in ihrem Zerreißdiagramm unterschiedlich verhalten. Trotz der möglichen Ungenauigkeit ist die Beziehung zwischen Streckgrenze und

Zugfestigkeit ziemlich konstant, wie es die Abb. 9.4 und 9.5 zeigen, die eine Anzahl solcher von JANITZKY und BAEYERTZ (85) zusammengestellter Werte enthalten. Die Daten dieser Kurven wurden bei einer Reihe niedriglegierter SAE-Stähle gefunden, die als 25,4-mm-Durchmesser- (1 in.-) Bolzen in Öl (0,40—0,45% C) oder in Wasser (0,30% C) abgeschreckt und über einen größeren Temperaturbereich angelassen wurden.

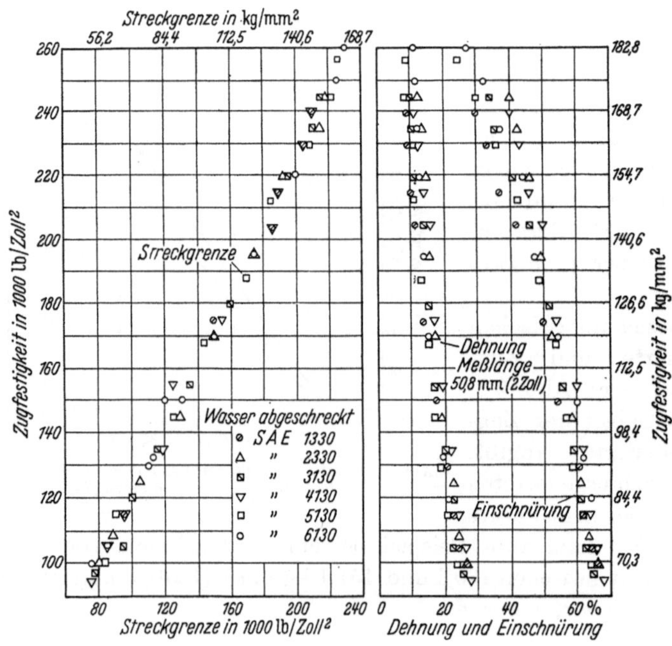

Abb. 9.4. Festigkeitseigenschaften wasserabgeschreckter und angelassener niedriglegierter SAE-Stähle mit etwa 0,30% C. (JANITZKY und BAEYERTZ [85].)

Es wurde von den Autoren angenommen, daß die Stähle im abgeschreckten Zustand völlig martensitisch waren, was jedoch nach der jetzigen Auffassung in Frage gestellt werden kann. Die Zahlen zeigen jedoch, daß bei vollausgehärteten Stählen eine Beziehung zwischen Streckgrenze und Zugfestigkeit besteht, die von den spezifischen Legierungselementen im Stahl unabhängig ist.

Das Verhältnis von Streckgrenze und Zugfestigkeit liegt bei vollausgehärteten und angelassenen Stählen bei etwa 90%, wenn die Anlaßtemperatur hoch genug ist, um die Spannungen wirksam zu mildern. Bei niedrigen Anlaßtemperaturen und Zugfestigkeitswerten oberhalb 140,6 kg/mm² (200000 lb. per sq. in.) neigt die Streckgrenze zu einer Abweichung, was wahrscheinlich auf das Vorhandensein von inneren Restspannungen zurückzuführen ist. Solche harten Stähle können eine Proportionalitätsgrenze von nur 35,2 bis 70,3 kg/mm² (50000 bis 100000 lb. per sq. in.) bei einer Zugfestigkeit von 175,8 bis 210,9 kg/mm² (250000 bis 300000 lb. per sq. in.) haben. Ein Anlassen oberhalb 425°C (800°F) ist zur Herstellung der Elastizitätsgrenze meistens erforderlich.

Die von JANITZKY und BAEYERTZ [85] gefundene feste Beziehung zwischen der Zugfestigkeit und der Streckgrenze vollausgehärteter und

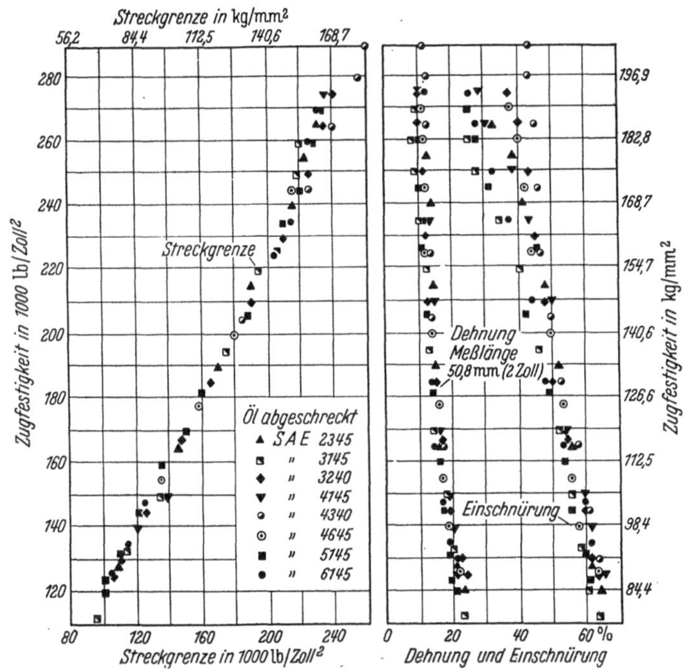

Abb. 9.5. Festigkeitseigenschaften ölabgeschreckter und angelassener niedriglegierter SAE-Stähle mit 0,40—0,45% C. (JANITZKY und BAEYERTZ [85].)

angelassener niedriglegierter Stähle wurde später von PATTON [107] bestätigt, der die Daten von mehr als 400 Bestimmungen zusammentrug, die bei 180 Wärmebehandlungen von 37 verschiedenen Kohlenstoff- und niedriglegierten Stählen gewonnen wurden. Bei einer Zugfestigkeit von 70,3 bis 140,6 kg/mm² (100000 bis 200000 lb. per sq. in.) liegen die Werte für die Streckgrenze (und ebenso die Werte für die Dehnung und Einschnürung) auf einer Linie, die mindestens 70% aller zu erwartenden Zahlenwerte erfaßt, und 90% der Werte liegen innerhalb eines Bandes, das etwa 5% von diesen Werten abweicht. PATTON fand erheblich mehr Abweichungen, wenn die Zugfestigkeit über 140,6 kg/mm² (200000 lb. per sq. in.) lag, was zweifellos auf innere Restspannungen zurückzuführen ist.

Die Streckgrenze kann entweder aus der Härte oder der Zugfestigkeit bestimmt werden, wie es das von The Society of Automotive Engineers [*134*] veröffentlichte und in Abb. 9.6 wiedergegebene Diagramm zeigt. Es sei zum Beispiel angenommen, daß ein Stahl in der Mitte des Stückes eine Brinellhärte von 400 und folglich eine entsprechende Zugfestigkeit von 140,6/mm² (200000 lb. per sq. in.) habe. Sofern er voll ausgehärtet ist, muß er ein Streckgrenzverhältnis von etwa 90% oder eine Streckgrenze von 126,6 kg/mm² (180000 lb. per sq. in.) haben.

Die gestrichelten Linien zeigen die Streuungen an, die bei dieser Verhältniszahl eintreten können. Bei unvollständig ausgehärteten Stählen nähern sich die Verhältniszahlen mehr der gestrichelten Linie links, so

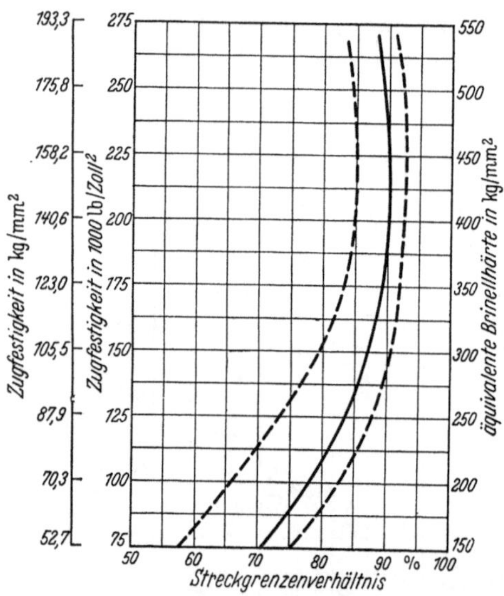

Abb. 9.6. Anfallendes Streckgrenzenverhältnis bei bestimmter Zugfestigkeit oder Brinellhärte gehärteter Stähle. Rechte gestrichelte Linie gilt für vollausgehärtete, linke gestrichelte Linie für unvollständig gehärtete Stähle. (SAE-Handbuch [*134*].)

daß ein Stahl mit einer Zugfestigkeit von 140,6 kg/mm² (2000000 lb. per sq. in.) auch eine niedrigere Streckgrenze als 140,6 × 0,85 = 119,5 kg/mm (2000000 × 0,85 = 170000 lb. per sq. in.) haben kann, was von seiner Härtbarkeit abhängt.

9.4. Härtbarkeit und Streckgrenze.

Die Streckgrenze unvollständig ausgehärteter Stähle ist nach Abb. 9.6 erheblich niedriger als die angelassener Stähle, bei denen das Abschreckgefüge völlig martensitisch war. Die Autoren bestimmten das Streckgrenzenverhältnis einer ansehnlichen Gruppe von Kohlenstoff- und niedriglegierter Stähle, die ein weites Gebiet aller Kohlenstoff- und Legierungsgehalte umfaßte. Die Ergebnisse zeigt Abb. 9.7. Die Stähle wurden in den Durchmessern 12,7 bis 101,6 mm (¹/₂ bis 4 in.) in Öl abgeschreckt und bei 540, 595 und 650°C (1000, 1100 und 1200°F) angelassen. Die unvollständige Aushärtung wird durch die Differenz zwischen der Rockwellhärte im abgeschreckten Zustand (R_Q), wie sie an der entsprechenden Stelle auf der Jominy-Probe gefunden wird, und der maximalen Rockwellhärte (R_M) ausgedrückt, die ein Stahl des vorliegenden Kohlenstoffgehaltes haben könnte. Die Streckgrenze wurde durch die 0,2% Verlängerung gemessen, wobei der Vergleich der gemessenen Werte zeigt, daß dieser Index nicht immer die gleiche Stelle auf den Kurven des Zerreißdiagramms der verschiedenen Stähle wiedergibt. Das Streckgrenzenverhältnis fällt linear von 84 bis 98% bei voller Aushärtung bis

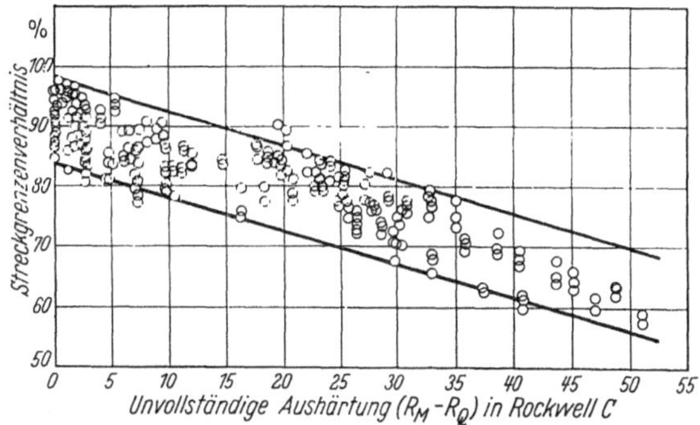

Abb. 9.7. Einfluß unvollständiger Aushärtung auf das Verhältnis von Streckgrenze zu Zugfestigkeit.

auf 55 bis 70% im ungehärteten Zustand. Die Bedeutung dieses Befundes wird durch die Tatsache abgeschwächt, daß das Streckgrenzenverhältnis ungehärteter Stähle in erheblichem Maße von dem Einfluß spezieller Legierungselemente und deren Kombinationen wie von der Desoxydationsbehandlung und des ungehärteten Gefügezustandes abhängt.

In manchen Fällen hat das niedrige Streckgrenzenverhältnis keine besondere Bedeutung, so daß es oft vernachlässigt werden kann, wenn keine örtlichen hohen Belastungen auftreten. Bei zum Beispiel Steuerungsteilen an Automobilen oder Landungsgestängen an Flugzeugen jedoch, wo gelegentlich hohe Belastungen Bruch oder vorzeitiges Versagen bedingen können, ist eine hohe Streckgrenze von besonderer Wichtigkeit. Da solche Belastungen meist stoßartig auftreten, ist ein vor dem Anlassen voll ausgehärteter Stahl wegen seiner höheren Streckgrenze und größeren Zähigkeit vorzuziehen. In einigen Fällen wie bei eingesetzten Getriebeteilen und großen Querschnitten ist eine volle Aushärtung nicht möglich. In diesen Fällen kann die Streckgrenze durch Verwendung von Vanadinstählen hoch gehalten werden, die auch im normalisierten oder unvollständig ausgehärteten Zustand eine relativ hohe Streckgrenze haben.

9.5. Dehnung, Einschnürung und Härtbarkeit.

Dehnung und Einschnürung sind beide der Zugfestigkeit umgekehrt proportional unter der Voraussetzung, daß das Gefüge vor dem Anlassen zumeist martensitisch war, und daß keine inneren Spannungen im Fertig-

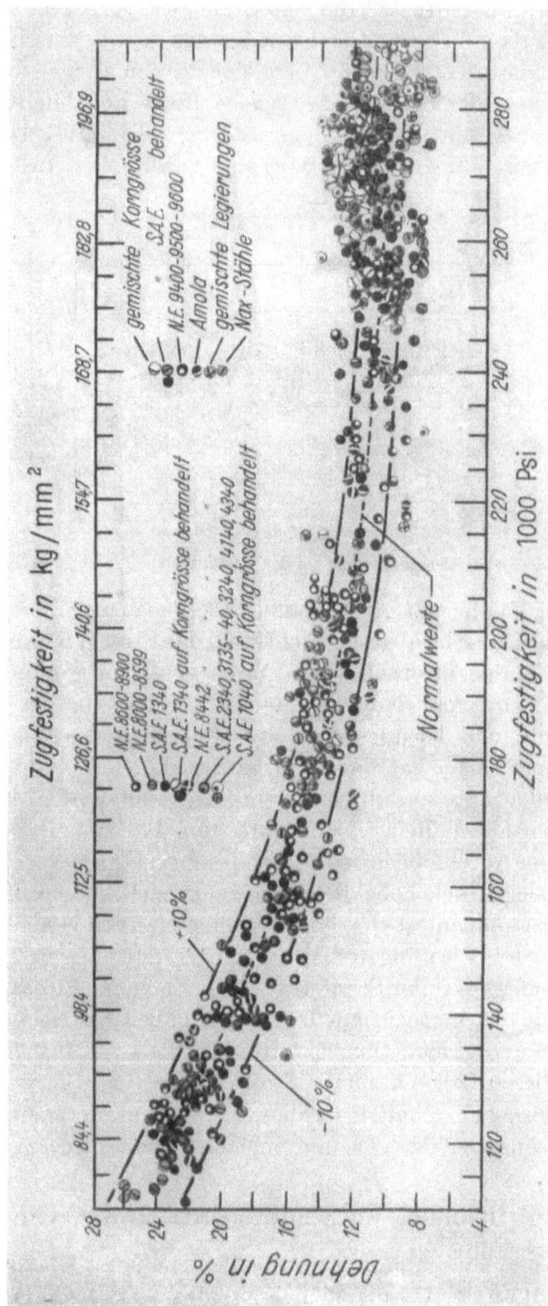

Abb. 9.8. Beziehung zwischen Dehnung und Zugfestigkeit vollausgehärteter und angelassener Stähle. (PATRON [107].)

teil zurückgeblieben sind. Die von JANITZKY und BAEYERTZ herausgear-
beiteten Beziehungen zeigen die Abb. 9.4 und 9.5. Die Streuwerte für
Zugfestigkeiten von 140,6 kg/mm² (200000 lb. per sq. in.) und mehr sind
erheblich, was durch Restspannungen bedingt ist. Ähnliche Werte stellte
PATTON [107] fest (Abb. 9.8). Bei hohen Festigkeitswerten neigt die Einschnürung zu Abweichungen, und bei sehr hohen Festigkeiten wird der
Stahl spröde. Die Grenze, bei der der Stahl spröde wird, hängt primär
vom Kohlenstoffgehalt ab, der Härte und Festigkeit bestimmt, hängt
aber ebenfalls von der Qualität des Stahles ab.

Aus den Abb. 9.4 und 9.5 kann entnommen werden, daß niedriglegierte
Stähle unter der Voraussetzung, daß das Abschreckgefüge im wesentlichen martensitisch war, und diese auf eine Zugfestigkeit von etwa 84,4
bis 91,4 kg/mm² (120000 bis 130000 lb. per sq. in.) angelassen wurden,
eine Einschnürung von 60 bis 65% haben. HOLLOMON, JAFFE, McCARTHY
und NORTON [79] legten die spezielle Beziehung zwischen Gefügeart und
Einschnürung fest. Bei einer Zugfestigkeit von 87,9 kg/mm² (125000 lb.
per sq. in.) beträgt die Einschnürung 68%, wenn das Abschreckgefüge
völlig martensitisch ist, 63%, wenn es aus einer Mischung von Martensit
und Bainit besteht, und 58%, wenn ein Gemenge von Martensit und
Perlit vorliegt. Dieses besagt, daß die von JANITZKY und BAEYERTZ ge-
prüften Stähle beim Abschrecken nicht völlig martensitisch waren.

Die Verformbarkeit, die aus der Einschnürung abgeleitet wird, ist
von den sogenannten „Qualitäts"-Faktoren, die als störend betrachtet
werden, sehr stark abhängig. Sogar bei Stählen, die auf eine Zugfestigkeit unter 140,6 kg/mm² (200000 lb. per sq. in.) angelassen wurden, bedingen oft unaufgeklärte Mängel einen Abfall der Einschnürung unter
das Maximum, das von den meisten niedriglegierten Stählen bei einer
bestimmten Höhe der Festigkeit erreicht wird. Meist ist der Unterschied
prozentual klein genug, so daß er unerheblich ist. Unvollständige Aushärtung bei Stählen „hoher Qualität" (Der Übersetzer: sogenannte
Edelstähle) kann die Einschnürung um etwa 10%, d.h. von 65 auf 55%
erniedrigen. Ein ähnlicher und noch erhöhter Unterschied fällt unbeschadet der Härtbarkeit bei „schlechten Qualitäten" an. Dieser Mangel
bei schlechten Qualitäten wird Mikroseigerungen oder -streifenbildung
zugeschrieben, aber ein schlüssiger Beweis ist dafür noch nicht gegeben
worden. Stähle mit etwa 0,10% Kohlenstoff sind diesen Einflüssen gegenüber meist unempfindlich. Mit 0,20% Kohlenstoff ist der Einfluß auf die
Härtbarkeit kaum feststellbar, während bei Stählen mit 0,40% Kohlenstoff sowohl die Härtbarkeit als auch die Qualitätsfaktoren einen erheblichen Einfluß auf die Einschnürung haben. Das Ansteigen der Anlaßtemperaturen vor allem im Bereich von 540 bis 650°C (1000 bis 1200°F)
erhöht die Einschnürung in stärkerem Maße, als es die Zugfestigkeit erniedrigt.

Die Verformbarkeit und speziell die Einschnürung kann auch durch andere schädliche Qualitätsfaktoren wie Einschlüsse und Seigerungen verschlechtert werden. In Gußstücken und großen Schmiedeteilen können die Einflüsse der Einschlüsse durch eine geeignete Stahlherstellung verringert werden, indem der Schwefelgehalt niedrig bleibt, und indem eine Behandlung mit Aluminium und Kalzium erfolgt [33, 130]; aber trotz dieser Vorsichtsmaßnahmen tritt eine geringe Verformbarkeit gelegentlich noch auf. Es wurde als nützlich gefunden, den abgeschreckten Stahl bei so hohen Temperaturen wie eben möglich anzulassen, wobei Vanadium mit Erfolg verwendet wird, die Erweichungsgrenze bei hohen Anlaßtemperaturen hinauszuschieben, um eine Sicherheit gegen geringe Verformbarkeit und mittlere Schlagfestigkeit bei großen Schmiedestücken zu haben. Vanadin hebt auch noch andere Ursachen geringer Verformbarkeit auf, wobei Aluminium nicht erforderlich ist.

9.6. Bestimmung von Dehnung und Einschnürung aus der Zugfestigkeit.

Die Dehnung eines vollausgehärteten Stahles kann aus den Meßwerten von JANITZKY und BAEYERTZ [85] nach Abb. 9.4 und 9.5 oder aus der von PATTON [107] in Abb. 9.8 erläuterten Beziehung bestimmt werden. Bei einem vollausgehärteten Stahl gehört normalerweise zu einer Zugfestigkeit von 140,6 kg/mm² (200000 lb. per sq. in.) eine Dehnung von etwa 12,5% bei einem Bereich von 11,5 bis 14%. Beim Abschrecken nicht vollausgehärtete Stähle haben niedrigere Werte, als diese im Diagramm aufgeführt sind, was von dem Grad der Aushärtung abhängt, der beim Abschrecken erreicht wird.

Die Einschnürung kann ungefähr aus der Härte oder der Zugfestigkeit nach Abb. 9.9 bestimmt werden. In diesem Bild zeigen die ausgezogenen Diagonalen die normalerweise zu erwartenden Werte, wobei die senkrechten Linien die Abweichungen von den Mittelwerten angeben, die „durch Qualitätsunterschiede oder durch die Größe der durch die Abschreckung bedingter schädlicher Spannungen" verursacht sind. Wenn ein Stahl nach dem Abschrecken und Anlassen eine Zugfestigkeit von 140,6 kg/mm² (200000 lb. per sq. in.) hat, dann ist nach Abb. 9.9 seine Einschnürung erwartungsgemäß meist etwa 44%, sie liegt jedoch immer innerhalb von 35 bis 53%. Aus Abb. 9.9 geht eindeutig hervor, daß das Fließvermögen eines reinen Kohlenstoffstahles, gemessen durch die Einschnürung, bei einer gegebenen Zugfestigkeit oder Härte wesentlich kleiner ist als das legierter Stähle.

Die meisten wärmebehandelten Maschinenteile werden aus gewalzten oder geschmiedeten Barren hergestellt. Ein solches Durcharbeiten in der Wärme längt die Ferritgebiete, die entsprechenden kohlenstoffreichen

Zonen und einige Einschlüsse, die dann zeilenförmig in Schmiede- oder Walzrichtung liegen. Diese zeilenartige für warm verarbeitete Stähle charakteristische Struktur ist sehr beständig und durch keine Wärmebehandlung zu beseitigen.

Wenn der Barren nicht sehr groß ist, kann kaum eine Probe senkrecht zur Walzrichtung entnommen werden; es gibt deshalb nur wenige Angaben über die Quereigenschaften, ausgenommen bei Tafeln, Platten und anderen breiten flach ausgewalzten Produkten. Praktisch sind deshalb alle Zugfestigkeits- und Schlagfestigkeitseigenschaften an Barren parallel zur Walzrichtung (längs) bestimmt worden; die in diesem Buch besprochenen Eigenschaften sind alle

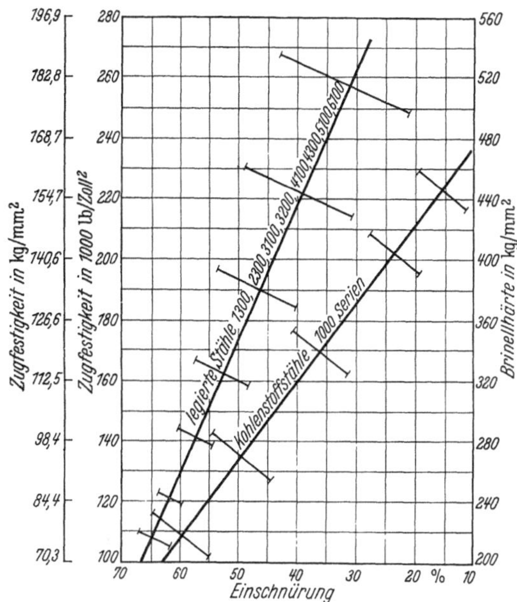

Abb. 9.9. Beziehung zwischen Einschnürung und Zugfestigkeit oder Brinellhärte abgeschreckter Kohlenstoff- und legierter Stähle. (SAE-Handbuch [134].)

solchen Längsproben entnommen. Das Fließvermögen und die Zähigkeit, bestimmt an Proben senkrecht zur Walz- oder Schmiederichtung, wird erheblich niedriger liegen als an Längsproben, wobei die Größe des Abfalls von den Charakteristiken des Stahles, von der Stärke und der Art der Warmverformung, von der Richtung der Zeilenstruktur in der Probe und von dem Grad abhängt, bis zu dem die gerichtete Struktur durch eine Wärmebehandlung vor dem Abschrecken beseitigt worden ist.

Der Einfluß der Walzrichtung auf die mechanischen Eigenschaften wird durch die klassischen Versuche von BREARLEY gut wiedergegeben, wie diese von AITCHISON [1] berichtet und in Abb. 9.10 dargestellt sind. Zugfestigkeit und Streckgrenze sind meist unbeeinflußt, aber Dehnung, Einschnürung und Schlagfestigkeit werden stark herabgesetzt, in manchen Fällen bis auf einen relativ kleinen Bruchteil des ursprünglichen Wertes, wie es Abb. 9.10 zeigt.

Mit der eventuellen Ausnahme einiger Kurbelwellen, Vorgelege und weniger anderer Maschinenteile werden die Eigenschaften quer zur Faserrichtung für die Planung einer Maschine eigentlich nicht als wichtig erachtet; es sollte jedoch bedacht werden, daß die bei wärmebehandelten Kohlenstoff- und niedriglegierten Stählen an Längsproben für ausrei-

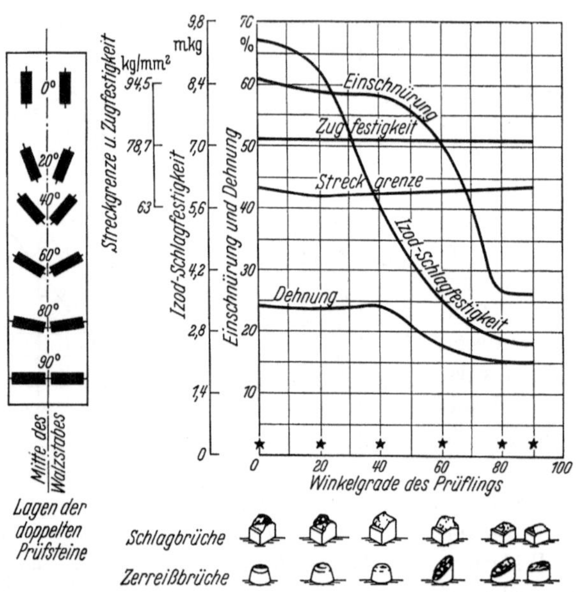

Abb. 9.10. Beziehung zwischen den mechanischen Eigenschaften und dem Neigungswinkel der Faserrichtung zur Achse des Prüflings. (AITCHISON [1] nach BREARLEY).

chend bestimmte Eigenschaften bei Querbelastungen eine geringere Verformbarkeit ergeben, und daß die in diesem und anderen Kapiteln festgelegten Beziehungen nur für Proben gelten, die in Warmwalzrichtung entnommen wurden.

9.7. Kerbzähigkeit.

Der Widerstand eines Stahles, im gekerbten Zustand bei Schlagbeanspruchung zu brechen, ist der Zugfestigkeit und Streckgrenze etwa umgekehrt proportional, vorausgesetzt, daß das Gefüge im abgeschreckten Zustand martensitisch war, und daß keine innere Spannungen vorhanden sind, mit anderen Worten vorausgesetzt, daß die Zugfestigkeit nicht höher als 140,6 kg/mm² (200000 lb. per sq. in.) ist. Dieses wurde von PATTON [107] nach Abb. 9.11 gezeigt. Bei hohen Festigkeitswerten ist der Schlagwiderstand klein und ändert sich mit zunehmender Festigkeit wenig.

Übermäßige Anhäufungen von Einschlüssen erniedrigen die Schlagfestigkeit in ähnlicher Weise. Feinkörnige Stähle haben eine erheblich höhere Schlagfestigkeit als grobkörniges Material gleicher Zusammen-

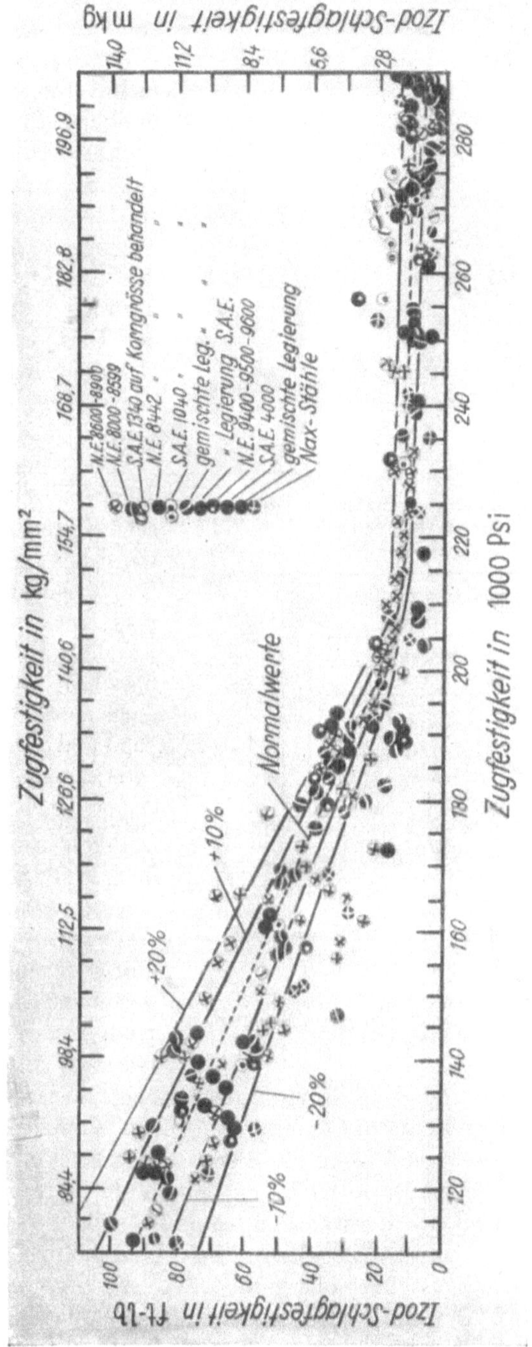

Abb. 9.11. Beziehung zwischen Izod-Schlagfestigkeit und Zugfestigkeit vollausgehärteter und angelassener Stähle. (PATTON [107].)

setzung. Die Schlagfestigkeit ist gegenüber unbedeutenden Gefügeveränderungen und Unterschieden bei den sogenannten „Qualitätsfaktoren" empfindlich, so daß diese gemäß PATTONs Werten (Abb. 9.11) viel mehr streut als Dehnung und Einschnürung nach Abb. 9.4, 9.5 und 9.6. Sie wird auch in starkem Maße von der Typenform und Größe der Probe beeinflußt, darunter besonders von der Kerbform und der Genauigkeit, mit der der Kerb hergestellt wurde.

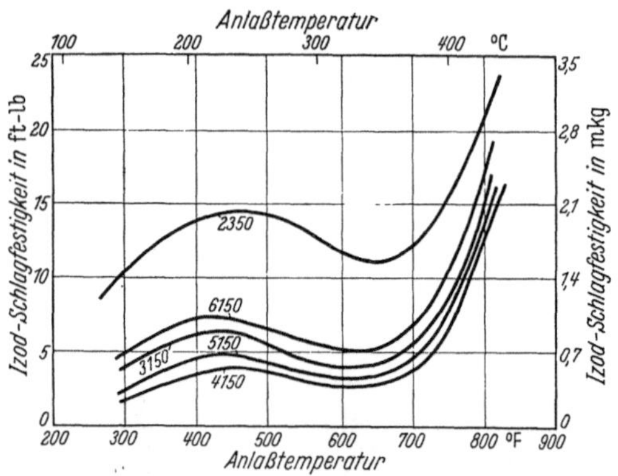

Abb. 9.12. Einfluß der Anlaßtemperatur auf die Izod-Schlagfestigkeit vollausgehärteter SAE-Stähle. (GROSSMANN [66].)

Die Schlagfestigkeit zeigt eine charakteristische Unregelmäßigkeit, wenn der abgeschreckte Stahl bei niedrigen Temperaturen angelassen wird. Nach GROSSMANN [66] liegt diese für die meisten Stähle zwischen 290 und 370°C (550 und 700°F), wie es Abb. 9.12 zeigt. Alle gehärteten Stähle zeigen gewöhnlich in diesem Gebiet eine geringere Zähigkeit. GROSSMANN [69] führt dieses auf die Karbidverteilung unmittelbar nach dem Martensitzerfall zurück. BAIN [19]

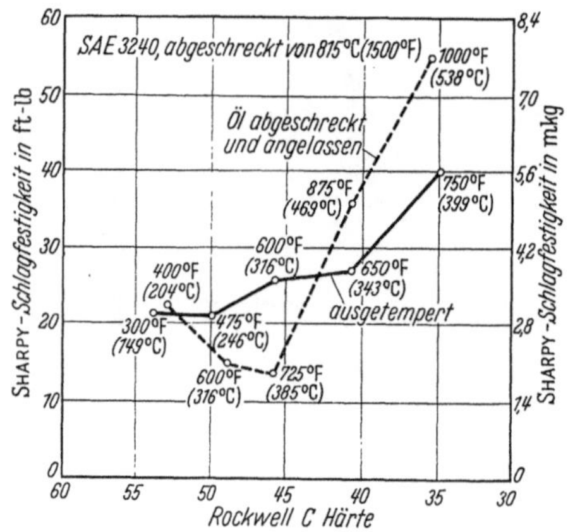

Abb. 9.13. Einfluß des Austempering zur Vermeidung der Anlaßsprödigkeit. Zahlen sind Anlaßtemperaturen in °C (°F). (PAYSON und HODAPP [108]).

schlug vor, diese Sprödigkeit durch Austempering zu vermeiden, wie es Abb. 9.13 wiedergibt, da der dadurch entstehende Bainit diese Form der Sprödigkeit nicht zeigt. Man hat noch keine Mittel gefunden, die durch den angelassenen Martensit im mittleren Temperaturbereich sich ausbildende Sprödigkeit zu vermeiden, so daß für die meisten Zwecke bei Werkzeug- und Gesenkstählen das Anlassen unterhalb 260°C (500°F) und bei Maschinenbaustählen oberhalb 425°C (800°F) vorgenommen wird. 425°C (800°F) ist die Grenze, und höhere Anlaßtemperaturen sind erforderlich, um sowohl Abweichungen der Festigkeitseigenschaften als auch der Schlagfestigkeit zu vermeiden.

9.8. Berechnung der Izod-Schlagfestigkeit durch die Additionsmethode.

Die Izod-Schlagfestigkeit kann nach einer Methode von CRAFTS und LAMONT [39] direkt aus den Testen an angelassenen und endabgeschreckten Jominy-Proben bestimmt werden. Dieses geschieht durch Herausarbeiten einer Izod-Schlagprobe aus dem endabgeschreckten Jominy-Bolzen nach dem Anlassen auf die gewünschte Temperatur, z. B. auf 550°C (1020°F), bei der der früher besprochene Stahl 8645 (S. 148) auf 33 Rockwell C angelassen wurde. Der Izod-Kerb wird in dem Abstand vom wasserabgeschreckten Ende eingeschnitten, der der Abschreckleistung und der Bolzengröße entspricht, für die die Izod-Schlagfestigkeit bestimmt werden soll. Soll z. B. die Schlagfestigkeit eines Bolzens von 101,6 mm (4 in.) Durchmesser, der mit einer Abschreckleistung $H = 0{,}35$ abgeschreckt wurde, nach dem Anlassen bei 550°C (1020°F) bestimmt werden, wird die Jominy-Probe bei 550°C (1020°F) angelassen, dann daraus die Schlagprobe herausgearbeitet und daran in Übereinstimmung mit der Beziehung zwischen Jominy-Tiefe, Abschreckvermögen und Bolzengröße nach Abb. 4.14 (S 66) in einer Jominy-Tiefe von 46,1 mm ($^{29}/_{16}$ in.) der Kerb gelegt. Infolge der Abmessungen der Izod-Probe kann der Kerb nicht näher als 28,6 mm ($1^1/_8$ in.) vom wasserabgeschreckten Ende gelegt werden, so daß deshalb die Anwendbarkeit eines Testes zur Bestimmung der Schlagfestigkeit auf eine Stückgröße von etwas mehr als 62,5 mm ($2^1/_2$ in.) im Durchmesser begrenzt ist. Bei dieser Methode zur Bestimmung der Izod-Schlagfestigkeit muß mit einem normalen Fehler von $\pm 2{,}8$ mkg (± 20 ft./lb.) gerechnet werden, der zu groß ist, wenn man von sehr rohen Annäherungswerten absieht.

Die Izod-Schlagfestigkeit feinkörniger niedriglegierter Stähle kann auch aus der Rockwell-C-Härte im abgeschreckten Zustand und im abgeschreckten und angelassenen Zustand berechnet werden [39]. Hierzu können die Abb. 9.14 und 9.15 benutzt werden. Die Izod-Schlagfestigkeit ist auch nach folgender Formel zu berechnen:

$$I \text{ (kleiner 45 Rockwell C)} = 2{,}8\,(51{,}7 - R_T) - \frac{(R_M - R_Q)^{2{,}35}}{100}$$

$$I \text{ (größer 45 Rockwell C)} = \text{(obere Kurve Abb. 9.14)} - \frac{(R_M - R_Q)^{2{,}35}}{100}$$

wobei bedeuten:

I = Izod-Schlagfestigkeit in ft./lb. (0,14 mkg)
R_T = Anlaßhärte
R_M = maximale Härte für den jeweiligen Kohlenstoffgehalt
R_Q = Abschreckhärte (Aufhärtung).

Es soll z. B. die Izod-Schlagfestigkeit in der Mitte eines vollausgehärteten Bolzens des Stahles 8645 bei einer Rockwell-C-Härte von 33
bestimmt werden. Die maximal erreichbare Härte eines 0,45%-Kohlen-

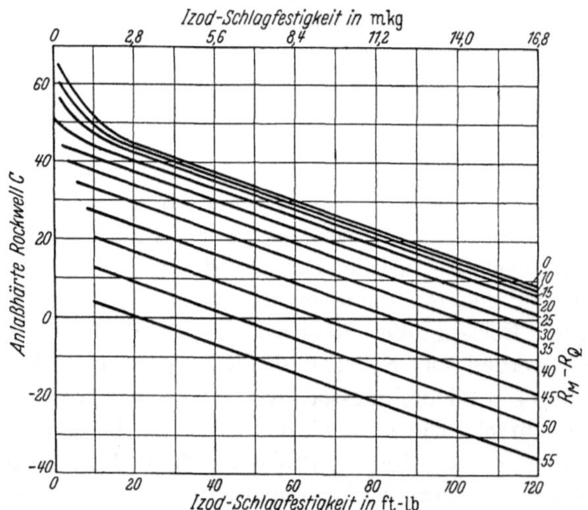

Abb. 9.14. Beziehung zwischen Izod-Schlagfestigkeit, Anlaßhärte und Aushärtungsgrad feinkörniger
legierter Stähle. (CRAFTS und LAMONT [39]).

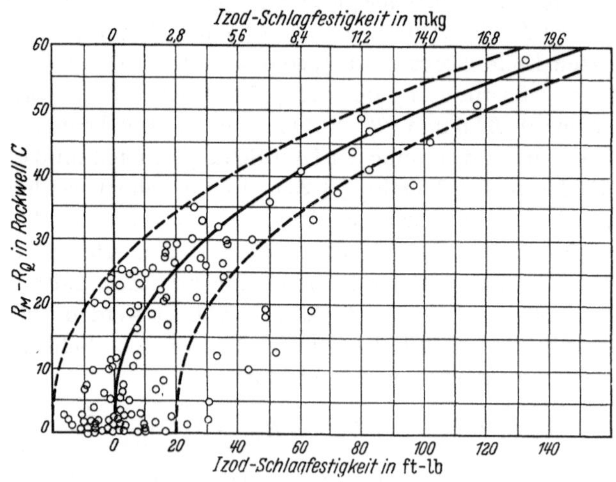

Abb. 9.15. Verminderung der Izod-Schlagfestigkeit in Abhängigkeit vom Aushärtungsgrad. (CRAFTS
und LAMONT [39]).

stoffstahles ist 58,4 Rockwell C, und die Abschreckhärte in der Mitte
eines 25,4-mm- (1 in.-) Rundbolzens ist nach vorausgehend angeführten
Bestimmungen 57,6 Rockwell C, so daß die Izod-Schlagfestigkeit durch

Einsetzen dieser Werte in die obige Formel zu 52,3 ft./lb. (7,32 mkg) gefunden wird.

$$I = 2,8 \, (51,7 - 33,0) - \frac{(58,7 - 57,5)^{2,35}}{100} = 52,3 \text{ ft./lb. } (7,32 \text{ mkg}).$$

Zur Vermeidung von Rechnungen kann auch die Izod-Schlagfestigkeit direkt aus der Abb. 9.14 durch Interpolation bestimmt werden. Wenn die Anlaßhärte **33** Rockwell C ist, und wenn der Stahl nach dem Abschrecken in der Mitte die maximale Härte hat, wird $R_M - R_Q$ zu Null. Die Izod-Schlagfestigkeit wird durch den Schnittpunkt der Horizontalen, die der Anlaßhärte von **33** Rockwell C entspricht, mit der Diagonalen für $R_M - R_Q = 0$ gefunden, was den Izod-Wert von 52,3 ft./lb. (7,32 mkg) ergibt. Wenn die Abschreckhärte 57,6 Rockwell C und demnach $R_M - R_Q = 1,1$ ist, wird die Schlagfestigkeit im Schnittpunkt der Horizontalen für **33** Rockwell C mit der etwas unterhalb der Linie $R_M - R_Q = 0$ verlaufenden Parallele gefunden.

Nimmt man weiterhin an, daß der Stahl 8645 in einer Bolzengröße von 76,2 mm (3 in.) Durchmesser durch Abschreckung in Öl in der Mitte eine Abschreckhärte von 35,2 Rockwell C hat, und daß er auf 33 Rockwell C angelassen wurde, so wird die Schlagfestigkeit nach Abb. 9.14 durch den Schnittpunkt der Horizontalen für **33** Rockwell C mit der gedachten Linie gefunden, die parallel zu den anderen Linien des Diagramms für den Wert $R_M - R_Q = 23,5$ verläuft. Der Stahl hätte demnach eine Izod-Schlagfestigkeit von 35 ft./lb. (4,9 mkg), was infolge der unvollständigen Aushärtung einen Verlust von 17 ft./lb. (2,4 mkg) bedeutet. Die Verminderung der Schlagfestigkeit durch unvollständige Aushärtung, der Wert für den Ausdruck $\frac{R_M - R_Q}{100}$ in der vorstehenden Formel, kann direkt aus der Abb. 9.15 abgelesen werden. So schneidet z. B. die Horizontale die stark ausgezogene Linie für den Wert $R_M - R_Q = 23,5$ in einem Punkt, der auf der Abszisse den Wert von etwa 17 ft./lb. (2,4 mkg) ergibt.

Es muß hervorgehoben werden, daß diese Methode zur Bestimmung der Izod-Schlagfestigkeit nur auf feinkörnige legierte Stähle anwendbar ist. Die Schlagfestigkeit von Kohlenstoffstählen und Grobkornstählen kann nicht zuverlässig vorausgesagt werden. Wie es im vorhergehenden Abschnitt gesagt wurde, ist die Genauigkeit zu klein.

9.9. Anlaßsprödigkeit.

Die Anlaßsprödigkeit ist ein Mangel, der nur bei einigen niedriglegierten Stählen und bei gewissen Wärmebehandlungen auftritt. Wenn die dafür empfänglichen Stähle kurze Zeit im Gebiet von 425 bis 650°C (800 bis 1200°F) angelassen und dann langsam abgekühlt werden, werden sie spröde, wie es die Schlagfestigkeitswerte anzeigen; wenn sie jedoch von der Anlaßtemperatur in Wasser abgeschreckt werden, werden sie nach Abb. 9.16 zähe. HOLLOMON [77], der vor kurzem darüber berichtete, wies darauf hin, daß Stähle, die offensichtlich bei der Prüfung bei Raumtemperatur nicht empfänglich sind, bei sehr tiefen Temperaturen anlaßspröde werden, und daß Stähle Sprödigkeit bei um so tieferen Tempera-

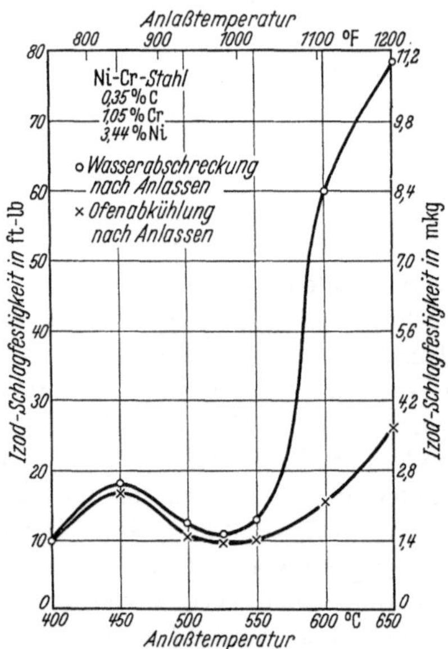

Abb. 9.16. Einfluß der Abkühlungsgeschwindigkeit zur Vermeidung der Anlaßsprödigkeit nach dem Anlassen eines anfälligen Stahles im kritischen Temperaturbereich. (HOLLOMON [77]).

turen unter Null zeigen, je mehr sie von diesem Mangel frei zu sein scheinen. Dieses ist für die Luftfahrt und andere Einrichtungen, die bei niedrigen Temperaturen arbeiten, von besonderem Interesse. Die Sprödigkeit scheint auf einem Ausscheidungsphänomen zu beruhen, so daß praktisch alle niedriglegierten Stähle damit behaftet sind, wenn sie in dem für sie empfindlichen Temperaturbereich lange genug angelassen wurden. Bei kurzen Anlaßbehandlungen setzt Molybdän die Anfälligkeit herab; nach HOLLOMON steigert der gesamte Legierungsgehalt die Anfälligkeit im Verhältnis der Steigerung der Härtbarkeit, die ein höherer Prozentanteil an Legierungselementen bedingt.

HOLLOMON und Mitarbeiter [79] untersuchten die Tieftemperatur-Sprödigkeit in Verbindung mit der Anlaßsprödigkeit. Ein Chrom-Nickel-Stahl (3135) wurde von 870°C (1600°F) in Wasser abgeschreckt und bei 600°C (1100°F) angelassen. Alle Proben wurden dann von der Anlaßtemperatur in Wasser abgeschreckt; einige von diesen Proben wurden bis

zu 500 Stunden auf 455°C (850°F), der Versprödungstemperatur, wieder
erwärmt. Sowohl die versprödeten als auch die nichtversprödeten Proben
hatten annähernd die gleichen Festigkeitseigenschaften und Härten und
unterschieden sich in der Dauerwechselfestigkeit praktisch nicht. Tabelle 9.1 zeigt den Einfluß der Versprödungsbehandlung auf die Schlagfestigkeit, gemessen mit der Charpy-Probe (V-Kerb).

Tabelle 9.1. *Einfluß der Anlaßsprödigkeit auf die Schlagfestigkeit abgeschreckter und angelassener Proben des Stahles 3135 bei verschiedenen Temperaturen*[1].

Prüftemperatur		Charpy-Kerbzähigkeit ft./lb. (mkg) (1 ft./lb. = 0,14 mkg)			
		nicht spröde		spröde	
°C	°F	mkg	ft./lb.	mkg	ft./lb.
200	390	13,3	95	13,3	95
100	210	13,3	95	10,9	78
50	120	13,4	97	3,5	25
Raum	Raum	13,0	93	2,8	20
0	32	14,0	100	2,1	15
— 40	— 40	11,2	80	1,4	10
— 80	—112	5,3	38	1,1	8

9.10. Kerbzähigkeit und Härtbarkeit.

Die normale Kerbschlagfestigkeit wird bei unvollständig gehärteten
Stählen stark herabgesetzt. Wie es GROSSMANN [69] formulierte, wird
wahrscheinlich das Vorhandensein von Ferrit im Gefüge ein wesentlicher
Grund für die niedrige Schlagfestigkeit sein. CRAFTS und LAMONT [39]
fanden, daß die Izod-Schlagfestigkeit feinkörniger legierter Stähle für
alle Grade der Aushärtung der Zugfestigkeit umgekehrt proportional ist
(vgl. auch Abb. 9.11), daß jedoch die Höhe der Schlagfestigkeit zuneh-
mend kleiner wird, wenn die Ausgangshärte oder der Martensitanteil abnimmt. Es wurde weiterhin festgestellt, daß grobe Korngröße die Schlagfestigkeit unvollständig gehärteter Stähle in starkem Maße herabsetzt.
Sehr feine Korngröße neigt zu höheren Werten, als diese in Abb. 9.11
aufgeführt sind. Elemente wie Phosphor sind schädlich, und die Fest-
stellungen beim Stahlguß zeigen, daß Schwefel ebenfalls schädlich ist.
Bor wirkt insofern verbessernd, als es den Anteil des Martensits beim
Abschrecken erhöht, während es bei unvollständig gehärteten Stählen
einen schädlichen Einfluß auf die Schlagfestigkeit hat. Mit Ausnahme
von Nickel, das in ungehärteten Stählen und bei niedrigen Temperaturen die Zähigkeit erhöht, haben die üblichen Legierungselemente keinen
kennzeichnenden besonderen Einfluß auf die normalerweise zu erwartende Schlagfestigkeit (Abb. 9.11), so daß, abgesehen von der Anlaß-

---

[1] HOLLOMON, JAFFE, McCARTHY und NORTON *[79]*.

sprödigkeit und den Unreinheiten, die Zusammensetzung feinkörniger
niedriglegierter Stähle nur insofern wichtig ist, als sie die Härtbarkeit
und die Anlaßbeständigkeit beeinflußt. Es muß betont werden, daß auch
der Kohlenstoff keine Ausnahme bei dieser Regel macht, denn hochkohlenstoffhaltige Stähle neigen dazu, die erreichbare Schlagfestigkeit
zu erniedrigen, da die Härte ohne entsprechende Steigerung des Härtbarkeitsgrades erhöht wird. Reine Kohlenstoffstähle sind unberechenbar,
so daß ihre Schlagfestigkeit nicht mit der Zuverlässigkeit vorausgesagt
werden kann, wie es bei den meisten niedriglegierten Stählen gefunden
worden ist.

HOLLOMON und Mitarbeiter [79] untersuchten vor kurzem den Einfluß einer unvollständigen Aushärtung auf die Schlagfestigkeit von zwei
niedriglegierten Stählen (3125 und 8735) mit 0,35% Kohlenstoff. Die
Proben wurden so abgeschreckt, daß deren Strukturen martensitisch,
martensitisch plus bainitisch und martensitisch plus perlitisch waren. Sie
wurden dann auf eine Zugfestigkeit von 87,9 kg/mm² (125000 lb. per
sq. in.) angelassen. Die Charpy-Kerbzähigkeiten bei verschiedenen Temperaturen sind in Tabelle 9.2 zusammengestellt. Der Einfluß unvollständiger Aushärtung beim Abschrecken ist offensichtlich; sogar die Prüfung
bei Raumtemperatur zeigt diesen Einfluß ganz deutlich.

Tabelle 9.2. *Einfluß unvollständiger Aushärtung auf die Schlagfestigkeit (Charpy
V-Kerb) von zwei niedriglegierten Stählen bei verschiedenen Temperaturen*[1].

Prüftemperatur		Charpy-Kerbzähigkeit in mkg für das Abschreckgefüge		
°C	°F	Martensit	Martensit plus Bainit	Martensit plus Perlit
200	390	15,1	11,7	8,4
100	210	15,3	12,3	8,1
50	120	15,7	12,3	8,4
Raum	Raum	15,0	12,9	6,4
0	32	15,4	5,9	5,3
— 40	— 40	14,3	3,1	2,5
— 80	— 112	13,6	2,2	1,7

9.11. Bedeutung der Schlag- und Stoßfestigkeit.

Die Wichtigkeit der Kerbschlagfestigkeit ist nicht augenfällig, und
sie wird allgemein nicht so bewertet wie ein spezieller oder genormter
Test. Sie ist im allgemeinen nicht so geeignet, wie die Zugfestigkeit oder
andere darauf unmittelbar bezogene Eigenschaften für Konstruktionen
nützlich herangezogen zu werden, so daß mit wenigen Ausnahmen wie
für Stähle, die bei tiefen Temperaturen verwendet werden, der Zahlen-

---

[1] HOLLOMON, JAFFE, MCCARTHY und NORTON *[79]*.

wert der Schlagfestigkeit mit dem betrieblichen Einsatz nicht ausreichend in Einklang gebracht worden ist. In Teilen wie Panzerplatten, die große Stoßbelastungen mit Verformung, jedoch ohne Bruch, aufnehmen müssen, ist die Notwendigkeit hoher Schlagfestigkeit offensichtlich. Hieraus ist zu erkennen, daß für die meisten Stahlverwendungsgebiete eine gewisse Zähigkeit erforderlich ist, wenn auch Brüche von Maschinenteilen meist durch Ermüdung bedingt sind. Bei harten und spröden Stählen ist deshalb das Fehlen der Berücksichtigung der Kerbzähigkeit augenscheinlich nachteilig. RIEGEL [*116*, *117*] fand, daß die Arbeitsbrüche zunehmen, wenn die Schlagfestigkeit unter eine bestimmte Höhe abfällt. Es hat also schon einige Bedeutung, wenn zähere Stähle einen höheren Ermüdungswiderstand auch bei Vorhandensein von Kerben haben. Wenn auch die Beweise nur klein und fragwürdig sind, so besteht wahrscheinlich eine gewisse Beziehung zwischen der niedrigen Schlagfestigkeit und der geringen Lebensdauer infolge Ermüdung. Es ist durchaus möglich, daß die Beziehung indirekt und das Ergebnis anderer allgemeiner Ursachen wie starke Ferritanhäufungen im Feingefüge ist. Wenn die Prüftemperatur unter Raumtemperatur abgesenkt ist, wird die Schlagfestigkeit ruckartig erniedrigt (vgl. Tabelle 9.2), wobei eine plötzliche Änderung des Bruchcharakters von zäh zu spröde eintritt. Es ist deshalb als Richtlinie vorgeschlagen worden, daß die Übergangstemperatur, bei der der Stahl unter Stoßbelastung spröde wird, erheblich wichtiger ist als der wirkliche Wert der Schlagfestigkeit, und daß deshalb die Übergangstemperatur merklich tiefer liegen soll als die untere Temperatur, die der Stahl während seines Gebrauches annimmt.

Die Schlagfestigkeit gibt ein Bild von der Unvollständigkeit der Aushärtung und ist, wenn die anderen Faktoren konstant bleiben, ein grober Index der Härtbarkeit. Außerdem spiegelt sie noch andere Qualitätswerte wie z. B. die Korngröße wider. Bei Stählen, die unter bestimmten Kontrollen in bezug auf ihre Zusammensetzung hergestellt wurden und deren Härtbarkeit und Korngröße spezifiziert ist, kann die Schlagfestigkeit roh vorausgesagt werden, so daß eine Messung wahrscheinlich nicht notwendig ist, um sich vor sprödem Stahl zu sichern. In England, wo weder die chemische Zusammensetzung noch die Härtbarkeit, noch die Korngröße streng festgelegt sind, ist es ratsam, eine Schlagfestigkeitsprüfung vorzunehmen, um die geforderte Stahlqualität zu sichern. Die Anwendung einer solchen Prüfung hat sich in England als sehr erfolgreich erwiesen. Kohlenstoffstähle gestatten, wie erinnert werden darf, keine ausreichend genauen Voraussetzungen der Schlagfestigkeit, und es gibt keinen Ersatz für diesen Test selbst. Seine Grenzen müssen deshalb klar erkannt werden.

Die Wichtigkeit des Kerbschlagtestes ist ohne Frage gegeben, zeigt dieser doch die Fähigkeit des Stahles, Zug und Druck in vielfältiger

Form aufzunehmen, in eindrucksvollerer Weise als die Dehnung und Einschnürung beim Festigkeitstest. Die Schlagfestigkeitsprüfung ist deshalb als empfindlicheres Kriterium der Zähigkeit im Vergleich zum Festigkeitstest vorzuziehen. Da eine gewisse Zähigkeit allgemein als notwendig erkannt wird, ist anscheinend die Härte allein als Kriterium der Brauchbarkeit ungeeignet. Um eine bestimmte Grenze für die Brauchbarkeit des Härtetestes festzulegen, scheint es vernünftig, daß die Schlagfestigkeit als Maß für die Zähigkeitsgrenzen herangezogen wird. Während die ultimative Bedeutung dieses Kriteriums noch fraglich ist, gibt die zahlenmäßige Bewertung der Zugfestigkeit unter vergleichbarer Höhe der Schlagfestigkeit eine Grundlage für die Abschätzung des geforderten Grades der Härtbarkeit bei der Stahlauswahl.

9.12. Ermüdungsfestigkeit.

Bei Wechsellast geht die Ermüdungsfestigkeit meist der Zugfestigkeit proportional. Bei glatten ungekerbten Proben beträgt die Ermüdungsfestigkeit (Dauerfestigkeitsgrenze) meist 35 bis 65% der Zugfestigkeit; SISCO [131] empfiehlt, daß der Maschinenbauer mit 40% der Zugfestigkeit rechnen soll, obgleich der im Durchschnitt zu erwartende Wert näher bei 50% liegt. Stähle mit einer Zugfestigkeit höher als 175,8 kg/mm² (250000 lb. per sq. in.) werden eine relativ niedrigere Ermüdungsfestigkeit haben; so ist in der Tat selten von höheren Werten der Dauerfestigkeit als 70,3 kg/mm² (100000 lb. per sq. in.) berichtet worden. Die Dauerfestigkeitsgrenze von gekerbten Bolzen und Bolzen mit rauher Oberfläche liegt viel niedriger; bestimmte Kerben, maschinenmäßig bedingte Riefen, Anätzungen, Elektroplattierungen und Korrosionen haben einen merklichen Einfluß. PETERSON [111] hat festgestellt, daß feinkörnige Stähle kerbempfindlicher sind als grobkörnige Stähle. Dieser Befund steht mit manchen anderen Vorteilen feinkörniger Stähle im Widerspruch, so daß eine Bestätigung noch erforderlich ist. Im allgemeinen steht fest, daß insbesondere bei hohen Festigkeitswerten ein Stahl, dessen Struktur aus angelassenem Martensit besteht, weniger kerbempfindlich ist und ein höheres Dauerfestigkeitsverhältnis hat als ein Stahl mit unvollständig ausgehärtetem Gefüge.

Da die Dauerfestigkeitsgrenze der Zugfestigkeit mehr oder weniger proportional geht, wird erwartungsgemäß jede Erniedrigung der Härte einen erheblichen Einfluß haben. So haben Teile mit leicht entkohlter Oberfläche eine geringere Dauerfestigkeit. In nur teilweise ausgehärteten Stählen erscheint als Hauptgefügeanteil meist Ferrit, und da dieser weich ist, bedingt er örtlich weiche Stellen und damit vorzeitigen Bruch. Ausgeschiedene Gefügeanteile wie Karbide oder Einschlüsse wirken wie Kerben. Alle Gefügeungleichmäßigkeiten sind schädlich und sollten möglichst vermieden werden. Es liegen Hinweise vor, daß Elemente, die zu einer starken Seigerung neigen, wie z. B. Mangan, dazu beitragen, die Ermüdungsfestigkeit herabzusetzen.

Im allgemeinen ist jedoch die Ermüdungsfestigkeit eines abgeschreckten und angelassenen niedriglegierten Stahles nicht so gefügeabhängig wie die Schlagfestigkeit, die Dehnung und die Einschnürung. HOLLOMON und Mitarbeiter [79] fanden eine praktisch geradlinige Beziehung zwischen der Streckgrenze (0,1% Verlängerung) und der Dauerfestigkeitsgrenze unbeschadet, ob das Gefüge im abgeschreckten Zustand völlig martensitisch, martensitisch plus bainitisch oder martensitisch plus perlitisch war. Da die Streckgrenze in erheblichem Maße von dem Gefüge im abgeschreckten Zustand abhängt, wird das Verhältnis von Dauerfestigkeit zu Zugfestigkeit von den üblichen 50% je nach dem Martensitanteil im abgeschreckten Zustand abweichen. HOLLOMON und Mitarbeiter [79] fanden für einen niedriglegierten Stahl mit einer Zugfestigkeit von 87,9 bis 91,4 kg/mm² (125000 bis 130000 lb. per sq. in.) ein Dauerfestigkeitsverhältnis von etwa 57% bei martensitischer Abschreckstruktur, von 53% bei Martensit plus Bainit und von 48% bei Martensit plus Perlit.

Die Ermüdungsfestigkeit und damit die Lebensdauer ist von so vielen Faktoren abhängig, so daß nur einige von ihnen herausgestellt werden können. Entkohlung erniedrigt die Dauerfestigkeitsgrenze in dem Maße, wie die Zugfestigkeit an der Oberfläche entsprechend dem Kohlenstoffgehalt abfällt. Entkohlung ist bei Federn schwer zu kontrollieren, und Ermüdungsbrüche treten relativ häufig auf, wenn die Federbelastung hoch ist. Bestimmte Stähle, besonders Vanadium- und hoch siliziumhaltige Stähle reagieren auf die Ofenatmosphäre beim Erwärmen, so daß deren Ermüdungslebensdauer nach einer Wärmebehandlung in einer mild reduzierenden Atmosphäre erheblich größer ist als nach einer Wärmebehandlung in einer oxydierenden Ofenatmosphäre [70]. Schutzatmosphären haben grundsätzlich reduzierende Tendenz, wobei nach FUNK und VON LUDWIG [53] anscheinend vollkommene Schutzbedingungen immer noch unerwünscht schwierige Ofenbedingungen erfordern. Schleifen der Oberfläche ist auf die Oberflächenfestigkeit von schädlichem Einfluß. ALMEN [2] wies auf den Vorteil starken Kugelstrahlens hin, das eine Oberflächenverfestigung und damit ein Ansteigen der Dauerfestigkeitsgrenze bedingt. Ähnliche Vorteile bringen oberflächengehärtete und flach eingehärtete, nitrierte und aufgekohlte Stähle, wie sie im Kapitel 5 beschrieben wurden. Das Vorhandensein jeder weichen Komponente im Gefüge, wie Ferrit, wurde als so schädlich gefunden, daß nur eine völlig martensitisch abgeschreckte Struktur die maximale Ermüdungsfestigkeit erreichen läßt.

9.13. Zusammenfassung.

Alle festigkeitsabhängigen Eigenschaften können mit einiger Genauigkeit vorausbestimmt werden. Die Ermüdungsfestigkeit ist davon der quantitativen Wärmebehandlung am wenigsten zugänglich, aber sie ist allem Anscheine nach zum mindesten sowohl von der Struktur als auch von der Streckgrenze abhängig. Versuche haben ergeben, daß eine bestimmte Verformungsfähigkeit selbst unter Bedingungen vorliegt, wo diese Eigenschaft offensichtlich nicht erforderlich ist. Bei den Messungen der Energieaufnahme sind Dehnung und Einschnürung relativ unempfindlich, da sie unter nahezu einachsiger Belastung gemessen werden, bei der der Stahl die größte Gelegenheit hat, sich eher allmählich zu deformieren als plötzlich zu brechen. Die Kerbschlagprüfung andererseits nähert sich den beherrschten Bedingungen einer dreiachsigen Belastung, die man allgemein in der Praxis vorfindet, am meisten. Deshalb wird die Schlagfestigkeit als das geeignetste verfügbare Kriterium für die Verformungsfähigkeit angesehen, so daß diese nutzbar herangezogen werden kann, die Forderung nach einer minimalen Härtbarkeit und einer maximalen Zugfestigkeit zahlenmäßig zu bewerten, um einen geeigneten Stahl für den vorgesehenen Verwendungszweck auszuwählen.

Es liegen umfangreiche Ergebnisse vor, daß alle die strukturabhängigen mechanischen Eigenschaften — Streckgrenze, Dauerfestigkeit, Dehnung, Einschnürung und der Widerstand gegen einen einzigen Schlag — verbessert werden und ihre optimalen Werte erreichen, wenn der Stahl im abgeschreckten Zustand eine meist vollständig aus Martensit bestehende Struktur besitzt. Bei einer gegebenen Zugfestigkeit, zumindest zwischen 70,3 und 140,6 kg/mm² (100000 und 200000 lb. per sq. in.), hat ein Stahl mit einem Gefüge aus Martensit und Bainit nach dem Anlassen ein kleineres Streckgrenzenverhältnis, ein kleineres Dauerfestigkeitsverhältnis, eine geringere Dehnung und Einschnürung, und eine geringere Schlagfestigkeit, als wenn das Abschreckgefüge völlig martensitisch ist, wobei die Eigenschaften von Stählen mit solchen Strukturen noch denen beträchtlich überlegen sind, deren Gefüge viel Perlit enthält. Es ist deshalb im allgemeinen ratsam, einen Stahl mit ausreichender Härtbarkeit auszusuchen, so daß das Abschreckgefüge in der Mitte des Stückes keine merklichen Mengen von Perlit enthält.

10. Faktoren zur Stahlauswahl.

Viele Faktoren müssen bei der Auswahl eines Kohlenstoff- oder niedriglegierten Stahles berücksichtigt werden, wenn dieser in einem Bauwerk oder in einer Maschine an zugdruckbelasteter Stelle eingesetzt ist. Die wichtigsten Faktoren sind natürlich Betriebssicherheit und Wirtschaftlichkeit. Die Betriebssicherheit hängt weitgehend von den mechanischen Eigenschaften ab, die an der betreffenden Stelle verlangt werden, und diese wiederum hängen von chemischer Zusammensetzung, Wärmebehandlung, Härtbarkeit und anderen Faktoren ab. Betriebssicherheit ist also durch Qualität bedingt, die ihrerseits wieder von der Kontrolle einer Anzahl Veränderlicher bei der Herstellung und Verarbeitung abhängig ist.

Die Wirtschaftlichkeit hängt zum Teil von der Wärmebehandlung, die zur Erreichung der geforderten mechanischen Eigenschaften notwendig ist, und von vorausgehenden Kosten ab, die durch Zusammensetzung, Erschmelzung, Veredlung und weiteren Arbeitsprozessen bedingt sind. Die Wirtschaftlichkeit hängt auch, was sehr wichtig ist, von der Leichtigkeit oder Schwierigkeit der Herstellung des Teiles durch Bearbeitung, Schweißen oder von einer Anzahl anderer Arbeitsvorgänge ab.

Aus dem Vorstehenden ist es verständlich, daß die Auswahl des besten und wirtschaftlichsten Stahles für ein spezielles Maschinenteil, bei dem relativ hohe Belastungen auftreten, außerordentlich kompliziert ist und in der Berücksichtigung so vieler kontrollierbarer und unkontrollierbarer Faktoren besteht, daß jeder Schritt zur endgültigen Festlegung einer genauen Einzelprüfung bedarf, und die verschiedenen Veränderlichen in geschickter Weise auf höherer Ebene zusammengefaßt werden müssen. Einige dieser Faktoren können mit einer meßbaren Genauigkeit zahlenmäßig erfaßt werden, andere sind gänzlich qualitativer Natur, und viele sind nicht festzulegen. Erfahrung und Einfühlungsvermögen müssen bei der Anwendung der bekannten Faktoren helfen, wobei die Kunst des Praktikers trotz unserer großen, jedoch noch unvollkommenen Kenntnis über das Verhalten des Stahles bei der Herstellung und der anschließenden Fertigung vorherrschend ist. Die nachfolgenden Besprechungen sollen deshalb einige unserer Erkenntnisse in einer Form zusammenfassen, die Auswahl und Wärmebehandlung der Stähle erleichtern.

10.1. Faktoren, die bei der Auswahl des Stahles berücksichtigt werden müssen.

Die Auswahl eines Stahles schließt eine Anzahl Möglichkeiten ein. Aus den vielen chemischen Zusammensetzungen ist die Auswahl für die Erfordernisse eines bestimmten Verwendungszweckes auf eine gewisse Gruppe von Stählen begrenzt. Wenn z. B. ein Teil auf Verschleiß beansprucht wird, muß es insbesondere an der Oberfläche hart sein, so daß sich die Auswahl auf hochkohlenstoffhaltige, aufgekohlte oder nitrierte Stähle beschränkt. Ist das Teil dünnwandig, kann der Stahl ein Wasserhärter sein; ist das Teil jedoch relativ starkwandig, muß ein legierter

Stahl genommen werden, wobei der Kohlenstoffgehalt durch die Neigung des Stahles, beim starken Abschrecken zu reißen, begrenzt wird. Wenn die Eigenschaft verlangt wird, nur in den Außenzonen hohe Belastungen aufnehmen zu müssen, hängt die erforderliche Festigkeit vom Stoßwiderstand ab. Gewünschte Abmessungen, Festigkeit und Zähigkeit bestimmen den erforderlichen Grad der Aushärtung, und dieser wiederum bestimmt den insgesamt wirksamen Gehalt an Legierungselementen. Dann kann aus einer kleinen Anzahl von Stählen, die sich in ihrem Charakter sowohl auf der Basis der Betriebssicherheit als auch auf der Basis der Herstellungskosten bis zum fertigen Artikel ähneln, eine bestimmte Zusammensetzung ausgewählt werden.

Die vorausgehenden Kapitel haben Methoden zur Erzeugung bestimmter Feingefüge, Festigkeiten und Zähigkeiten durch die Kontrolle des Erwärmens, Härtens und Anlassens dargelegt. Das Erwärmen wird nahezu immer auf Angemessenheit und Kosten überprüft, so daß die Geschwindigkeit und die Methode des Erhitzens wohl von erheblicher wirtschaftlicher, jedoch von geringer technischer Bedeutung ist. Es gibt dabei einige Ausnahmen; z. B. sind Induktions- oder Flammenerwärmung oder Aufkohlung von der Temperatur oder der gewünschten Zusammensetzung abhängig. Beim Abschrecken von den kritischen Temperaturen ist jedoch der Temperatur–Zeit-Zyklus überragend wichtig. Die Gefügearten, die sich in verschiedenen Temperaturgebieten durch isotherme Umwandlung und durch kontinuierliche Abkühlung mit unterschiedlichen Geschwindigkeiten ausbilden, sind für die verschiedenen Stähle qualitativ bestimmt worden. Mit besonderer Wirtschaftlichkeit werden Wärmebehandlungsmethoden von großem praktischen Wert angewendet, wie isotherme Glühung zur Verbesserung der Bearbeitbarkeit, Austempering zur Erzeugung hoher Festigkeit und Zähigkeit in bestimmten Teilen hochkohlenstoffhaltiger Stähle, Martempering zur Vermeidung von Härterissen und viele andere Verfahren gebrochener Härtung.

Eine Wechselbeziehung zwischen der isothermen Umwandlung und der Härtung bei kontinuierlicher Abkühlung konnte noch nicht quantitativ festgelegt werden, aber die Abschreckgeschwindigkeiten sind in Beziehungen zur Martensitstruktur und Härte zahlenmäßig bewertet worden. Der Begriff der idealen oder der unendlich schnellen Abschreckung diente als Grundlage für den Vergleich standardisierter Härtbarkeitsteste, so daß die Härtbarkeit eines Stahles oder einer beliebig angenommenen Zusammensetzung schnell bestimmt werden kann. Auch ist die angenäherte Beziehung zwischen dem Grad der Härtung beim Abschrecken und der Festigkeit und Zähigkeit der Stähle bei Anlaßbedingungen festgelegt worden. So können die hauptsächlichen Eigenschaften, die dem fertigen Teil gegeben werden sollen, zwar grob, jedoch für die meisten Zwecke genau genug vorausbestimmt werden. Die Zugfestigkeit ist bis auf etwa $10\ kg/mm^2$ (etwa 15000 lb. per sq. in.) abzuschätzen, wenn Zusammensetzung, Abschreckgeschwindigkeit und Anlaßbehandlung sorgfältig überwacht werden. Geringe Fehler müssen infolge unvermeidbarer Abweichungen in der Zusammensetzung handelsüblicher Stähle und infolge Mängel bei der Prüfung der Abschreckgeschwindigkeit erwartet werden. Wenn auch die Genauigkeit einer solchen Kontrolle noch zu wünschen übrig läßt, ist eine erste Annäherungsbestimmung der Zugfestigkeit heute durchaus möglich und so als primärer Faktor bei der Stahlauswahl verwendbar, da die anderen Eigenschaften meist in einfacher Weise als eine Funktion der Zugfestigkeit ausgedrückt werden können.

In niedriglegierten Stählen sind die Eigenschaften wie Streckgrenze, Dehnung, Einschnürung und Kerbzähigkeit unabhängig von Zusammensetzung und Wärmebehandlung bei gleichen Zugfestigkeiten dann gleichliegend, wenn diese Stähle völlig martensitisch gehärtet sind und wenn keine inneren Spannungen vorliegen. Die Gleichheit der Eigenschaften zeigt also, daß in voll ausgehärteten Stählen das eine Legierungselement durch ein anderes ohne Änderung der Verhältnisse ersetzt werden kann. Diese wichtige Folgerung gibt die Freiheit, die Stähle auf der Grundlage ihrer Härtbarkeit auszuwählen. Bei unvollständig ausgehärteten Stählen besteht bei verschiedenen Stahlsorten dann eine entsprechende Ähnlichkeit der Eigenschaften, wenn der Grad der Teilaushärtung gleich ist. Die Gültigkeit des Austauschprinzips wurde im zweiten Weltkrieg in der Praxis allgemein bewiesen, als die sogenannten „nationalen Notstähle" (National Emergency — NE) mit Erfolg an Stelle solcher Stähle verwendet wurden, die strategisch kritische Legierungselemente enthielten. Die einzigen erfolglosen Ersetzungen durch NE-Stählen fielen dann an, wenn die Zusammensetzungen nicht einigen Herstellungssonderheiten angeglichen wurden. Auf Grund der Gültigkeit des Austauschprinzips ist es möglich, die Stähle nach ihrer Härtbarkeit und nach den durch die Wärmebehandlung anfallenden Eigenschaften in Gruppen zusammenzufassen.

Nach der Auswahl der Gruppe der Stähle, die für die Erreichung der geforderten Endeigenschaften als geeignet erscheinen, kann eine weitere Aussonderung solcher Stähle getroffen werden, die bei einzelnen Arbeitsgängen unverhältnismäßig große Schwierigkeiten bereiten. Einige Stähle entkohlen zu leicht, einige können schwer normalisiert werden, einige lassen sich nur mit Schwierigkeiten bearbeiten, einige neigen zu ungewöhnlicher Sprödigkeit, einige reißen oder verwerfen sich beim Abschrecken leicht und einige sind durchweg schwierig zu vergüten. Diese Eigenarten sollen noch umfassender besprochen werden. Obwohl sie nicht leicht zahlenmäßig zu bewerten sind, sind sie für die Qualität und die Kosten des Fertigteiles entscheidend wichtig. Die Grundkosten eines Stahles sind immer maßgebend, jedoch müssen die Kosten der Verarbeitung und die Betriebssicherheit des Fertigteiles ebenso berücksichtigt werden, wenn die Produktion am wirtschaftlichsten sein soll. Wenn deshalb zum Schluß nach Berücksichtigung aller einschlägigen Faktoren mehr als ein Stahl zur Auswahl steht, hängt die endgültige Wahl in erster Linie von den Grundkosten ab. Der Erfolg einer wirtschaftlichen Auswahl hängt von dem Grad ab, wieweit die gültigen Grundgesetze befolgt und die genauen Meßwerte benutzt werden; der in den nachfolgenden Abschnitten gegebene Überblick ist dazu bestimmt, solch eine Bewertung zu erleichtern.

10.2. Eigenschaften für betriebliche Brauchbarkeit: Volle Aushärtung.

Der Grad, bis zu dem die überhaupt besten Eigenschaften eines Stahles verwirklicht werden können, hängt vielleicht mehr davon ab, wieweit beim Abschrecken eine volle Aushärtung erreicht wurde, als von irgendeinem anderen Faktor bei der Wärmebehandlung dieses Stahles. Vollausgehärtete völlig martensitische Stähle erreichen nach dem Abschrecken die höchste Härte und deshalb auch nach dem Anlassen das günstigste Verhältnis zwischen Zugfestigkeit und Streckgrenze, Fließvermögen und Zähigkeit. Dieselbe Kombination optimaler Eigenschaften kann durch die Wärmebehandlung verschieden legierter Stähle erreicht und mit Sicherheit in großen Serien erzeugt werden. Die martensitische Struktur ist deshalb eine brauchbare und zuverlässige Grundlage zur zahlenmäßigen Bewertung unvollständig ausgehärteter Strukturen und kann als Norm für die zu erreichende optimale Qualität angesehen werden.

Wenn Stahl überhärtet[1] oder die Martensitumwandlung bei Raumtemperatur nicht vollständig ist, kann die Abschreckhärte (der Übersetzer: Aufhärtung) auf Grund der Austenitreste relativ niedrig und die Anlaßhärte höher sein, als es erforderlich ist, da sich der Austenit erst beim Anlassen umwandelt. Diese Neigung zur Restaustenitbildung ist bei einigen Einsatz- und Vergütungsstählen der Kraftfahrzeugindustrie beachtlich. Sie ist in gewissem Grade der Härtbarkeit proportional, sie ist jedoch bei solchen Stählen stärker, die einen relativ hohen Nickel- und Mangangehalt haben. Die entsprechende Unterschreitung der maximalen Härte (der Übersetzer: unvollständige Aufhärtung) kann in der Nähe des wassergeschreckten Endes der Jominy-Probe erkannt werden. Die unvollständige Aufhärtung ist bei solchen Getriebeteilen unangenehm, die maßlich nicht verstärkt werden können, so daß dadurch einige vorzeitige Brüche solcher Stähle zu erklären sind, die mehr Legierungselemente als notwendig enthalten.

---

[1] Der Ausdruck besagt, daß der Martensit noch beträchtliche Mengen Restaustenit enthält.

10.3. Eigenschaften für betriebliche Brauchbarkeit: Unvollständige Härtung.

Unvollständig ausgehärtete Stähle haben im abgeschreckten Zustand eine nur teilweise martensitische Struktur und liegen nach dem Anlassen nicht nur in der Zugfestigkeit niedriger, sondern liegen in bezug auf die anderen Eigenschaften unverhältnismäßig tiefer als vollausgehärtete Stähle. Man muß deshalb mehr als den entsprechenden Anteil an Zugfestigkeit opfern, um eine angemessene Bildsamkeit und Zähigkeit zu erreichen. Die Abschreckhärte (Aufhärtung) unvollständig ausgehärteter Stähle ist eindeutig geringer als die vollausgehärteter Stähle, was auch im allgemeinen nach dem Anlassen so bleibt. Eine wichtige Ausnahme dieser Feststellung zeigt Abb. 8.5 (S. 140), bei der die Härte der angelassenen Jominy-Proben ein Maximum dort erreicht, wo am Bogen der Jominy-Kurve etwa 90% Martensit vorliegt. An Stellen in der Nähe des wasserabgeschreckten Endes kann der Stahl mehr als 5 Rockwell C weicher sein, als die maximale Anlaßhärte beträgt. Zwischen 50 und 90% Martensit, erkenntlich an der Neigung des oberen Teiles der Jominy-Kurve, liegt die Härte nach dem Anlassen bei tiefen Temperaturen tatsächlich höher als nach dem Abschrecken. Unter diesen Bedingungen sind die Stähle wohl hart, aber ungenügend zäh, so daß sie im allgemeinen für die meisten maschinenbaulichen Zwecke ungeeignet sind. Stähle, die nach dem Abschrecken etwa 90% Martensit aufweisen, haben nach dem Anlassen über 425° C (800° F) sowohl relativ hohe Festigkeit als auch hohe Bildsamkeit und Zähigkeit. Der nichtmartensitische Anteil ist jedoch meist Ferrit, und deshalb ist die Ermüdungsfestigkeit entsprechend klein. So ist der scheinbare Vorteil einer untermartensitischen Struktur fraglich. Es ist aus diesem Grunde unmöglich, ein gebräuchliches Stahlteil mit einer hinlänglich einheitlichen Größe zu planen, einen Stahl mit ausreichend genau kontrollierter Härtbarkeit zu kaufen oder die Abschreckgeschwindigkeit exakt genug zu kontrollieren, um irgendeinen Vorteil aus dieser untermartensitischen Struktur überhaupt ziehen zu können.

Trotz des Erfordernisses bei der Stahlauswahl nach einer vollen Aushärtung gibt es manche Anwendungsgebiete, bei denen die maximalen Eigenschaften nicht erforderlich sind. Es wird dabei nur ein bestimmter Betrag der Zugfestigkeit benutzt, um die üblichen Belastungen aufzunehmen, wobei die Streckgrenze hoch genug ist, um gelegentliche Überbelastungen durchzustehen, die Ermüdungsfestigkeit wiederholt auftretende Wechsellasten aufnimmt und eine entsprechende Zähigkeit vorliegt, um vorzeitigen oder plötzlichen Bruch zu vermeiden, und um ein Polster zu haben, das noch eine volle Ausnützung der Festigkeitseigenschaften erlaubt. Von diesen festigkeitsabhängigen Eigenschaften scheint die Schlagfestigkeit am kritischsten zu sein; sie wird deshalb als grundsätzlicher Qualitätsfaktor angesehen, der die jeweilige Brauchbarkeit für eine Anzahl von Anwendungsgebieten erkennen läßt. Dieses mag willkürlich und akademisch erscheinen, aber die auf dieser Annahme beruhenden Voraussagen stimmen überraschenderweise mit der üblichen Verwendbarkeit auf Grund des Versuches gut überein.

10.4. Faktoren, die die Warmverformung beeinflussen.

Ein vollkommener Überblick über die Faktoren, die mit Sicherheit die geforderten Eigenschaften bedingen, ist nur ein Schritt bei der Auswahl eines zufriedenstellenden Stahles für einen bestimmten Anwendungszweck. Es ist meist erforderlich, das Teil in wirtschaftlicher Weise zu schmieden, zu bearbeiten und zu vergüten. Dieses unklare und tiefgründige Problem ist zur Zeit noch nicht quantitativ gelöst; es können deshalb nur einige Punkte aufgeführt werden, die zu beachten sind. Glücklicherweise liegt eine Fülle von geeigneten Versuchsergebnissen für den Einsatz üblicher Kohlenstoff- und niedriglegierter Stähle bei der Planung von Maschinenelementen vor, so daß diese Zahlen brauchbare Hinweise für das Schmieden geben können, wenn die spezielle Zusammensetzung nicht ungewöhnlich oder die Planung nicht extrem abwegig ist.

Der Unterschied zwischen den verschiedenen niedriglegierten Maschinenbaustählen ist bei der Warmverformung gering. Die meisten sind nur wenig schwieriger zu walzen oder zu schmieden als Kohlenstoffstähle; so ist z. B. der Verformungswiderstand eines niedriglegierten Stahles mit 0,40% C bei hohen Temperaturen etwa derselbe wie der eines unlegierten Kohlenstoffstahles mit 0,60—0,70% C. Da jedoch Legierungselemente das Fließvermögen herabsetzen, ist bei niedriglegierten Stählen sorgfältiger als bei Kohlenstoffstählen darauf zu achten, sie nicht unterhalb der kritischen Temperaturen zu verschmieden, da sonst Innenrisse entstehen. Bei niedriglegierten Stählen steigt der Schwierigkeitsgrad beim Schmieden etwas mit dem Kohlenstoffgehalt.

Die niedriglegierten Stähle unterscheiden sich in ihrem Zunderverhalten erheblich; einige, vor allem solche, die größere Mengen Nickel enthalten, zundern auch, aber der Zunder ist während des Walzens oder Schmiedens schwierig zu entfernen[1]. Im allgemeinen ist jedoch keiner der niedriglegierten Stähle ausgesprochen schwierig zu verarbeiten, so daß keine besonderen Vorsichtsmaßnahmen beim Erwärmen, Walzen, Schmieden oder anderen Warmarbeitsverfahren entscheidende Faktoren bei den Endkosten oder Endqualitäten sind.

Die niedriglegierten Stähle unterscheiden sich auch in ihrer Entkohlungsneigung beim Erwärmen zur Warmverformung erheblich. Bei Stählen mit Nickel ist die Entkohlung im allgemeinen größer als bei

---

[1] Bei molybdänhaltigen Stählen springt der Zunder leicht ab.

Mangan-, Chrom- oder relativ hochprozentigen Siliziumstählen; aber auch dieses ist kein entscheidender Faktor bei den Endkosten oder der Qualität.

10.5. Faktoren, die die Bearbeitbarkeit beeinflussen.

Die Bearbeitung ist wahrscheinlich die kostspieligste Operation bei der Herstellung eines fertigen Maschinenteiles, und sie wird am wenigsten verstanden. Der Vorgang der Spanabnahme ist von bedeutendem Interesse, da die Schwierigkeiten der Bearbeitung mit steigender Härte und Zugfestigkeit mehr zunehmen als mit irgendeiner anderen Eigenschaft. Die Eigenschaft, einen kaltbrüchigen Span und eine glatte Oberfläche zu bilden, ist meist von erheblicher Wichtigkeit; diese Eigenschaften sind scheinbar empfindlicher als alle anderen Eigenschaften von der Mikrostruktur abhängig. Viele Vergütungsstähle werden mit einem kleinen Zusatz von Schwefel hergestellt, um die Bearbeitbarkeit zu verbessern. Obwohl der Zusatz klein ist und die Stähle nicht mehr als 0,050% S enthalten, ist die verbessernde Wirkung groß.

Zwei Gefügearten werden bei der Bearbeitung niedriglegierter Stähle bevorzugt. In beiden Fällen soll die Härte möglichst etwas unterhalb 200 Brinell liegen. Eine viel niedrigere Härte bedingt Neigung zum Aufreißen (Schmieren), und eine höhere Härte bedingt kleinere Drehzahlen und kürzere Lebensdauer der Werkzeuge. Die eine Gefügeart ist grober Perlit, und die andere ist eine gleichmäßige Verteilung feiner kugeliger Karbide. Für die meisten Zwecke wird der perlitische Typ vorgezogen, der durch Erwärmen auf hohe Normalisierungstemperatur, dann Einbringen in einen Ofen mit 595 bis 705° C (1150 bis 1300° F) je nach Stahlsorte und Halten auf dieser Temperatur über mehrere Stunden oder bis zur vollständigen Umwandlung gewonnen wird.

Ein isothermes Glühen zur Herbeiführung von Perlit wird im allgemeinen bei Einsatzstählen und bei einigen niedriglegierten Stählen mit höherem Kohlenstoffgehalt durchgeführt. Höherlegierte Stähle, ausgesprochene Feinkornstähle und einige nickelhaltige Stähle müssen auch innerhalb des kritischen Gebietes erwärmt und isotherm umgewandelt werden, um die gewünschte Sphäroidstruktur zu erzielen. Im allgemeinen erfordern höherlegierte Stähle, d.h. die 3 bis 6% Gesamtlegierungsanteile einschließlich Mangan enthalten, ohne Rücksicht auf den Kohlenstoffgehalt eine solch lange Wärmebehandlung, daß sie einer Behandlung zur Erzeugung einer Sphäroidstruktur, die meist ein Normalisieren oder Abschrecken mit nachfolgendem Anlassen bei hohen Temperaturen ist, unterworfen werden. Die isotherme Glühbehandlung muß sorgfältig bei der dem betreffenden Stahl eigenen Temperatur durchgeführt werden. GRANGE [*60*] hat gezeigt, daß bei der Pendelglühung zur

Erzeugung von Perlit einige niedriglegierte Stähle eher zu einer gestörten Karbidstruktur als zum gut ausgebildeten lamellaren Perlit neigen. Grobes Korn hilft diese Struktur vermeiden; chromlegierte Stähle sind scheinbar relativ leicht zu überwachen. Einige Stähle, vornehmlich chromvanadinhaltige Einsatzstähle, entwickeln beim Normalisieren ein ähnliches Gefüge. Bei Vanadinstählen, die normalerweise feinkörnig sind, liegt die Temperatur zur Erzeugung von Grobkorn niedrig genug, so daß ein Normalisieren bei etwa 925 bis 980° C (1700 bis 1800° F) ausreicht, grobes Korn und gute Bearbeitungseigenschaften zu entwickeln. Weiche und gut bearbeitbare Strukturen können bei tief einhärtenden Manganstählen, die zusätzlich Legierungselemente enthalten, nur mit Schwierigkeit erzeugt werden, so daß man bei Stählen dieser Art die Bearbeitbarkeit durch entsprechende Erhöhung der Anteile der anderen Legierungselemente verbessert.

Wenn auch die Bearbeitbarkeit bei höheren Härtewerten schwierig ist, so kann dieses nicht immer vermieden werden. Nicht aufgekohlte Zonen tief einhärtender Einsatzstähle können nach dem Härten fertig bearbeitet werden, wenn der maximale Kohlenstoffgehalt nicht über 0,12% liegt und die Härte nicht mehr als etwa 40 Rockwell C beträgt. Vanadin neigt bei diesen Stählen in erheblichem Maße zu einer Reduzierung der maximalen Härte des Kernes. Höherlegierte Stähle sind bei etwas mehr als 400 Brinell nur mit Schwierigkeiten zu bearbeiten. Chrom- und Molybdänstähle, die bei unterkritischen Abkühlungsgeschwindigkeiten leicht Bainit bilden, erleichtern die Bearbeitbarkeit anscheinend mehr als die Stähle, bei denen die Bainitbildung streng unterdrückt worden ist. Spuren von Martensit, die aus Mikroseigerungen herrühren, erhöhen die Bearbeitungsschwierigkeiten ganz unverhältnismäßig. Bor erhöht gewöhnlich die Härte ungehärteter Stähle wenig oder gar nicht, so daß Borstähle nach dem Glühen und Normalisieren relativ weicher sind als die üblichen legierten Stähle gleicher Härtbarkeit, wodurch sie wesentlich besser bearbeitbar sind. Diese Eigenschaft ist bei niedrigkohlenstoffhaltigen Stählen von besonderem Wert, bei denen Bor außerordentlich wirksam ist, und bei denen große Legierungsanteile erforderlich wären, um eine hohe Härtbarkeit zu erreichen.

10.6. Andere wichtige Veränderliche bei der Verarbeitung.

Es bestehen beim Einsetzen große Unterschiede zwischen den allgemein verwendeten niedriglegierten Stählen. Bei allen Kohlungsverfahren trifft es im allgemeinen zu: je höher die Kohlungstemperatur, um so höher ist die Kohlenstoffkonzentration in der Einsatzschicht und um so größer ist die Einsatztiefe. Karbidbildende Elemente wie Mangan, Chrom und Molybdän wirken in ähnlicher Weise wie eine Erhöhung der

Einsatztemperatur, während Nickel und Silizium, die keine Karbide bilden, eine entgegengesetzte Neigung zeigen. Die Einflüsse der Legierungselemente, ob positiv oder negativ, sind additiv, so daß die Kohlenstoffkonzentration und die Einsatztiefe sowohl durch die Zusammensetzung als auch durch die Erwärmungsweise überwacht werden kann. Feinkorn neigt zu einer Minderung der Einsatztiefe. Bei einigen niedriglegierten Stählen, besonders bei solchen, die Nickel enthalten, kann in der Einsatzzone nach dem Abschrecken Restaustenit verbleiben, so daß sich eine niedrige Rockwell-C-Härte von 55 ergibt. Dieses ist meist schädlich, aber bisweilen wird es bei Hochleistungsgetriebeteilen, bei denen hohe Maßhaltigkeit nicht erforderlich ist, als gut angesehen. Der Restaustenit kann durch anschließendes Abkühlen unter Null in Martensit umgewandelt werden.

Beim Erwärmen in oxydierender Atmosphäre zur Härtung bedingt die Einwanderung von Sauerstoff und die Diffusion der Grundbestandteile des Stahles nach außen eine Entkohlung und Zunderung. Das Vorhandensein von Legierungselementen beeinflußt Zunderung und Entkohlung unterschiedlich. Mangan und Chrom neigen zu einer Reduzierung der Entkohlung, Nickel zu einer Erhöhung, während bei relativ hochsiliziumhaltigen und molybdän- und vanadinhaltigen Stählen unterschiedliche Tendenzen beobachtet worden sind. Im allgemeinen ist der Einfluß der Zusammensetzung sehr klein und unerheblich im Vergleich zu den Einflüssen sogar geringer Änderungen in der Ofenatmosphäre.

Restspannungen, Verwerfungen und Reißen beim Abschrecken sind Probleme, die zum größeren Teil durch andere Faktoren als die Stahlzusammensetzung kontrolliert werden. Es sind größere Gruppen in dieser Hinsicht empfindlicher Stähle erkannt und ausgesondert worden. Wenn auch Verwerfungen durch schlechte Auflage der Teile im Ofen und durch ungleichmäßige Erwärmung entstehen, so rührt doch der Hauptanteil der Verwerfungen vom Volumenzuwachs durch die Martensitumwandlung beim Abschrecken her. Die Volumenänderung ist um so größer, je höher der Kohlenstoffgehalt und je tiefer die Martensit-Umwandlungstemperatur ist. JAFFE und HOLLOMON [84] haben festgestellt, daß Härterisse bei tieferen Ms-Temperaturen leichter entstehen. Nickelstähle werden im allgemeinen in Übereinstimmung mit ihren tieferen Austenitisierungstemperaturen als weniger empfindlich gegen Verwerfung und Reißen beim Abschrecken angesehen; auch siliziumlegierte Stähle sind von Verwerfungen relativ frei. Gemischte Korngrößen und Ungleichmäßigkeiten im Gefüge sind unerwünscht. Die Desoxydationsbehandlung ist bei Einsatzstählen wichtig [32]; und stark unreine Stähle, insbesondere solche, die größere Anteile Mangan enthalten, neigen leichter zum Reißen. SCOTT und GRAY [125] berichteten, daß die Walzrichtung einen Einfluß auf die Verwerfung hat. GROSSMANN [64] hat gezeigt, daß Restaustenit und kontrolliertes Anlassen einen merklichen Einfluß auf die Volumenänderungen haben können; und es ist festgestellt worden, daß Restspannungen in ähnlicher Weise geprüft werden können. Ein entscheidender Faktor von großer Bedeutung ist jedoch die Abschreckgeschwindigkeit. Reißen und Verwerfungen sind bei Wasserabschreckung am größten, weniger stark bei Ölabschreckung, noch geringer beim Abschrecken des Stahles in geschmolzene Salze, und sind beim Martempering [128] am geringsten, bei dem der Temperaturausgleich im Stück etwas oberhalb der Ms-Temperatur erfolgt.

Schweißbarkeit ist eine Eigenschaft, die für viele Anwendungsgebiete berücksichtigt werden muß. Sie ist eine komplexe Eigenschaft und schwer zu bestimmen. Es liegen viele Arbeiten über den Einfluß des Kohlenstoffs und der verschiedenen Legierungselemente auf die Schweißbarkeit und auf die Eigenschaften geschweißter Werkstücke vor, so daß hier nur kurze Hinweise gegeben werden sollen.

Im allgemeinen können viele niedriglegierte Stähle ohne Riß- und Verzugsgefahr und vorausgehende oder anschließende Wärmebehandlung geschweißt werden, wenn der Kohlenstoffgehalt niedrig — nicht über 0,15 bis 0,18% — ist, und wenn der Stahl so schwach härtend ist, daß die hohe Abkühlungsgeschwindigkeit keine merkbaren Mengen Martensit oder harten Bainit an der Schweißstelle oder in deren unmittelbarer Nähe erzeugt.

Wenn der Stahl beim Schweißen an oder nahe der Schweißnaht hart wird, weil entweder der Kohlenstoffgehalt zu hoch oder die Legierungsanteile bei der normalen Abkühlungsgeschwindigkeit üblicher Schweißbedingungen höhere Aufhärtung bedingen, verwerfen sich und reißen die Werkstücke, wenn sie nicht je nach Legierungsgehalt und Anfälligkeit auf 205 bis 540° C (400 bis 1000° F) vorgewärmt werden, oder wenn sie anschließend nicht erwärmt werden, um die Spannungen zu beseitigen, oder wenn nicht beides gemacht wird, Vorwärmung und Beseitigung der Restspannungen.

10.7. Hauptgrundsätze zur Stahlauswahl.

Die Qualitätseigenschaften, die auf die Verwendbarkeit des Stahles Einfluß haben, stehen alle in Beziehung zum oder sind abhängig vom Kohlenstoffgehalt, von Korngröße und Härtbarkeit. Unter normalen Bedingungen werden Kohlenstoffgehalt und Korngröße durch die Prüfweisen auf Verwendbarkeit und die Herstellungsmethoden überwacht. Solange die Endfestigkeit und die davon abhängigen Eigenschaften interessieren, kann jedes der üblichen Legierungselemente durch ein anderes ausgetauscht werden. Liegen keine besonderen Anforderungen vor, bestimmen Preise, Verfügbarkeit oder persönliche Vorliebe die Auswahl der zu verwendenden Legierungselemente.

Die Bestimmung der Eigenschaften eines bestimmten Stahles als Grundlage der Berechnung ist eine einfache Angelegenheit und wurde in den vorausgehenden Kapiteln beschrieben. Der Entwurf einiger bestimmter Teile aus einem vorgegebenen Stahl in Übereinstimmung mit den gestellten Anforderungen ist eine Umkehrung des Schemas und deshalb nicht so einfach. Es soll angenommen werden, daß das verlangte Maschinenteil bestimmte Abmessungen hat, und daß es mit einer gewissen Geschwindigkeit abgeschreckt wird, die auf die kritischen Stellen in diesem Teil, wo die kontrollierten Eigenschaften erreicht werden sollen, abgestimmt ist. Wenn die verlangte Festigkeit niedrig, der Querschnitt klein und die betriebliche Beanspruchung nicht groß ist, kann ein wasserhärtender Stahl ausgewählt werden. In diesem Falle wird volle Aushärtung nicht erwartet oder verlangt, so daß wahrscheinlich ein niedriglegierter Stahl richtig ist. Um jedoch bei der Wasserabschreckung Risse zu vermeiden, sollte der Kohlenstoffgehalt etwa 0,35% nicht überschreiten. Wenn höhere betriebliche Anforderungen gestellt werden und eine höhere Härte ohne Reißen erforderlich ist, ist ein Abschrecken in Öl oder Salzschmelze notwendig. Der Kohlenstoffgehalt darf dabei voraussichtlich außer bei einfachen Teilen nicht viel höher als 0,50% sein. Mit Vorliegen des Kohlenstoffgehaltes und Festlegung der Abkühlungsgeschwindigkeit (und damit des Abkühlmittels) kann die Berechnung begonnen werden.

Der erforderliche Grad der Härtung muß aus der Betriebsbeanspruchung vorausbestimmt werden. Wenn maximale Betriebssicherheit erforderlich ist, muß der Stahl beim Abschrecken voll ausgehärtet und bei einer solchen Temperatur angelassen werden, die hoch genug ist, um ihn sowohl entsprechende Zähigkeitseigenschaften als auch jede andere verlangte Eigenschaft annehmen zu lassen. Ist die Beanspruchung weniger hoch, kann ein gewisser Kompromiß geschlossen werden. Die Höhe der Qualität kann als Aushärtung in Form des Prozentanteiles an Martensit oder als Differenz zwischen der maximal möglichen Härte und der vorausbestimmten Abschreckhärte ausgedrückt werden.

Wird das System des idealen kritischen Durchmessers angewandt, kann Abschreckleistung und Bolzendurchmesser nach den Abb. 5.8 oder 5.9 (Seite 87 und 88) herangezogen werden, um den erforderlichen idealen Durchmesser vorauszubestimmen. Der verlangte Prozentanteil an Martensit kann aus dem idealen kritischen Durchmesser für 50% Martensit nach der Beziehung von HODGE und OREHOSKI [73, 74] umgerechnet werden. FIELDS Beziehung zwischen dem idealen kritischen Durchmesser und der Härte (Abb. 7.1, Seite 119) ergibt die Abschreckhärte (Aufhärtung), und WELLAUERS Karten (Abb. 8.21 bis 8.23, Seite 152 und 153) geben annäherungsweise die für die verlangte Festigkeit erforderlichen Anlaßtemperaturen. Wenn die angezeigte Härte oder Temperatur zu niedrig ist, ist ein höherer Martensitanteil und damit ein Stahl mit höherem Kohlenstoff- oder höherem Legierungsgehalt und deshalb größerer Härtbarkeit erforderlich, um die verlangte Endhärte zu erreichen. Ist der erforderliche ideale kritische Durchmesser und der Kohlenstoffgehalt (und die Korngröße) bekannt, kann Großmanns Methode zur Berechnung der chemischen Zusammensetzung angewandt werden, die den gewünschten idealen kritischen Durchmesser gewährleistet. Bei der Stahlauswahl ist es an Stelle der Berechnung der Zusammensetzung indessen erheblich leichter, sich auf die veröffentlichten Jominy-Kurven zu beziehen.

Wenn die Rockwell-C-Additionsmethode zur Berechnung angewandt wird, kann die Differenz zwischen der maximal möglichen Härte bei dem festgelegten Kohlenstoffgehalt und der gewünschten Abschreckhärte einer entsprechenden Abkühlungsgeschwindigkeit oder der Jominy-Tiefe zusammen mit dem Kohlenstoffgehalt benutzt werden, um die vollen Legierungseinheiten nach Abb. 7.4, 7.6, 7.7 und 7.8 (Seite 122 bis 126) vorauszubestimmen. In der Abb. 9.14 (Seite 178) wird aufgezeigt, ob die Verbindung der Abschreck- und Endhärte die Ausbildung einer entsprechenden Zähigkeit erlaubt. Mit den vollen Legierungseinheiten ist notwendigerweise die Zusammensetzung festgelegt, wobei die Anlaß-temperatur aus der Abschreckhärte und der Zusammensetzung nach den Abb. 8.12 bis 8.17 (Seite 146 bis 148) berechnet werden kann.

10.8. Auswahl eines Stahles nichtgenormter Zusammensetzung.

Zur Ausarbeitung einer geeigneten Stahlzusammensetzung ist ein gut Teil Erfahrung erforderlich. Mangan allein wird im allgemeinen in Zusätzen bis zu etwa 2% verwendet; die Versuche jedoch, in tief einhärtenden Stählen hohe Mangangehalte mit anderen Legierungselementen zu kombinieren, ergaben meist Schwierigkeiten beim Normalisieren, Härterisse, Restaustenit und bisweilen niedrige Zähigkeit und Ermüdungsfestigkeit. Ebenso ist es schwierig, in Stählen mit relativ hohem Mangangehalt ein Feinkorn zu erzielen. Der Mangangehalt muß deshalb meist niedrig gehalten und andere Legierungselemente müssen zugefügt werden. In mittel und tief einhärtenden Stählen wird deshalb der Mangangehalt auch aus anderen Gründen als solchen der Härtbarkeit unter 1% gehalten. Silizium liegt meist in Mengen von 0,25 bis 0,35% vor. Es wird jedoch mit besonderem Erfolg bis zu 1% und um 2% zulegiert. Indessen zeigen Stähle zwischen 1 bis 2% Silizium Warmbrüchigkeit beim Walzen und Schmieden. Nickel wird allgemein bis zu 5% verwendet, wenn auch bei hohen Nickelgehalten geringere Oberflächengüten und Schwierigkeiten bei der Normalisierung auftreten können. Chrom wird Stählen, die im offenen Herdofen erschmolzen sind (SM-Stähle), meist mit etwas mehr als 1%, und elektrisch erschmolzenen Stählen mit etwas höheren Prozentanteilen zugesetzt. Diese Grenze bei Herdstählen ist durch die Aufnahmegrenze des kalten Legierungsmetalles gegeben; die Anwendung exothermer löffelgerechter Ferrochrom-Stückchen erlaubte die Herstellung höher chromlegierter Stähle. Stähle mit mehr als 2% Chrom erfordern relativ hohe Abschrecktemperaturen; das gleiche trifft bei mehr als 0,50% Molybdän zu. Borbehandelte Stähle werden nur dann angewendet, wenn diese beim Abschrecken voll aushärten müssen; solche Teile sollen nicht geschweißt werden.

Es ist schwierig, aus den Großmannschen Multiplikatoren die relativen Kosten der Legierungselemente im Hinblick auf die Härtbarkeit zahlenmäßig zu erfassen. In erster Linie ist die Beziehung zwischen dem individuellen Multiplikator und den jeweiligen Legierungseinflüssen immer noch nicht voll geklärt, so daß relative Unterschiede beträchtliche Fehler ergeben können. HOSTETTER [80] entwickelte eine Methode, mit der die Kosten sukzessiver Zusätze jedes Legierungselementes mittels geradliniger Multiplikatoren zahlenmäßig erfaßt werden können. Unter Verwendung der Preise 1945 mit 0,13 Dollar je lb. (1 lb. = 453,59 g) für Chrom, 0,80 Dollar für Molybdän und 0,30 Dollar für Nickel und unter der Annahme, daß diese jeweils zu 80, 90 und 95% zurückgewonnen werden, berechnete er, daß Chrom bis zu 0,40% als Legierungsanteil billiger ist als Molybdän, und daß Chrom und Molybdän zusammen bis zu 0,77% Chrom und 0,18% Molybdän billiger sind als Nickel. HOSTETTER benutzte dazu willkürlich einen Chromfaktor, der niedrig genug angesetzt wurde, um einige der Schwierigkeiten bei Chrom-Molybdän-Stählen auszugleichen. Wenn die von CRAFTS und LAMONT [35] bestimmten Faktoren in die Formel von HOSTETTER eingesetzt werden, erscheint Chrom bis zu 1,5% billiger als Molybdän. Die Anwendbarkeit dieser Rechnungsweise erfordert genauer bestimmte Faktoren, als sie jetzt vorliegen. Der Wert dieser Methode wurde auch in den Arbeiten von KRAMER, SIEGEL und BROOKS [95] in Zweifel gezogen, die fanden, daß die Großmann-Faktoren durch eine Kurve genauer ausgedrückt werden können.

Die Kostenberechnung der Legierungselemente ist ziemlich verwickelt, und wenn die Kosten der Legierungselemente selbst bisweilen nur den kleineren Teil der Stahlkosten ausmachen, haben sie nur einen geringen Anteil an dem Gesamtpreis des Stückes. Es gibt verschiedene Berechnungsweisen, wobei es notwendig ist, einen vollständigen Kreislauf einschließlich der im Schrott verlorengehenden Legierungselemente zugrunde zu legen. Da eine Sortierung des Schrottes schwierig ist, sind nur bestimmte Annahmen über die Höhe des wiedergewonnenen Anteiles möglich. Es ist deshalb nicht ungewöhnlich anzunehmen, daß nur die Hälfte der Legierungselemente aus dem Schrott zurückgewonnen wird, so daß viele Schrottkäufe sortierten Materials auf dem halben Preis des darin enthaltenen wiederzugewinnenden Elementes beruhen. Eine solche Annahme scheint etwas zu weitgehend zu sein; es sei deshalb hier angenommen, daß Zweidrittel des Schrottes sortiert und die darin enthaltenden Legierungselemente zurückgewonnen werden. Eine Ausbeute von 65% kann angenommen werden. Um ein „ton" einer Stahllegierung herzustellen, ist es erforderlich, 3080 lb. Gußbarren zu gießen, von denen 2000 lb. verwendet werden, wobei 720 lb. ausgesondert und als legierter Schrott zurückfließen und 360 lb. verloren sind [der Übersetzer: 1 ton (short ton) = 2000 lb. = 907,185 kg). Die Zurückgewinnung durch Schmelzen und Veredeln kann bei Molybdän und Nickel mit 95% des ursprünglich eingebrachten Anteiles unter völligem Zurückfließen aus dem sortierten Schrott, bei Chrom mit 85% der eingebrachten Menge und mit 30%igem Zurückfließen aus dem sortierten Schrott, bei Mangan mit 70% des Einsatzes und mit 20%igem Zurückfließen aus dem sortierten Schrott, und bei Silizium mit 95% des in die Schmelze eingebrachten Anteiles ohne irgendeinen Rückfluß aus dem Schrott angenommen werden. Da die Legierungselemente in kontinuierlichem Kreislauf aus dem sortierten Schrott zurückgewonnen werden, fallen nur durch die jeweiligen Neuzusätze Legierungskosten an. Das Eisen ist in den Ferrolegierungen mit 30 Dollar je 907,185 kg (ton) anzusetzen. Reste aus anderen Quellen sollen unberücksichtigt bleiben. Menge und Preis des Legierungszusatzes zum Einbringen von „1 lb. je ton" (0,454 kg Legierungsanteil in 907,185 kg verwendbare Stahllegierung) zum Einsatz kommenden Produktes zeigt Tabelle 10.1, wobei die Eastern-United-States-Preise von Mitte 1947 verwendet wurden.

Tabelle 10.1. *Menge und Preis des Legierungszusatzes zur Herstellung von 1 ton (907,185 kg) Stahllegierung mit 1 lb. (0,454 kg) Legierungselement.*

Legierungselement	Menge (lb.) von				Preis Dollar von	
	Legierungsanteil in 3080 lb. Gußbarren	Anteil-Zurückgewinnung aus 720 lb. Schrott	Neuanteil im Gußbarren	Ursprünglicher Legierungszusatz	Legierungsanteil je lb. (netto)	1 lb. Legierungsanteil je ton des Fertigproduktes
Mangan, hoher Kohlenstoffgehalt	1,54	0,07	1,47	2,10	0,075	0,158
Chrom, hoher Kohlenstoffgehalt	1,54	0,11	1,43	1,68	0,150	0,252
Silizium, 50% Ferrosilizium	1,54		1,54	1,62	0,063	0,102
Molybdän	1,54	0,36	1,18	1,24	0,80	0,992
Nickel	1,54	0,36	1,18	1,24	0,35	0,434

Der relative Preis der Legierungselemente kann im Hinblick auf die Härtbarkeit nach der Additionsmethode direkt berechnet werden. Die in Tabelle 10.1 aufgeführten Preise werden zur Bestimmung der Kosten jedes Legierungselementes je Rockwell-C-Einheit herangezogen, wie es Tabelle 10.2 zeigt. Offensichtlich liegen die Kosten je tatsächlicher Rockwell-C-Zahl wegen der Martensit-Korrektion zu hoch, aber die relativen Unterschiede zwischen den Legierungselementen bleiben bei allen Bedingungen der Wärmebehandlung und allen Mengen des Legierungsgehaltes gleich, bei denen die Additionsmethode anwendbar ist. Bei Einsatzstählen, die niedriggekohltes Ferromangan und Ferrochrom erfordern, würden die vergleichbaren Legierungskosten je ton (907,185 kg) und je Rockwell-C-Einheit 0,54 Dollar beziehungsweise 0,48 Dollar betragen.

Tabelle 10.2. *Relative Kosten der Legierungselemente für die Erhöhung der Abschreckhärte (Aufhärtung) um 1 Rockwell C.*

Legierungs-element	Zusatzmenge für eine Rockwell-C-Einheit in %	Preis je ton (907,185 kg) und je Rockwell-C-Einheit in Dollar	Relative Kosten in Dollar
Mangan	0,0645	0,204	1,00
Chrom	0,0667	0,336	1,65
Silizium	0,20	0,408	2,00
Molybdän	0,027	0,536	2,63
Nickel	0,182	1,580	7,76

Wenn es auf eine hohe Anlaßbeständigkeit ankommt, zeigt Tabelle 10.3 die Legierungskosten nach dem Einfluß der Legierungselemente auf das Anlaßmaximum. Die letzte Kolonne zeigt das kombinierte Kostenverhältnis, wenn bei gleichen Gewichtsmengen sowohl die Härtung als auch das Anlassen verbessert werden. Die Kosten für die Härtung nach Tabelle 10.2 beziehen sich vor allem auf schwach angelassene Stähle, und die Kosten für Anlaßbeständigkeit treffen besser für zähe Stähle zu. Wenn beides gleich wichtig ist, fallen im Hinblick auf die Härte die geringsten Kosten dann an, wenn nacheinander Silizium, Chrom, Mangan, Molybdän und Nickel zugegeben werden, so wie die Härtbarkeit gesteigert und so wie das Maximum für jedes Element praktisch erreicht worden ist.

Tabelle 10.3. *Relative Kosten der Legierungselemente zur Erhöhung der Anlaßbeständigkeit um eine Rockwell-C-Einheit.*

Legierungs-element	Zusatzmenge für eine Rockwell-C-Einheit in %	Preis je ton (907,185 kg) und je Rockwell-C-Einheit in Dollar	Relative Kosten in Dollar	Kombinierte relative Kosten in Dollar
Mangan	0,40	1,26	1,00	1,00
Chrom	0,19	0,96	0,76	0,88
Silizium	0,22	0,45	0,36	0,59
Molybdän	0,06	1,19	0,94	1,18
Nickel	0,77	6,68	5,30	5,64

10.9. Auswahl eines Stahles genormter Zusammensetzung.

Glücklicherweise ist es nicht notwendig, für irgendeinen Verwendungszweck einen neuen Stahl zu entwickeln, da die Standard-SAE- und AISI-Qualitäten eine Reihe von Zusammensetzungen enthalten, die durch Erfahrungen vieler Verbraucher erprobt und die in ausreichender Menge hergestellt werden, so daß sowohl Hersteller als auch Verbraucher mit ihren Eigenarten vertraut sind. Diese Stähle sind mit ihren Analysentoleranzen und Härtbarkeitsbändern im Anhang I und II aufgeführt.

Die strukturabhängigen Eigenschaften eines niedriglegierten Stahles bei bestimmter Wärmebehandlung — Härte, Festigkeitseigenschaften (einschließlich Streckgrenze und solcher Zähigkeitsfaktoren wie Dehnung und Einschnürung), Ermüdungsfestigkeit und Schlagfestigkeit — hängen in erster Linie von Härtbarkeit und Korngröße ab; es sind jedoch noch zusätzliche Kenntnisse erforderlich, um zu sagen, welche Festigkeit (und darauf bezogene Werte) bei einem Stahl bestimmter Zusammensetzung vernünftigerweise erwartet werden kann. Solche Kenntnis schließt zum Beispiel Einzelheiten der jeweiligen Bedingungen ein, unter denen der Stahl abgeschreckt und angelassen wird. Da diese Bedingungen außerordentlich variieren, ist es gewiß nicht gefahrlos, die Beziehung zwischen Zusammensetzung, Wärmebehandlung und Eigenschaften zu sehr zu verallgemeinern, was insbesondere für die verschiedenen Methoden zur Berechnung der Eigenschaften zutrifft, wie sie in diesem Buch anderen Ortes besprochen wurden.

Trotz der Möglichkeit zu starker Verallgemeinerung und zu Fehlurteilen wurden solche Berechnungen von Zugfestigkeit und Izod-Schlagfestigkeit, die bei SAE- und AISI-Stählen nach dem Abschrecken von Rundbolzen verschiedener Durchmesser erwartet werden können, nach der Additionsmethode durchgeführt [32]. Als unteres Drittel der speziellen Legierungsreihe wurden Stähle mit 0,20 bis 0,50% Kohlenstoff und Korngröße N. 8 genommen, wobei Restbeimengungen von 0,07% Chrom, 0,08% Nickel und 0,02% Molybdän vorhanden sein konnten.

Ebenso wurden die mit 2Cr00 (0,75% Mangan, 0,25% Silizium und 1,50% Chrom) und die mit 3Cr00 (0,50% Mangan, 0,25% Silizium, 3% Chrom und 0,50% Molybdän) bezeichneten Stähle einbezogen. Infolge noch uneinheitlicher Beurteilung des Einflusses von Zirkon auf die Abschreckhärte (Aufhärtung) wurden die für X9100[1] angeführten Werte nach den gefahrenen Jominy-Kurven [61] berechnet. Es wurde angenommen, daß Vanadin keinen Einfluß auf die Abschreckhärte hat, und daß Vanadinstähle eine geringere berechnete Festigkeit haben, als sie tatsächlich erreichen. Die Berechnungen wurden auf ein Abschreck-

---

[1] Die Zusammensetzung von X9100: 0,50—0,75% Mn, 0,60—0,90% Si, 0,50 bis 0,65% Cr, 0,10—0,20% Mo und 0,10—0,20% Zr.

vermögen von $H = 0,35$ für Öl und $H = 1,0$ für Wasser für die Mitten von Rundbolzen bezogen. Als Anlaßzeit wurde je 25,4 mm (1 in.) Durchmesser eine Stunde auf Temperatur gewählt. Die Abschreckhärte (Aufhärtung) wurde nach der Additionsmethode [37] bestimmt; Anlaßhärte und Zugfestigkeit wurden für eine Mindestanlaßtemperatur von 425° C (800° F) berechnet [38]. Diese Härtewerte dienten zur Vorausbestimmung der Izod-Schlagfestigkeit.

Die Ergebnisse dieser Berechnungen sind in den Tabellen 10.4, 10.5 und 10.6 aufgeführt, in denen die Beziehungen zwischen Schlagfestigkeit, Zugfestigkeit und Stückgröße enthalten sind. Die Festigkeitstoleranzen, in die jeder Stahl eingruppiert ist, wurden durch die Forderung gegeben, daß die maximale Festigkeit und die angezeigte Schlagfestigkeit dieser Gruppen durch Anlassen bei 425° C (800° F) und höher erreicht werden. Eine Anlaßtemperatur von 425° C (800° F) wurde als Minimum einer betriebssicheren und folgerichtigen Anlaßbehandlung angesehen. Sobald sich die Zugfestigkeitswerte den maximal erreichbaren Festigkeitswerten nähern, müssen die Tabellen mit etwas Vorsicht betrachtet werden. Die Zugfestigkeitsgrenzen jeder Gruppe wurden so gewählt, daß einer Zugfestigkeit über $98,4 \text{ kg/mm}^2$ (140000 lb. per sq. in.) jeder Gruppe eine Änderung der Izod-Schlagfestigkeit von 1,4 mkg (10 ft./lb.) entspricht. Da die Schlagfestigkeit unterhalb einer Zugfestigkeit von $98,4 \text{ kg/mm}^2$ (140000 lb. per sq. in.) weniger abweichende Werte ergibt, wurde die Toleranz von $10,55 \text{ kg/mm}^2$ (15000 lb. per sq. in.) für jede Gruppe geringerer Festigkeit als angemessen ausgewählt. Die Izod-Schlagfestigkeitswerte von 4,2 mkg (30 ft./lb.) im Mittel mit einem Unterstwert von 1,4 mkg (10 ft./lb.) in Tabelle 10.4, von 5,6 mkg (40 ft./lb.) im Mittel mit einem Unterstwert von 2,8 mkg (20 ft./lb.) in Tabelle 10.5, und von 7 mkg (50 ft./lb.) im Mittel mit einem Unterstwert von 4,2 mkg (30 ft./lb.) in Tabelle 10.6 wurden deshalb als Beispiele herausgestellt, weil sie von größtem Interesse zu sein scheinen.

Die in der oberen Hauptgruppe jeder Tabelle aufgeführten Stähle sind alle durch die Grenzen der Schlagfestigkeit gekennzeichnet und wurden so berechnet, als ob sie bei Temperaturen höher als 425° C (800° F) angelassen wurden, um die Zugfestigkeit auf die Grenze abzusenken, die mit der gewünschten Schlagfestigkeit übereinstimmt. Alle Stähle unterhalb der stark ausgezogenen Linie jeder Tabelle haben nach dem Anlassen bei 425° C (800° F) eine höhere als die angegebene Schlagfestigkeit, so daß die angeführte Zugfestigkeit die höchsterreichbare ist, die bei der unteren Anlaßtemperatur von 425° C (800° F) erreicht werden kann. In ähnlicher Weise wurde die Festigkeit einiger Stähle der mittleren Gruppen erniedrigt, um die Schlagfestigkeit zu gewährleisten, während andere keine Angleichung erforderten. Die in der höchsten Gruppe aufgeführten Stähle stellen Sorten dar, die nach dem Ab-

Tabelle 10.4.

Berechnete Zugfestigkeit feinkörniger abgeschreckter und bei mindestens 425° C (800° F) angelassener Stähle mit 4,2 mkg (30 ft./lb.) Izod-Schlagfestigkeit im Mittel bei einem Unterstwert von 1,4 mkg (10 ft./lb.)

Zugfestigkeit in kg/mm² (lb. per sq. in.) nach Abschrecken in ruhendes Öl (H = 0,35) oder ruhendes Wasser (H = 1,0) in Abhängigkeit vom Bolzendurchmesser	Die Anforderungen erfüllenden Stähle in Bolzengröße von			
	25,4 mm (1 in.) Durchmesser (H = 0,35) oder 38,1 mm (1½ in.) Durchmesser (H = 1,0)	50,8 mm (2 in.) Durchmesser (H = 0,35) oder 76,2 mm (3 in.) Durchmesser (H = 1,0)	76,2 mm (3 in.) Durchmesser (H = 0,35) oder 101,6 mm (4 in.) Durchmesser (H = 1,0)	101,6 mm (4 in.) Durchmesser (H = 0,35) oder 127 mm (5 in.) Durchmesser (H = 1,0)
119,5—133,6 (170 000—190 000)	3Cr20 3330 4330 3Cr30 3240 3340 4140 4340 X9140 9840 2Cr40 3Cr40 1350 3150 3250 3350 4150 4350 4650 8650 8750 X9150 9450 9850 2Cr50 3Cr50	3Cr20 3330 3Cr30 3340 4340 3Cr40 3350 4350 9850 2Cr50 3Cr50	3Cr20 3330 3Cr30 3340 3Cr40 3350 4350 3Cr50	3Cr20 3330 3Cr30 3340 3Cr40 3350 3Cr50
109,0—119,5 (155 000—170 000)	3320 9320 X9130 9830 2Cr30 2340 8640 8740 2350 5150 6150	3320 4330 4140 X9140 9840 2Cr40 3150 3250 4150 8650 8750 X9150 9450	3320 4340 9840 2Cr40 3250 4150 X9150 9850 2Cr50	4340 4350 9850 2Cr50
98,4—109,0 (140 000—155 000)	3230 1340 3140 4640 5140 6140 9440 4050 9750	9320 9830 2Cr30 3240 8740 1350 2350 4650 6150	4140 X9140 3150 8650 8750 9450	3320 9840 2Cr40 X9150 4150

87,9—98,4 (125 000—140 000)	9820 2Cr20	4130	8730 4040	X9130 1340 2340	3140	4640 8640 5150	9320 4330 X9130	9830 3240 8740	1350 2350 4650	4330 4140 X9140	2350 3150	3250 8750 9450
77,3—87,9 (110 000—125 000)	2520 3220 4320 4820 X9120	1330 2330 3130 4630	5130 6130 8630 9430 9740	3230 6140	9440	4050 9750	2Cr30 2340 4640	8640	4050 5150 6150	9320 X9130 9830	2Cr30 2340 3240 1350	4650 6150 8650
67,0—77,3 (95 000—110 000)	1320 4120 8620		8720 9920 4030	2520 4320 4820 X9120 9820	2Cr20 1330 2330 3130 4130 4630	8630 8730 4040 5140 9740	9820 2330 3230	1340 3140 5140	6140 9440 9750	3230 1340 3140 4640	6140 8640 8740	9440 4050 5150 9750
56,2—67,0 (80 000—95 000)	2320 3120	4620 5120 6120	9420 9730	1320 2320 3120 3220 4120	4620 8620 8720 9920	4030 5130 6130 9430 9730	2520 3220 4120 4320 4820 8720 X9120	9920 2Cr20 1330 3130 4130 4630	5130 6130 8630 8730 9430 4040 9740	2520 3220 4320 4820 X9120 9820 2Cr20	1330 2330 3130 4130 4640 5130	6130 8630 8730 9430 4040 5140 9740
45,7—56,2 (65 000—80 000)		4020 9720		4020 5120	6120	9420 9720	1320 2320 3120 4020	4620 5120 6120 8620	9420 9720 4030 9730	1320 2320 3120 4120	4620 5120 6120 8620 8720	9420 9920 4030 9730
35,2—45,7 (50 000—65 000)										4020		9720

Tabelle 10.5.

Berechnete Zugfestigkeit feinkörniger abgeschreckter und bei mindestens 425° C (800° F) angelassener Stähle mit 5,6 mkg (40 ft./lb.) Izod-Schlagfestigkeit im Mittel bei einem Unterstwert von 2,8 mkg (20 ft./lb.)

Zugfestigkeit in kg/mm² (lb. per sq. in.) nach Abschrecken in ruhendes Öl (H = 0,35) oder ruhendes Wasser (H = 1,0) in Abhängigkeit vom Bolzendurchmesser	Die Anforderungen erfüllenden Stähle in Bolzengröße von									
	25,4 mm (1 in.) Durchmesser (H = 0,35) oder 38,1 mm (1½ in.) Durchmesser (H = 1,0)			50,8 mm (2 in.) Durchmesser (H = 0,35) oder 76,2 mm (3 in.) Durchmesser (H = 1,0)		76,2 mm (3 in.) Durchmesser (H = 0,35) oder 101,6 mm (4 in.) Durchmesser (H = 1,0)		101,6 mm (4 in.) Durchmesser (H = 0,35) oder 127 mm (5 in.) Durchmesser (H = 1,0)		
109,0—119,5 (155 000—170 000)	3320 9320 3Cr20 3330 4330 3Cr30 3240 3340 4140 4340	X9140 9840 2Cr40 3Cr40 1350 2350 3150 3250 3350	4150 4350 4650 8650 8750 X9150 9450 9850 2Cr50 3Cr50	3320 3Cr20 3330 3Cr30 3340 4340	3Cr40 3350 4350 9850 2Cr50 3Cr50	3Cr20 3330 3Cr30 3340	3Cr40 3350 4350 3Cr50	3Cr20 3330 3Cr30	3340	3Cr40 3350 3Cr50
98,4—109,0 (140 000—155 000)	3230 X9130 9830 2Cr30 1340	2340 3140 4640 5140 6140 8640	8740 9440 4050 5150 6150	9320 4330 9830 2Cr30 3240 4140 8740	X9140 9840 2Cr40 1350 2350 3150	3250 4150 4650 8650 8750 X9150 9450	3320 4340 9840 2Cr40 3250	4150 X9150 9450 9850 2Cr50	3320 4340 9840	2Cr40	4350 9850 2Cr50

87,9—98,4 (125 000—140 000)	9820 4130 4040 2Cr20 8730 9750	X9130 2340 8640 1340 3140 6150 　　　4640	9320 3240 3150 4330 4140 4650 X9130 X9140 8650 9830 2350 8750	4330 4150 2350 X9150
77,3—87,9 (110 000—125 000)	2520 1330 5130 3220 2330 6130 4320 3130 8630 4820 4630 9430 X9120　　　9740	3230 4050 6140 5150 9440 9750	2Cr30 8740 2340 1350 4640 5150 8640 6150	9320 3240 4650 X9130 4140 6150 9830 X9140 8650 2Cr30 1350 8750 2340 3150 9450 　　　3250
67,0—77,3 (95 000—110 000)	1320 8720 4120 9920 8620 4030	2520 2Cr20 8630 4320 1330 8730 4820 2330 4040 X9120 3130 5140 9820 4130 9740 　　　4630	9820 5140 2330 6140 3230 9440 1340 4050 3140 9750	3230 6140 9440 1340 8640 4050 3140 8740 5150 4640　　　9750
56,2—67,0 (80 000—95 000)	2320 4620 9420 3120 5120 9730 　　　6120	1320 4620 4030 2320 8620 5130 3120 8720 6130 3220 9920 9430 4120　　　9730	2520 9920 5130 3220 2Cr20 6130 4120 1330 8630 4320 3130 8730 4820 4130 9430 8720 4630 4040 X9120　　　9740	2520 1330 6130 3220 2330 8630 4320 3130 8730 4820 4130 9430 X9120 4630 4040 9820 5130 5140 2Cr20　　　9740
45,7—56,2 (65 000—80 000)	4020 9720	4020 6120 9420 5120　　　9720	1320 4620 9420 2320 5120 9720 3120 6120 4030 4020 8620 9730	1320 4620 9420 2320 5120 9920 3120 6120 4030 4120 8620 9730 　　　8720
35,2—45,7 (50 000—65 000)				4020　　　9720

Tabelle 10.6.

Berechnete Zugfestigkeit feinkörniger abgeschreckter und bei mindestens 425° C (800° F) angelassener Stähle mit 7,0 mkg (50 ft./lb.) Izod-Schlagfestigkeit im Mittel bei einem Unterstwert von 4,2 mkg (30 ft./lb.).

Zugfestigkeit in kg/mm² (lb. per sq. in.) nach Abschrecken in ruhendes Öl (H = 0,35) oder ruhendes Wasser (H = 1,0) in Abhängigkeit vom Bolzendurchmesser	Die Anforderungen erfüllenden Stähle in Bolzengröße von											
	25,4 mm (1 in.) Durchmesser (H = 0,35) oder 38,1 mm (1½ in.) Durchmesser (H = 1,0)			50,8 mm (2 in.) Durchmesser (H = 0,35) oder 76,2 mm (3 in.) Durchmesser (H = 1,0)			76,2 mm (3 in.) Durchmesser (H = 0,35) oder 101,6 mm (4 in.) Durchmesser (H = 1,0)			101,6 mm (4 in.) Durchmesser (H = 0,35) oder 127 mm (5 in.) Durchmesser (H = 1,0)		
98,4—109,0 (140 000—155 000)	3320	X9140	4150	3320	3Cr40		3Cr20	3Cr40		3Cr20		3Cr40
	9320	9840	4350	3Cr20	3350		3330	3350		3330	3340	3350
	3Cr20	2Cr40	4650	3330	4350		3Cr30	4350		3Cr30		3Cr50
	3330	3Cr40	8650	3Cr30	9850		3340	3Cr50				
	4330	1350	8750	3340	2Cr50							
	3Cr30	2350	X9150	4340	3Cr50							
	3240	3150	9450									
	3340	3250	9850									
	4140	3350	2Cr50									
	4340		3Cr50									
87,9—98,4 (125 000—140 000)	9820	2Cr30	6140	9320	4140	3250	3320		3250	3320	9840	X9150
	2Cr20	1340	8640	4330	8740	4150	9320	4340	4150	4330	2Cr40	9850
	3230	2340	8740	X9130	X9140	4650	4330	X9140	X9150	4340	4350	2Cr50
	4130	3140	9440	9830	9840	8650	X9130	9840	9450			
	8730	4040	4050	2Cr30	2Cr40	8750	9830	2Cr40	9850			
	X9130	4640	5150	2340	1350	X9150	4140	2350	2Cr50			
	9830	5140	6150	3240	2350	9450						
					3150							

Festigkeit				
77,3—87,9 (110 000—125 000)	2520 1330 6130 3220 2330 8630 4320 3130 9430 4820 4630 9740 X9120 5130 9750	3230 4640 9440 1340 6140 5150 3140 8640 6150	2Cr30 8740 4650 2340 1350 8650 3240 3150 8750	9320 2340 3250 X9130 3240 4150 9830 4140 8750 2Cr30 X9140 9450 2350
67,0—77,3 (95 000—110 000)	1320 8720 4120 9920 8620 4030	2520 1330 8730 4320 2330 4040 4820 3130 5140- X9120 4130 9740 9820 4630 4050 2Cr20 8630 9750	9820 4640 9440 2330 5140 4050 3230 6140 5150 1340 8640 6150 3140 9750	1340 9440 4650 3140 1350 5150 8640 3150 6150 8740 8650
56,2—67,0 (80 000—95 000)	2320 4620 9420 3120 5120 9730 6120	1320 4620 4030 2320 8620 5130 3120 8720 6130 3220 9920 9430 4120 9730	2520 9920 5130 3220 2Cr20 6130 4120 1330 8630 4320 3130 8730 4820 4130 9430 8720 4630 4040 X9120 9740	2520 2330 9430 3220 3130 4040 4320 3230 4640 4820 4130 5140 X9120 4630 6140 9820 5130 9740 2Cr20 6130 4050 1330 8630 9750 8730
45,7—56,2 (65 000—80 000)	4020 9720	4020 6120 9420 5120 9720	1320 4620 9420 2320 5120 9720 3120 6120 4030 4020 8620 9730	1320 4620 9420 2320 5120 9920 3120 6120 4030 4120 8620 9730 8720
35,2—45,7 (50 000—65 000)				4020 9720

schrecken im wesentlichen martensitisch sind und für die die Wahrscheinlichkeit der Erreichung der Soll-Schlagfestigkeit durchaus gut ist.
Die Stähle der unteren Gruppen unterhalb der stark ausgezogenen Linie
in Tabelle 10.4 sind beim Abschrecken nicht voll ausgehärtet, so daß die
Wahrscheinlichkeit einer geringeren Soll-Zähigkeit größer ist. Die allgemeine Erfahrung hat gezeigt, daß unvollständig ausgehärtete Stähle
in ihren Zähigkeitseigenschaften unberechenbar sind, so daß Voraussagen über die Schlagfestigkeit der Stähle unterhalb der stark ausgezogenen Linie mit gewisser Vorsicht zu machen sind.

Die in den Tabellen 10.4 bis 10.6 aufgeführten Stähle können nach
ihrem relativen Verhalten, bestimmte Zugfestigkeits- und Schlagfestigkeitswerte anzunehmen, in annäherungsweise äquivalente Gruppen mit
abgestuften Höhenlagen eingeteilt werden. Diese Einteilung zeigt
Tabelle 10.7. Es ist jedoch hervorzuheben, daß diese Eingruppierung
Faktoren wie abweichende Zusammensetzung, Anfälligkeit gegen Anlaßsprödigkeit, Neigung zur Seigerung, Einfluß der Walzrichtung, Einschlüsse, abweichende Struktur nach der Wärmebehandlung, Schwierigkeit bei der Erhaltung des Feinkornes und Schwierigkeit zur Gewährleistung einer vollständigen Austenitisierung nicht berücksichtigt.

Tabelle 10.7. *Relative Einteilung der Stähle nach Zug- und Schlagfestigkeit.*

Gruppe	Stahlsorte
1	3Cr00
2	3300
3	4300 (ausgenommen 4320), 9320
4	9800, 2Cr00
5	4100 (ausgenommen 4120, 4130), X9100
6	2520, 3200, 4320, 4820
7	2300, 4120, 4130, 8700, 9450, 9920
8	1300, 3100, 4600, 5147, 5152, 8600
9	5100 (ausgenommen 5147, 5162), 6100, 9400 (ausgenommen 9450)
10	4000, 9700

Wenn auch in vorausgehenden Abschnitten aufgezeigt worden ist,
daß viele charakteristische Eigenschaften von Stählen und insbesondere
solche, die bei der Verarbeitung der Stähle wichtig sind, oft stark mit
der Zusammensetzung variieren, wurde festgestellt, daß die meisten der
genormten Stähle mit normalen Methoden einwandfrei erstellt werden
können. Es ist deshalb bei diesen Stahlgruppen möglich, die Theorie der
gegenseitigen Substitution der Legierungselemente mit mehr Sicherheit
anzuwenden als bei den unerprobten Zusammensetzungen. Aus diesem
Grunde können die Fabrikationskosten verschiedener Stähle mit einem
gegebenen Grad der Härtbarkeit mit sehr kleiner Fehlergrenze vorausgesagt werden, so daß ein Kostenvergleich größeren praktischen Wert
hat. Da die Stahlpreise veröffentlicht werden und die angenäherten

Tabelle 10.8. *Einteilung niedriglegierter Stähle (0,40% Kohlenstoff) in bezug auf Preis und Festigkeit bei einer mittleren Izod-Schlagfestigkeit von 4,2 mkg (30 ft./lb.) (Tabelle 10.4.)*

Zugfestigkeit kg/mm² (lb. per sq. in.) nach Abschreckung in ruhendes Öl (H = 0,35)	Die Anforderungen erfüllenden Stähle in Bolzengröße mit den Durchmessern			
	25,4 mm (1 in.)	50,8 mm (2 in.)	76,2 mm (3 in.)	101,6 mm (4 in.)
119,5—133,6 (170 000—190 000)	4140 9840 4340	4340		
109,0—119,5 (155 000—170 000)	8640 8740 2340	4140 9840	9840 4340	4340
98,4—109,0 (140 000—155 000)	1340 5140 3140 4640 6140	8740	4140	9840
87,9—98,4 (125 000—140 000)	4040	1340 8640 3140 4640 2340	8740	4140
77,3—87,9 (110 000—125 000)		6140	8640 4640 2340	2340
67,0—77,3 (95 000—110 000)		5140 4040	1340 5140 3140 6140	1340 8640 8740 3140 4640 6140
56,2—67,0 (80 000—95 000)			4040	5140 4040

Preis (1947) je 0,454 kg (1 pound) Stahl.

Stahl	Preis *c*	Stahl	Preis *c*	Stahl	Preis *c*
1340	3,55	4140	3,95	6140	4,65
5140	3,55	8740	4,05	4640	4,70
4040	3,70	3140	4,20	4340	4,95
8640	3,95	9840	4,60	2340	5,40

Eigenschaften in den Tabellen vorausbestimmt sind, ist die Abschätzung der Kosten einfach. Eine solche zahlenmäßige Bewertung zeigt Tabelle 10.8 auf Grund der Preise 1947. Es ist offensichtlich, daß im unteren Härtbarkeitsbereich SAE 1300 in Übereinstimmung mit der Rechnung relativ billig ist, und daß SAE 5140 und 8640 die billigsten Alternativen sind, wenn dessen Unzulänglichkeiten nicht toleriert werden können. In den mittleren Bereichen ist SAE 4100 relativ preiswert, und in den höheren Bereichen stehen die Preise der dreifach legierten Stähle SAE 4300 und 9800 zu deren Festigkeits- und Zähigkeitswerten nicht in Widerspruch. Andere Stähle haben offensichtlich andere Preise und Vorteile, so daß Gesichtspunkte der Härtbarkeit überwiegen, um ihre Vorteile richtig zu beurteilen.

10.10 Zusammenfassung.

Es wurde aufgezeigt, daß Methoden zur Berechnung aller hauptsächlichen Faktoren für Auswahl und Wärmebehandlung der Stähle entwickelt worden sind. Die Auswahl erfordert in erster Linie eine Abschätzung der Verwendbarkeit und eine Darlegung der erfaßbaren mechanischen Eigenschaften. Die wichtigste Eigenschaft ist die Zugfestigkeit. Andere Eigenschaften wie Streckgrenze, Fließvermögen und Zähigkeit werden über die Härtbarkeit mit der Zugfestigkeit in Beziehung gebracht. Die Vorausbestimmung von Zusammensetzung und Wärmebehandlung für eine verlangte Zugfestigkeit wird durch eine Reihe einfacher Berechnungen ausgeführt. Es ist mit Hilfe einer mehr oder weniger mechanischen Berechnung möglich, eine Gruppe von Stählen auszuwählen, die ähnliche Eigenschaften haben, so daß unter diesen die Wahl getroffen werden kann. Durch eine weitere Auswahl können solche Stähle ausgeschieden werden, die bei der Verarbeitung zu unangemessenen Schwierigkeiten neigen.

Wenn alle greifbaren Faktoren sorgfältig zahlenmäßig bewertet worden sind, hängt die endgültige Auswahl in erster Linie von dem Preis des Stahles ab. Im allgemeinen geht der Preis der meisten Gebrauchsstähle der Härtbarkeit oder Zugfestigkeit in Verbindung mit Zähigkeit und der Menge und Art der verwendeten Legierungselemente proportional. Trotz der Vielzahl der geeigneten Stähle sind ein oder zwei für jeden Festigkeitsbereich ganz besonders wirtschaftlich. Diese Zusammensetzungen spiegeln im allgemeinen die geringeren Preise von Mangan und Chrom wider. Molybdän und Nickel werden dann in Stählen verwendet, wenn höhere Festigkeitsbereiche gewährleistet sein müssen, als es die übliche obere Grenze der weniger teuren Elemente angenähert zuläßt, und wenn außergewöhnliche Eigenschaften verlangt werden. Die Auswahl des Stahles, der mehr als das Minimum je Härtbarkeitseinheit kostet, wird nicht von Faktoren abhängen, die bei der Berechnung der Härtbarkeit zahlenmäßig bewertet werden. In den meisten Fällen ist es möglich, sich auf einen Erfahrungswert zu beziehen, der von einem bestimmten Stahl in ähnlichem Anwendungsbereich erfüllt wird, so daß die Berechnungen mit größerer Betriebssicherheit eher auf einer vergleichenden als auf einer absoluten Basis durchgeführt werden können.

Anhang I[1].

Legierungsgrenzen der H-Stähle.

Tabelle 1. *H — Stähle — Legierungstoleranzen — Elektroofen- oder Herdstähle (Siemens-Martin-Stähle) — Barren, Knüppel, Brammen. Die Bereiche und Grenzen dieser Tabelle beziehen sich nur auf Stücke bis 1290 cm² (200 sq. in.) Querschnitt oder bis 45,72 cm (18 in.) Breite oder bis 4535,62 kg (10 000 lb.) Stückgewicht.*

Stahl-bezeichnung SAE oder AISI	Chemische Zusammensetzung in %					
	C	Mn	Si	Ni	Cr	Mo
1320 H	0,17–0,24	1,50–2,00	0,20–0,35			
1330 H	0,27–0,34	1,50–2,00	0,20–0,35			
1335 H	0,32–0,39	1,50–2,00	0,20–0,35			
1340 H	0,37–0,45	1,50–2,00	0,20–0,35			
2512 H	0,08–0,15	0,35–0,65	0,20–0,35	4,70–5,30		
2515 H	0,11–0,18	0,35–0,65	0,20–0,35	4,70–5,30		
2517 H	0,14–0,21	0,35–0,65	0,20–0,35	4,70–5,30		
3310 H	0,07–0,14	0,35–0,65	0,20–0,35	3,20–3,80	1,35–1,75	
3316 H	0,13–0,20	0,35–0,65	0,20–0,35	3,20–3,80	1,35–1,75	
4130 H	0,27–0,34	0,35–0,65	0,20–0,35		0,80–1,15	0,15–0,25
4132 H	0,30–0,37	0,35–0,65	0,20–0,35		0,80–1,15	0,15–0,25
4135 H	0,32–0,39	0,60–0,95	0,20–0,35		0,80–1,15	0,15–0,25
4137 H	0,35–0,43	0,60–0,95	0,20–0,35		0,80–1,15	0,15–0,25
4140 H	0,37–0,45	0,70–1,05	0,20–0,35		0,80–1,15	0,15–0,25
4142 H	0,40–0,48	0,70–1,05	0,20–0,35		0,80–1,15	0,15–0,25
4145 H	0,42–0,50	0,70–1,05	0,20–0,35		0,80–1,15	0,15–0,25
4147 H	0,44–0,52	0,70–1,05	0,20–0,35		0,80–1,15	0,15–0,25
4150 H	0,46–0,54	0,70–1,05	0,20–0,35		0,80–1,15	0,15–0,25
4317 H	0,14–0,21	0,40–0,70	0,20–0,35	1,50–2,00	0,35–0,65	0,20–0,30
4320 H	0,16–0,23	0,40–0,70	0,20–0,35	1,50–2,00	0,35–0,65	0,20–0,30
4340 H	0,37–0,45	0,60–0,95	0,20–0,35	1,50–2,00	0,65–0,95	0,20–0,30
4620 H	0,17–0,24	0,40–0,70	0,20–0,35	1,50–2,00		0,20–0,30
4640 H	0,37–0,45	0,55–0,85	0,20–0,35	1,50–2,00		0,20–0,30

[1] Nach Übereinkommen zwischen The Society of Automotive Engineers und American Iron and Steel Institute [*133*].

Tabelle I. (Fortsetzung.)

Stahl-bezeichnung SAE oder AISI	Chemische Zusammensetzung in %					
	C	Mn	Si	Ni	Cr	Mo
4812 H	0,10–0,17	0,30–0,60	0,20–0,35	3,20–3,80		0,20–0,30
4815 H	0,12–0,19	0,35–0,65	0,20–0,35	3,20–3,80		0,20–0,30
4817 H	0,14–0,21	0,35–0,65	0,20–0,35	3,20–3,80		0,20–0,30
4820 H	0,17–0,24	0,45–0,75	0,20–0,35	3,20–3,80		0,20–0,30
5140 H	0,37–0,45	0,60–0,95	0,20–0,35		0,65–0,95	
5145 H	0,42–0,50	0,60–0,95	0,20–0,35		0,65–0,95	
5150 H	0,46–0,54	0,60–0,95	0,20–0,35		0,65–0,95	
6150 H	0,46–0,54	0,60–0,95	0,20–0,35		0,80–1,15	(0,15 min.V)
8617 H	0,14–0,21	0,60–0,95	0,20–0,35	0,35–0,75	0,35–0,65	0,15–0,25
8620 H	0,17–0,24	0,60–0,95	0,20–0,35	0,35–0,75	0,35–0,65	0,15–0,25
8622 H	0,20–0,27	0,60–0,95	0,20–0,35	0,35–0,75	0,35–0,65	0,15–0,25
8625 H	0,22–0,29	0,60–0,95	0,20–0,35	0,35–0,75	0,35–0,65	0,15–0,25
8627 H	0,25–0,32	0,60–0,95	0,20–0,35	0,35–0,75	0,35–0,65	0,15–0,25
8630 H	0,27–0,34	0,60–0,95	0,20–0,35	0,35–0,75	0,35–0,65	0,15–0,25
8632 H	0,30–0,37	0,60–0,95	0,20–0,35	0,35–0,75	0,35–0,65	0,15–0,25
8635 H	0,32–0,39	0,70–1,05	0,20–0,35	0,35–0,75	0,35–0,65	0,15–0,25
8637 H	0,35–0,43	0,70–1,05	0,20–0,35	0,35–0,75	0,35–0,65	0,15–0,25
8640 H	0,37–0,45	0,70–1,05	0,20–0,35	0,35–0,75	0,35–0,65	0,15–0,25
8641 H*	0,37–0,45	0,70–1,05	0,20–0,35	0,35–0,75	0,35–0,65	0,15–0,25
8642 H	0,40–0,48	0,70–1,05	0,20–0,35	0,35–0,75	0,35–0,65	0,15–0,25
8645 H	0,42–0,50	0,70–1,05	0,20–0,35	0,35–0,75	0,35–0,65	0,15–0,25
8647 H	0,44–0,52	0,70–1,05	0,20–0,35	0,35–0,75	0,35–0,65	0,15–0,25
8650 H	0,46–0,54	0,70–1,05	0,20–0,35	0,35–0,75	0,35–0,65	0,15–0,25
8655 H	0,50–0,60	0,70–1,05	0,20–0,35	0,35–0,75	0,35–0,65	0,15–0,25
8660 H	0,55–0,65	0,70–1,05	0,20–0,35	0,35–0,75	0,35–0,65	0,15–0,25
8720 H	0,17–0,24	0,60–0,95	0,20–0,35	0,35–0,75	0,35–0,65	0,20–0,30
8735 H	0,32–0,39	0,70–1,05	0,20–0,35	0,35–0,75	0,35–0,65	0,20–0,30
8740 H	0,37–0,45	0,70–1,05	0,20–0,35	0,35–0,75	0,35–0,65	0,20–0,30
8742 H	0,40–0,48	0,70–1,05	0,20–0,35	0,35–0,75	0,35–0,65	0,20–0,30
8745 H	0,42–0,50	0,70–1,05	0,20–0,35	0,35–0,75	0,35–0,65	0,20–0,30
8747 H	0,44–0,52	0,70–1,05	0,20–0,35	0,35–0,75	0,35–0,65	0,20–0,30
8750 H	0,46–0,54	0,70–1,05	0,20–0,35	0,35–0,75	0,35–0,65	0,20–0,30
9260 H	0,55–0,65	0,70–1,05	1,80–2,20			
9261 H	0,55–0,65	0,70–1,05	1,80–2,20		0,05–0,35	
9262 H	0,55–0,65	0,70–1,05	1,80–2,20		0,20–0,50	
9437 H	0,35–0,43	0,85–1,25	0,20–0,35	0,25–0,65	0,25–0,55	0,08–0,15
9440 H	0,37–0,45	0,85–1,25	0,20–0,35	0,25–0,65	0,25–0,55	0,08–0,15
9442 H	0,40–0,48	0,95–1,35	0,20–0,35	0,25–0,65	0,25–0,55	0,08–0,15
9445 H	0,42–0,50	0,95–1,35	0,20–0,35	0,25–0,65	0,25–0,55	0,08–0,15

*Schwefelgehalt 0,040—0,060%.

Anmerkung 1. Phosphor- und Schwefelgehalt der Siemens-Martin-Stähle je max. 0,040%, ausgenommen die mit * bezeichneten.

Phosphor- und Schwefelgehalt der Elektrostähle je max. 0,025%, ausgenommen die mit * bezeichneten.

Anmerkung 2. Kleine Anteile gewisser Elemente, die nicht aufgeführt oder verlangt werden, können in legierten Stählen vorhanden sein. Diese Elemente sind als unerheblich und bis zu folgenden Höchstbeträgen als annehmbar anzusehen: Kupfer bis 0,35%, Nickel bis 0,25%, Chrom bis 0,20%, Molybdän bis 0,06%.

Anmerkung 3. Die Analysenbereiche und -toleranzen der Tabelle 1 unterliegen bei einer Kontrollanalyse den festgelegten zulässigen Abweichungen nach Tabelle 2.

Tabelle 2. *Genormte zulässige Abweichungen der jeweiligen Analysenbereiche und -toleranzen für H-Stähle — Elektro- und Siemens-Martin-Stähle*

Elemente	Grenze oder Maximum des jeweiligen Bereiches in %	Genormte Abweichungen bei verschiedener Stückgröße: % über die max. oder unter die min. Grenze	
		645 cm² (100 sq. in.) oder weniger	Über 645 bis 1290 cm² (100 bis 200 sq. in.)
Kohlenstoff	bis 0,30 einschließlich	0,01	0,02
	über 0,30 bis 0,75 einschließlich	0,02	0,03
Mangan	bis 0,90 einschließlich	0,03	0,04
	über 0,90 bis 2,10	0,04	0,05
Phosphor	über maximal nur	0,005	0,01
Schwefel	bis 0,60 einschließlich	0,005	0,01
Silizium	bis 0,35 einschließlich	0,02	0,02
	über 0,35 bis 2,20 einschließlich	0,05	0,06
Nickel	bis 1,00 einschließlich	0,03	0,03
	über 1,00 bis 2,00 einschließlich	0,05	0,05
	über 2,00 bis 5,30 einschließlich	0,07	0,07
Chrom	bis 0,90 einschließlich	0,03	0,04
	über 0,90 bis 2,10 einschließlich	0,05	0,06
Molybdän	bis 0,20 einschließlich	0,01	0,01
	über 0,20 bis 0,40 einschließlich	0,02	0,03
Vanadin	minimaler Wert nur bei speziellen Kontroll-Analysen	0,01	0,01

Anhang II[1].

Endabschreck-Härtbarkeitsbänder.

Tabelle 1. *Bandgrenzen für Stähle mit 0,12 bis 0,16% Kohlenstoff.*

Jominy-Abstand		2512 Rockwell C		2515 Rockwell C		3316 Rockwell C		4812 Rockwell C		4815 Rockwell C	
mm	1/16 in.	max.	min.	max.	min.	max.	min.	max.	min.	max.	min.
1,59	1	43,0	36,5	44,5	37,5	47,5	40,0	43,5	37,0	45,0	38,0
3,18	2	43,0	33,5	44,5	36,0	47,0	39,0	43,0	33,0	44,5	37,0
4,76	3	42,0	30,0	44,0	33,0	47,0	38,0	42,0	29,5	44,0	34,0
6,35	4	41,0	26,5	43,0	29,0	46,0	37,0	41,0	26,5	43,0	30,0
7,94	5	40,0	23,0	42,0	26,0	45,5	35,5	39,5	24,5	41,5	27,0
9,52	6	38,5	21,0	41,0	23,0	45,0	34,5	38,0	22,5	40,0	25,5
11,1	7	36,5		39,5	21,0	44,5	33,5	37,0	21,0	38,5	24,0
12,7	8	35,0		38,0		44,0	32,5	35,0	20,0	37,5	22,5
14,3	9	33,5		36,0		43,5	32,0	33,5		36,0	21,0
15,9	10	32,0		34,5		43,0	31,5	32,0		34,5	20,5
17,5	11	30,5		33,0		43,0	31,0	30,5		33,0	20,0
19,0	12	29,5		32,0		42,5	30,5	29,0		31,0	
20,6	13	28,0		30,5		42,0	30,0	28,0		30,0	
22,2	14	27,0		29,5		41,5	30,0	27,0		29,0	
23,8	15	26,5		28,5		41,0	29,5	26,0		28,5	
25,4	16	25,5		28,0		40,5	29,5	25,5		28,0	
28,6	18	24,0		26,5		40,0	29,0	24,5		27,0	
31,8	20	23,0		26,0		39,5	28,5	24,0		26,5	
34,9	22	22,0		25,0		39,0	28,5	23,5		25,5	
38,1	24	21,5		24,0		39,0	28,5	23,0		25,5	
41,3	26	21,0		23,5		39,0	28,5	23,0		25,0	
44,4	28	20,5		23,0		39,0	28,5	22,5		25,0	
47,6	30	20,0		23,0		38,5	28,5	22,5		24,5	
50,8	32	20,0		23,0		38,5	28,5	22,5		24,0	

[1] Nach Übereinkommen zwischen The Society of Automotive Engineers und American Iron and Steel Institute [*133*].

Tabelle 2. *Bandgrenzen für Stähle mit 0,20% Kohlenstoff.*

Jominy-Abstand		1320 Rockwell C		4320 Rockwell C		4620 Rockwell C		4820 Rockwell C		8620 Rockwell C		8720 Rockwell C	
mm	$^1/_{16}$ in.	max.	min.	max.	min.	max.	min.	max.	min.	max.	min.	max.	min.
1,59	1	48,0	40,5	49,0	41,5	48,0	40,5	48,0	40,5	48,0	40,5	48,0	40,5
3,18	2	47,5	37,0	48,0	38,5	45,5	31,0	47,5	39,5	46,5	35,0	46,5	35,5
4,76	3	46,5	33,0	46,5	34,0	43,0	26,0	47,0	37,5	44,0	30,0	44,5	29,0
6,35	4	45,0	28,5	44,5	31,0	39,0	22,0	46,0	35,0	41,0	26,5	41,5	25,5
7,94	5	42,5	24,0	42,0	29,0	35,5	20,0	45,0	32,0	37,0	23,5	38,0	23,5
9,52	6	39,0	20,5	40,0	27,0	33,0		43,5	30,0	34,5	21,0	36,0	22,0
11,1	7	36,0		37,5	25,0	31,0		42,5	28,0	32,5		34,0	21,0
12,7	8	33,5		35,5	24,0	29,5		41,0	26,5	31,0		33,0	20,5
14,3	9	31,5		34,0	22,5	28,0		39,0	25,5	29,5		31,5	
15,9	10	30,0		32,5	21,5	27,5		37,5	24,5	28,5		30,0	
17,5	11	29,0		31,0	20,5	26,5		36,0	23,5	28,0		29,5	
19,0	12	28,0		30,0	20,0	26,0		34,5	23,0	27,0		28,5	
20,6	13	27,5		29,5		25,5		33,5	22,0	26,0		28,0	
22,2	14	27,0		29,0		25,0		32,5	21,5	25,5		27,0	
23,8	15	26,5		28,0		24,5		31,5	21,0	25,0		26,5	
25,4	16	26,0		27,5		24,0		31,0	20,5	24,5		26,5	
28,6	18	25,0		27,0		23,5		30,0	20,0	24,0		25,5	
31,8	20	24,0		26,5		23,0		29,0		23,0		25,0	
34,9	22	23,5		26,0		22,5		28,5		23,0		24,5	
38,1	24	23,0		26,0		22,5		28,0		22,5		24,0	
41,3	26	22,5		25,5		22,0		27,5		22,0		23,5	
44,4	28	22,0		25,5		22,0		27,0		22,0		23,5	
47,6	30	21,5		25,5		22,0		27,0		22,0		23,5	
50,8	32	21,0		25,5		22,0		26,5		22,0		23,5	

Tabelle 3. *Bandgrenzen für Stähle mit 0,30% Kohlenstoff.*

Jominy-Abstand		1330 Rockwell C		4130 Rockwell C		4132 Rockwell C		8630 Rockwell C		8632 Rockwell C	
mm	$^1/_{16}$ in.	max.	min.	max.	min.	max.	min.	max.	min.	max.	min.
1,59	1	54,0	46,5	54,0	46,5	55,5	48,0	54,0	46,5	55,5	48,0
3,18	2	53,5	44,5	54,0	45,0	55,0	46,0	54,0	45,0	55,5	47,0
4,76	3	53,0	42,0	53,0	42,0	54,5	43,5	53,5	42,5	55,0	45,0
6,35	4	52,0	38,0	52,0	39,0	53,5	40,5	52,0	39,0	54,0	42,0
7,94	5	50,5	33,5	50,5	36,0	52,0	37,5	50,5	35,5	52,5	38,5
9,52	6	49,0	29,5	48,0	33,5	50,5	35,5	48,0	33,0	50,5	35,5
11,1	7	47,5	27,0	45,0	31,5	48,5	33,5	45,0	30,5	48,0	33,0
12,7	8	45,0	25,0	43,0	30,0	46,5	32,0	42,5	29,0	45,5	31,0
14,3	9	43,0	23,0	41,5	28,5	44,5	31,0	40,5	27,5	43,5	29,0
15,9	10	40,0	21,5	40,0	27,5	43,0	29,5	39,0	26,0	42,0	28,0
17,5	11	38,0	21,0	38,5	26,5	42,0	29,0	37,5	25,0	40,5	27,0
19,0	12	37,0	20,0	37,5	26,0	40,5	28,0	36,5	24,5	39,0	26,0
20,6	13	36,0		36,0	25,0	39,5	27,0	35,0	23,5	38,0	25,0
22,2	14	35,0		35,0	24,0	39,0	26,5	34,5	23,0	37,0	24,5
23,8	15	34,5		34,5	23,5	38,0	26,0	33,5	22,0	36,5	23,5
25,4	16	34,0		33,5	23,0	37,5	25,0	33,0	22,0	35,5	23,0
28,6	18	33,0		32,5	22,0	36,0	24,0	32,0	21,0	34,5	22,0
31,8	20	32,0		31,5	21,0	35,5	23,0	31,0	20,5	33,5	21,5
34,9	22	31,5		31,0	20,5	35,0	22,5	30,5	20,0	33,0	21,0
38,1	24	31,0		30,5	20,0	34,0	22,0	30,0		32,5	20,5
41,3	26	30,0		30,0		34,0	21,0	29,5		32,0	20,0
44,4	28	30,0		30,0		34,0	20,5	29,5		32,0	20,0
47,6	30	29,5		29,5		34,0	20,5	29,0		31,5	
50,8	32	29,0		29,5		34,0	20,0	29,0		31,5	

Tabelle 4. *Bandgrenzen für Stähle mit 0,35% Kohlenstoff.*

Jominy-Abstand		1335 Rockwell C		4135 Rockwell C		8635 Rockwell C		8735 Rockwell C		9437 Rockwell C	
mm	$^1/_{16}$ in.	max.	min.	max.	min.	max.	min.	max.	min.	max.	min.
1,59	1	57,0	49,5	57,0	50,0	57,0	49,5	57,0	49,5	58,5	51,5
3,18	2	57,0	48,0	57,0	49,0	57,0	48,5	57,0	48,5	58,5	49,5
4,76	3	56,5	46,0	57,0	48,0	57,0	47,0	56,5	47,5	58,0	47,0
6,35	4	56,0	41,5	56,5	46,0	56,0	44,5	56,0	45,5	57,5	43,5
7,94	5	55,0	36,0	55,5	44,5	55,0	42,0	55,0	43,5	56,5	40,0
9,52	6	53,5	32,0	54,5	42,0	53,0	38,0	53,5	41,0	55,5	37,5
11,1	7	51,0	29,0	53,5	39,5	51,0	35,5	52,0	38,5	54,5	35,0
12,7	8	49,0	27,0	52,0	37,5	48,0	33,5	50,0	36,0	53,0	33,0
14,3	9	47,0	25,0	51,0	35,5	46,0	31,5	48,0	34,0	51,5	31,5
15,9	10	45,0	24,0	49,5	34,0	44,5	30,0	47,0	32,0	49,5	30,0
17,5	11	43,0	23,0	48,5	32,0	43,0	28,5	45,5	31,0	48,0	28,5
19,0	12	42,0	22,0	47,5	31,0	42,0	27,5	44,5	29,5	47,0	27,5
20,6	13	40,5	21,0	46,5	30,5	40,5	26,5	43,0	28,5	45,5	26,5
22,2	14	39,5	20,5	45,5	29,5	39,5	26,0	42,5	28,0	44,5	26,0
23,8	15	39,0	20,0	45,0	29,0	39,0	25,0	41,5	27,0	43,5	25,0
25,4	16	38,0		44,0	28,5	38,0	24,5	41,0	26,5	43,0	24,0
28,6	18	36,5		43,0	28,0	37,0	24,0	39,5	25,5	42,0	23,0
31,8	20	35,0		42,0	27,5	36,0	23,0	38,5	24,5	41,0	22,0
34,9	22	34,5		41,5	27,0	35,0	22,5	38,0	24,0	40,0	21,5
38,1	24	34,0		41,0	26,5	34,5	22,0	37,5	23,5	39,0	21,0
41,3	26	33,5		40,5	26,0	34,0	21,5	37,0	23,0	38,5	21,0
44,4	28	33,0		40,0	26,0	33,5	21,5	36,5	23,0	38,0	20,5
47,6	30	32,5		40,0	25,5	33,0	21,0	36,0	22,5	38,0	20,5
50,8	32	32,0		39,5	25,5	33,0	21,0	36,0	22,5	37,5	20,5

Tabelle 5.

Bandgrenzen für Stähle mit 0,40% Kohlenstoff.

Jominy-Abstand		1340 Rockwell C		3140 Rockwell C		4140 Rockwell C		4340 Rockwell C		4640 Rockwell C		5140 Rockwell C		8640 Rockwell C		8740 Rockwell C		9440 Rockwell C	
mm	1/16 in.	max.	min.	max.	min.	max.	min.	max.	min.	max.	min.	max.	min.	max.	min.	max.	min.	max.	min.
1,59	1	60,0	52,5	60,0	52,5	60,0	52,5	60,0	52,5	60,0	52,5	60,0	52,5	60,0	52,5	60,0	52,5	60,0	52,5
3,18	2	60,0	51,5	59,5	51,5	60,0	52,0	60,0	52,5	60,0	51,5	59,5	52,0	60,0	51,5	60,0	52,0	60,0	51,0
4,76	3	59,5	49,5	59,0	50,0	60,0	51,0	60,0	52,5	59,5	50,5	59,0	50,0	60,0	50,0	60,0	51,0	60,0	49,0
6,35	4	59,0	47,0	58,5	49,0	59,5	50,0	60,0	52,5	59,0	49,0	58,0	47,0	59,0	48,5	59,0	49,5	59,5	46,5
7,94	5	58,5	43,0	58,0	47,5	59,0	48,5	60,0	52,5	57,5	46,0	57,0	42,0	58,5	46,0	58,5	47,5	58,5	43,0
9,52	6	57,5	37,0	57,5	45,5	59,0	47,0	60,0	52,5	56,5	43,0	55,0	37,0	57,0	43,0	57,5	45,0	57,5	40,0
11,1	7	56,5	32,5	56,5	43,5	58,5	45,0	60,0	52,5	55,0	40,0	53,0	33,5	55,0	40,5	56,5	42,5	56,5	37,5
12,7	8	55,0	30,0	56,0	41,0	58,0	43,5	60,0	52,0	53,0	37,5	51,0	31,5	53,0	38,0	55,0	40,0	55,0	35,0
14,3	9	53,0	28,0	55,0	38,5	58,0	41,5	60,0	52,0	50,5	35,0	49,0	29,5	51,0	36,0	54,0	37,5	53,5	33,5
15,9	10	51,5	27,0	54,0	36,5	57,5	40,0	60,0	51,5	49,0	33,5	47,0	28,0	49,5	34,0	52,5	36,0	52,5	32,0
17,5	11	49,5	25,5	53,0	34,5	57,0	38,5	60,0	51,5	47,5	32,0	45,0	27,0	48,0	32,5	51,5	34,0	51,0	30,0
19,0	12	48,0	24,5	52,0	33,5	56,0	37,5	60,0	51,0	46,0	31,0	43,5	26,0	46,5	31,0	50,0	33,0	50,0	29,0
20,6	13	46,0	24,0	51,0	32,0	55,5	36,5	60,0	51,0	45,0	29,5	42,0	25,5	45,5	30,0	49,0	32,0	49,0	28,0
22,2	14	44,5	23,0	50,0	31,5	55,0	35,5	60,0	50,5	44,0	29,0	41,0	25,0	44,5	29,0	48,0	31,0	48,0	27,0
23,8	15	43,0	22,5	48,5	30,5	54,5	34,5	60,0	50,5	43,5	28,0	40,0	24,5	43,5	28,0	47,0	30,0	47,0	26,0
25,4	16	41,5	22,0	47,5	30,0	54,0	34,0	60,0	50,0	42,5	27,5	39,0	24,0	42,5	27,5	46,0	29,5	46,0	25,0
28,6	18	39,5	21,0	46,0	29,0	53,0	33,0	60,0	49,0	41,5	26,5	37,5	23,0	41,5	26,5	44,5	28,0	44,5	24,0
31,8	20	38,0	21,0	44,5	28,5	52,0	32,0	60,0	48,0	41,0	25,5	36,0	22,0	40,5	26,0	43,0	27,5	43,0	23,0
34,9	22	37,0	20,5	43,0	28,0	51,5	31,5	60,0	47,0	40,0	25,0	35,0	21,0	39,5	25,0	42,5	27,0	42,0	22,5
38,1	24	36,5	20,0	42,0	27,5	51,0	31,0	60,0	46,0	39,5	25,0	34,0	20,0	38,5	25,0	42,0	26,5	41,5	22,0
41,3	26	36,0		41,0	27,0	50,5	30,0	60,0	45,0	39,0	24,5	33,0		38,0	24,5	41,5	26,0	40,5	21,5
44,4	28	36,0		40,5	26,5	50,0	30,0	60,0	44,5	38,5	24,0	32,0		37,5	24,0	41,0	25,5	40,0	21,5
47,6	30	35,5		40,0	26,0	49,5	29,5	60,0	44,0	38,0	24,0	31,0		37,0	24,0	40,5	25,5	40,0	21,0
50.8	32	35,0		39,9	25,0	49,0	29,5	60,0	43,0	38,0	24,0	30,0		37,0	24,0	40,5	25,5	39,5	21,0

Tabelle 6. *Bandgrenzen für Stähle mit 0,45% Kohlenstoff.*

Jominy-Abstand		4145 Rockwell C		5145 Rockwell C		8645 Rockwell C		8745 Rockwell C		9445 Rockwell C	
mm	$^1/_{13}$ in.	max.	min.	max.	min.	max.	min.	max.	min.	max.	min.
1,59	1	63,0	55,0	63,0	55,0	63,0	55,0	63,0	55,0	63,0	55,0
3,18	2	63,0	54,5	62,5	54,5	63,0	54,5	63,0	55,0	63,0	54,0
4,76	3	62,5	54,0	62,0	53,0	63,0	53,0	63,0	54,5	63,0	52,5
6,35	4	62,0	53,0	61,0	51,0	62,5	51,5	62,5	53,5	62,5	51,0
7,94	5	62,0	52,5	60,0	48,0	61,5	49,5	62,0	52,0	62,5	49,0
9,52	6	61,5	51,0	58,5	42,0	61,0	47,5	61,0	50,0	62,0	46,0
11,1	7	61,0	50,0	57,0	36,5	59,0	45,5	60,0	48,0	61,5	43,0
12,7	8	61,0	48,5	55,5	33,5	57,5	43,0	59,5	45,5	61,0	41,0
14,3	9	60,5	47,0	53,5	31,5	56,0	41,0	58,5	43,5	60,0	39,0
15,9	10	60,0	45,0	52,0	30,0	55,0	39,0	58,0	41,5	59,0	37,0
17,5	11	60,0	43,5	50,0	29,0	53,5	37,5	57,0	40,0	58,0	35,5
19,0	12	59,5	42,0	48,0	28,0	52,5	35,5	56,0	38,5	57,0	34,0
20,6	13	59,0	40,5	46,0	27,5	51,0	34,0	55,0	37,0	56,0	33,0
22,2	14	59,0	39,5	44,5	27,0	50,0	33,0	54,5	36,0	55,0	32,0
23,8	15	58,5	38,5	43,0	26,5	49,0	32,0	53,5	35,0	54,0	31,0
25,4	16	58,0	38,0	42,0	26,0	48,5	31,0	52,5	34,0	53,0	30,0
28,6	18	57,5	36,5	40,5	25,0	47,0	30,0	51,5	32,5	51,5	28,5
31,8	20	57,0	35,5	39,0	24,0	46,0	29,0	50,0	31,5	50,0	28,0
34,9	22	56,0	34,5	38,0	23,0	44,5	28,5	49,5	30,5	49,0	27,0
38,1	24	55,5	34,0	37,0	22,0	43,5	28,0	48,5	30,0	48,0	26,5
41,3	26	55,0	33,5	36,0	21,0	43,0	28,0	48,0	30,0	47,5	26,0
44,4	28	54,5	33,0	35,0	20,0	42,5	27,5	47,5	29,5	46,5	26,0
47,6	30	54,0	33,0	34,0		42,0	27,5	47,0	29,5	46,0	26,0
50,8	32	53,5	32,5	33,0		41,5	27,5	47,0	29,5	45,5	26,0

Tabelle 7. *Bandgrenzen für Stähle mit 0,50% Kohlenstoff.*

Jominy-Abstand		4150 Rockwell C		5150 Rockwell C		6150 Rockwell C		8650 Rockwell C		8750 Rockwell C	
mm	$^1/_{16}$ in.	max.	min.	max.	min.	max.	min.	max.	min.	max.	min.
1,59	1	65,0	58,0	65,0	58,0	65,0	58,0	65,0	58,0	65,0	58,0
3,18	2	65,0	58,0	65,0	57,5	64,5	57,5	65,0	57,5	65,0	58,0
4,76	3	65,0	57,5	64,5	56,5	64,0	57,0	65,0	56,5	65,0	57,5
6,35	4	65,0	57,0	64,0	55,0	63,5	56,0	65,0	55,0	65,0	56,5
7,94	5	64,5	56,5	63,5	52,0	62,5	54,0	64,5	53,5	65,0	55,5
9,52	6	64,5	55,0	62,5	48,0	62,0	51,0	63,5	52,0	65,0	54,5
11,1	7	64,0	54,0	61,5	43,0	61,0	48,5	63,0	50,0	64,5	53,0
12,7	8	64,0	53,0	60,0	37,5	60,0	45,5	62,0	48,5	64,0	51,0
14,3	9	64,0	51,5	58,5	33,5	59,0	42,5	61,0	46,5	64,0	49,0
15,9	10	63,5	50,0	57,0	32,0	58,0	40,0	60,0	44,5	63,5	47,0
17,5	11	63,0	48,0	55,0	31,0	57,0	38,0	59,0	42,5	63,0	45,0
19,0	12	63,0	46,5	52,0	30,0	56,0	36,5	58,0	41,0	62,5	43,5
20,6	13	63,0	45,0	50,0	29,5	55,0	35,5	57,0	39,5	62,0	42,0
22,2	14	62,5	44,0	48,0	29,0	53,5	35,0	56,0	38,0	61,5	40,5
23,8	15	62,0	42,5	46,5	28,5	52,0	34,5	55,0	37,0	61,0	39,5
25,4	16	62,0	42,0	45,0	28,0	51,0	34,0	54,0	36,0	60,0	38,5
28,6	18	61,5	40,0	43,5	27,0	48,0	33,0	52,0	34,0	59,0	37,0
31,8	20	61,0	39,0	42,0	26,0	46,0	31,5	51,0	32,5	57,5	35,0
34,9	22	60,5	38,0	41,0	25,0	45,0	30,5	49,5	31,5	56,5	34,0
38,1	24	60,0	37,0	40,0	24,0	44,0	29,5	48,5	31,0	55,5	33,5
41,3	26	59,5	36,5	39,0	23,0	43,0	28,5	48,0	30,5	55,0	33,0
44,4	28	59,0	36,0	38,0	22,0	42,0	27,5	47,0	30,0	54,5	33,0
47,6	30	58,5	36,0	37,0	21,0	41,0	26,5	46,5	29,5	54,0	32,5
50,8	32	58,0	35,5	36,0	20,0	40,0	25,0	46,0	29,5	54,0	32,5

Tabelle 8. *Bandgrenzen für Stähle mit 0,55 bis 0,62% Kohlenstoff.*

Jominy-Abstand		8655 Rockwell C		8660 Rockwell C		9260 Rockwell C		9261 Rockwell C		9262 Rockwell C	
mm	$^1/_{16}$ in.	max.	min.	max.	min.	max.	min.	max.	min.	max.	min.
1,59	1		60,0		60,0		60,0		60,0		60,0
3,18	2		59,5		60,0		58,0		59,0		60,0
4,76	3		59,0		60,0		55,0		57,0		59,0
6,35	4		58,0		59,5	65,0	50,5		55,0		57,5
7,94	5		57,0		59,0	63,5	44,0	65,0	51,0		56,0
9,52	6		55,5		58,0	62,0	39,5	64,0	46,0		53,5
11,1	7		54,0		57,0	60,0	37,0	62,5	42,0	65,0	50,0
12,7	8		52,0		55,5	58,0	35,0	60,5	39,0	64,0	44,0
14,3	9	65,0	50,5		54,0	56,0	33,5	59,0	37,5	63,0	41,0
15,9	10	64,5	48,5		52,0	53,0	32,5	57,0	36,0	62,0	38,5
17,5	11	64,0	47,0		50,0	50,0	32,0	54,5	35,0	60,0	37,5
19,0	12	63,0	45,0		48,5	48,0	31,0	52,0	34,0	58,5	36,5
20,6	13	62,0	43,5		47,0	46,0	30,0	50,0	33,0	56,5	36,0
22,2	14	61,0	42,0	65,0	45,5	44,0	29,5	48,0	32,0	53,5	35,0
23,8	15	60,0	40,5	64,5	44,5	43,0	29,0	46,0	31,5	50,5	34,0
25,4	16	59,0	39,5	64,0	43,0	41,5	28,5	44,5	31,0	48,0	33,5
28,6	18	57,0	37,5	62,0	41,0	40,0	27,5	42,5	30,0	45,0	32,5
31,8	20	55,5	36,0	60,0	39,5	38,5	26,5	41,0	29,5	43,5	31,5
34,9	22	54,0	35,0	58,5	38,0	37,5	26,0	40,5	28,5	43,0	30,5
38,1	24	53,0	34,0	57,5	37,0	37,0	25,5	40,0	28,0	42,5	30,0
41,3	26	52,0	33,0	56,5	35,5	37,0	25,0	39,5	27,5	42,0	29,5
44,4	28	51,5	32,5	56,0	35,0	36,5	24,5	39,5	27,0	41,5	29,0
47,6	30	51,0	32,0	55,5	34,0	36,0	24,0	39,0	26,5	41,5	28,5
50,8	32	50,5	31,5	55,0	33,5	36,0	24,0	39,0	26,0	41,0	28,0

SAE-genormtes Zahlensystem für geschmiedeten Stahl.

Zur Kennzeichnung der Zusammensetzungen der SAE-Stähle wird ein Zahlensystem angewandt, das den Gebrauch von Zahlen auf Werkstattzeichnungen oder Blaupausen ermöglicht, die teilweise die Zusammensetzung des Materials beschreiben. Nach der Grundidee bezeichnet die erste Ziffer die entsprechende Stahlsorte; so bezeichnet „1—" einen Kohlenstoffstahl, „2 —" einen Nickelstahl und „3—" einen Chrom—Nickel-Stahl. Bei einfach legierten Stählen zeigt die zweite Ziffer im allgemeinen den ungefähren Prozentgehalt des vorherrschenden Legierungselementes an. Üblicherweise drücken die letzten zwei oder drei Ziffern den angenäherten Bereich des Kohlenstoffgehaltes in Hundertstel eines Prozentes aus. So kennzeichnet „2340" einen Nickelstahl mit etwa 3% Nickel (3,25 bis 3,75) und 0,40% Kohlenstoff (0,38 bis 0,43).

In besonderen Fällen mußte zur Vermeidung von Verwechslungen von diesem System zur Kennzeichnung des angenäherten Legierungsgehaltes eines Stahles abgegangen werden, indem die zweiten und dritten Ziffern der Zahlengruppen variiert wurden. Solche Abweichungen sind Zahlengruppen für einzelne korrosions- und hitzebeständige Legierungen und dreifach legierte Stähle.

Die Grundzahlen für die verschiedenen Sorten der SAE-Stähle sind[2]:

Stahlsorte	Zahlengruppen (und Ziffern)	Stahlsorte	Zahlengruppen (und Ziffern)
Kohlenstoffstähle	1 * * *	Chrom—Vanadin-Stähle	6 * * *
reiner C-Stahl	1 0 * *	1% Cr	6 1 * *
Schnittstahl (Schrau-		Silizium—Mangan-	
ben)	1 1 * *	Stähle	9 * * *
Manganstähle	1 3 * *	2% Si	9 2 * *
Nickelstähle	2 * * *	Dreifach legierte Stähle	
3,50 Ni	2 3 * *	Ni 0,40—0,70	
5,00 Ni	2 5 * *	Cr 0,40—0,60	
Chrom—Nickel-Stähle	3 * * *	Mo 0,15—0,25	8 6 * *
1,25 Ni, 0,60 Cr	3 1 * *	Ni 0,40—0,70	
1,75 Ni, 1,00 Cr	3 2 * *	Cr 0,40—0,60	
3,50 Ni, 1,50 Cr	3 3 * *	Mo 0,20—0,30	8 7 * *
korrosions- und hitze-		Ni 3,00—3,50	
beständig	3 0 * * *	Cr 1,00—1,40	
Molybdänstähle	4 * * *	Mo 0,08—0,15	9 3 * *
C, Mo	4 0 * *	Ni 0,30—0,60	
Cr, Mo	4 1 * *	Cr 0,30—0,50	
Cr, Ni, Mo	4 3 * *	Mo 0,08—0,15	9 4 * *
Ni, Mo (1,75 Ni)	4 6 * *	Ni 0,40—0,70	
Ni, Mo (3,50 Ni)	4 8 * *	Cr 0,10—0,25	
Chromstähle	5 * * *	Mo 0,15—0,25	9 7 * *
wenig Cr	5 1 * *	Ni 0,85—1,15	
wenig Cr (Lager)	5 0 1 * *	Cr 0,70—0,90	
mittel Cr (Lager)	5 1 1 * *	Mo 0,20—0,30	9 8 * *
hoch Cr (Lager)	5 2 1 * *	niedrig legiert, hohe	
korrosions- und hitze-		Festigkeit	9 * *
beständig	5 1 * * *		

[1] SAE-Handbuch *[134]*.
[2] Bericht der Iron and Steel Division, angenommen im Januar 1912. Letzte Überprüfung durch das Iron and Steel Technical Commitee im Oktober 1947.

Chemische Zusammensetzungen.

1941 veranlaßte die SAE Iron and Steel Division in Zusammenarbeit mit dem American Iron and Steel Institute eine größere Änderung in der Ausdrucksweise der Analysenbereiche für die SAE-Stähle. An Stelle der vorläufigen festen Bereiche und Grenzen ohne die früher vorgesehenen Toleranzen für Kohlenstoff und andere Elemente in den SAE-Stählen sah der Plan im allgemeinen engere Schmelzanalysenbereiche plus bestimmte Kontrollanalysentoleranzen an besonderen Proben vor. Nach der zwischen AISI und SAE Iron and Steel Committee getroffenen Vereinbarung dürfen weder Änderungen in der Zusammensetzung, Zufügungen noch Streichungen der Zahlen gemacht werden, ohne daß jede Gesellschaft die andere von den vorgeschlagenen Änderungen in Kenntnis setzt, wobei die Verhandlungen zwischen beiden Gruppen so lange offen bleiben, bis gemeinsame Änderungen beschlossen sind.

Die Zusammensetzungen in den Tabellen 1 bis 10 gelten sowohl für Siemens-Martin-Stähle als auch Elektrostähle. Bei Elektrostählen darf Phosphor und Schwefel maximal je 0,025% betragen. Die aufgeführten chemischen Grenzen und Bereiche bei den Zusammensetzungen unterliegen bei Kontrollanalysen den nach dem SAE-Handbuch festgelegten Abweichungen. Wenn bei der AISI-Zahl nichts Besonderes vermerkt ist, handelt es sich vornehmlich um einen Siemens-Martin-Stahl.

Tabelle 1. *Kohlenstoffstähle (siehe Fußnote 1 und 2 auf S. 224). Diese Zusammensetzungen sind nur auf Halbzeuge, Barren (warm gewalzt und kalt fertiggestellt) und Walzdraht anwendbar.*

SAE-Zahl	Analysenbereiche in %				Entsprechende AISI-Zahl
	C	Mn	P max.	S max.	
1006	0,08 max.	0,25–0,40	0,040	0,050	C 1006
1008	0,10 max.	0,25–0,50	0,040	0,050	C 1008
1010	0,08–0,13	0,30–0,60	0,040	0,050	C 1010
1015	0,13–0,18	0,30–0,60	0,040	0,050	C 1015
1016	0,13–0,18	0,60–0,90	0,040	0,050	C 1016
1017	0,15–0,20	0,30–0,60	0,040	0,050	C 1017
1018	0,15–0,20	0,60–0,90	0,040	0,050	C 1018
1019	0,15–0,20	0,70–1,00	0,040	0,050	C 1019
1020	0,18–0,23	0,30–0,60	0,040	0,050	C 1020
1022	0,18–0,23	0,70–1,00	0,040	0,050	C 1022
1024	0,19–0,25	1,35–1,65	0,040	0,050	C 1024
1025	0,22–0,28	0,30–0,60	0,040	0,050	C 1025
1027	0,22–0,29	1,20–1,50	0,040	0,050	C 1027
1030	0,28–0,34	0,60–0,90	0,040	0,050	C 1030
1033	0,30–0,36	0,70–1,00	0,040	0,050	C 1033
1034	0,32–0,38	0,50–0,80	0,040	0,050	C 1034
1035	0,32–0,38	0,60–0,90	0,040	0,050	C 1035
1036	0,30–0,37	1,20–1,50	0,040	0,050	C 1036
1038	0,35–0,42	0,60–0,90	0,040	0,050	C 1038
1039	0,37–0,44	0,70–1,00	0,040	0,050	
1040	0,37–0,44	0,60–0,90	0,040	0,050	C 1040
1041	0,36–0,44	1,35–1,65	0,040	0,050	C 1041
1042	0,40–0,47	0,60–0,90	0,040	0,050	C 1042
1043	0,40–0,47	0,70–1,00	0,040	0,050	C 1043

Tabelle 1. (Fortsetzung.)

SAE-Zahl	Analysenbereiche in %				Ensprechende AISI-Zahl
	C	Mn	P max.	S max.	
1045	0,43–0,50	0,60–0,90	0,040	0,050	C 1045
1046	0,43–0,50	0,70–1,00	0,040	0,050	C 1046
1050	0,48–0,55	0,60–0,90	0,040	0,050	C 1050
1052	0,47–0,55	1,20–1,50	0,040	0,050	C 1052
1055	0,50–0,60	0,60–0,90	0,040	0,050	C 1055
1060	0,55–0,65	0,60–0,90	0,040	0,050	C 1060
1062	0,54–0,65	0,85–1,15	0,040	0,050	C 1062
1064	0,60–0,70	0,50–0,80	0,040	0,050	C 1064
1065	0,60–0,70	0,60–0,90	0,040	0,050	C 1065
1066	0,60–0,71	0,85–1,15	0,040	0,050	C 1066
1070	0,65–0,75	0,60–0,90	0,040	0,050	C 1070
1074	0,70–0,80	0,50–0,80	0,040	0,050	C 1074
1078	0,72–0,85	0,30–0,60	0,040	0,050	C 1078
1080	0,75–0,88	0,60–0,90	0,040	0,050	C 1080
1085	0,80–0,93	0,70–1,00	0,040	0,050	C 1085
1090	0,85–1,00	0,60–0,90	0,040	0,050	C 1090
1095	0,90–1,05	0,30–0,50	0,040	0,050	C 1095

[1] Die festgelegten Abweichungen in den Analysengrenzen sind unter Hinweis auf die Aufstellung der genormten Abweichungen bei Siemens-Martin- und saurem Bessemer-Kohlenstoffstahl-Barren im SAE-Handbuch aufgeführt.

[2] Wenn Silizium in basischen Siemens-Martin-Stählen festzulegen ist, so soll der Siliziumgehalt bis SAE 1010 anschließlich max. 0,10%, von SAE 1015 bis 1025 einschließlich max. 0,10, 0,10–0,20 oder 0,15–0,25% und bei Qualitäten über SAE 1025 0,10–0,20 oder 0,15–0,30% sein. Bei manchen Qualitäten basischer Siemens-Martin-Stähle ist besondere Erfahrung erforderlich, um einer Spezifikation einschließlich Silizium nachzukommen.

[3] Die festgelegten Abweichungen in den Analysengrenzen sind unter Hinweis auf die genormten Abweichungen bei Siemens-Martin- und Elektrostahl-Barren und -Knüppel im SAE-Handbuch aufgeführt.

Tabelle 2.

Automatenstähle (siehe Fußnoten 1 und 2 auf S. 226). Nur geeignet für Luppen, Knüppel, Platten, Stangen und Stäbe. Basische Siemens-Martin- und saure Bessemer entschwefelte Kohlenstoffstähle. Bei Kontrollanalysen den zulässigen Abweichungen unterworfen. (Entschwefelter Stahl ist der Kontrollanalyse auf Schwefel nicht unterworfen.)

SAE-Zahl	Analysenbereiche in %				Entsprechende AISI-Zahl
	C	Mn	P	S	
Bessemer					
1111	0,13 max.	0,60–0,90	0,07–0,12	0,08–0,15	B1111
1112	0,13 max.	0,70–1,00	0,07–0,12	0,16–0,23	B1112
1113	0,13 max.	0,70–1,00	0,07–0,12	0,24–0,33	B1113
Siemens-Martin			max.		
1109	0,08–0,13	0,60–0,90	0,045	0,08–0,13	C1109
1114	0,10–0,16	1,00–1,30	0,045	0,08–0,13	C1114
1115	0,13–0,18	0,60–0,90	0,045	0,08–0,13	C1115
1116	0,14–0,20	1,10–1,40	0,045	0,16–0,23	C1116
1117	0,14–0,20	1,00–1,30	0,045	0,08–0,13	C1117
1118	0,14–0,20	1,30–1,60	0,045	0,08–0,13	C1118
1119	0,14–0,20	1,00–1,30	0,045	0,24–0,33	C1119
1120	0,18–0,23	0,70–1,00	0,045	0,08–0,13	C1120
1126	0,23–0,29	0,70–1,00	0,045	0,08–0,13	C1126
1132	0,27–0,34	1,35–1,65	0,045	0,08–0,13	
1137	0,32–0,39	1,35–1,65	0,045	0,08–0,13	C1137
1138	0,34–0,40	0,70–1,00	0,045	0,08–0,13	C1138
1140	0,37–0,44	0,70–1,00	0,045	0,08–0,13	C1140
1141	0,37–0,45	1,35–1,65	0,045	0,08–0,13	C1141
1144	0,40–0,48	1,35–1,65	0,045	0,24–0,33	C1144
1145	0,42–0,49	0,70–1,00	0,045	0,04–0,07	C1145
1146	0,42–0,49	0,70–1,00	0,045	0,08–0,13	C1146
1151	0,48–0,55	0,70–1,00	0,045	0,08–0,13	C1151

Tabelle 3. *Manganstähle (siehe Fußnote 3 auf S. 226).*

SAE-Zahl	Analysenbereiche in %					Entsprechende AISI-Zahl
	C	Mn	P max.	S max.	Si	
1320	0,18–0,23	1,60–1,90	0,040	0,040	0,20–0,35	1320
1330	0,28–0,33	1,60–1,90	0,040	0,040	0,20–0,35	1330
1335	0,33–0,38	1,60–1,90	0,040	0,040	0,20–0,35	1335
1340	0,38–0,43	1,60–1,90	0,040	0,040	0,20–0,35	1340

15*

Tabelle 4. *Nickelstähle (siehe Fußnote 3 auf S. 226).*

SAE-Zahl	Analysenberichte in %						Entsprechende AISI-Zahl
	C	Mn	P max.	S max.	Si	Ni	
2317	0,15–0,20	0,40–0,60	0,040	0,040	0,20–0,35	3,25–3,75	2317
2330	0,28–0,33	0,60–0,80	0,040	0,040	0,20–0,35	3,25–3,75	2330
2340	0,38–0,43	0,70–0,90	0,040	0,040	0,20–0,35	3,25–3,75	2340
2345	0,43–0,48	0,70–0,90	0,040	0,040	0,20–0,35	3,25–3,75	2345
2512*	0,09–0,14	0,45–0,60	0,025	0,025	0,20–0,35	4,75–5,25	E 2512
2515	0,12–0,17	0,40–0,60	0,040	0,040	0,20–0,35	4,75–5,25	2515
2517*	0,15–0,20	0,45–0,60	0,025	0,025	0,20–0,35	4,75–5,25	E 2517

* Elektrostahl.

Tabelle 5. *Chrom—Nickelstähle (siehe Fußnote 3 auf S. 226).*

SAE-Zahl	Analysenbereiche in %							Entsprechende AISI-Zahl
	C	Mn	P max.	S max.	Si	Ni	Cr	
3115	0,13–0,18	0,40–0,60	0,040	0,040	0,20–0,35	1,10–1,40	0,55–0,75	3115
3120	0,17–0,22	0,60–0,80	0,040	0,040	0,20–0,35	1,10–1,40	0,55–0,75	3120
3130	0,28–0,33	0,60–0,80	0,040	0,040	0,20–0,35	1,10–1,40	0,55–0,75	3130
3135	0,33–0,38	0,60–0,80	0,040	0,040	0,20–0,35	1,10–1,40	0,55–0,75	3135
3140	0,38–0,43	0,70–0,90	0,040	0,040	0,20–0,35	1,10–1,40	0,55–0,75	3140
3141	0,38–0,43	0,70–0,90	0,040	0,040	0,20–0,35	1,10–1,40	0,70–0,90	3141
3145	0,43–0,48	0,70–0,90	0,040	0,040	0,20–0,35	1,10–1,40	0,70–0,90	3145
3150	0,48–0,53	0,70–0,90	0,040	0,040	0,20–0,35	1,10–1,40	0,70–0,90	3150
3310*	0,08–0,13	0,45–0,60	0,025	0,025	0,20–0,35	3,25–3,75	1,40–1,75	E 3310
3316*	0,14–0,19	0,45–0,60	0,025	0,025	0,20–0,35	3,25–3,75	1,40–1,75	E 3316

* Elektrostahl.

Tabelle 6. *Molybdänstähle (siehe Fußnote 3 auf S. 226).*

SAE-Zahl	Analysenbereiche in %								Entsprechende AISI-Zahl
	C	Mn	P max.	S max.	Si	Ni	Cr	Mo	
4017	0,15–0,20	0,70–0,90	0,040	0,040	0,20–0,35			0,20–0,30	4017
4023	0,20–0,25	0,70–0,90	0,040	0,040	0,20–0,35			0,20–0,30	4023
4024	0,20–0,25	0,70–0,90	0,040	{,035 ,050	0,20–0,35			0,20–0,30	4024
4027	0,25–0,30	0,70–0,90	0,040	0,040	0,20–0,35			0,20–0,30	4027
4028	0,25–0,30	0,70–0,90	0,040	{,035 ,050	0,20–0,35			0,20–0,30	4028
4032	0,30–0,35	0,70–0,90	0,040	0,040	0,20–0,35			0,20–0,30	4032
4037	0,35–0,40	0,70–0,90	0,040	0,040	0,20–0,35			0,20–0,30	4037
4042	0,40–0,45	0,70–0,90	0,040	0,040	0,20–0,35			0,20–0,30	4042
4047	0,45–0,50	0,70–0,90	0,040	0,040	0,20–0,35			0,20–0,30	4047
4053	0,50–0,56	0,75–1,00	0,040	0,040	0,20–0,35			0,20–0,30	4053
4063	0,60–0,67	0,75–1,00	0,040	0,040	0,20–0,35			0,20–0,30	4063
4068	0,63–0,70	0,75–1,00	0,040	0,040	0,20–0,35			0,20–0,30	4068
4119	0,17–0,22	0,70–0,90	0,040	0,040	0,20–0,35		0,40–0,60	0,20–0,30	
4125	0,23–0,28	0,70–0,90	0,040	0,040	0,20–0,35		0,40–0,60	0,20–0,30	
4130	0,28–0,33	0,40–0,60	0,040	0,040	0,20–0,35		0,80–1,10	0,15–0,25	4130
4137	0,35–0,40	0,70–0,90	0,040	0,040	0,20–0,35		0,80–1,10	0,15–0,25	4137
4140	0,38–0,43	0,75–1,00	0,040	0,040	0,20–0,35		0,80–1,10	0,15–0,25	4140
4145	0,43–0,48	0,75–1,00	0,040	0,040	0,20–0,35		0,80–1,10	0,15–0,25	4145
4150	0,48–0,53	0,75–1,00	0,040	0,040	0,20–0,35		0,80–1,10	0,15–0,25	4150
4317	0,15–0,20	0,45–0,65	0,040	0,040	0,20–0,35	1,65–2,00	0,40–0,60	0,20–0,30	4317
4320	0,17–0,22	0,45–0,65	0,040	0,040	0,20–0,35	1,65–2,00	0,40–0,60	0,20–0,30	4320
4340	0,38–0,43	0,60–0,80	0,040	0,040	0,20–0,35	1,65–2,00	0,70–0,90	0,20–0,30	4340
4608	0,06–0,11	0,25–0,45	0,040	0,040	0,25max.	1,40–1,75		0,15–0,25	4608
4615	0,13–0,18	0,45–0,65	0,040	0,040	0,20–0,35	1,65–2,00		0,20–0,30	4615
4617	0,15–0,20	0,45–0,65	0,040	0,040	0,20–0,35	1,65–2,00		0,20–0,30	
4620	0,17–0,22	0,45–0,65	0,040	0,040	0,20–0,35	1,65–2,00		0,20–0,30	4620
X4620	0,18–0,23	0,50–0,70	0,040	0,040	0,20–0,35	1,65–2,00		0,20–0,30	
4621	0,18–0,23	0,70–0,90	0,040	0,040	0,20–0,35	1,65–2,00		0,20–0,30	4621
4640	0,38–0,43	0,60–0,80	0,040	0,040	0,20–0,35	1,65–2,00		0,20–0,30	4640
4812	0,10–0,15	0,40–0,60	0,040	0,040	0,20–0,35	3,25–3,75		0,20–0,30	4812
4815	0,13–0,18	0,40–0,60	0,040	0,040	0,20–0,35	3,25–3,75		0,20–0,30	4815
4817	0,15–0,20	0,40–0,60	0,040	0,040	0,20–0,35	3,25–3,75		0,20–0,30	4817
4820	0,18–0,23	0,50–0,70	0,040	0,040	0,20–0,35	3,25–3,75		0,20–0,30	4820

Tabelle 7. *Chromstähle (siehe Fußnote 3 auf S. 226).*

SAE-Zahl	Analysenbereiche in %						Entsprechende AISI-Zahl
	C	Mn	P max.	S max.	Si	Cr	
5045	0,43–0,48	0,70–0,90	0,040	0,040	0,20–0,35	0,55–0,75	5045
5046	0,43–0,50	0,75–1,00	0,040	0,040	0,20–0,35	0,20–0,35	5046
5115	0,13–0,18	0,70–0,90	0,040	0,040	0,20–0,35	0,70–0,90	
5120	0,17–0,22	0,70–0,90	0,040	0,040	0,20–0,35	0,70–0,90	5120
5130	0,28–0,33	0,70–0,90	0,040	0,040	0,20–0,35	0,80–1,10	5130
5132	0,30–0,35	0,60–0,80	0,040	0,040	0,20–0,35	0,80–1,05	5132
5135	0,33–0,38	0,60–0,80	0,040	0,040	0,20–0,35	0,80–1,05	5135
5140	0,38–0,43	0,70–0,90	0,040	0,040	0,20–0,35	0,70–0,90	5140
5145	0,43–0,48	0,70–0,90	0,040	0,040	0,20–0,35	0,70–0,90	5145
5147	0,45–0,52	0,75–1,00	0,040	0,040	0,20–0,35	0,90–1,20	5147
5150	0,48–0,53	0,70–0,90	0,040	0,040	0,20–0,35	0,70–0,90	5150
5152	0,48–0,55	0,70–0,90	0,040	0,040	0,20–0,35	0,90–1,20	5152
50100*	0,95–1,10	0,25–0,45	0,025	0,025	0,20–0,35	0,40–0,60	E 50100
51100*	0,95–1,10	0,25–0,45	0,025	0,025	0,20–0,35	0,90–1,15	E 51100
52100*	0,95–1,10	0,25–0,45	0,025	0,025	0,20–0,35	1,30–1,60	E 52100

* Elektrostahl.

Tabelle 8. *Chrom—Vanadin-Stähle (siehe Fußnote 3 auf S. 226).*

SAE-Zahl	Analysenbereiche in %							Entsprechende AISI-Zahl
	C	Mn	P max.	S max.	Si	Cr	V min.	
6150	0,48–0,53	0,70–0,90	0,040	0,040	0,20–0,35	0,80–1,10	0,15	6150

Tabelle 9. *Silizium—Mangan-Stähle (siehe Fußnote 3 auf S. 226).*

SAE-Zahl	Analysenbereiche in %						Entsprechende AISI-Zahl
	C	Mn	P max.	S max.	Si	Cr	
9254	0,50–0,60	0,50–0,80	0,040	0,040	1,20–1,60	0,50–0,80	
9255	0,50–0,60	0,70–0,95	0,040	0,040	1,80–2,20		9255
9260	0,55–0,65	0,70–1,00	0,040	0,040	1,80–2,20		9260
9261	0,55–0,65	0,75–1,00	0,040	0,040	1,80–2,20	0,10–0,25	9261
9262	0,55–0,65	0,75–1,00	0,040	0,040	1,80–2,20	0,25–0,40	9262

Tabelle 10. *Dreifach legierte Stähle (siehe Fußnote 3 auf S. 226).*

SAE-Zahl	Analysenbereiche in %								Entsprechende AISI-Zahl
	C	Mn	P	S	Si	Ni	Cr	Mo	
8615	0,13–0,18	0,70–0,90	0,040	0,040	0,20–0,35	0,40–0,70	0,40–0,60	0,15–0,25	8615
8617	0,15–0,20	0,70–0,90	0,040	0,040	0,20–0,35	0,40–0,70	0,40–0,60	0,15–0,25	8617
8620	0,18–0,23	0,70–0,90	0,040	0,040	0,20–0,35	0,40–0,70	0,40–0,60	0,15–0,25	8620
8622	0,20–0,25	0,70–0,90	0,040	0,040	0,20–0,35	0,40–0,70	0,40–0,60	0,15–0,25	8622
8625	0,23–0,28	0,70–0,90	0,040	0,040	0,20–0,35	0,40–0,70	0,40–0,60	0,15–0,25	8625
8627	0,25–0,30	0,70–0,90	0,040	0,040	0,20–0,35	0,40–0,70	0,40–0,60	0,15–0,25	8627
8630	0,28–0,33	0,70–0,90	0,040	0,040	0,20–0,35	0,40–0,70	0,40–0,60	0,15–0,25	8630
8632	0,30–0,35	0,70–0,90	0,040	0,040	0,20–0,35	0,40–0,70	0,40–0,60	0,15–0,25	8632
8635	0,33–0,38	0,75–1,00	0,040	0,040	0,20–0,35	0,40–0,70	0,40–0,60	0,15–0,25	8635
8637	0,35–0,40	0,75–1,00	0,040	0,040	0,20–0,35	0,40–0,70	0,40–0,60	0,15–0,25	8637
8640	0,38–0,43	0,75–1,00	0,040	0,040	0,20–0,35	0,40–0,70	0,40–0,60	0,15–0,25	8640
8641	0,38–0,43	0,75–1,00	0,040	{,040 \,060	0,20–0,35	0,40–0,70	0,40–0,60	0,15–0,25	8641
8642	0,40–0,45	0,75–1,00	0,040	0,040	0,20–0,35	0,40–0,70	0,40–0,60	0,15–0,25	8642
8645	0,43–0,48	0,75–1,00	0,040	0,040	0,20–0,35	0,40–0,70	0,40–0,60	0,15–0,25	8645
8647	0,45–0,50	0,75–1,00	0,040	0,040	0,20–0,35	0,40–0,70	0,40–0,60	0,15–0,25	8647
8650	0,48–0,53	0,75–1,00	0,040	0,040	0,20–0,35	0,40–0,70	0,40–0,60	0,15–0,25	8650
8653	0,50–0,56	0,75–1,00	0,040	0,040	0,20–0,35	0,40–0,70	0,50–0,80	0,15–0,25	8653
8655	0,50–0,60	0,75–1,00	0,040	0,040	0,20–0,35	0,40–0,70	0,40–0,60	0,15–0,25	8655
8660	0,55–0,65	0,75–1,00	0,040	0,040	0,20–0,35	0,40–0,70	0,40–0,00	0,15–0,25	6860
8720	0,18–0,23	0,70–0,90	0,040	0,040	0,20–0,35	0,40–0,70	0,40–0,60	0,20–0,30	8720
8735	0,33–0,38	0,75–1,00	0,040	0,040	0,20–0,35	0,40–0,70	0,40–0,60	0,20–0,30	8735
8740	0,38–0,43	0,75–1,00	0,040	0,040	0,20–0,35	0,40–0,70	0,40–0,60	0,20–0,30	8740
8745	0,43–0,48	0,75–1,00	0,040	0,040	0,20–0,35	0,40–0,70	0,40–0,60	0,20–0,30	8745
8750	0,48–0,53	0,75–1,00	0,040	0,040	0,20–0,35	0,40–0,70	0,40–0,60	0,20–0,30	8750
9310*	0,08–0,13	0,45–0,65	0,025	0,025	0,20–0,35	3,00–3,50	1,00–1,40	0,08–0,15	E 9310
9315*	0,13–0,18	0,45–0,65	0,025	0,025	0,20–0,35	3,00–3,50	1,00–1,40	0,08–0,15	E 9315
9317*	0,15–0,20	0,45–0,65	0,025	0,025	0,20–0,35	3,00–3,50	1,00–1,40	0,08–0,15	E 9317
9437	0,35–0,40	0,90–1,20	0,040	0,040	0,20–0,35	0,30–0,60	0,30–0,50	0,08–0,15	9437
9440	0,38–0,43	0,90–1,20	0,040	0,040	0,20–0,35	0,30–0,60	0,30–0,50	0,08–0,15	9440
9442	0,40–0,45	1,00–1,30	0,040	0,040	0,20–0,35	0,30–0,60	0,30–0,50	0,08–0,15	9442
9445	0,43–0,48	1,00–1,30	0,040	0,040	0,20–0,35	0,30–0,60	0,30–0,50	0,08–0,15	9445
9747	0,45–0,50	0,50–0,80	0,040	0,040	0,20–0,35	0,40–0,70	0,10–0,25	0,15–0,25	9747
9763	0,60–0,67	0,50–0,80	0,040	0,040	0,20–0,35	0,40–0,70	0,10–0,25	0,15–0,25	9763
9840	0,38–0,43	0,70–0,90	0,040	0,040	0,20–0,35	0,85–1,15	0,70–0,90	0,20–0,30	9840
9845	0,43–0,48	0,70–0,90	0,040	0,040	0,20–0,35	0,85–1,15	0,70–0,90	0,20–0,30	9845
9850	0,48–0,53	0,70–0,90	0,040	0,040	0,20–0,35	0,85–1,15	0,70–0,90	0,20–0,30	9850

* Elektrostahl.

Anhang IV[1].

Härte-Vergleichszahlen für Stahl.

Tabelle 1. *Vergleichszahlen bezogen auf Rockwell C. Die Zahlen dieser Tabelle in Fettdruck entsprechen den Zahlen der gemeinsamen Vereinbarung SAE—ASM—ASTM Committee and Hardness Conversions, gedruckt in ASTM Spec. E48—43 T. Tabelle 2. Die Zahlen in ( ) liegen außerhalb des normalen Bereiches und sind nur zur Information aufgeführt.*

| Rockwell-Härte C-Skala | Vickers-Härte Diamant-pyramide | Brinell-Härte 10-mm-Kugel, 3000 kg Last | | | Rockwell-Härte | | | Rockwell-Oberflächen-Härte Oberflächen-Diamant | | | Shore-Sklero-skop-Härte | Zugfestigkeit | | Rockwell-Härte C-Skala |
| | | Stan-dard-Kugel | Hult-gren-Kugel | Wolf-ram-Carbid-Kugel | A-Skala 60 kg Last Diamant-kegel | B-Skala 100 kg Last 1,59 mm ($^1/_{16}$ in.) ⌀ Kugel | D-Skala 100 kg Last Diamant-kegel | 15-N-Skala 15 kg Last | 30-N-Skala 30 kg Last | 45-N-Skala 45 kg Last | | etwa 1000 lb. per sq. in. | etwa kg/mm² | |
Sp. 1	Sp. 2	Sp. 3	Sp. 4	Sp. 5	Sp. 6	Sp. 7	Sp. 8	Sp. 9	Sp. 10	Sp. 11	Sp. 12	Sp. 13		Sp. 14
68	940	—	—	—	85,6	—	76,9	93,2	84,4	75,4	97	—	—	68
67	900	—	—	—	85,0	—	76,1	92,9	83,6	74,2	95	—	—	67
66	865	—	—	—	84,5	—	75,4	92,5	82,8	73,3	92	—	—	66
65	832	—	—	739	83,9	—	74,5	92,2	81,9	72,0	91	—	—	65
64	800	—	—	722	83,4	—	73,8	91,8	81,1	71,0	89	—	—	64
63	772	—	—	705	82,8	—	73,0	91,4	80,1	69,9	87	—	—	63
62	746	—	—	688	82,3	—	72,2	91,1	79,3	68,8	85	—	—	62
61	720	—	—	670	81,8	—	71,5	90,7	78,4	67,7	83	—	—	61
60	697	—	613	654	81,2	—	70,7	90,2	77,5	66,6	81	—	—	60
59	674	—	599	634	80,7	—	69,9	89,8	76,6	65,5	80	326	230	59
58	653	—	587	615	80,1	—	69,2	89,3	75,7	64,3	78	315	222	58
57	633	—	575	595	79,6	—	68,5	88,9	74,8	63,2	76	305	215	57
56	613	—	561	577	79,0	—	67,7	88,3	73,9	62,0	75	295	207	56
55	595	—	546	560	78,5	—	66,9	87,9	73,0	60,9	74	287	202	55
54	577	—	534	543	78,0	—	66,1	87,4	72,0	59,8	72	278	195	54
53	560	—	519	525	77,4	—	65,4	86,9	71,2	58,6	71	269	189	53
52	544	500	508	512	76,8	—	64,6	86,4	70,2	57,4	69	262	184	52
51	528	487	494	496	76,3	—	63,8	85,9	69,4	56,1	68	253	178	51
50	513	475	481	481	75,9	—	63,1	85,5	68,5	55,0	67	245	174	50
49	498	464	469	469	75,2	—	62,1	85,0	67,6	53,8	66	239	168	49
48	484	451	455	455	74,7	—	61,4	84,5	66,7	52,5	64	232	163	48
47	471	442	443	443	74,1	—	60,8	83,9	65,8	51,4	63	225	158	47
46	458	432	432	432	73,6	—	60,0	83,5	64,8	50,3	62	219	154	46

Sp. 1	Sp. 2	Sp. 3	Sp. 4	Sp. 5	Sp. 6	Sp. 7	Sp. 8	Sp. 9	Sp. 10	Sp. 11	Sp. 12	Sp. 13		Sp. 14
45	446	421	421	421	73,1	—	59,2	83,0	64,0	49,0	60	212	150	45
44	434	409	409	409	72,5	—	58,5	82,5	63,1	47,8	58	206	145	44
43	423	400	400	400	72,0	—	57,7	82,0	62,2	46,7	57	201	141	43
42	412	390	390	390	71,5	—	56,9	81,5	61,3	45,5	56	196	138	42
41	402	381	381	381	70,9	—	56,2	80,9	60,4	44,3	55	191	134	41
40	392	371	371	371	70,4	—	55,4	80,4	59,5	43,1	54	186	131	40
39	382	362	362	362	69,9	—	54,6	79,9	58,6	41,9	52	181	127	39
38	372	353	353	353	69,4	—	53,8	79,4	57,7	40,8	51	176	124	38
37	363	344	344	344	68,9	—	53,1	78,8	56,8	39,6	50	172	121	37
36	354	336	336	336	68,4	(109,0)	52,3	78,3	55,9	38,4	49	168	118	36
35	345	327	327	327	67,9	(108,5)	51,5	77,7	55,0	37,2	48	163	115	35
34	336	319	319	319	67,4	(108,0)	50,8	77,2	54,2	36,1	47	159	112	34
33	327	311	311	311	66,8	(107,5)	50,0	76,6	53,3	34,9	46	154	108	33
32	318	301	301	301	66,3	(107,0)	49,2	76,1	52,1	33,7	44	150	105	32
31	310	294	294	294	65,8	(106,0)	48,4	75,6	51,3	32,5	43	146	103	31
30	302	286	286	286	65,3	(105,5)	47,7	75,0	50,4	31,3	42	142	100	30
29	294	279	279	279	64,7	(104,5)	47,0	74,5	49,5	30,1	41	138	97	29
28	286	271	271	271	64,3	(104,0)	46,1	73,9	48,6	28,9	41	134	94	28
27	279	264	264	264	63,8	(103,0)	45,2	73,3	47,7	27,8	40	131	92	27
26	272	258	258	258	63,3	(102,5)	44,6	72,8	46,8	26,7	38	127	89	26
25	266	253	253	253	62,8	(101,5)	43,8	72,2	45,9	25,5	38	124	87	25
24	260	247	247	247	62,4	(101,0)	43,1	71,6	45,0	24,3	37	121	85	24
23	254	243	243	243	62,0	100,0	42,1	71,0	44,0	23,1	36	118	83	23
22	248	237	237	237	61,5	99,0	41,6	70,5	43,2	22,0	35	115	81	22
21	243	231	231	231	61,0	98,5	40,9	69,9	42,3	20,7	35	113	79	21
20	238	226	226	226	60,5	97,8	40,1	69,4	41,5	19,6	34	110	77	20
(18)	230	219	219	219	—	96,7	—	—	—	—	33	106	75	(18)
(16)	222	212	212	212	—	95,5	—	—	—	—	32	102	72	(16)
(14)	213	203	203	203	—	93,9	—	—	—	—	31	98	69	(14)
(12)	204	194	194	194	—	92,3	—	—	—	—	29	94	66	(12)
(10)	196	187	187	187	—	90,7	—	—	—	—	—	90	63	(10)
(8)	188	179	179	179	—	89,5	—	—	—	—	27	87	61	(8)
(6)	180	171	171	171	—	87,1	—	—	—	—	26	84	59	(6)
(4)	173	165	165	165	—	85,5	—	—	—	—	25	80	56	(4)
(2)	166	158	158	158	—	83,5	—	—	—	—	24	77	54	(2)
(0)	160	152	152	152	—	81,7	—	—	—	—	24	75	52	(0)

¹ SAE Handbuch [134].

Tabelle 2. *Vergleichszahlen bezogen auf Brinell. Die Zahlen dieser Tabelle in Fettdruck entsprechen den Zahlen der gemeinsamen Vereinbarung SAE—ASM—ASTM Committee and Hardness Conversions, gedruckt in ASTM Spec. E 48—43 T. Tabelle 3. Die Zahlen in ( ) liegen außerhalb des normalen Bereiches und sind nur zur Information aufgeführt.*

Brinell-Kugeldurchmesser	Brinell-Härte 10-mm-Kugel 3000 kg Last — Standard-Kugel	Brinell-Härte 10-mm-Kugel 3000 kg Last — Hultgren-Kugel	Brinell-Härte 10-mm-Kugel 3000 kg Last — Wolfram Carbid-Kugel	Vickers-Härte Diamantpyramide	Rockwell-Härte A-Skala 60 kg Last Diamantkegel	Rockwell-Härte B-Skala 100 kg Last 1,59 mm (1/16 in.) ∅ Kugel	Rockwell-Härte C-Skala 150 kg Last Diamantkegel	Rockwell-Härte D-Skala 100 kg Last Diamantkegel	Rockwell-Oberflächenhärte 15-N-Skala 15 kg Last	Rockwell-Oberflächenhärte 30-N-Skala 30 kg Last	Rockwell-Oberflächenhärte 45-N-Skala	Shore-Skleroskop-Härte	Zugfestigkeit etwa 1000 lb. per sq. in.	Zugfestigkeit etwa kg/mm²	Brinell-Kugeldurchmesser
Sp. 1	Sp. 2	Sp. 3	Sp. 4	Sp. 5	Sp. 6	Sp. 7	Sp. 8	Sp. 9	Sp. 10	Sp. 11	Sp. 12	Sp. 13	Sp. 14		Sp. 15
—	—	—	—	940	85,6	—	68,0	76,9	93,2	84,4	75,4	97	—	—	—
—	—	—	—	920	85,3	—	67,5	76,5	93,0	84,0	74,8	96	—	—	—
—	—	—	—	900	85,0	—	67,0	76,1	92,9	83,6	74,2	95	—	—	—
—	—	—	767	880	84,7	—	66,4	75,7	92,7	83,1	73,6	93	—	—	—
—	—	—	757	860	84,4	—	65,9	75,3	92,5	82,7	73,1	92	—	—	—
2,25	—	—	745	840	84,1	—	65,3	74,8	92,3	82,2	72,2	91	—	—	2,25
—	—	—	733	820	83,8	—	64,7	74,3	92,1	81,7	71,8	90	—	—	—
—	—	—	722	800	83,4	—	64,0	73,8	91,8	81,1	71,0	88	—	—	—
2,30	—	—	712	—	—	—	—	—	—	—	—	87	—	—	2,30
—	—	—	710	780	83,0	—	63,3	73,3	91,5	80,4	70,2	86	—	—	—
—	—	—	698	760	82,6	—	62,5	72,6	91,2	79,7	69,4	—	—	—	—
—	—	—	684	740	82,2	—	61,8	72,1	91,0	79,1	68,6	84	—	—	—
2,35	—	—	682	737	82,2	—	61,7	72,0	91,0	79,0	68,5	83	—	—	2,35
—	—	—	670	720	81,8	—	61,0	71,5	90,7	78,4	67,7	—	—	—	—
—	—	—	656	700	81,3	—	60,1	70,8	90,3	77,6	66,7	—	—	—	—
2,40	—	—	653	697	81,2	—	60,0	70,7	90,2	77,5	66,5	81	—	—	2,40
—	—	—	647	690	81,1	—	59,7	70,5	90,1	77,2	66,2	—	—	—	—
—	—	—	638	680	80,8	—	59,2	70,1	89,8	76,8	65,7	80	329	230	—
—	—	—	630	670	80,6	—	58,8	69,8	89,7	76,4	65,3	—	324	227	—
2,45	—	—	627	667	80,5	—	58,7	69,7	89,6	76,3	65,1	79	323	226	2,45
—	—	—	—	—	—	—	—	—	—	—	—	—	—	—	—
2,50	—	601	—	677	80,7	—	59,1	70,0	89,8	76,8	65,7	—	328	229	2,50
—	—	—	601	640	79,8	—	57,3	68,7	89,0	75,1	63,5	77	309	211	—
—	—	—	—	—	—	—	—	—	—	—	—	—	—	—	—
2,55	—	578	—	640	79,8	—	57,3	68,7	89,0	75,1	63,5	—	309	211	2,55
—	—	—	578	615	79,1	—	56,0	67,7	88,4	73,9	62,1	75	297	209	—
—	—	—	—	—	—	—	—	—	—	—	—	—	—	—	—
2,60	—	555	—	607	78,8	—	55,6	67,4	88,1	73,5	61,6	—	293	207	2,60
—	—	—	555	591	78,4	—	54,7	66,7	87,8	72,7	60,6	73	285	201	—
—	—	—	—	—	—	—	—	—	—	—	—	—	—	—	—
2,65	—	534	—	579	78,0	—	54,0	66,1	87,5	72,0	59,8	—	279	197	2,65
—	—	—	534	569	77,8	—	53,5	65,8	87,2	71,6	59,2	71	274	193	—
—	—	—	—	—	—	—	—	—	—	—	—	—	—	—	—
2,70	—	514	—	553	77,1	—	52,5	65,0	86,7	70,7	58,0	—	266	187	2,70
—	—	—	514	547	76,9	—	52,1	64,7	86,5	70,3	57,6	70	263	185	—
—	495	—	—	539	76,7	—	51,6	64,3	86,3	69,9	56,9	—	259	183	—
2,75	—	495	—	530	76,4	—	51,1	63,9	86,0	69,5	56,2	—	254	179	2,75
—	—	—	495	528	76,3	—	51,0	63,8	85,9	69,4	56,1	68	253	178	—

Sp. 1	Sp. 2	Sp. 3	Sp. 4	Sp. 5	Sp. 6	Sp. 7	Sp. 8	Sp. 9	Sp. 10	Sp. 11	Sp. 12	Sp. 13	Sp. 14		Sp. 15
	477	—	—	516	75,9	—	50,3	63,2	85,6	68,7	55,2	—	247	176	—
2,80	—	477	—	508	75,6	—	49,6	62,7	85,3	68,2	54,5	—	243	171	2,80
	—	—	477	508	75,6	—	49,6	62,7	85,3	68,2	54,5	66	243	171	—
	461	—	—	495	75,1	—	48,8	61,9	84,9	67,4	53,5	—	237	167	—
2,85	—	461	—	491	74,9	—	48,5	61,7	84,7	67,2	53,2	—	235	165	2,85
	—	—	461	491	74,9	—	48,5	61,7	84,7	67,2	53,2	65	235	165	—
	444	—	—	474	74,3	—	47,2	61,0	84,1	66,0	51,7	—	226	159	—
2,90	—	444	—	472	74,2	—	47,1	60,8	84,0	65,8	51,5	—	225	158	2,90
	—	—	444	472	74,2	—	47,1	60,8	84,0	65,8	51,5	63	225	158	—
2,95	429	429	429	455	73,4	—	45,7	59,7	83,4	64,6	49,9	61	217	153	2,95
3,00	415	415	415	440	72,8	—	44,5	58,8	82,8	63,5	48,4	59	210	147	3,00
3,05	401	401	401	425	72,0	—	43,1	57,8	82,0	62,3	46,9	58	202	142	3,05
3,10	388	388	388	410	71,4	—	41,8	56,8	81,4	61,1	45,3	56	195	137	3,10
3,15	375	375	375	396	70,6	—	40,4	55,7	80,6	59,9	43,6	54	188	132	3,15
3,20	363	363	363	383	70,0	—	39,1	54,6	80,0	58,7	42,0	52	182	128	3,20
3,25	352	352	352	372	69,3	(110,0)	37,9	53,8	79,3	57,6	40,5	51	176	124	3,25
3,30	341	341	341	360	68,7	(109,0)	36,6	52,8	78,6	56,4	39,1	50	170	119	3,30
3,35	331	331	331	350	68,1	(108,5)	35,5	51,9	78,0	55,4	37,8	48	166	116	3,35
3,40	321	321	321	339	67,5	(108,0)	34,3	51,0	77,3	54,3	36,4	47	160	113	3,40
3,45	311	311	311	328	66,9	(107,5)	33,1	50,0	76,7	53,3	34,4	46	155	109	3,45
3,50	302	302	302	319	66,3	(107,0)	32,1	49,3	76,1	52,2	33,8	45	150	105	3,50
3,55	293	293	293	309	65,7	(106,0)	30,9	48,3	75,5	51,2	32,4	43	145	102	3,55
3,60	285	285	285	301	65,3	(105,5)	29,9	47,6	75,0	50,3	31,2	—	141	99	3,60
3,65	277	277	277	292	64,6	(104,5)	28,8	46,7	74,4	49,3	29,9	41	137	96	3,65
3,70	269	269	269	284	64,1	(104,0)	27,6	45,9	73,7	48,3	28,5	40	133	94	3,70
3,75	262	262	262	276	63,6	(103,0)	26,6	45,0	73,1	47,3	27,3	39	129	91	3,75
3,80	255	255	255	269	63,0	(102,0)	25,4	44,2	72,5	46,2	26,0	38	126	89	3,80
3,85	248	248	248	261	62,5	(101,0)	24,2	43,2	71,7	45,1	24,5	37	122	86	3,85
3,90	241	241	241	253	61,8	100,0	22,8	42,0	70,9	43,9	22,8	36	118	83	3,90
3,95	235	235	235	247	61,4	99,0	21,7	41,4	70,3	42,9	21,5	35	115	81	3,95
4,00	229	229	229	241	60,8	98,2	20,5	40,5	69,7	41,9	20,1	34	111	78	4,00
4,05	223	223	223	234	—	97,3	(18,8)	—	—	—	—	—	—	—	4,05
4,10	217	217	217	228	—	96,4	(17,5)	—	—	—	—	33	105	74	4,10
4,15	212	212	212	222	—	95,5	(16,0)	—	—	—	—	—	102	72	4,15
4,20	207	207	207	218	—	94,6	(15,2)	—	—	—	—	32	100	70	4,20
4,25	201	201	201	212	—	93,8	(13,8)	—	—	—	—	31	98	69	4,25
4,30	197	197	197	207	—	92,8	(12,7)	—	—	—	—	30	95	67	4,30
4,35	192	192	192	202	—	91,9	(11,5)	—	—	—	—	29	93	65	4,35
4,40	187	187	187	196	—	90,7	(10,0)	—	—	—	—	—	90	63	4,40
4,45	183	183	183	192	—	90,0	(9,0)	—	—	—	—	28	89	62	4,45
4,50	179	179	179	188	—	89,0	(8,0)	—	—	—	—	27	87	61	4,50
4,55	174	174	174	182	—	87,8	(6,4)	—	—	—	—	—	85	60	4,55
4,60	170	170	170	178	—	86,8	(5,4)	—	—	—	—	26	83	58	4,60
4,65	167	167	167	175	—	86,0	(4,4)	—	—	—	—	—	81	57	4,65
4,70	163	163	163	171	—	85,0	(3,3)	—	—	—	—	25	79	56	4,70
4,80	156	156	156	163	—	82,9	(0,9)	—	—	—	—	—	76	53	4,80
4,90	149	149	149	156	—	80,8	—	—	—	—	—	23	73	51	4,90
5,00	143	143	143	150	—	78,7	—	—	—	—	—	22	71	50	5,00
5,10	137	137	137	143	—	76,4	—	—	—	—	—	21	67	47	5,10
5,20	131	131	131	137	—	74,0	—	—	—	—	—	—	65	46	5,20
5,30	126	126	126	132	—	72,0	—	—	—	—	—	20	63	44	5,30
5,40	121	121	121	127	—	69,8	—	—	—	—	—	19	60	42	5,40
5,50	116	116	116	122	—	67,6	—	—	—	—	—	18	58	41	5,50
5,60	111	111	111	117	—	65,7	—	—	—	—	—	15	56	39	5,60

Tabelle 3. *Vergleichszahlen bezogen auf Vickers (DPH). Die Zahlen dieser Tabelle in Fettdruck entsprechen den Zahlen der gemeinsamen Vereinbarung SAE–ASM–ASTM Committee and Hardness Conversions, gedruckt in ASTM Spec. E48–43 T.* Tabelle 1. *Die Zahlen in ( ) liegen außerhalb des normalen Bereiches und sind nur zur Information aufgeführt.*

Vickers-Härte Diamant-pyramide	Brinell-Härte 10-mm-Kugel 3000 kg Last			Rockwell-Härte				Rockwell-Oberflächen-Härte Oberflächen-Diamant			Shore-Skleroskop-Härte	Zugfestigkeit etwa		Vickers-Härte Diamant-pyramide
	Stan-dard-Kugel	Hult-gren-Kugel	Wolf-ram-Carbid-Kugel	A-Skala 60 kg Last Diamant-kegel	B-Skala 100 kg Last 1,59 mm ($^1/_{16}$ in.) ⌀ Kugel	C-Skala 150 kg Last Diamant-kegel	D-Skala 100 kg Last Diamant-kegel	15-N-Skala 15 kg Last	30-N-Skala 30 kg Last	45-N-Skala 45 kg Last		1000 lb. per sq. in.	kg/mm²	
Sp. 1	Sp. 2	Sp. 3	Sp. 4	Sp. 5	Sp. 6	Sp. 7	Sp. 8	Sp. 9	Sp. 10	Sp. 11	Sp. 12	Sp. 13		Sp. 14
940	—	—	—	85,6	—	68,0	76,9	93,2	84,4	75,4	97	—	—	940
920	—	—	—	85,3	—	67,5	76,5	93,0	84,0	74,8	96	—	—	920
900	—	—	—	85,0	—	67,0	76,1	92,9	83,6	74,2	95	—	—	900
880	—	—	767	84,7	—	66,4	75,7	92,7	83,1	73,6	93	—	—	880
860	—	—	757	84,4	—	65,9	75,3	92,5	82,7	73,1	92	—	—	860
840	—	—	745	84,1	—	65,3	74,8	92,3	82,2	72,2	91	—	—	840
820	—	—	733	83,8	—	64,7	74,3	92,1	81,7	71,8	90	—	—	820
800	—	—	722	83,4	—	64,0	73,8	91,8	81,1	71,0	88	—	—	800
780	—	—	710	83,0	—	63,3	73,3	91,5	80,4	70,2	87	—	—	780
760	—	—	698	82,6	—	62,5	72,6	91,2	79,7	69,4	86	—	—	760
740	—	—	684	82,2	—	61,8	72,1	91,0	79,1	68,6	84	—	—	740
720	—	—	670	81,8	—	61,0	71,5	90,7	78,4	67,7	83	—	—	720
700	—	615	656	81,3	—	60,1	70,8	90,3	77,6	66,7	81	—	—	700
690	—	610	647	81,1	—	59,7	70,5	90,1	77,2	66,2	—	—	—	690
680	—	603	638	80,8	—	59,2	70,1	89,8	76,8	65,7	80	329	231	680
670	—	597	630	80,6	—	58,8	69,8	89,7	76,4	65,3	—	324	230	670
660	—	590	620	80,3	—	58,3	69,4	89,5	75,9	64,7	79	319	224	660
650	—	585	611	80,0	—	57,8	69,0	89,2	75,5	64,1	—	314	220	650
640	—	578	601	79,8	—	57,3	68,7	89,0	75,1	63,5	77	309	217	640
630	—	571	591	79,5	—	56,8	68,3	88,8	74,6	63,0	—	304	214	630
620	—	564	582	79,2	—	56,3	67,9	88,5	74,2	62,4	75	299	210	620
610	—	557	573	78,9	—	55,7	67,5	88,2	73,6	61,7	—	294	207	610
600	—	550	564	78,6	—	55,2	67,0	88,0	73,2	61,2	74	289	203	600
590	—	542	554	78,4	—	54,7	66,7	87,8	72,7	60,5	—	284	200	590
580	—	535	545	78,0	—	54,1	66,2	87,5	72,1	59,9	72	279	196	580
570	—	527	535	77,8	—	53,6	65,8	87,2	71,7	59,3	—	274	193	570
560	—	519	525	77,4	—	52,0	65,4	86,9	71,2	58,6	71	269	188	560
550	505	512	517	77,0	—	52,3	64,8	86,6	70,5	57,8	—	264	185	550
540	496	503	507	76,7	—	51,7	64,4	86,3	70,0	57,0	69	260	183	540
530	488	495	497	76,4	—	51,1	63,9	86,0	69,5	56,2	—	254	178	530
520	480	487	488	76,1	—	50,5	63,5	85,7	69,0	55,6	67	250	175	520
510	473	479	479	75,7	—	49,8	62,9	85,4	68,3	54,7	—	244	171	510
500	465	471	471	75,3	—	49,1	62,2	85,0	67,7	53,9	66	240	168	500

Sp. 1	Sp. 2	Sp. 3	Sp. 4	Sp. 5	Sp. 6	Sp. 7	Sp. 8	Sp. 9	Sp. 10	Sp. 11	Sp. 12	Sp. 13	Sp. 13	Sp. 14
490	456	460	460	74,9	—	48,4	61,6	84,7	67,1	53,1	—	234	164	490
480	448	452	452	74,5	—	47,7	61,3	84,3	66,4	52,2	64	230	162	480
470	441	442	442	74,1	—	46,9	60,7	83,9	65,7	51,3	—	224	157	470
460	433	433	433	73,6	—	46,1	60,1	83,6	64,9	50,4	62	220	154	460
450	425	425	425	73,3	—	45,3	59,4	83,2	64,3	49,4	—	214	150	450
440	415	415	415	72,8	—	44,5	58,8	82,8	63,5	48,4	59	210	147	440
430	405	405	405	72,3	—	43,6	58,2	82,3	62,7	47,4	—	204	143	430
420	397	397	397	71,8	—	42,7	57,5	81,8	61,9	46,4	57	200	140	420
410	388	388	388	71,4	—	41,8	56,8	81,4	61,1	45,3	—	195	137	410
400	379	379	379	70,8	—	40,8	56,0	81,0	60,2	44,1	55	190	133	400
390	369	369	369	70,3	—	39,8	55,2	80,3	59,3	42,9	—	185	130	390
380	360	360	360	69,8	(110,0)	38,8	54,4	79,8	58,4	41,7	52	180	126	380
370	350	350	350	69,2	—	37,7	53,6	79,2	57,4	40,4	—	175	123	370
360	341	341	341	68,7	(109,0)	36,6	52,8	78,6	56,4	39,1	50	170	119	360
350	331	331	331	68,1	—	35,5	51,9	78,0	55,4	37,8	—	166	116	350
340	322	322	322	67,6	(108,0)	34,4	51,1	77,4	54,4	36,5	47	161	113	340
330	313	313	313	67,0	—	33,3	50,2	76,8	53,6	35,2	—	156	109	330
320	303	303	303	66,4	(107,0)	32,2	49,4	76,2	52,3	33,9	45	151	106	320
310	294	294	294	65,8	—	31,0	48,4	75,6	51,3	32,5	—	146	103	310
300	284	284	284	65,2	(105,5)	29,8	47,5	74,9	50,2	31,1	42	141	99	300
295	280	280	280	64,8	—	29,2	47,1	74,6	49,7	30,4	—	139	98	295
290	275	275	275	64,5	(104,5)	28,5	46,5	74,2	49,0	29,5	41	136	96	290
285	270	270	270	64,2	—	27,8	46,0	73,8	48,4	28,7	—	134	94	285
280	265	265	265	63,8	(103,5)	27,1	45,3	73,4	47,8	27,9	40	131	92	280
275	261	261	261	63,5	—	26,4	44,9	73,0	47,2	27,1	—	129	91	275
270	256	256	256	63,1	(102,0)	25,6	44,3	72,6	46,4	26,2	38	126	88	270
265	252	252	252	62,7	—	24,8	43,7	72,1	45,7	25,2	—	124	87	265
260	247	247	247	62,4	(101,0)	24,0	43,1	71,6	45,0	24,3	37	121	85	260
255	243	243	243	62,0	—	23,1	42,2	71,1	44,2	23,2	—	119	84	255
250	238	238	238	61,6	99,5	22,2	41,7	70,6	43,4	22,2	36	116	82	250
245	233	233	233	61,2	—	21,3	41,1	70,1	42,5	21,1	—	114	80	245
240	223	228	228	60,7	98,1	20,3	40,3	69,6	41,7	19,9	34	111	78	240
230	219	219	219	—	96,7	(18,0)	—	—	—	—	33	106	75	230
220	209	209	209	—	95,0	(15,7)	—	—	—	—	32	101	71	220
210	200	200	200	—	93,4	(13,4)	—	—	—	—	30	97	68	210
200	190	190	190	—	91,5	(11,0)	—	—	—	—	29	92	65	200
190	181	181	181	—	89,5	(8,5)	—	—	—	—	28	88	62	190
180	171	171	171	—	87,1	(6,0)	—	—	—	—	26	84	59	180
170	162	162	162	—	85,0	(3,0)	—	—	—	—	25	79	56	170
160	152	152	152	—	81,7	(0,0)	—	—	—	—	24	75	53	160
150	143	143	143	—	78,7	—	—	—	—	—	22	71	50	150
140	133	133	133	—	75,0	—	—	—	—	—	21	66	46	140
130	124	124	124	—	71,2	—	—	—	—	—	20	62	43	130
120	114	114	114	—	66,7	—	—	—	—	—	—	57	40	120
110	105	105	105	—	62,3	—	—	—	—	—	—	—	—	110
100	95	95	95	—	56,2	—	—	—	—	—	—	—	—	100
95	90	90	90	—	52,0	—	—	—	—	—	—	—	—	95
90	86	86	86	—	48,0	—	—	—	—	—	—	—	—	90
85	81	81	81	—	41,0	—	—	—	—	—	—	—	—	85

Anhang V.

Vom Übersetzer benutzte Umrechnungstabellen.

Tabelle 1. *Temperatur °C in °F und umgekehrt.*

−459,4 bis 0			0 bis 100						100 bis 1000					
°C		°F	°C		°F	°C		°F	°C		°F	°C		°F
−273	−459,4		−17,8	0	32	10,0	50	122,0	38	100	212	260	500	932
−268	−450		−17,2	1	33,8	10,6	51	123,8	43	110	230	266	510	950
−262	−440		−16,7	2	35,6	11,1	52	125,6	49	120	248	271	520	968
−257	−430		−16,1	3	37,4	11,7	53	127,4	54	130	266	277	530	986
−251	−420		−15,6	4	39,2	12,2	54	129,2	60	140	284	282	540	1004
−246	−410		−15,0	5	41,0	12,8	55	131,0	66	150	302	288	550	1022
−240	−400		−14,4	6	42,8	13,3	56	132,8	71	160	320	293	560	1040
−234	−390		−13,9	7	44,6	13,9	57	134,6	77	170	338	299	570	1058
−229	−380		−13,3	8	46,4	14,4	58	136,4	82	180	356	304	580	1076
−223	−370		−12,8	9	48,2	15,0	59	138,2	88	190	374	310	590	1094
−218	−360		−12,2	10	50,0	15,6	60	140,0	93	200	392	316	600	1112
−212	−350		−11,7	11	51,8	16,1	61	141,8	99	210	410	321	610	1130
−207	−340		−11,1	12	53,6	16,7	62	143,6	100	212	413,6	327	620	1148
−201	−330		−10,6	13	55,4	17,2	63	145,4	104	220	428	332	630	1166
−196	−320		−10,0	14	57,2	17,8	64	147,2	110	230	446	338	640	1184
−190	−310		− 9,4	15	59,0	18,3	65	149,0	116	240	464	343	650	1202
−184	−300		− 8,9	16	60,8	18,9	66	150,8	121	250	482	349	660	1220
−179	−290		− 8,3	17	62,6	19,4	67	152,6	127	260	500	354	670	1238
−173	−280		− 7,8	18	64,4	20,0	68	154,4	132	270	518	360	680	1256
−169	−273	−459,4	− 7,2	19	66,2	20,6	69	156,2	138	280	536	366	690	1274
−168	−270	−454	− 6,7	20	68,0	21,1	70	158,0	143	290	554	371	700	1292
−162	−260	−436	− 6,1	21	69,8	21,7	71	159,8	149	300	572	377	710	1310
−157	−250	−418	− 5,6	22	71,6	22,2	72	161,6	154	310	590	382	720	1328
−151	−240	−400	− 5,0	23	73,4	22,8	73	163,4	160	320	608	388	730	1346
−146	−230	−382	− 4,4	24	75,2	32,3	74	165,2	166	330	626	393	740	1364
−140	−220	−364	− 3,9	25	77,0	23,9	75	167,0	171	340	644	399	750	1382
−134	−210	−346	− 3,3	26	78,8	24,4	76	168,8	177	350	662	404	760	1400
−129	−200	−328	− 2,8	27	80,6	25,0	77	170,6	182	360	680	410	770	1418
−123	−190	−310	− 2,2	28	82,4	25,6	78	172,4	188	370	698	416	780	1436
−118	−180	−292	− 1,7	29	84,2	26,1	79	174,2	193	380	716	421	790	1454
−112	−170	−274	− 1,1	30	86,0	26,7	80	176,0	199	390	734	427	800	1472
−107	−160	−256	− 0,6	31	87,8	27,2	81	177,8	204	400	752	432	810	1490
−101	−150	−238	0	32	89,6	27,8	82	179,6	210	410	770	438	820	1508
− 96	−140	−220	0,6	33	91,4	28,3	83	181,4	216	420	788	443	830	1526
− 90	−130	−202	1,1	34	93,2	28,9	84	183,2	221	430	806	449	840	1544
− 84	−120	−184	1,7	35	95,0	29,4	85	185,0	227	440	824	454	850	1562
− 79	−110	−166	2,2	36	96,8	30,0	86	186,8	232	450	842	460	860	1580
− 73	100	−148	2,8	37	98,6	30,6	87	188,6	238	460	860	466	870	1598
− 68	− 90	−130	3,3	38	100,4	31,1	88	190,4	243	470	878	471	880	1616
− 62	− 80	−112	3,9	39	102,2	31,7	89	192,2	249	480	896	477	890	1634
− 57	− 70	− 94	4,4	40	104,0	32,2	90	194,0	254	490	914	482	900	1652
− 51	− 60	− 76	5,0	41	105,8	32,8	91	195,8				488	910	1670
− 46	− 50	− 58	5,6	42	107,6	33,3	92	197,6				493	920	1688
− 40	− 40	− 40	6,1	43	109,4	33,9	93	199,4				499	930	1706
− 34	− 30	− 22	6,7	44	111,2	34,4	94	201,2				504	940	1724
− 29	− 20	− 4	7,2	45	113,0	35,0	95	203,6				510	950	1742
− 23	− 10	14	7,8	46	114,8	35,6	96	204,8				516	960	1760
− 17,8	0	32	8,3	47	116,6	36,1	97	206,6				521	970	1778
			8,9	48	118,4	36,7	98	208,4				527	980	1796
			9,4	49	120,2	37,2	99	210,2				532	990	1814
						37,8	100	212,0				538	1000	1832
°C		°F	°C		°F	°C		°F	°C		°F	°C		°F

Die umzurechnenden Werte sind in fettem Druck in der Mittelspalte angegeben. Die entsprechenden Grade Fahrenheit sind rechts zu finden und die Grade Celsius links.

Tabelle 1. (Fortsetzung.)

1000 bis 2000						2000 bis 3000					
°C		°F	°C		°F	°C		°F	°C		°F
538	**1000**	1832	816	**1500**	2732	1093	**2000**	3632	1371	**2500**	4532
543	**1010**	1850	821	**1510**	2750	1099	**2010**	3650	1377	**2510**	4550
549	**1020**	1868	827	**1520**	2768	1104	**2020**	3668	1382	**2520**	4568
554	**1030**	1886	832	**1530**	2786	1110	**2030**	3686	1388	**2530**	4586
560	**1040**	1904	838	**1540**	2804	1116	**2040**	3704	1393	**2540**	4604
566	**1050**	1922	843	**1550**	2822	1121	**2050**	3722	1399	**2550**	4622
571	**1060**	1940	849	**1560**	2840	1127	**2060**	3740	1404	**2560**	4640
577	**1070**	1958	854	**1570**	2858	1132	**2070**	3758	1410	**2570**	4658
582	**1080**	1976	860	**1580**	2876	1138	**2080**	3776	1416	**2580**	4676
588	**1090**	1994	866	**1590**	2894	1143	**2090**	3794	1421	**2590**	4694
593	**1100**	2012	871	**1600**	2912	1149	**2100**	3812	1427	**2600**	4712
599	**1110**	2030	877	**1610**	2930	1154	**2110**	3830	1432	**2610**	4730
604	**1120**	2048	882	**1620**	2948	1160	**2120**	3848	1438	**2620**	4748
610	**1130**	2066	888	**1630**	2966	1166	**2130**	3866	1443	**2630**	4766
616	**1140**	2084	893	**1640**	2984	1171	**2140**	3884	1449	**2640**	4784
621	**1150**	2102	899	**1650**	3002	1177	**2150**	3902	1454	**2650**	4802
627	**1160**	2120	904	**1660**	3020	1182	**2160**	3920	1460	**2660**	4820
632	**1170**	2138	910	**1670**	3038	1188	**2170**	3938	1466	**2670**	4838
638	**1180**	2156	916	**1680**	3056	1193	**2180**	3956	1471	**2680**	4856
643	**1190**	2174	921	**1690**	3074	1199	**2190**	3974	1477	**2690**	4874
649	**1200**	2192	927	**1700**	3092	1204	**2200**	3992	1482	**2700**	4892
654	**1210**	2210	932	**1710**	3110	1210	**2210**	4010	1488	**2710**	4910
660	**1220**	2228	938	**1720**	3128	1216	**2220**	4028	1493	**2720**	4928
666	**1230**	2246	943	**1730**	3146	1221	**2230**	4046	1499	**2730**	4946
671	**1240**	2264	949	**1740**	3164	1227	**2240**	4064	1504	**2740**	4964
677	**1250**	2282	954	**1750**	3182	1232	**2250**	4082	1510	**2750**	4982
682	**1260**	2300	960	**1760**	3200	1238	**2260**	4100	1516	**2760**	5000
688	**1270**	2318	966	**1770**	3218	1243	**2270**	4118	1521	**2770**	5018
693	**1280**	2336	971	**1780**	3236	1249	**2280**	4136	1527	**2780**	5036
699	**1290**	2354	977	**1790**	3254	1254	**2290**	4154	1532	**2790**	5054
704	**1300**	2372	982	**1800**	3272	1260	**2300**	4172	1538	**2800**	5072
710	**1310**	2390	988	**1810**	3290	1266	**2310**	4190	1543	**2810**	5090
716	**1320**	2408	993	**1820**	3308	1271	**2320**	4208	1549	**2820**	5108
721	**1330**	2426	999	**1830**	3326	1277	**2330**	4220	1554	**2830**	5126
727	**1340**	2444	1004	**1840**	3344	1282	**2340**	4244	1560	**2840**	5144
732	**1350**	2462	1010	**1850**	3362	1288	**2350**	4262	1566	**2850**	5162
738	**1360**	2480	1016	**1860**	3380	1293	**2360**	4280	1571	**2860**	5180
743	**1370**	2498	1021	**1870**	3398	1299	**2370**	4298	1577	**2870**	5198
749	**1380**	2516	1027	**1880**	3416	1304	**2380**	4316	1582	**2880**	5216
754	**1390**	2534	1032	**1890**	3434	1310	**2390**	4334	1588	**2890**	5234
760	**1400**	2552	1038	**1900**	3452	1316	**2400**	4352	1593	**2900**	5252
766	**1410**	2570	1043	**1910**	3470	1321	**2410**	4370	1599	**2910**	5270
771	**1420**	2588	1049	**1920**	3488	1327	**2420**	4388	1604	**2920**	5288
777	**1430**	2606	1054	**1930**	3506	1332	**2430**	4406	1610	**2930**	5306
782	**1440**	2624	1060	**1940**	3524	1338	**2440**	4424	1616	**2940**	5324
788	**1450**	2642	1066	**1950**	3542	1343	**2450**	4442	1621	**2950**	5342
793	**1460**	2660	1071	**1960**	3560	1349	**2460**	4460	1627	**2960**	5360
799	**1470**	2678	1077	**1970**	3578	1354	**2470**	4478	1632	**2970**	5378
804	**1480**	2696	1082	**1980**	3596	1360	**2480**	4496	1638	**2980**	5396
810	**1490**	2714	1088	**1990**	3614	1366	**2490**	4514	1643	**2990**	5414
			1093	**2000**	3632				1649	**3000**	5432
°C		°F	°C		°F	°C		°F	°C		°F

Die umzurechnenden Werte sind in fettem Druck in der Mittelspalte angegeben. Die entsprechenden Grade Fahrenheit sind rechts zu finden und die Grade Celsius links.

Belastung.

Tabelle 2a. *Umwandlung von Tonne je Quadratzoll in Kilogramm je Quadratmillimeter. 1 Tonne je Quadratzoll = 1,57487 kg/mm².*

	0	1	2	3	4	5	6	7	8	9
0	—	1,57	3,15	4,72	6,30	7,87	9,45	11,02	12,60	14,17
10	15,75	17,32	18,90	20,47	22,05	23,62	25,20	26,77	28,35	29,92
20	31,50	33,07	34,65	36,22	37,80	39,37	40,95	42,52	44,10	45,67
30	47,25	48,82	50,40	51,97	53,54	55,12	56,69	58,27	59,84	61,42
40	62,99	64,57	66,14	67,72	69,29	70,87	72,44	74,02	75,59	77,17
50	78,74	80,32	81,89	83,47	85,04	86,62	88,19	89,77	91,34	92.92
60	94,49	96,07	97,64	99,22	100,79	102,37	103,94	105,52	107,09	108,67
70	110,24	111,82	113,39	114,97	116,54	118,11	119,69	121,26	122,84	124,41
80	125,99	127,56	129,14	130,71	132,29	133,86	135,44	137,01	138,59	140,16
90	141,74	143,31	144,89	146,46	148,04	149,61	151,19	152,76	154,33	155,91
Dezimal-brüche	—	0,16	0,31	0,47	0,63	0,79	0,94	1,10	1,26	1,42

Tabelle 2b. *Umwandlung von Pfund je Quadratzoll in Kilogramm je Quadratmillimeter. 1000 Pfund je Quadratzoll = 0,70307 kg/mm².*

	0	1	2	3	4	5	6	7	8	9
0	—	0,70	1,41	2,11	2,81	3,52	4,22	4,92	5,62	6,35
10	7,03	7,73	8,44	9,14	9,84	10,55	11,25	11,95	12,66	13,36
20	14,06	14,76	15,47	16,17	16,87	17,58	18,28	18,98	19,69	20.39
30	21,09	21,80	22,50	23,20	23,90	24,61	25,31	26,01	26,72	27,42
40	28,12	28,83	29,53	30,23	3C,93	31,64	32,34	33,04	33,75	34,45
50	35,15	35,86	35,56	37,26	37,97	38,67	39,37	40,07	40,78	41,48
60	42,18	42,89	43,59	44,29	45,00	45,70	46,40	47,11	47,81	48,51
70	49,21	49,92	50,62	51,32	52,03	52,73	53,43	54,14	54,84	55,54
80	56,25	56,95	57,65	58,35	59,06	59,76	60,46	61,17	61,87	62,57
90	63,28	63,98	64,68	65,39	66,09	66.79	67,49	68,20	68,90	69,60
Dezimal-brüche	—	0,07	0,14	0,21	0,28	0,35	0,42	0,49	0,56	0,63

Beispiele: 84,6 Tonne je Quadratzoll = 132,29 + 0,94
= 133,23 kg/mm²
70 500 Pfund je Quadratzoll = 49,21 + 0,35
= 49,56 kg/mm².

Tabelle 2c. *Umwandlung von Kilogramm je Quadratmillimeter in Tonne je Quadratzoll. 1kg/mm² = 0,635 Tonne je Quadratzoll*

	0	1	2	3	4	5	6	7	8	9
0	—	0,64	1,27	1,91	2,54	3,18	3,81	4,45	5,08	5,72
10	6,35	6,99	7,62	8,26	8,89	9,53	10,16	10,80	11,43	12,07
20	12,70	13,34	13,97	14,61	15,24	15,88	16,51	17,15	17,78	18,41
30	19,05	19,68	20,32	20,95	21,59	22,22	22,86	23,49	24,13	24,76
40	25,40	26,03	26,67	27,30	27,94	28,57	29,21	29,84	30,48	31,11
50	31,75	32,38	33,02	33,65	34,29	34,92	35,56	36,19	36,83	37,46
60	38,10	38,73	39,37	40,00	40,64	41,27	41,91	42,54	43,18	43,81
70	41,45	45,08	45,72	46,35	46,99	47,62	48,26	48,89	49,53	50,16
80	50,80	51,43	52,07	52,70	53,34	53,97	54,61	55,24	55,88	56,51
90	57,15	57,78	58,42	59,05	59,69	60,32	60,96	61,59	62,23	62,86
Dezimal-brüche	—	0,06	0,13	0,19	0,25	0,32	0,38	0,44	0,51	0,57

Tabelle 2d. *Umwandlung von Kilogramm je Quadratmillimeter in Pfund je Quadratzoll. 1 kg/mm² = 1422,34 Pfund je Quadratzoll.*

	0	1	2	3	4	5	6	7	8	9
0	—	1422	2845	4267	5689	7112	8534	9956	11379	12801
10	14223	15646	17068	18490	19913	21335	22757	24180	25602	27024
20	28447	29869	31291	32714	34136	35559	36981	38403	39826	41248
30	42670	44093	45515	46937	48360	49782	51204	52627	54049	55471
40	56894	58316	59738	61161	62583	64005	65428	66850	68272	69695
50	71117	72539	73962	75384	76806	78229	79651	81073	82496	83918
60	85340	86763	88185	89607	91030	92452	93874	95297	96719	98141
70	99564	100986	102408	103831	105253	106676	108098	109520	110943	112365
80	113787	115210	116632	118054	119477	120989	122321	123744	125166	126588
90	128011	129433	130855	132278	133700	135122	136545	137967	139389	140812
Dezimal-brüche	—	142	284	427	569	711	853	996	1138	1280

Beispiele: 56,0 kg/mm² = 35,56 Tonne je Quadratzoll
= 79651 Pfund je Quadratzoll.

Tabelle 3. *Abstände der Stirnabschreckprobe. Diese Tabelle gibt die Umrechnung von den Einheiten, die in USA für den Abstand vom abgeschreckten Ende angewandt werden, in metrische Maße.*

Sechzehntel eines Zolls	Zoll	mm	Sechzehntel eines Zolls	Zoll	mm
1	$1/_{16}$	1,59	25	$1^9/_{16}$	39,7
2	$1/_8$	3,18	26	$1^5/_2$	41,3
3	$3/_{16}$	4,76	27	$1^{11}/_{16}$	42,9
4	$1/_4$	6,35	28	$1^3/_4$	44,4
5	$5/_{16}$	7,94	29	$1^{13}/_{16}$	46,0
6	$3/_8$	9,52	30	$1^7/_8$	47,6
7	$7/_{16}$	11,1	31	$1^{15}/_{16}$	49,2
8	$2/_2$	12,7	32	2	50,8
9	$9/_{16}$	14,3	33	$2^1/_{16}$	52,4
10	$5/_8$	15,9	34	$2^1/_8$	54,0
11	$15/_{16}$	17,5	35	$2^2/_{16}$	55,6
12	$3/_4$	19,0	36	$2^1/_4$	57,2
13	$13/_{16}$	20,6	37	$2^5/_{16}$	58,7
14	$7/_8$	22,2	38	$2^3/_8$	60,3
15	$15/_{16}$	23,8	39	$2^7/_{16}$	61,9
16	1	25,4	40	$2^1/_2$	63,5
17	$1^1/_{16}$	27,0	41	$2^9/_{16}$	65,1
18	$1^1/_8$	28,6	42	$2^5/_8$	66,7
19	$1^3/_{16}$	30,2	43	$2^{51}/_{16}$	68,3
20	$1^1/_4$	31,8	44	$2^2/_4$	69,8
21	$1^5/_{16}$	33,3	45	$2^{13}/_{16}$	71,4
22	$1^5/_8$	34,9	46	$2^7/_8$	73,0
23	$1^7/_{16}$	36,5	47	$2^{15}/_{16}$	74,6
24	$1^1/_2$	38,1	48	3	76,2

Tabelle 4. *Sonderangaben.*

1 ft. lb = 0,13826 mkg.

Btu in kcal, kWh, mkg usw., vergleiche Taschenbuch für Chemiker und Physiker. Herausgegeben von Jean d'Ans und Ellen Lax, zweite Auflage, Berlin: Springer 1949.

Schrifttum.

1. AITCHISON, L.: Engineering Steels, 396 pp. London: Mac Donald and Evans, 1921.
2. ALMEN, J. O.: Shot Blasting to Increase Fatigue Resistance, *SAE Trans.*, v. 51, 1943, pp. 248—268.
3. American Iron and Steel Institute: Possible Alternates for Nickel, Chromium, and Chromium-Nickel Constructional Alloy Steels, Contributions to the Metallurgy of Steel, No. 5, The Institute, New York, Jan. 1942, 143 pp.
4. American Iron and Steel Institute: Supplementary National Emergency Steels NE 9400, 9500, and 9600 Series, Contributions to the Metallurgy of Steel, No. 8, The Institute, New York, Sept. 1942, 89 pp.
5. American Society for Metals: Metals Handbook, The Society, Cleveland, 1948 ed., 1444 pp.
6. American Society for Testing Materials: Standard Classification of Austenite Grain Size in Steels, *A.S.T.M. Standards*, 1946, Part I—A, Ferrous Metals, pp. 682—684.
7. American Society for Testing Materials: Tentative Method of End-Quench Test for Hardenability of Steel, *A.S.T.M. Standards*, 1946, Part I—A, Ferrous Metals, A 255—46 T, pp. 983—989.
8. American Welding Society: Welding Handbook, The Society, New York, 1942, 1592 pp.
9. ANTIA, D. P., S. G. FLETCHER, and M. COHEN: Structural Changes during the Tempering of High-Carbon Steel, *Trans. Am. Soc. Metals*, v. 32, 1944, pp. 290—332.
10. ARBUZOV, M., and G. KURDYUMOV: (The Form of Carbon in Tempered Steel), *J. Tech. Physics U.S.S.R.*, v. 10, 1940, pp. 1093—1100 (in Russisch).
11. ASIMOW, M., and M. A. GROSSMANN: Hardening Characteristics of Various Shapes, *Trans. Am. Soc. Metals*, v. 28, 1940, pp. 949—985.
12. ASIMOW, M., W. F. CRAIG, and M. A. GROSSMANN: Correlation between Jominy Test and Quenched Round Bars, *SAE Trans.*, v. 49, 1941, pp. 283—292.
13. AUSTIN, C. R.: Effect of Elements in Solid Solution on Hardness and Response to Heat Treatment of Iron Binary Alloys, *Trans. Am. Soc. Metals*, v. 31, 1943, pp. 321—339.
14. AUSTIN, J. B., and M. J. DAY: Chemical Equilibrium as a Guide in the Control of Furnace Atmospheres—A Review of Equilibrium Data, in Controlled Atmospheres, American Society for Metals, Cleveland, 1942, pp. 20—56.
15. AUSTIN, J. B.: The Effect of Changes in Condition of Carbides on Some Properties of Steel, *Trans. Am. Soc. Metals*, v. 38, 1947, pp. 28—69.
16. BAIN, E. C., and Z. JEFFRIES: Cause of Red Hardness in High-Speed Steel, *Iron Age*, v. 112, 1923, pp. 805—810.
17. BAIN, E. C.: Factors Affecting the Inherent Hardenability of Steel, *Trans. Am. Soc. Steel Treat.*, v. 20, 1932, pp. 385—428.
18. BAIN, E. C.: Some Characteristics Common to Carbon and Alloy Steels, *Yearbook Am. Iron Steel Inst.*, 1934, pp. 86—128.

19. Bain, E. C.: Functions of the Alloying Elements in Steel, American Society for Metals, Cleveland, 1939, 312 pp.
20. Boegehold, A. L.: Plain Carbon Steel—Its Utility for Automobiles, *Metal Progress*, v. 31, 1937, pp. 147—152.
21. Boegehold, A. L.: Advantages of Alloy Steels, *Metal Progress*, v. 31, 1937, pp. 265—269.
22. Boegehold, A. L.: Selection of Automotive Steel on the Basis of Hardenability, *SAE Trans.*, v. 52, 1944, pp. 472—485.
23. Boegehold, A. L.: Hardenability of NE 8600 H Steels (Metal Progress Data Sheet), *Metal Progress*, v. 50, 1946, p. 1220-B.
24. Boyd, L. H., and J. Field: Calculation of the Standard End-Quench Hardenability Curve from Chemical Composition and Grain Size, Contributions to the Metallurgy of Steel, No. 12, American Iron and Steel Institute, New York, 1946, 25 pp.
25. British Standards Institution: B. S. 971: Wrought Steels (carbon and alloy steels) T.A.C. 1—33 (Companion Document to B. S. 970, Dealing with Steels. En. 1—58), The Institution, London, 1941, 98 pp. (reissued 1944).
26. Brophy, G. R.: Cycle Annealing of Hypoeutectoid Steels, *Iron Age*, v. 156, 1945, Dec. 13, pp. 69—71.
27. Brophy, G. R., and A. J. Miller: An Appraisal of the Factor Method for Calculating the Hardenability of Steel from Composition, *Trans. Am. Inst. Min. Met. Eng.*, v. 167, 1946, pp. 654—669.
28. Burns, J. L., T. L. Moore, and R. S. Archer: Quantitative Hardenability, *Trans. Am. Soc. Metals*, v. 26, 1938, pp. 1—36.
29. Burns, J. L., and G. C. Riegel: Hardenability of Plain Carbon Steels, in Hardenability of Alloy Steels, American Society for Metals, Cleveland, 1939, pp. 262—301.
30. Chiswik, H. H., and A. B. Greninger: Influence of Nickel, Molybdenum, Cobalt, and Silicon on the Kinetics and Ar'' Temperatures of the Austenite to Martensite Transformation in Steels, *Trans. Am. Soc. Metals*, v. 32, 1944, pp. 483—520.
31. Comstock, G. F., and F. S. Urban: Titanium in Steel, in Metals Handbook, American Society for Metals, Cleveland, 1948, pp. 478—482.
32. Crafts, W., and J. L. Lamont: Some Effects of Deoxidizers in Low-Carbon 1.5 Per Cent Chromium Steel, *Trans. Am. Soc. Metals*, v. 27, 1939, pp. 268—288.
33. Crafts, W., J. J. Egan, and W. D. Forgeng: Formation of Inclusion in Steel Castings, *Trans. Am. Inst. Min. Met. Eng.*, v. 140, 1940, pp. 233—262.
34. Crafts, W., and C. M. Offenhauer: Carbides in Low-Chromium Steel, *Trans. Am. Inst. Min. Met. Eng.*, v. 150, 1942, pp. 275—282.
35. Crafts, W., and J. L. Lamont: The Effect of Silicon on Hardenability, *Trans. Am. Inst. Min. Met. Eng.*, v. 154, 1943, pp. 386—394.
36. Crafts, W., and J. L. Lamont: Effect of Some Elements on Hardenability, *Trans. Am. Inst. Min. Met. Eng.*, v. 158, 1944, pp. 157—167.
37. Crafts, W., and J. L. Lamont: Addition Method for Calculating Rockwell C Hardness of the Jominy Hardenability Test, *Trans. Am. Inst. Min. Met. Eng.*, v. 167, 1946, pp. 698—718.
38. Crafts, W., and J. L. Lamont: Effect of Alloys in Steel on Resistance to Tempering, *Trans. Am. Inst. Min. Met. Eng.*, v. 172, 1947, pp. 222—243.
39. Crafts, W., and J. L. Lamont: The Izod Impact Strength of Heat-Treated Alloy Steel, *Trans. Am. Inst. Min. Met. Eng.*, v. 172, 1947, pp. 303—322.
40. Davenport, E. S., and E. C. Bain: Transformation of Austenite at Constant Subcritical Temperatures, *Trans. Am. Inst. Min. Met. Eng.*, v. 90, 1930, pp. 117—154.

41. DAVENPORT, E. S.: Isothermal Transformation in Steels, *Trans. Am. Soc. Metals*, v. 27, 1939, pp. 837—886.
42. DAVENPORT, E. S., R. A. GRANGE, and R. J. HAFSTEN: Influence of Austenite Grain Size upon Isothermal Transformation Behavior of SAE 4140 Steel, *Trans. Am. Inst. Min. Met. Eng.*, v. 145, 1941, pp. 301—314.
43. DIGGES, T. G.: Transformation of Austenite on Quenching High-Purity Iron-Carbon Alloys, *Trans. Am. Soc. Metals*, v. 28, 1940, pp. 575—607.
44. EDSON, A. P.: [Discussion of paper by M. A. GROSSMANN] Hardenability Calculated from Chemical Composition, *Trans. Am. Inst. Min. Met. Eng.*, v. 150, 1942, pp. 255—257.
45. ELLIS, O. W.: Pseudomorphys of Pearlite in Quenched Steel, *Trans. Am. Soc. Metals*, v. 32, 1944, pp. 270—289.
46. ELMENDORF, H. J.: The Effect of Varying Amounts of Martensite upon the Isothermal Transformation of Austenite Remaining after Controlled Quenching, *Trans. Am. Soc. Metals*, v. 33, 1944, pp. 236—260.
47. ENGEL, E. H.: The Softening Rate of a Steel when Tempered from Different Initial Structures, *Trans. Am. Soc. Metals*, v. 27, 1939, pp. 1—17.
48. ESSER, W., und H. CORNELIUS: Die Vorgänge beim Anlassen abgeschreckter Stähle, *Archiv f. d. Eisenhüttenwesen*, Bd. 7, 1933—1934 (1934), S. 693—697.
49. FIELD, J.: Calculation of Jominy End-Quench Curve from Analysis, *Metal Progress*, v. 43, 1943, pp. 402—405.
50. FLETCHER, S. G., and M. COHEN: The Effect of Carbon on the Tempering of Steel, *Trans. Am. Soc. Metals*, v. 32, 1944, pp. 333—362.
51. FLETCHER, S. G., and M. COHEN: The Dimensional Stability of Steel, Part I—Subatmospheric Transformation of Retained Austenite, *Trans. Am. Soc. Metals*, v. 34, 1945, pp. 216—249.
52. FRENCH, H. J.: The Quenching of Steels, American Society for Steel Treating, Cleveland, 1930, 177 pp.
53. FUNK, E. J., JR., and D. VON LUDWIG: A Critical Survey of Controlled Atmospheres, *Iron Age*, v. 158, 1946, Sep. 26, pp. 74—79.
54. GENSAMER, M., E. B. PEARSALL, W. S. PELLINI, and J. R. LOW, JR.: The Tensile Properties of Pearlite, Bainite, and Spheroidite, *Trans. Am. Soc. Metals*, v. 30, 1942, pp. 983—1020.
55. GILL, J. P., R. S. ROSE, G. A. ROBERTS, H. G. JOHNSTIN, and R. B. GEORGE: Tool Steels, American Society for Metals, Cleveland, 1944, p. 290.
56. GORDON, P., and M. COHEN: The Transformation of Retained Austenite in High-Speed Steel at Subatmospheric Temperatures, *Trans. Am. Soc. Metals*, v. 30, 1942, pp. 569—591.
57. GRANGE, R. A., and J. M. KIEFER: Transformation of Austenite on Continuous Cooling and Its Relation to Transformation at Constant Temperature, *Trans. Am. Soc. Metals*, v. 29, 1941, pp. 85—116.
58. GRANGE, R. A., and T. M. GARVEY: Factors Affecting the Hardenability of Boron-Treated Steels, *Trans. Am. Soc. Metals*, v. 37, 1946, pp. 136—191.
59. GRANGE, R. A., and H. M. STEWART: The Temperature Range of Martensite Formation, *Trans. Am. Inst. Min. Met. Eng.*, v. 167, 1946, pp. 467—501.
60. GRANGE, R. A.: Factors Influencing the Pearlitic Microstructure of Annealed Hypoeutectoid Steel, *Trans. Am. Soc. Metals*, v. 38, 1947, pp. 879—908.
61. Great Lakes Steel Corporation: Properties and Characteristics of N-A-X 9100 Series, The Corporation, Detroit, undated (1941?), unpaged.
62. GRENINGER, A. B., and A. R. TROIANO: Kinetics of the Austenite to Martensite Transformation in Steel, *Trans. Am. Soc. Metals*, v. 28, 1940, pp. 537—574.

63. GRENINGER, A. B.: The Martensite Thermal Arrest in Iron-Carbon Alloys and Plain Carbon Steels, *Trans. Am. Soc. Metals*, v. 30, 1942, pp. 1—26.

64. GROSSMANN, M. A.: Shrinkage and Expansion of High-Speed Steel Due to Heat Treatment, *Chem. Met. Engineering*, v. 27, 1922, pp. 541—544.

65. GROSSMANN, M. A., M. ASIMOW, and S. F. URBAN: Hardenability, Its Relation to Quenching, and Some Quantitative Data, in Hardenability of Alloy Steels, American Society for Metals, Cleveland, 1939, pp. 124—196.

66. GROSSMANN, M. A.: Principles of Heat Treatment, American Society for Metals, Cleveland, 1940, 244 pp.

67. GROSSMANN, M. A., and M. ASIMOW: Hardenability and Quenching, *Iron Age*, v. 145, 1940, April 25, pp. 25—29; May 2, pp. 39—45.

68. GROSSMANN, M. A.: Hardenability Calculated from Chemical Composition, *Trans. Am. Inst. Min. Met. Eng.*, v. 150, 1942, pp. 227—259.

69. GROSSMANN, M. A.: Toughness and Fracture of Hardened Steels, *Trans. Am. Inst. Min. Met. Eng.*, v. 167, 1946, pp. 39—79.

70. HANKINS, G. A., and M. L. BECKER: The Effect of Surface Conditions Produced by Heat Treatment on the Fatigue Resistance of Spring Steels, *J. Iron Steel Inst.*, v. 124, 1931, pp. 387—460.

71. HARDER, O. E., and R. L. DOWDELL: The Decomposition of the Austenitic Structure in Steels—Part II, *Trans. Am. Soc. Steel Treat.*, v. 11, 1927, pp. 391—398.

72. HERTY, C. H., JR., D. L. McBRIDE, and E. H. HOLLENBACK: Which Grain Size?, *Trans. Am. Soc. Metals*, v. 25, 1937, pp. 297—314.

73. HODGE, J. M., and M. A. OREHOSKI: Hardenability Effects in Relation to the Percentage of Martensite, *Trans. Am. Inst. Min. Met. Eng.*, v. 167, 1946, pp. 502—512.

74. HODGE, J. M., and M. A. OREHOSKI: Relationship between Hardenability and Percentage of Martensite in Some Low-Alloy Steels, *Trans. Am. Inst. Min. Met. Eng.*, v. 167, 1946 pp. 627—642.

75. HOLLOMON, J. H., and L. D. JAFFE: Time-Temperature Relations in Tempering Steel, *Trans. Am. Inst. Min. Met. Eng.*, v. 162, 1945, pp. 223—249.

76. HOLLOMON, J. H., L. D. JAFFE, and M. R. NORTON: Anisothermal Decomposition of Austenite, *Trans. Am. Inst. Min. Met. Eng.*, v. 167, 1946, pp. 419—441.

77. HOLLOMON, J. H.: Temper Brittleness, *Trans. Am. Soc. Metals*, v. 36, 1946, pp. 473—542.

78. HOLLOMON, J. H., and L. D. JAFFE: The Hardenability Concept, *Trans. Am. Inst. Min. Met. Eng.*, v. 167, 1946, pp. 601—616.

79. HOLLOMON, J. H., L. D. JAFFE, D. E. McCARTHY, and M. R. NORTON: The Effects of Microstructure on the Mechanical Properties of Steel, *Trans. Am. Soc. Metals*, v. 38, 1947, pp. 807—847.

80. HOSTETTER, H. E.: Determination of Most Efficient Alloy Combinations for Hardenability, *Trans. Am. Inst. Min. Eng.*, v. 167, 1946, pp. 643—653.

81. HOUDREMONT, E., H. BENNEK, und H. SCHRADER: Härtbarkeit und Anlaßbeständigkeit von Stählen mit schwerlöslichen Sonderkarbiden, *Archiv f. d. Eisenhüttenwesen*, Bd. 6, 1932—1933 (1932), S. 24—34.

82. [E. F.] Houghton and Co., Research Staff: Interrupted Quenching in Salt, The Company, Philadelphia, undated, 11 pp.

83. JACKSON, C. E., and A. L. CHRISTENSON: The Effect of Quenching Temperature on the Results of the End-Quench Hardenability Test, *Trans. Am. Inst. Min. Met. Eng.*, v. 158, 1944, pp. 125—137.

84. JAFFE, L. D., and J. H. HOLLOMON: Hardenñbility and Quench Cracking, *Trans. Am. Inst. Min. Met. Eng.*, v. 167, 1946, pp. 617—626.

85. JANITZKY, E. J., and M. BAEYERTZ: The Marked Similarity in Tensile Properties of Several Heat-Treated SAE Steels, in Metals Handbook, American Society for Metals, Cleveland, 1339 ed., pp. 515—518.

86. JOHNSON, F.: Heat Treatment of Carbon Steels, Chemical Publishing Co., Inc., Brooklyn, N. Y., 1946, 204 pp.

87. JOMINY, W. E., and A. L. BOEGEHOLD: A Hardenability Test for Carburizing Steel, *Trans. Am. Soc. Metals*, v. 26, 1938, pp. 574—606.

88. JOMINY, W. E.: Hardenability Tests, in Hardenability of Alloy Steels, American Society for Metals, Cleveland, 1939, pp. 66—94.

89. JOMINY, W. E.: A Hardenability Test for Shallow-Hardening Steels, *Trans. Am. Soc. Metals*, v. 27, 1939, pp. 1072—1089.

90. JOMINY, W. E.: Commercial Aspects of Hardenability Tests, *Metal Progress*, v. 38, 1940, pp. 685—690.

91. KLIER, E. P., and T. LYMAN: The Bainite Reaction in Hypoeutectoid Steels, *Trans. Am. Inst. Min. Met. Eng.*, v. 158, 1944, pp. 394—422.

92. KOEBEL, N. K.: Methods for Determining the Degree of Carburization or Decarburization and Evaluating Controlled Atmospheres, in Controlled Atmospheres, American Society for Metals, Cleveland, 1942, pp. 128—158.

93. KOPECKI, E. S.: The P-V Test—A New Hardenability Measure, *Iron Age*, v. 158, 1946, Nov. 14, pp. 66—69.

94. KRAMER, I. R., R. H. HAFNER, and S. L. TOLEMAN: Effect of Sixteen Alloying Elements on Hardenability of Steel, *Trans. Am. Inst. Min. Met. Eng.*, v. 158, 1944, pp. 138—156.

95. KRAMER, I. R., S. SIEGEL, and J. G. BROOKS: Factors for the Calculation of Hardenability, *Trans. Am. Inst. Min. Met. Eng.*, v. 167, 1946, pp. 670—697.

96. LAMONT, J. L.: How to Estimate Hardening Depth in Bars, *Iron Age*, v. 152, 1943, Oct. 14, pp. 64—70.

97. LIEDHOLM, C. A.: Continuous Cooling Transformation Diagram from Modified End-Quench Method, *Metal Progress*, v. 45, 1944, pp. 94—99.

98. MANNING, G. K.: End-Quench Hardenability versus Hardness of Quenched Rounds, *Metal Progress*, v. 50, 1946, pp. 647—652.

99. MANNING, G. K., and C. H. LORIG: The Relationship between Transformation at Constant Temperature and Transformation during Cooling, *Trans. Am. Inst. Min. Met. Eng.*, v. 167, 1946, pp. 442—466.

100. MARTIN, A. G., and J. N. PAPPAS: Quenching—"Gun" Steel, Watertown Arsenal Laboratory Report No. 632/13, Nov. 5, 1945.

101. MATHEWS, J. A.: Austenite and Austenitic Steels, *Trans. Am. Inst. Min. Met. Eng.*, v. 71, 1925, pp. 568—596.

102. McMULKIN, F. J.: Practical Tool Room Heat Treatment, *Iron Age*, v. 157, 1946, June 27, pp. 55—59.

103. McMULLAN, O. W.: A Hardenability Test for Low-Carbon and Shallow-Hardening Steels, *Trans. Am. Soc. Metals*, v. 35, 1945, pp. 584—608.

104. MORRAL, F. R.: Heat-Treating Diagrams—S or T-T-T Curves, *Metal Progress*, v. 48, 1945, pp. 818—831.

105. MORRAL, F. R.: Compilation of Isothermal Diagrams, *Wire and Wire Products*, v. 24, 1949, Jan., pp. 39—47.

106. PARKER, C. M.: Selecting Steels by Hardenability Bands, *Materials and Methods*, v. 25, 1947, March 25, pp. 68—72.

107. PATTON, W. G.: Mechanical Properties of NE, SAE, and Other Hardened Steels, *Metal Progress*, v. 43, 1943, pp. 726—733.

108. Payson, P., and W. Hodapp: Austempering of SAE Alloy Steels Not Always Advantageous, *Metal Progress*, v. 35, 1939, pp. 358—362.
109. Payson, P., W. L. Hodapp, and J. Leeder: The Spheroidizing of Steel by Isothermal Transformation, *Trans, Am. Soc. Metals*, v. 28, 1940, pp. 306—332.
110. Payson, P., and C. H. Savage: Martensite Reactions in Alloy Steels, *Trans. Am. Soc. Metals*, v. 33, 1944, pp. 261—280.
111. Peterson, R. E.: Contributions to the Mechanics of Solids, 1938, pp. 179—183, New York: The MacMillan Company.
112. Post, C. B., O. V. Greene, and W. H. Fenstermacher: Hardenability of Shallow-Hardening Steels, *Trans. Am. Soc. Metals*, v. 30, 1942, pp. 1202—1254.
113. Post, C. B., M. C. Fetzer, and W. H. Fenstermacher: Air Hardenability of Steels, *Trans. Am. Soc. Metals*, v. 35, 1945, pp. 85—111.
114. Prothoere, H. T.: The Influence of Melting Conditions on the Physical Properties of Steel Castings, *J. Iron Steel Inst.*, v. 150, 1944, pp. 157P—182P.
115. Research Laboratory, United States Steel Corporation: Atlas of Isothermal Transformation Diagrams, The Corporation, Pittsburgh, 1943, 103 pp.
116. Riegel, G. C.: How a Large Tractor Company Controls Quality of Purchased Material, *Iron Age*, v. 128, 1931, pp. 1426—1429.
117. Riegel, G. C.: [Discussion of Paper by H. Scott on] Factors Determining the Impact Resistance of Hardened Carbon Steels, *Trans. Am. Soc. Metals*, v. 22, 1934, pp. 1167—1169.
118. Roberts, G. A., and R. F. Mehl: The Mechanism and the Rate of Formation of Austenite from Ferrite-Cementite Aggregates, *Trans Am. Soc. Metals*, v. 31, 1943, pp. 613—650.
119. Roberts, G. A., A. H. Grobe, and C. F. Moersch, jr.: The Tempering or High-Alloy Tool Steels, *Trans. Am. Soc. Metals*, v. 39, 1947, pp. 521—548.
120. Rose, K.: Engineering File Facts No. 27, *Metals and Alloys*, v. 18, 1943, p. 1095.
121. Rowland, E. S., jr., J. Welchner, and R. H. Marshall: The Effect of Several Variables on the Hardenability of High-Carbon Steels, *Trans. Am. Inst. Min. Met. Eng.*, v. 158, 1944, pp. 168—182.
122. Russell, T. F.: Some Mathematical Considerations on the Heating and Cooling of Steel, in First Report of the Alloy Steels Research Committee, The Iron and Steel Institute, London, 1936, Special Report No. 14, Section IX, Part C, pp. 149—187 (156).
123. Sauveur, A.: The Metallography and Heat Treatment of Iron and Steel, 4th ed., New York: McGraw-Hill Book Company, Inc., 1935.
124. Scott, H., The Problem of Quenching Media for the Hardening of Steel, *Trans. Am. Soc. Metals*, v. 22, 1934, pp. 577—604.
125. Scott, H., and T. H. Gray: Dimensional Changes on Hardening High-Chromium Tool Steels, *Trans. Am. Soc. Metals*, v. 29, 1941, pp. 503—518.
126. Shepherd, B. F.: Inherent Hardenability Characteristics of Tool Steel, *Trans. Am. Soc. Metals*, v. 17, 1930, pp. 90—110.
127. Shepherd, B. F.: The P-F Characteristic of Steel, *Trans. Am. Soc. Metals*, v. 22, 1934, pp. 979—1016.
128. Shepherd, B. F.: Martempering, *Iron Age*, v. 151, 1943, Jan. 28, pp. 50—52; Feb. 4, pp. 45—48.
129. Shepherd, B. F.: Hardenability of Shallow-Hardening Steels Determined by the P-V Test, *Trans. Am. Soc. Metals*, v. 38, 1947, pp. 354—397.
130. Sims, C. E., and F. B. Dahle: Effect of Aluminium on the Properties of Medium-Carbon Cast Steel, *Trans. Am. Foundrymen's Assoc.*, v. 46, 1938, pp. 65—132.

131. Sisco, F. T.: The Alloys of Iron and Carbon, Vol. II—Properties, pp. 462—469, New York: McGraw-Hill Book Company, Inc., 1937.,

132. Sisco, F. T.: Modern Metallurgy for Engineers, 2d ed., 1948, 499 pp., New York: Pitman Publishing Corporation.

133. [The] Society of Automotive Engineers and American Iron and Steel Institute: Hardenability of Alloy Steels, Contributions to the Metallurgy of Steel, No. 11, The Society, New York, June 1947, 146 pp.

134. [The] Society of Automotive Engineers: SAE Handbook, ed., 877 pp., New York: The Society, 1948.

135. Tobin, H., and R. L. Kenyon: Austenitic Grain Size of Eutectoid Steel, *Trans. Am. Soc. Metals*, v. 26, 1938, pp. 133—152.

136. Vilella, J. R.: Metallographic Technique for Steel, Cleveland: American Society for Metals, 1938.

137. Welchner, J., E. S. Rowland, and J. E. Ubben: Effect of Time, Temperature, and Prior Structure on the Hardenability of Several Alloy Steels, *Trans. Am. Soc. Metals*, v. 32, 1944, pp. 521—552.

138. Wellauer, E. J.: Hardenability Test for Quenched and Tempered Steel, *Iron Age*, v. 158, 1946, Sep. 5, pp. 62—66.

139. Zimmermann, J. G., R. H. Aborn, and E. C. Bain: Some Effects of Small Additions of Vanadium to Eutectoid Steel, *Trans. Am. Soc. Metals*, v. 25, 1937, pp. 755—787.

Namenverzeichnis

(Die halbfetten Zahlen beziehen sich auf die Nummern des Schrifttumsverzeichnisses; hinter diesen Zahlen sind jeweils die Seiten aufgeführt, auf denen auf diese Arbeiten Bezug genommen wird.)

Sachverzeichnis.